ETZOLD

DER KÄFER II

Die Käfer-Entwicklung von 1934 bis heute vom Urmodell zum Weltmeister

ETZOLD

DER KÄFER

EINE DOKUMENTATION

II

VERLAG ALFRED BUCHELI ZUG
MOTORBUCH VERLAG STUTTGART

Bilder: Archiv Etzold.

ISBN 978-3-613-04087-8

1. Auflage 2018. Nachdruck der 3. Auflage 1986.

Satz: Vaihinger Satz + Druck GmbH, 7143 Vaihingen/Enz
Druck: siehe letzte Seite

Inhalt

Vorwort

In den dreißiger Jahren kam der Volksempfänger auf, das Radio für Jedermann. Von diesem Empfänger spricht heute keiner mehr. Der technische Fortschritt hat ihn längst überholt. In der gleichen Zeit machte sich Porsche erste Gedanken über ein Volksauto. Das wird immer noch produziert. Form und Technik sind seit der ersten Skizze praktisch unverändert beibehalten worden. Das hat es in der Automobilgeschichte bislang noch nicht gegeben und wird sich kaum wiederholen. Obwohl die ersten Volkswagen-Entwürfe erst fünfzig Jahre alt sind, war es mitunter schwierig, die Geschichte des Volkswagens exakt in den Griff zu bekommen. Vieles, was uns heute wichtig erscheint, ist in der damaligen Zeit nicht festgehalten worden oder vergessen. Noch gibt es allerdings einige »Männer der ersten Stunde«, die bereitwillig Auskunft gegeben und ihre Unterlagen zur Verfügung gestellt haben. Außerdem gelang es mir, Experten für den Käfer-Band II zu gewinnen, deren fundierte Sachkenntnisse zum Gelingen des Buches beigetragen haben.

Während im Käfer-Band I vornehmlich die Modelländerungen von 1945 bis heute beschrieben worden sind, wird im vorliegenden Buch die Geschichte des Volkswagens, seine Technik und seine Typenvielfalt von den ersten Anfängen bis hin zum Weltmeister aufgezeigt. Darüberhinaus lesen Sie Porträts jener Männer, die den Erfolg des Käfers nachhaltig beeinflußt haben.

Mit den beiden vorliegenden Käfer-Bänden ist auf lebendige Weise die Geschichte und die Modell-Entwicklung dieses legendären Autos nachgezeichnet worden. Längst ist der erste Band ein Standard-Nachschlagewerk für Käfer-Kenner. Weitere Bände in der Käfer-Reihe werden sich mit allen Randerscheinungen des Käfers beschäftigen: Von der Käfer-Werbung, den Käfer-Filmen, den unzähligen Käfer-Aufbauten, dem Käfer-Sport, den Käfer-Modellautos, den Käfer-Clubs, den Käfer-Zeitungen bis hin zum Weihnachtsbaumschmuck.

Hans-Rüdiger Etzold

Von der Idee zur Wirklichkeit

Der Traum von einem Volkswagen ist so alt wie das Auto selbst. Als die ersten Wagen auf ihren drei oder vier Rädern standen, machten sich findige Konstrukteure daran, diese »exklusiven« Fahrzeuge so umzubauen, daß sie für jedermann erschwinglich würden. Man ging jedoch dabei von der Voraussetzung aus, daß das billige Auto nie die Ansprüche erfüllen könne, die durch stärker und komfortabler werdende größere Wagen erfüllt wurden. Entsprechend weniger erfolgreich verliefen diese Versuche, insbesondere in Deutschland. Dennoch war der Erfolg des Ford Modell T immer wieder Ansporn für die Konstrukteure, es dem amerikanischen Vorbild gleich zu tun.

Zweiundfünfzig Jahre Automobilgeschichte mußten jedoch in Deutschland vergehen, bis ein Auto konstruiert war, dessen Technik die Garantie des Erfolgs in sich barg: der Volkswagen.

Am 17. Januar 1934 übergab Dr. Ing. e. h. Ferdinand Porsche sein »Exposé betreffend den Bau eines deutschen Volkswagens« dem Reichsverkehrsministerium. Vorausgegangen waren Gespräche mit der Reichsregierung sowie Konstruktionen für Zündapp und NSU, die bewiesen, daß auch ein Kleinwagen durchaus mit einem normalen, das heißt größeren Wagen konkurrieren konnte.

In fünf Thesen hielt Porsche in seinem Exposé fest, wie er sich einen Volkswagen vorstellte. Das Exposé ist wegen seiner historischen Bedeutung auf Seite 32 vollständig abgedruckt.

Auf der Grundlage dieses Zielkatalogs machte sich Porsche mit seinen Mitarbeitern an die Arbeit, nachdem am 22. Juni 1934 ein Vertrag mit dem Reichsverband der Automobilindustrie über den Bau eines Prototyps des Volkswagens abgeschlossen worden war.

Die reinen technischen Daten für den Volkswagen wurden festgelegt auf:

Radstand, Spur	1200 mm
Achsstand	2500 mm
Höchstleistung	26 PS
Höchstdrehzahl	3500/min
Leergewicht	650 kg
Höchstgeschwindigkeit	100 km/h
Steigfähigkeit	30 %
Verbrauch	8 l/100 km
Wagenbauart	Vollschwingachser

Damit konnte die konstruktive Phase der Entwicklung des Volkswagens beginnen. Zunächst befaßte man sich vor allem mit der Konstruktion verschiedenartiger Motoren, deren gemeinsames Merkmal die Einfachheit sein sollte. Ein Mitarbeiter Porsches, Josef Kales, notierte dazu: »Um den Motor einfach zu gestalten, wurde ein luftgekühlter Zweitaktmotor für die ersten Entwürfe gewählt. Professor Porsche verlangte bei der Durcharbeit der Konstruktion, daß soviel wie möglich Aluminium bzw. Magnesium verwendet werden solle. Es wurde eine Reihe von luftgekühlten Zweitaktmotoren gebaut: Zweizylinder, Dreizylinder, Doppelkolbenmotoren mit gleichem, Doppelkolbenmotoren mit größerem Einlaßkolben und kleinerem Auslaßkolben, mit Spülpumpen, in Längsrichtung im Heck angeordnet bzw. quer mit dem Getriebeblock gekuppelt usw.«

Bereits in seinem Exposé vom 17. Januar hatte Porsche als mögliche Motoren für den Volkswagen den luftgekühlten Vierzylinder-Boxer-Viertaktmotor bzw. einen luftgekühlten Dreizylinder-Zweitaktmotor in Sternanordnung vorgeschlagen. Der Boxermotor sollte seiner Ansicht nach ein Hubvolumen von 1,25 Liter und bei einer

Im Februar 1937 schiebt Meister Ringel einen ersten Volkswagen der Serie 30 aus der Daimler-Benz-Werkstatt in Untertürkheim.

Montage der VW-Getriebe für die VW-30-Modelle in der Daimler-Benz-Werkstatt.

Reichsjugendführer Baldur von Schirach besichtigt 1937 in der bei Kornwestheim gelegenen Panzerkaserne ein Fahrgestell der VW-Serie 30.

Maximaldrehzahl von 3500/min eine Leistung von 26 PS haben, der Sternmotor war auf einen Liter Hubraum und ebenfalls 26 PS bei allerdings 3200/min projektiert. Bevorzugt wurde der Zweitaktmotor, der ein Öl/Benzin-Mischungsverhältnis von etwa 1:40 haben sollte. Probleme traten bei diesem und anderen Zweitakt-Motor-Versionen in der Erprobung auf. Sie waren nicht vollgasfest und erfüllten damit eine wichtige Forderung Porsches für den Volkswagen nicht. Das bedeutete für die meisten von ihnen spätestens ab 1937 das »aus«.

Am 7. Dezember 1934 wurde auf Antrag von Porsche die Anzahl der Versuchswagen auf drei erhöht. Am 31. Januar 1935 erfolgte ein ausführlicher Bericht über den Stand der Entwicklungsarbeiten an den Reichsverband.

Neben der Motorisierung des Volkswagens waren es vor allem die Gewichtsprobleme, die das Konstruktionsteam in dieser Entwicklungsphase beschäftigten. Man kam bei wahrscheinlich mehr rechnerischen als praktischen Analysen auf ein Gewicht von 416,76 kg für das Fahrgestell und 246 kg für die Karosserie, lag damit also durchaus im Bereich der im Exposé gesetzten Grenzen.

Die genauen Gewichtsangaben für das Fahrgestell lassen vermuten, daß die Technik für den Volkswagen in der ersten Jahreshälfte 1935 weitgehend fertiggestellt war, nicht jedoch die Karosserie.

Mitte des Jahres 1935 waren vier Karosserie-Studien durchgeführt worden, zwei als Blech-Holz-Ausführung, eine davon ohne Lackierung, eine als Ganz-Blech-Ausführung und eine als Cabriolet.

Inzwischen war ein ganzes Jahr mit konstruktiven Arbeiten am Volkswagen vergangen, obwohl Porsche sich am 22. Juni 1934 dem Reichsverband der Automobilindustrie gegenüber verpflichtet hatte, innerhalb von zehn Monaten einen Prototyp fertigzustellen. Auf einer neuen Besprechung im Juli 1935 wurden die vertraglichen Ziele von 1934 korrigiert und den Realitäten angepaßt. Porsche sollte nun endgültig einen Prototyp fertigstellen, das Fahrzeug von den Kosten her kalkulieren und Verkleinerungs- und Vereinfachungsstudien für dieses Modell erarbeiten lassen.

Ein eben fertiggestellter Volkswagen aus der Serie 38 wird 1938 bei Porsche in Stuttgart-Zuffenhausen verladen.

Diese von außen vorgegebenen Zwänge standen in starkem Widerspruch zu den Vorgaben im Exposé von 1934 und mußten mit den konstruktiven Lösungsmöglichkeiten, die Porsche für den Volkswagen verwirklichen wollte, kollidieren. Porsche hatte dort ausdrücklich die Wege, die bisher beim Kleinwagenbau beschritten worden waren, heftig kritisiert und als Sackgasse bezeichnet. Dennoch entsprach er dem Willen seiner Auftraggeber und arbeitete auch für einen verkleinerten Volkswagen detaillierte Lösungsvorschläge aus.

Diese Verkleinerungspläne wurden jedoch beiseite gelegt, als sich bei einer Sitzung im August 1935 herausstellte, daß dadurch keine entscheidende Kostenersparnis erzielt werden könne. Im Protokoll heißt es dazu: »Die Beratungen ergaben eindeutig, daß die Kalkulation der Dr. Porsche GmbH in einer Reihe von wesentlichen Punkten sehr reichlich bemessen war, und durch die Aussprache und den Austausch der einzelnen Erfahrungen der verschiedenen Werke Abstriche durch Verbilligungsvorschläge erzielt werden konnten. Bei denjenigen Teilen, bei denen nur die geringsten Bedenken über Werkstoffpreis oder deren Herstellung bestanden, wurde eine Preiserhöhung oder ein Sicherheitszuschlag vorgenommen, bis durch die nochmalig Prüfung der Angebote tatsächlich der ursprüngliche Preis, der eingesetzt war, bestätigt wird. Eine Reihe von Teilen müssen neu angefertigt werden, da nach Ansicht der Kommission die Preise für diese Teile als von auswärts fertig bezogen günstiger zu erhalten sein müssen, insbesondere bei einer etwa in Aussicht zu nehmenden Großserienproduktion.

Die Ansicht der Kommission ging dahin, daß bei verschiedenen Teilen noch wesentliche Einsparungen durch Änderung der Konstruktion oder des Werkstoffs erzielt werden können und vor allem durch die weitere Bearbeitung der Angebote für die Teile, die von auswärts bezogen werden, günstigere Preise hereingeholt werden können, da bekanntlich die Zubehörfabriken bei dem ersten Angebot noch nicht den endgültigen Preis, der dann für die Lieferung maßgebend ist, bekannt geben.«

Für die nun fertiggestellten Fahrgestelle lieferte die Daimler Benz AG zwei Karosserien an, so daß mit dem endgültigen Zusammenbau der ersten Prototypen begonnen werden konnte.

Nach wie vor stand das Problem der Kalkulation für den Volkswagen im Vordergrund. Die deutsche Automobilindustrie tat sich jedoch sehr schwer mit Lösungsvorschlägen, da man bisher keinerlei Erfahrungen auf dem Gebiet der geplanten Großserienfertigung hatte. Die von der Reichsregierung ins Auge gefaßten Stückzahlen von etwa 1000000 Wagen pro Jahr konnte man sich kaum vorstellen, geschweige denn kalkulieren.

In der Zwischenzeit beschäftigte man sich bei Porsche mit der Weiterentwicklung verschiedener Motoren: des Typ A5, eines Zweitakt-Motors mit verschiedenem Kolbendurchmesser und einem Gesamthubraum von 960 cm^3, des Zweizylinder-Viertakt-Boxermotors Typ D60 mit einem Hubvolumen von 800 cm^3, mit obengesteuerten Ventilen. Sowohl für die Zweitaktmotoren als auch für den Typ D wurde anstelle des Vergasers auch eine Kraftstoff-Einspritzung in Erwägung gezogen.

Bei der Untersuchung der Getriebe wurde auch der Einbau eines Sperrdifferentials erwogen, wenn auch nicht als Serienausstattung. Die Aufhängung des Getriebe-Hinterachs-Aggregats in den Rahmen wurde gleichzeitig vollkommen geändert und ergab, auch unter Berücksichtigung der beim Rahmen erzielten Vereinfachungen, eine nicht unbeträchtliche Verbilligung.

Auch bei der Vorderachskonstruktion wurden Vereinfachungen durchgearbeitet – zum Beispiel statt der Zwei-Parallelogramm-Schwingarme nur einen, dafür aber längeren Schwingarm. Die hierbei erzielte Verbilligung stand jedoch in keinem Verhältnis zu der gleichzeitig verursachten Instabilität der Achsführung, so daß man von dieser Lösung wieder Abstand nahm.

Auch am Rahmen wurden Veränderungen vorgenommen. Der vordere Querträger für die Aufnahme der zunächst hölzernen Bodengruppe wurde separat eingeschweißt. Gleichzeitig wurden die hinteren Ausleger durch ein durchlaufendes Querrohr ersetzt. Beide Maßnahmen ergaben eine wesentliche Erhöhung der Torsionsfestigkeit des Rahmens. Außerdem wurde der Blechfußboden für die Karosserie als Bestandteil des Rahmens eingefügt, der nun im zusammengeschweißten Zustand ein Stück des Rahmens bildete.

Alle Maßnahmen wurden unter zwei Aspekten durchgeführt, einmal, um eine technisch optimale Lösung für den Volkswagen zu erhalten, zum anderen, um den durch Hitler vorgegebenen poli-

tischen Preis von unter 1000 RM einhalten zu können. Kaufteile und weitere Rationalisierungsmaßnahmen auf dem Fertigungssektor sollten dem gleichen Ziel dienen. Die nachfolgenden Besprechungen im Oktober/November 1935 hatten diese Problematik zum Gegenstand.
Am 24. Februar 1936 war es dann so weit. Im Ausstellungsraum der Daimler Benz AG in Berlin, Salzufer, konnten die Kommissionsmitglieder des Reichsverbandes der Automobilindustrie die ersten beiden fertiggestellten Prototypen des Volkswagens besichtigen, ein Cabriolet und eine Limousine. Es wurde festgestellt, daß die Fahrzeuge gute Platzverhältnisse hatten und daß die Konstruktion verschiedene, recht interessante Neuerungen aufwies. Im Hinblick auf das Styling bestand die Auffassung, daß der Volkswagen volkstümlich sein müsse, um die geplanten Absatzzahlen zu erreichen. Ob dies für die 1936 präsentierten Fahrzeuge bereits zutraf, schien den anwesenden Mitgliedern der Kommission zweifelhaft. Bei der Besichtigung glaubte man jedoch, daß die vorgestellte Konstruktion nicht zu dem Preis geliefert werden könne, den die Reichsregierung vorgegeben hatte. Porsche rechtfertigte auch bei dieser Präsentation noch einmal nachdrücklich sein Konzept.

Die Technische Hochschule Stuttgart wurde nun eingeschaltet, um sich mit der Materialermüdung und der Erprobung des Rahmens auf Dauerfestigkeit und Verwindungssteifigkeit zu befassen. Diese Versuche hatten zur Folge, daß das Fahrgestell des Volkswagens umgestaltet und vereinfacht werden konnte. Eine Weiterentwicklung des Fahrgestells fand nun nach den von der TH Stuttgart erarbeiteten Vorgaben statt. Die mit dem zentralen Rahmentunnel verbundene Blechbodenplatte wurde nun endgültig zu einem Bestandteil des Fahrgestells. Um die letztlich gewünschte Steifigkeit dieser Bodengruppe zu erhalten, wurden nach einer Zeichnung vom 15. Februar 1938 in die Bodenplatte zusätzliche Sicken eingepreßt.
Eines der schwierigsten Probleme, das in den künftigen Fahrversuchen näher untersucht werden sollte, war die Unterbringung des Motors im Heck. Porsche schrieb dazu am 24. Februar 1936: »Mit eines der schwierigsten Kapitel beim Heckmotorwagen ist die Geräuschfrage. Wenn es auch für den Fachmann selbstverständlich ist, daß ein von Hand erzeugter Motor immer viel lauter ist als der gleiche in Serie mit den nötigen maschinellen Einrichtungen hergestellte, so mußte doch bei der Ausbildung der Karosserie die Dämpfung der Motorgeräusche ganz besonders berücksichtigt werden. Daher mußte auch die elastische und möglichst übertragungsfreie Aufhängung des Kraft-Aggregates im Rahmen in umfangreichen Versuchen erprobt werden.«
Die Fahrversuche, die mit den Prototypen unternommen wurden, zeigten im folgenden durchaus befriedigende Ergebnisse hinsichtlich Straßenlage und Federung, Beschleunigung, Spitzengeschwindigkeit, Bremsen und Lenkung. Die Verschleißfestigkeit und die Unempfindlichkeit des Wagens konnte jedoch erst in Dauerversuchsfahrten festgestellt werden.
In seinen weiteren Ausführungen forderte Porsche die Erfüllung von sechs Punkten durch seine Auftraggeber:

1. »Entscheidung der technischen Kommission über die kleinere Ausführung bzw. Anwendung der hierbei gefundenen Vereinfachungen auf die größere Type.
2. Heranziehung der deutschen Werkzeugmaschinenindustrie zur Ausarbeitung weiterer genauerer Vorkalkulationen für die verschiedenen Einzelteile aufgrund der Verwendung von Spezialmaschinen und Überprüfung sämtlicher Teile an Hand von Originalteilen und Modellen hinsichtlich billigster Erzeugung (ergibt voraussichtlich eine weitere Senkung der Erzeugungskosten).

3. Eine weitere Verfolgung des meines Erachtens sehr aussichtsreichen Zweitakt-Motors.
4. Entscheidung der technischen Kommission über eventuelle Weiterverfolgung einer Viertakt-Vierzylinder-Studie, die preislich nur wenig höher liegt als der heutige Zweizylinder (elastischer, geräuschärmer, für den Export günstiger).
5. Abschluß der Entwicklungsarbeit an der Großserienkarosserie und Bau von Musterausführungen.
6. Bau einer Serie von Versuchswagen, gemäß Entscheidung der technischen Kommission laut 1) und Dauererprobung dieser Wagen.«

Nach einer Phase der reinen technischen Entwicklung des Volkswagens, die mit der Präsentation der ersten beiden Prototypen vor der Kommission des Reichsverbandes der Automobilindustrie abgeschlossen war, hatte man sich nun damit zu befassen, daß dieser Wagen einmal in Großserie gebaut werden sollte, und zwar in einer Größenordnung, die bisher in Europa unbekannt war. In keinem deutschen Automobilwerk waren Voraussetzungen dafür vorhanden, den von Porsche konstruierten Volkswagen in den geplanten Stückzahlen zu fertigen. Teils fehlte es am Knowhow, teils an der Kapazität.

Damit war die Frage aufgeworfen, ob der spätere Volkswagen innerhalb der Fabrikation bereits bestehender Werke gebaut werden oder ob man für ihn ein eigenes Werk errichten solle. Eine Antwort auf diese Frage fand man am 24. Februar 1936 jedoch noch nicht, obgleich bekannt sein mußte, daß in den vorhandenen Werken der Automobilindustrie die Kapazitäten für den zusätzlichen Bau des Volkswagens nicht vorhanden waren. Man war sich außerdem darüber klar, daß man sich, trotz gegenteiliger Versicherungen Hitlers, beim Bau des Volkswagens in den eigenen Fabriken, die Konkurrenz ins Haus holte, da man davon überzeugt war, daß die Kleinwagen eigener Produktion durchaus den Anforderungen des Markts entsprachen.

Neben diesen vielen technischen Aussagen gab es auf der Sitzung am 24. Februar 1936 aber auch noch eine wichtige wirtschaftliche, die für den Verkauf des Volkswagens in der Folgezeit einschneidende Konsequenzen haben sollte. Porsche erklärte, daß es nicht möglich sei, einen viersitzigen Wagen für 1000 RM zu konstruieren. Vielleicht bestünden seiner Ansicht nach Möglichkeiten, einen zweisitzigen Wagen zu solchem Preis herzustellen, der bestenfalls noch einen Notsitz erhalten könnte; man müßte dann außerdem von technischen Entwicklungen absehen, wie z.B. den Schwingachsen.

Diese Aussage beweist, daß es Porsche nicht darum ging, ein um jeden Preis billiges, sondern ein vom »Standpunkt einer gesunden Volkswirtschaft« preiswertes Fahrzeug zu entwickeln. Porsche schien keineswegs die Absicht gehabt zu haben, ein Fahrzeug zu bauen, das allein aufgrund seines Preises als Konkurrenz zu den bisherigen Fahrzeugen anzusehen war, sondern er wollte ein Fahrzeug, das nicht billiger, wohl aber technisch besser war als die bisherige Konkurrenz. Die von Porsche angebotenen »Schmalspurlösungen« konnten deshalb nicht ernst gemeint sein, da er für den Volkswagen eindeutig andere Lösungen gefordert hatte. Damit stellte sich allerdings auch die Frage, ob ein Wagen zu finanziell den gleichen Bedingungen wie die bisherigen Kleinwagen eine echte Marktchance gehabt hätte.

Abschließend wurde auf der Sitzung noch der folgende Beschluß auf Antrag des Vorsitzenden, Dr. Allmers, gefaßt:

1. Die Firma Daimler Benz übernimmt die Aufgabe, federführend durch eine Einkaufsabteilung mit Materiallieferanten zu verhandeln, welche äußersten Mindestpreise für das Material des Wagens bei Zugrundelegung von

100000 Einheiten für das Chassis in Betracht kommen.

2. Die Firma Ambi-Budd übernimmt federführend die Aufgabe in Verbindung mit Daimler Benz, die Karosseriefrage kalkulationsmäßig zu lösen, also auch mit den Materiallieferanten für die Karosserie in gleicher Weise Verhandlungen zu führen wie die Firma Daimler Benz für das Chassis.
   Herr Dr. Porsche wird der Firma Ambi-Budd innerhalb vierzehn Tagen die für die Durchführung dieser Arbeit notwendigen Stücklisten übermitteln.
3. Die Firma Adler übernimmt in Verbindung mit der Firma Hanomag die Aufgabe festzustellen, auf welche Weise unter Berücksichtigung der neuesten und besten Werkzeugmaschinen das Fabrikationsproblem gelöst werden kann.
4. Seitens der Geschäftsleitung des RDA wird den genannten Werken Herr Obering. Schirz mit seinen Technikern zur Verfügung stehen mit allen Zeichnungen, Stücklisten usw. Alle anderen Aufgaben müssen zurückgestellt werden.
5. Seitens der Geschäftsführung des RDA wird erneut eine Analyse gemacht werden über die Anzahl der zu den verschiedenen Einkommenskategorien gehörenden Personen, um ein ungefähres Bild über die Anzahl derer zu gewinnen, welche für die Anschaffung eines Wagens in Betracht kommen.
6. Herr Dr. Porsche erhält den Auftrag, bis zum 30. Juni 1936 das Chassis den Fabrikanten fahrfertig zur Ausprobierung zur Verfügung zu stellen, wobei Herr Dr. Porsche sich vorbehält, den endgültigen Termin innerhalb von acht Tagen dem RDA bekanntzugeben. Falls Herr Dr. Porsche diesen Termin wiederum nicht einhält, wird die Industrie die Herstellung des Chassis in ihren eigenen Betrieben durchführen.

An diese Punkte schloß sich noch einmal eine längere Aussprache an, bei der die meisten Teilnehmer die Ansicht vertraten, daß ein Wagen mit einem Verkaufspreis von 1400 RM praktisch kein Volkswagen sein könne, sondern ein mit ungewöhnlichen Mitteln konstruiertes billiges Auto, das ganz besonders zum bisher von Opel und der Auto Union wahrgenommenen Kleinwagengeschäft in Konkurrenz treten würde.

Die folgenden Wochen und Monate waren mit Entwicklung, Präsentation und ausgiebigen Tests in Deutschland und Österreich ausgefüllt.

Am 12. Oktober 1936 begann eine der größten zusammenhängenden Testfahrten der Automobilindustrie bisher überhaupt: diese entscheidende Erprobungsfahrt für den Volkswagen beruhte auf einer Ausarbeitung der Firma Porsche vom 25. September 1936, in der das Unternehmen die ersten Testfahrten für die Volkswagen festlegte.

»Die Erprobung eines neuen Fahrzeugtyps erfolgt während der ersten Strecken (vielleicht bis 10000 km) zweckmäßigerweise von einem festen Standort, und zwar von der Stelle aus, die sich mit dem Bau hauptsächlich beschäftigt hat. Es wird deshalb als Standort für die Erprobungsfahrt Stuttgart vorgeschlagen. Wenn die Fahrzeuge nach jeder Tagesfahrt von etwa 600 bis 700 km zum Standort zurückkehren, ist die dringend gebotene Möglichkeit vorhanden, irgendwelche auftretende Störungen nicht nur unverzüglich zu beheben, sondern auch durch entsprechende Maßnahmen sofort generell zu beseitigen.

Zunächst ist beabsichtigt, die Fahrzeuge täglich die Strecke mit dem Start gegen sechs Uhr morgens befahren zu lassen. In dieser Strecke sind Reichsautobahnen, Reichsstraßen und Landstraßen erster Ordnung abwechselnd enthalten. Die Steigungen bei Herrenalb, der sogenannte Viertälerweg sowie am Kniebis dürften als besonders schwierig und steil bekannt sein. Die Strecke bei Herrenalb wird zum Beispiel von Daimler-Benz

zur Erprobung ihrer Fahrzeuge befahren.
Es ist vorgesehen, den Beginn der Versuchsfahrt auf Montag, den 5. Oktober 1936 festzusetzen. Bei einem Durchschnitt von zunächst 55 km/h würden für die Strecke eins mit 626 km etwa elf Stunden Fahrzeit am Tag benötigt. Zweckmäßigerweise lösen sich zwei Fahrer ab, so daß jedes Fahrzeug mit zwei Fahrern ständig besetzt ist. Nach Ablauf von etwa 10000 km ist die Möglichkeit gegeben, die tägliche Leistung der Fahrzeuge durch Einschaltung der Strecken zwei und drei beliebig zu vergrößern. Es sind somit täglich Fahrleistungen von über 1000 km möglich. Bei einer Gesamtstrecke von ca. 30000 km je Wagen kann somit eine Versuchsdauer von sieben bis acht Wochen veranschlagt werden.
Zur einwandfreien Kontrolle der Fahrleistungen werden in regelmäßigen Abständen eingehende Prüfungen durch das Forschungsinstitut, Prof. Kamm, Stuttgart, angelegt. Diese Kontrollen sollen ähnlich wie bei der Dreißig-Tage-Fahrt auf dem Nürburgring zu Beginn der Prüfungsfahrten sowie nach je 6000 km erfolgen. Die Prüfungen erstrecken sich auf folgende Einzelheiten:

1. Beschleunigung
2. Höchstgeschwindigkeit
3. Bremsen

Die Beobachtung der Fahrzeuge während der Prüfungsfahrt selber erstreckt sich auf folgende Punkte:

1. Kilometerleistung
2. Durchschnittsgeschwindigkeit
3. Maximalgeschwindigkeit
4. Kraftstoff- und Ölverbrauch
5. Motortemperatur
6. Abnutzungserscheinungen usw.

Von der Gesamtstrecke sollte ein Drittel mit zwei Personen, ein Drittel mit drei Personen und ein Drittel mit vier Personen und zusätzlichen 30 kg Gepäck in beliebiger Reihenfolge gefahren werden«.
Zusätzlich zu dem normalen Versuchsprogramm wurde eine Erweiterung des Tests durch größere Fahrten durch Deutschland geplant. Die Besatzung der Fahrzeuge sollte jeweils aus einem Fahrer, einem Vertreter des Reichsverbandes der Automobilindustrie und einem Mitarbeiter der Dr. Porsche GmbH bestehen.
Das Ende der Versuchfahrt war der 22. Dezember 1936, eine Schlußuntersuchung der Fahrzeuge fand vom 6. bis 9. Januar 1937 statt, ein Abschlußbericht wurde am 26. Januar erstellt. In diesem Bericht hieß es unter anderem:
»Eine Beschreibung der Versuchswagen, die zum besseren Verständnis des Berichts über den Verlauf der Prüfungsfahrten vorangestellt werden soll, kann demnach zumindest für das Fahrgestell bis auf geringfügige Abweichungen gleichzeitig als Beschreibung der von der Dr. Porsche GmbH für den Volkswagen vorgeschlagenen endgültigen Ausführung gelten.
Die Karosserie war noch Gegenstand grundlegender Untersuchungen, nach deren bis dahin schon vorliegenden Ergebnissen schon gesagt werden konnte, daß die bei den Versuchswagen vorhandene Ausführung noch in vielen Punkten zu ändern sein würde, und zwar vornehmlich in herstellungstechnischen Einzelheiten. Die Abbildungen eines inzwischen fertiggestellten Wagens neuerer Bauart im Vergleich mit den auf der Versuchsfahrt getesteten Volkswagen zeigen eine Richtung der Weiterenwicklung. An den Gesamtabmessungen sind Änderungen nicht mehr vorgenommen worden. Entsprechend den gestellten Grundforderungen weist der Wagen vier Sitze auf, die zwischen den beiden Achsen gelegen sind. Durch die zwei breiten Türen sind die vorderen als auch die hinteren beiden Sitze leicht zugänglich. Der Gepäckraum liegt hinter den rückwärtigen Sitzen. Unter der vorderen, nach oben aufklappbaren Haube befindet sich der Kraftstofftank, dessen Inhalt für etwa 350 km Fahrstrecke ausreicht, und das Ersatzrad. Der

Motor liegt hinten. Er ist nach Aufklappen des rückwärtigen Haubendeckels gut zugänglich.«

Man stellte außerdem fest, daß es sich bei den Versuchswagen teilweise um behelfsmäßig ausgestattete Fahrzeuge handelte, die wichtige Abweichungen von den Sollwerten aufwiesen. Diese ungünstigen Voraussetzungen ließen auf kein günstiges Ergebnis der Testfahrt hoffen. Aus diesen Gründen verzichtete man zunächst auf die Fahrten über größere Strecken. Man hatte weder Ersatzteile in ausreichender Anzahl, noch konnte man auf ein Werkstättennetz im Ernstfall zurückgreifen. Das führte dazu, daß man die Höchstgeschwindigkeit zunächst auf 80 km/h limitierte und Überbeanspruchungen jeglicher Art vermieden wurden.

Erst ab Ende November war man bereit, die Beschränkungen nach und nach abzubauen und sich den Forderungen, die sowohl Porsche als auch der Reichsverband der Automobilindustrie an den Volkswagen gestellt hatten, zu nähern. Einer der wichtigsten Punkte war dabei die Erprobung der Autobahnfestigkeit.

Die über das normale Maß hinausgehende Ausrüstung der Testwagen bestand in einem Öldruck- und Temperaturmeßgerät, einem Reservekanister, Ersatzteilen, einem Satz Werkzeug und in Katalyth-Öfen zur Beheizung des Wageninnern. Damit entsprach diese Ausführung der damals durchaus normalen Ausstattung eines Kleinwagens ohne Heizung. Die Verwendung der vorgewärmten Kühlluft zur Beheizung des Wagens war allerdings schon sehr früh in der Entwicklung.

Alle 3000 km hatten die Wagen eine Werkstatt aufzusuchen und wurden einer gründlichen Prüfung unterzogen, wobei das Fahrgestell untersucht und eine der heutigen Kundendienst-Inspektion ähnliche Wartung vorgenommen wurde.

Als nach Abschluß der Fahrt die Fahrzeuge auseinandergenommen wurden und die Einzelteile geprüft worden waren, stand das Gesamturteil über den Volkswagen fest:

»In kurzen Worten kann das Ergebnis der Versuchsfahrt wie folgt zusammengefaßt werden: Die Bauart hat sich bisher als zweckmäßig erwiesen. Die Versuchswagen haben sich auf der 50000-km-Fahrt im allgemeinen bewährt. Es sind zwar eine Anzahl von Schäden vorgekommen und Mängel aufgedeckt worden; sie alle sind jedoch nicht grundsätzlicher Natur und voraussichtlich technisch ohne größere Schwierigkeiten beherrschbar. Verschiedene Baugruppen, wie zum Beispiel Vorderachse und Bremsen, erfordern zur Weiterentwicklung noch eingehende Versuche.

Der Betriebsmittelverbrauch hält sich in befriedigenden Grenzen. Die Fahreigenschaften und Fahrleistungen des Wagens sind gut. Das Fahrzeug hat demnach Eigenschaften gezeigt, die eine Weiterentwicklung empfehlenswert erscheinen lassen.

Es ist zu erwarten, daß die nächsten 30 Probewagen, deren Herstellung in einer mit allen modernen Einrichtungen versehenen bewährten Automobilfabrik unter Ausnutzung der Erfahrungen dieser Versuchsfahrt im Gange ist, bei einer neuen, ebenso systematisch durchgeführten Dauerprüfung wesentlich bessere Ergebnisse bringen wird.«

Mit diesen Ergebnissen aus der Dauerversuchsfahrt war das eigentliche Startzeichen für den Volkswagen, wie Porsche ihn zu bauen beabsichtigte, gefallen. Der Reichsverband der Automobilindustrie entschloß sich, wie bereits angedeutet, zum Bau einer weiteren Prototypen-Serie von 30 Fahrzeugen.

Den Test dieser 30 Prototypen übernahm die SS, die in Kornwestheim Kfz-Mechaniker zusammengezogen hatte. Neben den normalen Testfahrten über insgesamt 2400000 km, wurden diese Fahrzeuge immer wieder zu Sondereinsätzen herangezogen. Am 9. September wurde ein Prototyp im Innenhof des Hotels »Zeppelin« in Stuttgart

Goebbels vorgestellt. Anschließend gingen die Fahrzeuge 37003, 37004 und 37002 von Stuttgart über Innsbruck, die Turracher Höhe, den Katschberg, den Tauernpaß und zurück auf eine Testfahrt. Die Wagen zeigten eine tadellose Straßenlage und keine prinzipiellen Fehler. Das Ergebnis dieser Fahrt wurde in einem Bericht zusammengefaßt:

»Da sich während der Fahrt keine prinzipiellen Fehler mehr herausstellten, ist das Ergebnis derselben als sehr zufriedenstellend zu bezeichnen. Da das Befahren der Turracher Höhe ohne schleifende Kupplung einiger Wagen nicht möglich war, so wäre zu erwägen, die Übersetzungsverhältnisse des ersten und zweiten Ganges um noch einige Prozent zu verändern, damit mit der jetzt vorhandenen Motorleistung die Steigung, die wohl mit unter die steilsten zu rechnen sein dürfte, einwandfrei gefahren werden kann. Nachdem die Benzinverbrauchswerte der einzelnen Wagen noch zu sehr streuen, sind unbedingt noch weitere Vergaserversuche notwendig, die ebenfalls schon eingeleitet sind. Ebenso wird auch schon an einer anderen Ausführung der Bremse gearbeitet, da dieselbe ebenfalls noch zu Klagen Anlaß gab.

Die Benzinförderpumpen haben während der ganzen Fahrt einwandfrei gearbeitet, allerdings ist dabei zu berücksichtigen, daß die Außentemperaturen sehr niedrig waren, was auch aus den allgemeinen Wärmemessungen ersichtlich ist.

Die Straßenlage sowie die dazu notwendige Wirkung der Stoßdämpfer waren an sämtlichen Wagen tadellos.«

Vom 10. bis 14. November wurden drei Volkswagen, eine Limousine in rot, ein offener Wagen in dunkelblau und ein Chassis bei General von Blomberg und dem Reichsführer der SS sowie verschiedenen Regierungsmitgliedern vorgeführt. An diese Vorführung schloß sich vom 29. bis 30. November eine weitere in München an, vor dem Schatzmeister der NSDAP, Schwarz. Den Abschluß der Präsentation des Volkswagens vor Regierungsmitgliedern im Jahre 1937 bildete die Vorstellung der bereits erwähnten Wagen vom 6. bis 11. Dezember vor Reichspropagandaminister Dr. Goebbels und Herren des Vierjahresplans sowie eine Präsentation vom 15. bis 18. Dezember bei der GEZUVOR und bei maßgebenden Herren des Kriegsministeriums.

Die ersten Monate des Jahres 1938 dienten der Auswertung der bei der Testfahrt vom 10. bis 16. September 1937 gewonnenen Ergebnisse. Unter anderem wurde die Firma Karl Schmidt GmbH in Neckarsulm beauftragt, die ersten VW-Motoren mit Aluminiumhauptlagern auszurüsten. Aus den gewonnenen Erfahrungen entstanden später mehrschichtige Lager mit Stahlrücken und Aluminiumgleitflächen.

Der nächste spektakuläre Zeitpunkt in der Erprobung des Volkswagens war eine erneute Testfahrt vom 1. bis 5. Juli 1938, an der Ferry Por-

Die Volkswagen, Serie 30, sind zur Erprobung 1937 fertig.

sche, Hans Klauser und Herbert Kaes teilnahmen. Es handelte sich um eine Fahrt mit drei Volkswagen der verbesserten VW-30-Serie, VW 303. Die Strecke führte in die Österreichischen Alpen: von Stuttgart über Ulm, Augsburg, München, Lofer, Ferleiten, Millstadt, Turracher Höhe, Katschberg, Untertauern, Salzburg, München und zurück nach Stuttgart. Es handelte sich bei dieser Fahrt erstmals um eine Vergleichsfahrt mit gleichwertigen serienmäßigen Fahrzeugen anderer Fabrikate. Der Volkswagen hatte seinen Test gegen einen Adler Trumpf Junior, einen DKW, einen Opel Kadett und einen Steyr-Wagen zu bestehen. Alle Fahrzeuge hatten einen Hubraum bei etwa 1000 cm^3, mit Ausnahme der DKW-Meisterklasse, deren Hubvolumen 700 cm^3 betrug. Die Leistung aller Fahrzeuge lag zwischen 20 und 25 PS. Vor Beginn der Vergleichsfahrt wurden die Fahrzeuge mit Tachographen ausgerüstet, um eine Kontrolle über die einzelnen Fahrstrecken zu bekommen. Zur Überwachung der Öl- und Kühlwassertemperatur wurden Fernthermometer eingebaut. Das Einfahren der Wagen begann am 1. Juni 1938 und erfolgte entsprechend der für die einzelnen Fabrikate geltenden Einfahrvorschriften. Ebenso wurden alle anfallenden Überwachungs- und Pflegearbeiten nach Vorschrift durchgeführt. Die Ergebnisse dieses Tests wurden mit folgenden Worten zusammengefaßt: »Zweck der Vergleichsfahrt war, zwischen normalen, in Serienfabrikation hergestellten Fahrzeugen der 1-Liter-Klasse und dem Volkswagen vergleichende Werte über ihr Verhalten im Fahrbetrieb zu bekommen.«

Die Ergebnisse, die bei der Alpenfahrt und der Vergleichsfahrt erzielt wurden, zeigen, daß der Volkswagen gegenüber den geprüften Vergleichsfahrzeugen sehr gut abschnitt. Auch die Leistungen des Volkswagens hinsichtlich der Spitzengeschwindigkeit, der Autobahnfestigkeit sowie der Bergfreudigkeit konnten von den Vergleichswagen nicht erreicht werden (der komplette Testbericht kann ab Seite 152 nachgelesen werden).

Zu den Testpunkten, die sich zahlenmäßig nicht belegen ließen, wie Fahreigenschaften und Fahrkomfort, ließ sich folgendes feststellen: die Straßenlage des Volkswagens, bedingt durch die Einzelradfederung, Torsionsstäbe, tiefe Schwerpunktlage und die damit verbundene gute Kurvenlage erlaubte ein schnelleres Durchfahren von Kurven und besonders von schlechten Wegstrekken gegenüber den Vergleichswagen, von denen der DKW und der Adler mit Frontantrieb ausgerüstet waren. Letztere bewährten sich jedoch auf Schlaglochstrecken besser als zum Beispiel der Opel, der infolge seiner weicheren Abfederung stärkere Nickschwingungen ausführte.

Die Lenkung des Volkswagens zeichnete sich durch leichten und vollkommen erschütterungsfreien Gang auf schlechten Straßen und in Kurven aus.

Die Fahrannehmlichkeiten hinsichtlich des Raumangebots, der Anordnung und Ausführung der Sitze, der Sicht, der Unterbringung von Gepäck, der Fahr- und Wagengeräusche fand beim Volkswagen eine wesentlich bessere Beurteilung als bei den Vergleichsfahrzeugen.

Abschließend wurde festgestellt, daß die für den Bau des Volkswagens erforderlichen Grundbedingungen als erfüllt betrachtet werden konnten und daß die endgültige Ausführung, wie sie später vom Band laufen sollte, in vielen Einzelheiten noch ausgereifter sein würde.

So wurde erstmals durch offizielle Stellen bestätigt, was Porsche in seinem Exposé 1934 bereits für den Volkswagen formuliert hatte. Wesentlichster Punkt seiner Ausführungen war, daß der Volkswagen kein Kleinwagen im herkömmlichen Sinn sein sollte, sondern über diesen Kleinwagen stehen mußte, sozusagen als Bindeglied zwischen den bisherigen Kleinwagen und den Fahrzeugen der Luxusklasse. Porsche hatte sein Konzept verwirklicht, und es wurde durch Testfahr-

Porsche führt Reichsmarschall Göring in Karinhall den Volkswagen vor.

ten, die vom Reichsverband der Automobilindustrie durchgeführt wurden, bestätigt.

Porsche war es gelungen, bis zum Jahr 1938 einen Volkswagen zu entwickeln, der die Skeptiker an diesem Projekt zu Korrekturen ihrer Ansichten bringen mußte. Er hatte bewiesen, daß es möglich war, zu einem Preis ein vollwertiges Auto zu bauen, zu dem es bisher lediglich mehr oder weniger taugliche drei- oder vierrädrige Fortbewegungsmittel gegeben hatte. Der Volkswagen war in seiner Grundkonzeption überzeugend gelungen. Die Arbeiten, die nun noch an ihm ausgeführt werden mußten, unterschieden sich wesentlich von den bisher geleisteten Konstruktionsaufgaben.

Am 12. Oktober 1938 wurde protokollarisch festgehalten, daß der VW-38-Serie, die zunächst aus 44 Fahrzeugen bestand, eine weitere Serie unter der Bezeichnung VW 39 folgen sollte. Fünfzig Fahrzeuge dieses Typs waren bestellt und sollten bis spätestens Juli 1939 ausgeliefert werden. Diese Serie war der Beginn einer Verfeinerung und der Vorbereitung des Volkswagens für die Großserie. Zwar wurde bereits vor Kriegsbeginn der Produktionsstopp über das im Rohbau fertiggestellte Volkswagenwerk verhängt, doch lief die technische Entwicklung des Volkswagens weiter.

Schon im Mai 1938 hatte man mit der Vorbereitung einer neuen Variante des Volkswagens, des VW-Kübelwagens, begonnen, für dessen Entwicklung man eine Zeitdauer von sechs Wochen angesetzt hatte. Das Fahrzeug sollte zwischen 1500 und 2000 RM kosten. Das erste Versuchsmodell dieses neuen Typs war am 3. November 1938 fertiggestellt.

In den folgenden Wochen und Monaten der Jahre 1939 und 1940 wurden stets neue Versuchsfahrten durchgeführt, in der Hauptsache in den österreichischen Alpen. Ein Teil dieser Fahrten wurde auch zu Propagandazwecken benutzt, um der Bevölkerung des Deutschen Reichs den Volkswagen zu präsentieren und einen Anreiz für das Volkswagen-Sparsystem zu bieten.

Zwar wurde keiner dieser Wagen ausgeliefert, doch begann man bereits im Juni 1940 mit der Übergabe von Kübelwagen an die Wehrmacht. Die ersten drei in Wolfsburg gebauten KdF-Wagen wurden nach Auskunft der amtlichen Statistik im September, Oktober und November 1940 zugelassen.

Aus dem Volkswagen wurden ab 1940 weitere militärische Fahrzeuge entwickelt: der Schwimmwagen Typ 128, ein VW-Sechsrad-Spähwagen, der Kommandeurwagen Typ 87 und der

Schwimmwagen Typ 166.
Die Erprobung dieser Fahrzeuge fand auch außerhalb Europas statt, so z. B. ab 30. Mai 1941 in Libyen. Sie alle, ebenso wie die während des Zweiten Weltkriegs im Einsatz gewesenen etwa 70000 Volkswagen, trugen, wenn auch in einer in der Geschichte der Automobilindustrie einmaligen Weise, dazu bei, aus dem Volkswagen das Fahrzeug zu entwickeln, dessen eigentliche Produktion erst nach Beendigung des Weltkriegs begann: ein ausgereiftes und zuverlässiges Automobil, dessen guter Ruf weltweit bekannt ist und das täglich aufs Neue in hoher Stückzahl gefertigt, die Konstruktion seines Erfinders und die Richtigkeit seiner Idee bestätigt.

Das Volkswagenwerk wird gebaut

Parallel zu den Entwicklungsarbeiten am Volkswagen liefen vor allem bei der Reichsregierung Überlegungen über die Produktionsmöglichkeiten dieses Automobils. Ursprünglich war daran gedacht, daß sich die bestehenden Unternehmen die Fertigung des Volkswagens untereinander aufteilen und den Wagen im Verbund fertigen sollten. Diese dezentrale Fertigung stieß jedoch von Anfang an bei den betroffenen Unternehmen auf wenig Gegenliebe. Man argumentierte:

- mit der rein politischen Idee, die dem Volkswagen zur Realisierung verhelfen sollte und leugnete ein echtes marktwirtschafliches Interesse;
- mit Hindernissen im Produktionsablauf durch die zusätzliche Produktion von Volkswagenteilen in den kleinen Unternehmen, mit dem politischen Preis des Volkswagens, der reelle Kostenkalkulationen unmöglich mache;
- mit der Höhe der Investitionen für den Volkswagen, die den einzelnen Firmen nicht zumutbar wären.

Bereits im Juni 1936 begann ein Briefwechsel zwischen dem Generaldirektor Popp, Bayerische

Nachdem feststeht, wo das Volkswagenwerk errichtet werden soll, werden Journalisten zur Besichtigung des Geländes eingeladen.

Organisatorischer Aufbau der Volkswagenwerk GmbH.

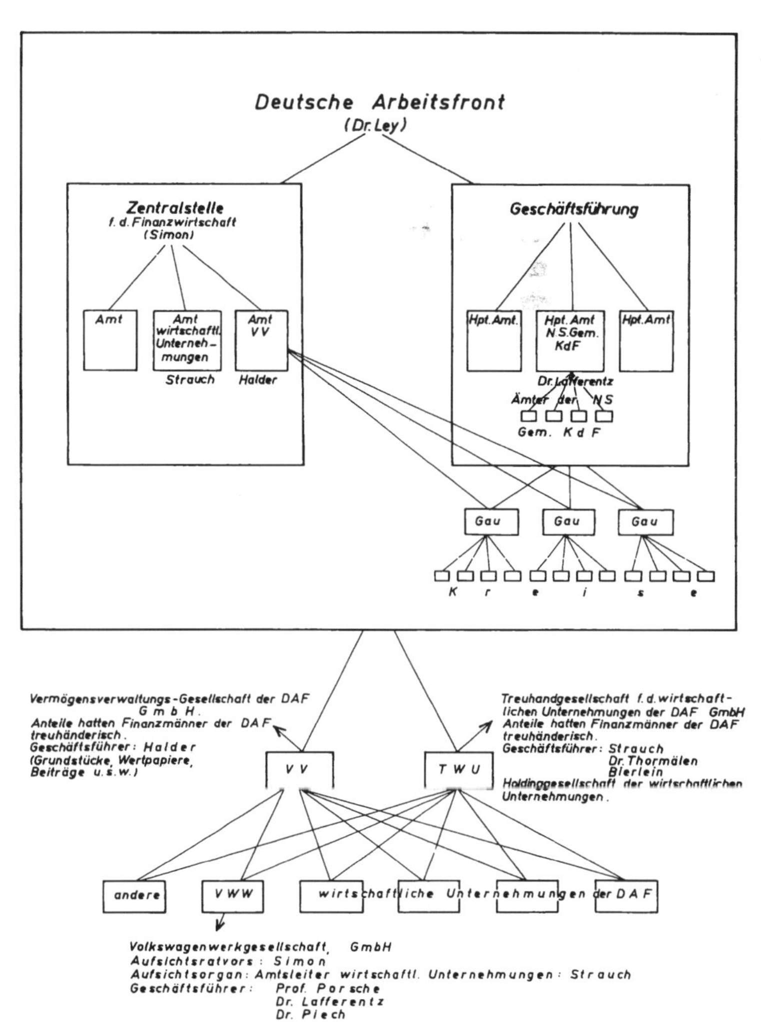

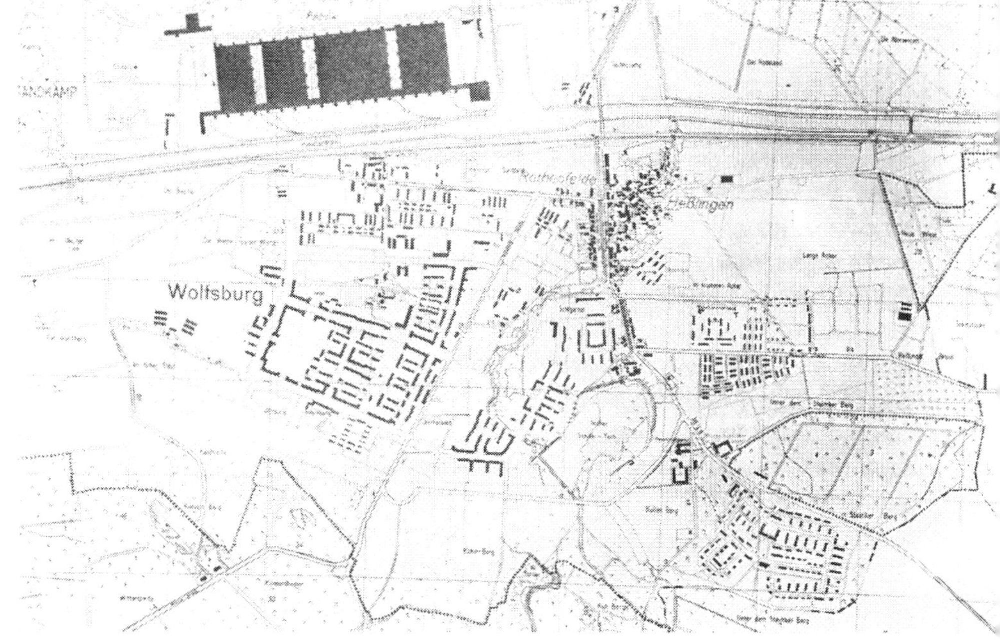

Eine Stadt und ein Werk entstehen 1938 auf dem Reißbrett.

Motorenwerke AG und dem Treuhänder der Arbeit in München, Frey. Popp vertrat die Ansicht, daß die Produktion des Volkswagens von der Deutschen Arbeitsfront (DAF) übernommen werden sollte, da die Industrie nicht das nötige Kapital aufbringen könnte. Die Industrie solle der Fabrik kostenlos alle Patente und Schutzrechte zur Verfügung stellen. Nürnberg kam nach Popps Meinung als Standort für das Volkswagenwerk in Frage. Als Begründung gab Popp an:

»die Besucher der Reichsparteitage könnten sich ihren Volkswagen nach ihrer Teilnahme an den Feierlichkeiten gleich mitnehmen; dadurch sparte man eine Vertriebsorganisation; Bayern besitze keine Automobilfabrik (BMW hatte seine Automobilproduktion zu diesem Zeitpunkt in Eisenach); durch die Ansiedlung des Volkswagenwerks in Bayern wäre auch die volkswirtschaftlich bedeutende und von der Reichsregierung geförderte Automobilindustrie in diesem Land vertreten.«

Der Finanzbedarf für dieses Projekt wurde auf 200 Millionen RM geschätzt. Das arbeitswissenschaftliche Institut der Deutschen Arbeitsfront lehnte diese Gedankengänge aus wirtschaftlichen und ideologischen Gründen sehr scharf ab. Es unterstellte der Privatwirtschaft für ihre Überlegungen drei Motive:

1. Die Aufnahme der Volkswagenproduktion in den bestehenden Werkstätten müßte zu niedrigeren Preisen für die Heeresautomobile führen.
2. Die Automobilfabriken möchten sich von dem mit dem Volkswagen notwendig verbundenen großen Abzahlungsapparat befreien.
3. Die Automobilfabriken fürchten, daß der billige Volkswagen ihren jetzigen Konstruktionen Konkurrenz machen könnte. Wenn die DAF sich durch den Volkswagen unbeliebt macht, verbleibt den privaten Fabriken eine bessere Wettbewerbsmöglichkeit. Unausgesprochen mochte vielleicht die Hoffnung mitspielen, daß ein »DAF-Wagen« von den »besseren Kreisen« nicht gekauft würde; wenn der gleiche Wagen aber im privaten Handel zu haben wäre, würde vielleicht doch mancher Käufer regulärer Typen zum Volkswagen übergehen. Der Vorschlag, die DAF zu beteiligen, lief also

darauf hinaus, den Volkswagen vom regulären Markt fernzuhalten.

Ein Exposé der DAF beleuchtete noch einmal in aller Deutlichkeit die erste Konfrontation zwischen der Reichsregierung und der deutschen Automobilindustrie im Sommer 1936. Der Bruch war vollzogen, und diese Tatsache wurde mit aller Deutlichkeit ausgesprochen:

»Wenn es die Aufgabe der deutschen Automobil- und Zubehörindustrie nur sein kann, sich für die Projektierung und den Betrieb dieser Volkswagenfabrik voll und ganz zur Verfügung zu stellen, und wenn dies alles ist, was man von der deutschen Automobilindustrie wirklich verlangen kann, dann taucht freilich sehr bald die Frage auf, ob es bei einer solchen Einstellung überhaupt noch möglich ist, eine Privatwirtschaft zu betreiben. Es ist zweifellos nicht die Aufgabe der deutschen Automobilindustrie, nur dann Projekte in Angriff zu nehmen, wenn der Staat, die Partei oder irgendeine andere Organisation den Absatz garantieren. Aufgabe der Unternehmen ist es vielmehr, selbst verantwortlich die auftauchenden wirtschaftlichen Probleme zu lösen.«

An 27. Juli 1936 waren die Würfel gefallen. Ein selbständiges Volkswagenwerk sollte gebaut und der Volkswagen unabhängig von der übrigen Automobilindustrie gefertigt werden. In Beratungen des Reichsverbandes der Automobilindustrie mit den Firmen Adler, Daimler-Benz, BMW, MAN und der Dr.-Ing. Porsche GmbH faßte man an diesem Tag in Koblenz einstimmig folgende Beschlüsse:

1. Das Volkswagenwerk soll außerhalb der Automobilindustrie geschaffen werden und keinem anderen Einfluß als dem der Reichsregierung unterliegen.
2. Die Höhe der Mittel für das in Aussicht genommene Werk ist gleichgültig.
3. Die Produktionsaufnahme soll bis 1938 erfolgen, das Werk muß also in kürzester Frist gebaut werden.

Die Reichsregierung nahm damit vom Reichsverband der Automobilindustrie, nicht ohne eine gewisse Verärgerung über dessen mangelnde Bereitschaft, den Volkswagen zu fertigen, den Auftrag zum Bau des Volkswagenwerks zurück. Bereits zu diesem Zeitpunkt wurden Überlegungen angestellt, nach denen die Deutsche Arbeitsfront nun mit dem Bau des Volkswagens beauftragt werden sollte.

Bei einem Essen für Arbeiter-Delegierte der Automobilindustrie und Tullio Cianetti, dem italienischen Arbeiterführer, gab Hitler am 20. Februar 1937 im Hotel Kaiserhof in Berlin bekannt, daß er Dr. Ley mit der Schaffung der Vorbedingungen für den Volkswagen beauftragt habe, wozu auch die Errichtung eines Volkswagenwerks gehöre.

Im Mai desselben Jahres unternahmen Jacob Werlin, Hitlers Berater in Automobilfragen, Dr. Porsche und Dr. Bodo Lafferentz, Leiter des Amtes Reisen, Wandern und Urlaub, in der Organisation »Kraft durch Freude«, mit der »Sierra Cordoba« eine Nordlandreise von Hamburg nach Drontheim.

Auf dieser Fahrt legten sie die endgültigen Pläne für den Bau des Volkswagenwerks fest. Am 28. Mai wurde die »Gesellschaft zur Vorbereitung des Volkswagens« GEZUVOR in Berlin gegründet, ihre Geschäftsführer waren die Herren Dr. Porsche, Werlin und Dr. Lafferentz. Die Gesellschafter waren die Treuhandgesellschaft für die wirtschaftlichen Unternehmungen der Deutschen Arbeitsfront und die Vermögensverwaltung der DAF GmbH. Beide Gesellschafter brachten ein Gesamtkapital von 50 Millionen RM in die GEZUVOR ein.

Für die Standortplanung waren die Schriften des Siedlungsbeauftragten der NSDAP Voraussetzung. Das Werk sollte danach in sämtliche Gebiete des Deutschen Reichs in etwa gleichem Maß ausstrahlen. Dazu bot sich im damaligen deutschen Wirtschaftsraum in erster Linie ein Gebiet zwischen Stendal im Elbraum und Minden an der Weser an. Verkehrspolitisch war dieser Raum zusätzlich durch den Bau des Mittellandkanals begünstigt sowie durch die durchgehende Eisenbahnlinie in Ost-West-Richtung. Auch das geplante Autobahnnetz sollte nach seiner Fertigstellung in alle Himmelsrichtungen ausstrahlen. Eine Trassierung war hier jedoch noch nicht vorgenommen, so daß eine Detailplanung, zugeschnitten auf den Standort des Volkswagenwerks, zu jeder Zeit noch möglich war. Ein weiterer wichtiger Standortfaktor war die Projektierung großer Eisenhütten-Werke im Salzgitter Gebiet.

Im Sommer 1937 machten sich erste Anzeichen bemerkbar, daß im Sandkämper Bruch und im Forstrevier Rothehof irgend etwas geplant war, ohne daß die Möglichkeit bestand, Näheres festzustellen. So wurde zum Beispiel bemerkt, daß in Rothehof, in der Nähe des Barnstorfer Weges, Bodenproben entnommen wurden, und zwar zu einer Zeit, wo keine Arbeitskräfte im Revier tätig waren. Außerdem erschienen häufig Kraftwagen, deren Insassen sich das Gelände ansahen, unter anderem auch der Leiter der Deutschen Arbeitsfront, Dr. Ley, der von der Kanalbrücke aus das Bruch besichtigte. Die nun folgenden Vorgänge um die weitere Erkundung des Geländes verliefen unter strengster Geheimhaltung, so daß noch nicht einmal die am Ort direkt Beteiligten etwas Konkretes erfuhren.

Für die praktische Durchführung des Projekts wurden nun die weiteren Voraussetzungen geschaffen. Am 20. Oktober 1937 meldeten sich Dr. Lafferentz und der Bezirksplaner aus Braunschweig als Planer für das Gelände zum Bau des Volkswagenwerks zu einer Besprechung auf dem Schloß Wolfsburg an. In Abwesenheit des Grafen von der Schulenburg erläuterten sie seinem Oberrentmeister unter der Verpflichtung strengster Geheimhaltung das Volkswagenwerk-Projekt. Man erklärte, daß der Plan als solcher von Hitler selbst angeregt worden sei und daß das Schulenburgsche Gelände aus mehreren Gründen ideal sei:

1. als Randgebiet von Salzgitter
2. durch die Lage am Kanal und an der Autobahn Berlin – Hannover sowie der geplanten Autobahn Braunschweig – Norden und
3. für die Idealstadt mit den Naturschönheiten des Rothehof mit dem bergigen Gelände und dem alten Baumbestand.

Versuche des Grafen von der Schulenburg, den Standort des Werks um wenige Kilometer in nordwestliche Richtung zu verlegen, blieben erfolglos.

Am 14. November 1937 begann der Architekt Peter Koller in Wolfsburg mit den Vorarbeiten und Ortsstudien für die Stadtplanung.

Die ersten Werksentwürfe wurden Hitler am 11. Dezember 1937 vorgelegt, gleichzeitig mit einem topographischen Kartenrelief im Maßstab 1:25000. In einem gleichzeitig von der Technischen Hochschule Braunschweig erarbeiteten geologisch-mineralogischen Gutachten wurde auf die Brauchbarkeit des Geländes für die Errichtung einer großen Fabrik hingewiesen.

Bei dem am 11. Dezember dem Reichskanzler präsentierten Plan zeigte sich bereits deutlich eine Anpassung der Werksanlagen an die Geländegegebenheiten. Man plante ein Kombinat mit dem eigentlichen Volkswagenwerk und einem zusätzlichen Glaswerk, einem Gummiwerk, einer Schmiede, einer Gießerei, einem Stahlwerk und einem Walzwerk. Für die Mitarbeiter sollte außerdem im Westen des Werksgeländes ein Freizeitbereich geschaffen werden, im Norden sollte das Werk durch eine Einfahrbahn abgeschlossen werden, auf der die neuen Fahrzeuge ihre ersten Kilometer zurücklegen sollten, zum Teil bereits mit ihren Besitzern.

Dieser Entwurf entspricht, von kleineren Veränderungen abgesehen, im wesentlichen dem gegenwärtigen Stand der baulichen Entwicklung der Volkswagenwerk AG. Selbstverständlich beschränkte man sich nach dem Krieg nur auf den Ausbau der echten Produktionstätten.

Noch in der ersten Ausbaustufe wurde lediglich der südliche Hallentrakt am Mittellandkanal realisiert mit Werkzeugbau, Preßwerk, Karosseriebau und mechanischen Werkstätten. Außerdem wurden die Einfahrbahn und der Werksbahnhof gebaut. Durch Kriegseinwirkungen wurden diese Gebäude in den Folgejahren zu über 60 Prozent zerstört. Trotz starker Verlagerungen von Maschinen und Einrichtungen aus dem Volkswagenwerk in die Umgebung wurde der reine Kriegsschaden der Volkswagenwerk GmbH auf 156 Millionen RM beziffert, wovon bis Ende 1944 86 Millionen RM festgestellt werden konnten.

Der Standortvorschlag Wolfsburg wurde Ende 1937 der Reichsstelle für Raumordnung eingereicht, der seit 1935 eigentlich zuständigen Stelle »für die zusammenfassende übergeordnete Planung und Ordnung des Deutschen Raums«. Sie unterstand direkt Hitler und war berechtigt, gegen Vorhaben, die ihr angezeigt wurden, Einspruch zu erheben. Im Januar 1938 kam es zur Ortsbesichtigung, an der neben Vertretern der Reichsstelle für Raumordnung auch Mitglieder der GEZUVOR teilnahmen. Alternativvorschläge wurden nun zu den Akten gelegt.

Am 8. Februar 1938 wurde der bereits fertiggestellte Flächenplan Dr. Ley vorgelegt. Es schlossen sich noch im gleichen Monat Verhandlungen mit dem Regierungspräsidenten, dem Reichsverkehrsministerium, dem Reichsarbeitsministerium und dem Reichsnährstand an. Der Bau des Volkswagenwerks konnte daraufhin am 24. Februar 1938 begonnen werden.

Ausschlaggebend für den Standort war seine zentrale Lage in den Grenzen des Deutschen Reichs, vor allem aus strategischen und absatzmarktpolitischen Gründen, seine verkehrspolitisch günstige Lage, die durch weiterführende Planungen noch zusätzlich verbessert werden

Anstelle des sonst üblichen Kranzes zum Richtfest ragt im Mai 1939 ein Käfer über der Baustelle.

Einladung zur Grundsteinlegung des Volkswagenwerkes.

AM DONNERSTAG, DEM 26. MAI 1938, UM 13 UHR, WIRD AUF DEM WERKPLATZ BEI FALLERSLEBEN DER GRUNDSTEIN ZUM VOLKSWAGEN-WERK GELEGT. ZUR TEILNAHME AN DIESER FEIER LADE ICH SIE HIERMIT HERZLICH EIN.

BERLIN, IM MAI 1938.

sollte, die arbeitsmarktpolitischen Voraussetzungen, die einen hohen Pendleranteil an der Belegschaft des Werks, vor allem aus der Altmark und der Lüneburger Heide, als Ergänzung zur Belegschaft aus der neu zu schaffenden Stadt des KdF-Wagens – später Wolfsburg – vorsahen.

Man versuchte also, für den Aufbau des Großraums Braunschweig eine Gesamtkonzeption zu erarbeiten, die allen wirtschaftlichen Bedürfnissen Rechnung tragen sollte. Die Umgebung der Stadt sollte nicht nur ihr landwirtschaftliches Gepräge erhalten, sondern darüber hinaus anstreben, »die landwirtschaftliche Erzeugungskraft des gesamten Gebietes und die Leistungsfähigkeit der einzelnen landwirtschaftlichen Betriebe mit Rücksicht auf den Bedarf der neuen Stadt unter Ausschöpfung aller Möglichkeiten zu steigern, um damit gleichzeitig für den infolge Errichtung des Volkswagenwerks und Entstehung einer neuen Stadt der landwirtschaftlichen Nutzung entzogenen Boden – wenigstens zum Teil – zu ersetzen.«

26. Mai 1938: Feierliche Grundsteinlegung des Volkswagenwerkes.

An 26. Mai 1938 legte der Reichskanzler in einer Feier, die über alle Rundfunksender des Deutschen Reichs übertragen wurde und einen großen Widerhall in der deutschen Presse fand, den Grundstein für das Volkswagenwerk, das größte Automobilwerk des Kontinents. Damit war der Zeitraum der Planungen abgeschlossen, und die Phase der Realisierung des Baus begann.

Der Aufbau des Werks vollzog sich in der Folgezeit ohne spektakuläre Ereignisse. Man machte zwar deutliche Fortschritte beim Bau, die auch nach außen offenkundig sichtbar waren, aber die öffentliche Meinung nahm kaum Notiz davon. Der Grund für diese propagandistische Zurückhaltung lag in den Kriegsvorbereitungen der Reichsregierung.

So wurde bereits zur Jahresmitte 1938 ein Anteil von etwa 3000 beim Aufbau des Volkswagenwerks beschäftigter Mitarbeiter zum Bau des Westwalls abgezogen. Dies deutet andererseits aber auch darauf hin, daß zu diesem Zeitpunkt noch kein Gedanke der Reichsregierung daran verschwendet wurde, das Volkswagenwerk und den Volkswagen selbst in die Kriegsvorbereitungen mit hineinzuziehen. Hätte man diese Absicht gehabt, so wäre das an den Tag gelegte Handeln unlogisch gewesen, da sich durch die geschilderte Maßnahme die Fertigungsaufnahme-Termine für das Werk hinausschoben.

Die Hallen 1 bis 4 und das Kraftwerk, also die Ausbaustufe, die bis 1945 allein realisiert wurde, konnte erst im Herbst 1939 im Rohbau abgeschlossen werden, zu einem Zeitpunkt, zu dem man ursprünglich schon mit der Produktion beginnen wollte, wenn man der Propaganda für den Volkswagen Glauben schenken darf.

Nach dem Ausbau des Volkswagenwerks sollten

Das Volkswagenwerk steht, die ersten KdF-Wagen rollen von den Bändern, allerdings nicht für Privatkunden. Die Scheinwerfer sind, wie während des Krieges üblich, mit Kappen versehen, damit nur ein geringer Lichtstrahl die Straßen erhellt.

Das Modell des im Krieg zerstörten Volkswagenwerkes.

ab 1939 zunächst 1000 Arbeitskräfte beschäftigt werden, deren Zahl sich noch im gleichen Jahr auf 3000 erhöhen sollte. Mit dieser Belegschaft wollte man in den letzten fünf Monaten des Jahres noch etwa 10000 Fahrzeuge bauen.

Für das Jahr 1940 war eine Gesamtproduktion von 120000 Wagen vorgesehen.

Auf dieser Annahme basieren die Produktionszahlen, die Porsche am 27. März 1941 in einer Unterredung mit dem Städteplaner und Architekt Peter Koller nannte. Porsche beabsichtigte, in der ersten Ausbaustufe des Volkswagenwerks 400000 bis 500000 Wagen in Doppelschicht mit etwa 17500 Arbeitern zu bauen, wobei in der ersten Schicht 10000 Arbeitskräfte, in der zweiten Schicht 7500 Mitarbeiter beschäftigt werden sollten. Diese Leistung, die sich in einer extrem niedrigen Fertigungszeit pro Wagen niederschlagen mußte, sollte durch die Übernahme neuester amerikanischer Produktionsmethoden ermöglicht werden.

Zwar war im April 1939 das Volkswagenwerk so weit fertiggestellt, daß die Vorbereitungsstäbe für die Produktion nach Wolfsburg übersiedeln konnten und die vor allem aus den USA gelieferte maschinelle Einrichtung in Empfang nehmen konnten, doch brach am 1. September desselben Jahres der Zweite Weltkrieg aus, der direkte Auswirkungen auch auf die weitere Entwicklung des Volkswagenwerks hatte. Im Herbst beschlagnahmte das Reichsluftfahrtministerium das Werk, zu einem Zeitpunkt, wo der eigentliche Produktionsbeginn vorgesehen war. Das Preßwerk war zu einem hohen Prozentsatz bereits eingerichtet, konnte aus technischen Gründen jedoch nicht die Karosserie des fertigentwickelten Kübelwagens produzieren. Die Mechanische Abteilung des Werks zeigte in ihrer Ausrüstung noch große Lücken und wurde erst ab 1940 so weit ergänzt, daß Chassis und Motor des VW-Kübelwagens in Wolfsburg gefertigt werden konnten. Damit wurde abrupt die Vielfalt der Überlegungen zur Produktion eines Volkswagens durch die Reichsregierung abgeschlossen.

Die ersten in Wolfsburg serienmäßig hergestellten Volkswagen im Kriegsjahr 1941.

Das KdF-Wagen-Sparsystem

Anläßlich des 75jährigen Bestehens des Leverkusener Werks der IG Farben fand am Nachmittag des 1. August 1938 auf dem Gelände der Fabrik in Leverkusen ein Betriebsappell statt, der seine besondere Bedeutung dadurch erhielt, daß Reichsorganisationsleiter Dr. Robert Ley über die Probleme des Deutschen Volkswagens sprach und den Beginn einer großen Sparaktion verkündete, die es jedem Deutschen ermöglichen sollte, diesen Wagen zu erwerben.

In seiner Rede formulierte Ley die Bedingungen, unter denen es zum Erwerb des Volkswagens kommen sollte:

1. Jeder Deutsche ohne Unterschied der Klasse, des Standes und des Besitzes kann Käufer des Volkswagens werden.
2. Die niedrigste Sparrate einschließlich Versicherung beträgt pro Woche fünf RM. Die regelmäßige Einhaltung dieser Sparrate garantiert nach einer noch festzusetzenden Zeit den Erwerb eines Volkswagens. Diese Zeitspanne wird bei Beginn der Produktion festgesetzt.
3. Die Anmeldung zur Sparaktion des Volkswagens geschieht bei allen Dienststellen der Deutschen Arbeitsfront und Kraft durch Freude, bei denen weitere Einzelheiten zu erfahren sind. Die Betriebe können Sammelbestellungen aufgeben.

Diese programmatische Rede des Reichsorganisationsleiters zeigte durch den ungewöhnlichen Widerhall in der Presse des In- und Auslands und in allen Wirtschaftskreisen, mit welchen Erwartungen diese völlig neuartige Maßnahme zum Erwerb eines Autos aufgenommen wurde.

Obwohl sich bereits 1938 die ersten Anzeichen für einen kommenden Krieg mehrten, waren es fast 270000 Sparer, die im Verlauf eines Jahres bereit waren, wöchentlich fünf RM für den Erwerb des KdF-Wagens anzusparen.

270000 Fahrzeuge pro Jahr, das entsprach mehr als der doppelten Produktion der Firma Opel, die

Marken für Sonderausführungen und Transportkosten

Sonderausführungen

Transportkosten

Merkblatt beachten! Für verlorene oder sonst abhanden gekommene Sparkarten und -marken wird kein Ersatz geleistet.

Nur für den Dienstgebrauch:

Entrichtet sind auf Wagenpreis einschl. Versicherung	KdF-Wagen-Zusatzmarken	Erste Marke geklebt am	Letzte Marke geklebt am
Laut Karte 1 RM 250,–	RM	10.1.39	14.11.40
" " 2 RM 250,–	RM 20,–	15.11.40	21.11.41
" " 3 RM	RM		
" " 4 RM	RM		
" " 5 RM	RM		
500,–	20,–		

Type: Cabrio-Limousine
Farbe: graublau
Lieferungsort: ab Werk
Wochen-Mindestrate:

Wagenpreis ab Werk: RM 990,–
Sonderausführungen: RM 60,–
Versicherung: RM 200,–
Transportkosten: RM
Sa: RM 1250,–

(Unterschrift ... KdF-Kreis-Dienststelle)

Die Deutsche Arbeitsfront

KdF-WAGEN-SPARKARTE
(Anschlußkarte)

NR.
Voraussichtliches Lieferjahr
Gemäß Gaubestellnummer

Vor- und Zuname (bei Frauen auch Geburtsname)

Wohnort: Poststation:
Straße: Schmittgasse Nr.
Geboren am: 16.6.11 in: ...-Eickel
Genaue Berufsangabe: Graveur
Besitzt Führerschein: nein Klasse:

Diese Karte ist ausgestellt am: 18.12.1941
von der Kreis-Dienststelle: Siegburg
Gau: Köln-Aachen

(Unterschrift des Ausstellers) (Dienststempel)

Die Deutsche Arbeitsfront – Gaudienststelle Köln-Aachen

Volkswagenwerk

Die Sparkarte kostete 1 RM, wöchentlich war mindestens eine Marke im Wert von 5 RM zu kleben.

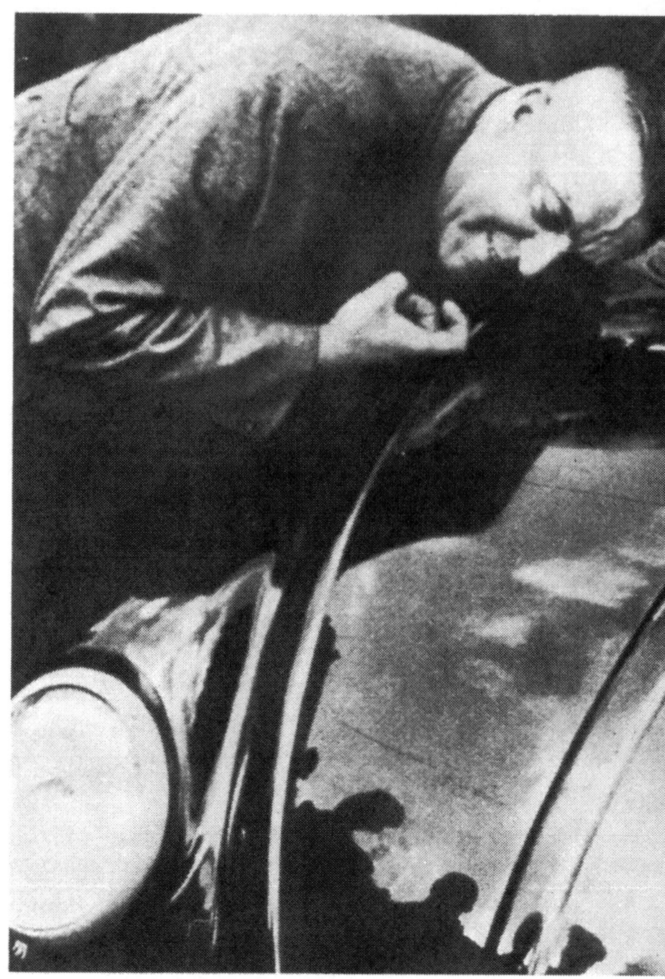

Fotos aus dem offiziellen KdF-Prospekt.

zur damaligen Zeit der größte deutsche Automobilproduzent war.
270000 Fahrzeuge übertrafen sogar die jährlichen Zulassungen an deutschen Personenkraftwagen insgesamt vor dem Kriege.
270000 VW-Sparer sicherten gleichzeitig dem im Bau befindlichen Werk auf Jahre hinaus eine feste Produktionsquote. Selbstverständlich war nicht damit zu rechnen, daß dieser Boom von VW-Sparern anhalten würde. Die Sättigung des Markts würde nach einigen Jahren eintreten, doch war damit zu rechnen, daß sich der Markt für dieses Auto ständig ausweitete, daß ständige Ersatzlieferungen notwendig würden.
Bis zum Kriegsende sparten im Rahmen des Volkswagen-Sparsystems insgesamt 336638 Arbeiter, Angestellte und Angehörige freier Berufe auf einen Volkswagen. Diese relativ hohe Zahl ist um so bemerkenswerter, als etwa ein Jahr nach der Proklamation des Sparsystems der Zweite Weltkrieg ausbrach und jegliche Werbung für den Volkswagen ausgesetzt wurde. Die bei der Bank der Deutschen Arbeit eingezahlten Beträge im Rahmen dieser Sparaktion betrugen 267867937,30 RM, zu denen Zinsen im Gesamtwert von 34626390,35 RM kamen. Diese Gelder, die als langfristige Anlage getätigt wurden, dürften einen bedeutenden Platz in der Staatsfinanzierung eingenommen haben und für die Stabilisierung der Währung und der Preise durch das Abschöpfen überflüssiger Kaufkraft gewirkt haben. Es ist müßig, darüber zu spekulieren, welche Entwicklung das VW-Sparsystem genommen hätte, wenn der Zweite Weltkrieg nicht ausgebrochen wäre. Mit Sicherheit läßt sich jedoch aussagen, daß der Normalverkauf des Volkswagens den Bestand der Sparer und der Gelder beträchtlich gesteigert hätte. Das Volkswagenwerk hätte nach Normalbeginn seiner Fertigung im Früjahr 1940 einen Auftragsbestand vorgefunden, den es erst in Jahren hätte aufarbeiten können. Damit war sichergestellt, daß 250000 Fahrzeuge pro Jahr in einer Schicht gefertigt werden konnten. Lediglich bei einer solch hohen Produktionszahl wäre aber auch die Fertigung des Volkswagens rentabel und der Verkaufspreis von RM 990 gerechtfertigt gewesen.
Bei der weiteren Entwicklung des Volkswagen-Sparsystems bis zum Jahr 1942 hatte sich erst gut ein Dreißigstel der für den Volkswagen in Frage kommenden Bevölkerung gemeldet und Interesse für den Volkswagen gezeigt. Entscheidend für diese negative Entwicklung war ohne Zweifel der Zweite Weltkrieg und damit verbunden die Unmöglichkeit, den Volkswagen zu produzieren. Die angesparten Gelder wurden zinslos für ihre Sparer auf der DAF-eigenen Bank der Deutschen Arbeit festgelegt, um bei späterem Produktionsanlauf des Volkswagenwerks zur Verfügung zu stehen. Es ist zwar nicht auszuschließen, sogar wahrscheinlich, daß diese finanziellen Mittel im Laufe der 40er Jahre zur Finanzierung des Kriegs herangezogen wurden, eines ist aber mit Sicherheit klar, zum Aufbau des Volkswagenwerks wurden diese Gelder nicht benutzt.
Nachdem am 28. Mai 1937 zwischen der Treuhandgesellschaft für die wirtschaftlichen Unternehmungen der Deutschen Arbeitsfront GmbH und der Vermögensverwaltung der DAF GmbH ein Gesellschaftsvertrag über die Errichtung eines Volkswagenwerks abgeschlossen worden war, wurde aus den finanziellen Quellen dieser beiden Gesellschaften das Stammkapital für die neue Gesellschaft zur Vorbereitung des Volkswagens GEZUVOR aufgebracht. An diesem Kapital war die Treuhandgesellschaft mit 100000 RM und die Vermögensverwaltung mit 380000 RM beteiligt. Geschäftsführer der GEZUVOR wurden Dr. Ing. e.h. Porsche, Jakob Werlin und Dr. Bodo Lafferentz.
Die GEZUVOR erhielt von Reichsorganisationsleiter Dr. Ley den Auftrag, sich neben der Vorbereitung der Produktion auch mit der Vorbereitung

»Der Radwechsel ist leicht durchzuführen.«

aller Maßnahmen zur Stadtgründung, wozu in erster Linie auch der Landerwerb gehörte, zu befassen.

Am 16. September 1938 wurde die GEZUVOR durch einen neuen Gesellschaftsvertrag in Volkswagenwerk GmbH umbenannt. Gegenstand des Unternehmens war, »den der Deutschen Arbeitsfront vom Führer und Reichskanzler erteilten Auftrag zur Herstellung, Weiterentwicklung und zum Vertrieb des Volkswagens durchzuführen und andere, für die gesamte deutsche Volkswirtschaft wichtige Erzeugnisse herzustellen und zu vertreiben.«

Der Zweck der Gesellschaft war gemeinnützig, richtete sich also nicht auf das Erzielen von Gewinnen. Das Stammkapital der neuen Gesellschaft wurde auf 50000000 RM erhöht, von denen nun 49900000 RM durch die Vermögensverwaltung aufgebracht wurden. Kapitalerhöhungen im Oktober 1940 und Dezember 1944 auf insgesamt 150 Millionen RM wurden im wesentlichen wieder durch die Vermögensverwaltung der DAF aufgebracht.

Nach dem Zusammenbruch des Dritten Reichs wurde das Werk aufgrund des Gesetzes Nr. 52 der Militärregierung Deutschland, Kontrollratsgebiet des Obersten Befehlshabers, das die Westmächte bereits vor dem Einmarsch ihrer Truppen in das deutsche Reichsgebiet im Wortlaut festgelegt hatten, beschlagnahmt, als Vermögen, das unmittelbar oder mittelbar im Eigentum oder unter Kontrolle von Organisationen stand, die der NSDAP angeschlossen waren. Kontrollratsgesetze und Direktiven, die nun folgten, erschwerten eine Klarstellung der Besitzverhältnisse am Volkswagenwerk und die weitere Existenz des Unternehmens.

Erst durch die am 6. September 1949 in Kraft getretene Verordnung Nr. 202 verzichtete die Militärregierung auf die Kontrolle bestimmter, bisher beschlagnahmter Vermögenswerte und eröffnete der neugegründeten Bundesrepublik Deutschland die Möglichkeit, entsprechend den Artikeln 89, 90 und 134 des Grundgesetzes, über früheres Reichsvermögen zu verfügen. Diese Verordnung enthielt auch eine Vorschrift, die sich

»Die bequeme Anordnung der Vorder- und Rücksitze. Die Vordersitze sind verstellbar, ihre Rückenlehne umlegbar, so daß reichlich Platz zum Ein- und Aussteigen ist.«

unmittelbar auf das Volkswagenwerk bezog.
Es heißt dort: »Solange die zuständigen deutschen Behörden keine anderweitigen Vorschriften erlassen haben, hat das Land Niedersachsen die Kontrolle im Namen und unter Weisung der Bundesregierung auszuüben über: ..... ii) die Volkswagenwerk GmbH.«
Es wurden zwei Treuhänder eingesetzt, die das Werk als GmbH weiterführten. Am 26. April 1948 wurde der Sitz der Gesellschaft von Berlin nach Wolfsburg verlegt. Auf einer Gesellschafterversammlung im Jahr 1951, in der die Bundesrepublik Deutschland und das Land Niedersachsen als Gesellschafter auftraten, wurde das Stammkapital auf 60 Millionen DM neu festgesetzt. Mit Vollzug dieser Gesellschafterversammlung war zwar die Gesellschaftsform der Volkswagenwerk GmbH wieder eindeutig definiert, jedoch war nicht klargestellt, in wessen Besitz das Unternehmen übergehen sollte.
Nach Ansicht des Landes Niedersachsen hätte das Unternehmen durch die Zonenbefehlshaber auf das Land übertragen werden müssen. Das Bundeswirtschaftsministerium vertrat demgegenüber die Ansicht, daß nach einer Verordnung der britischen Militärregierung das Volkswagenwerk durch das Land Niedersachsen und nach Weisung der Bundesregierung verwaltet werden solle.
Dieser prinzipielle Streit wurde bis Ende der 50er Jahre zwischen der Bundesrepublik und dem Land Niedersachsen nicht entschieden. Eine Entscheidung wurde jedoch zu diesem Zeitpunkt um so wichtiger, als man nun Überlegungen anstellte, das Volkswagenwerk teilweise zu privatisieren. Mit Wirkung vom 9. Mai 1960 wurde dieser strittige Punkt des Besitzanspruchs über das Unternehmen zwischen dem Bund und dem Land Niedersachsen eindeutig geklärt. In Paragraph 1 des Gesetzes über die Regelung der Rechtsverhältnisse der Volkswagenwerk GmbH heißt es:
»Die Gesellschaftsanteile, die der ehemaligen TWU und der VV der DAF GmbH, beide mit dem Sitz in Berlin-Willmerdorf, an der Volkswagenwerk GmbH zugestanden haben, stehen mit Wirkung vom 24. Mai 1945 der Bundesrepublik Deutschland zu.«
Als Anlage zu diesem Gesetz wurde ein Vertrag über die Neuregelung der Rechtsverhältnisse bei der Volkswagenwerk GmbH und über die Errichtung einer Stiftung Volkswagenwerk von beiden Vertragspartnern gebilligt, der bereits am 11. bzw. 12. November 1959 in Hannover und Bonn unterzeichnet worden war.
Seit dem 9. Mai 1960 ist das Volkswagenwerk eine Aktiengesellschaft. Sechzig Prozent des Grundkapitals wurden an Privatinvestoren, vor allem Kleinaktionäre, veräußert.
Im Zusammenhang mit der Teilprivatisierung des Volkswagenwerks konnte dann auch der lange schwelende Konflikt zwischen den Volkswagen-Sparern der Vorkriegszeit und dem Unternehmen beigelegt werden. In einem gerichtlichen Vergleichsverfahren wurde den Sparern ein Nachlaß auf neue Volkswagen, je nach angesparter Summe bis zu 600 DM, eingeräumt bzw. eine Barabfindung bis zu 100 DM ausgezahlt.

Das Exposé

In seinem »Exposé betreffend den Bau eines deutschen Volkswagens« legt Dr. Porsche erstmals schriftlich fest, wie er sich die Konstruktion eines preiswerten Automobils für breite Bevölkerungsschichten vorstellt. Wegen seiner historischen Bedeutung hier die komplette Niederschrift.

A b s c h r i f t

Dr. Ing.h.c. F. Porsche G.m.b.H.

Patentabteilung

E X P O S E'

betreffend den

Bau eines deutschen Volkswagens

I. Einleitung

II. Begriffsbestimmung

III. Grundlegende Forderungen und Kennzeichen

IV. Vorschlag

Übersicht durch

Dr.Ing.h.c. Ferdinand Porsche

Stuttgart, Kronenstraße 24

I.

Der Bau eines einheitlichen Rundfunkgerätes, des sogenannten Volksempfängers, hat gezeigt, welche hohe wirtschaftliche Bedeutung einem Erzeugnis beizumessen ist, das hohe Qualität mit absoluter Preiswürdigkeit in sich vereinigt. Binnen kürzester Zeit konnte eine derart große Menge solcher Volksempfänger abgesetzt werden, daß das angestrebte Ziel – das Volk dem Rundfunk näherzubringen und der Binnenwirtschaft neue Arbeitsmöglichkeiten zu geben – bei weitem überschritten wurde.

Seit Jahren trägt sich das deutsche Volk mit der Hoffnung, daß ihm endlich ein ausgesprochener Volkswagen beschert werden möchte. Nicht nur aus der Presse, aus tausend Anfragen kann dies laufend entnommen werden. Wohl sind bereits einzelne Wagentypen auf dem Markt erschienen, die hohe Qualität zeigen, deren Preis jedoch den verringerten Durchschnittseinkommen der deutschen Volksgenossen keineswegs Rechnung trägt. Solche "Fabriksvolkswagen" wenden sich nach wie vor an eine begrenzte Käuferschicht, die nie und nimmer dür Deutschlands künftige Kraftverkehrsentwicklung maßgebend bleiben kann und darf. Denn diese Entwicklung ist mehr denn je Sache des ganzen Volkes, insbesondere dessen Jugend, die nicht nur in körperlicher, sondern auch in technischer Tüchtigkeit herangezogen werden will. Darüber hinaus ist gerade die Kraftverkehrswirtschaft – was ja auch die Planung der Autobahn beweist, wohl wie keine zweite geeignet, das gesamte Wirtschaftsleben zu befruchten, neue Arbeitsmöglichkeiten zu schaffen oder wenigstens zu solchen anzuspornen.

II.

Ich habe die Frage des Volkswagens eingehend studiert und erlaube mir, in Folgendem meinen Standpunkt hierzu klarzulegen. Ich verstehe unter einem Volkswagen kein Kleinfahrzeug, das durch künstliche Verringerung seiner Abmessungen, seiner Leistung, seines Gewichtes usw. die Tradition der bisherigen Erzeugnisse auf diesem Gebiete nach der Storchschnabelmanier weiterführt. Ein solcher Wagen kann zwar im Ankaufpreis, niemals aber vom Standpunkt einer gesunden Volkswirtschaft aus billig sein, da sein Gebrauchswert durch Verringerung der Fahrtbequemlichkeit und Lebensdauer nur äußerst gering ist. Gerade in Zeiten wachsender Verkehrsdichte, in welchen die Fahrtsicherheit immer höhere Beachtung verdient, sind alle Maßnahmen die auf eine Verringerung des Gebrauchswertes eines solchen Fahrzeuges abzielen, unbedingt zu verwerfen. Ich verstehe unter einem Volkswagen daher nur ein vollwertiges Gebrauchsfahrzeug, das mit jedem anderen Gebrauchsfahrzeug gleich berechtigt in Wettbewerb treten kann. Um die bisher üblichen Gebrauchswagen zu Volkswagen zu machen, bedarf es meiner Ansicht nach grundsätzlich neuer Lösungen. Ich möchte zur Begriffsbestimmung des Volkswagens folgendes zusammenfassen:

1) Ein Volkswagen darf kein Kleinwagen mit auf Kosten seiner Fahreigenschaften und Lebensdauer verringerten Abmessungen aber verhältnismäßig hohem Gewicht sein, sondern vielmehr ein Gebrauchswagen mit normalen Abmessungen aber verhältnismäßig geringem Gewicht, was durch grundlegend neue Maßnahmen zu erzielen wäre.

2) Ein Volkswagen darf kein Kleinwagen mit auf Kosten seiner Höchstgeschwindigkeit und guten Bergsteigefähigkeit verringerter Antriebsleistung sein, sondern vielmehr ein Gebrauchswagen mit einer der normalen Höchstgeschwindigkeit und nötigen Bergsteigefähigkeit entsprechenden Antriebsleistung.

3) Ein Volkswagen darf kein Kleinwagen mit auf Kosten des Fahrkomfortes verringerter Platzaufteilung seiner Aufbauten sein, sondern vielmehr ein Gebrauchswagen mit normaler d.h. bequemer Platzaufteilung seiner Aufbauten.

4) Ein Volkswagen darf kein Fahrzeug für einen begrenzten Verwendungszweck sein, er muß vielmehr durch einfachen Wechsel seiner Karosserie allen praktisch vorkommenden Zwecken genügen, also nicht nur als Personenwagen, sondern auch als Lieferwagen und für bestimmte militärische Zwecke geeignet sein.

5) Ein Volkswagen darf nicht mit komplizierten Einrichtungen versehen sein, die eine erhöhte Wartung erheischen, sondern vielmehr ein Fahrzeug mit möglichst narrensicheren Einrichtungen, die jede Wartung auf ein Mindestmaß herunterdrücken.

III.

Auf Grund der obigen Feststellungen wird daher von einem Volkswagen zu fordern sein:

1) Eine bestmöglichste Federung und Straßenlage,
2) eine Höchstgeschwindigkeit von etwa 100 km/Std.,
3) eine Bergsteigefähigkeit von etwa 30 %,
4) eine geschlossene vierseitige Karosserie für die Zwecke der Personenbeförderung und
5) ein möglichst niederer Anschaffungspreis und möglichst niedere Betriebskosten.

Es darf sich somit beim zukünftigen Volkswagen um keine Kompromißlösung mit Rücksicht auf einen bestimmten Preis handeln, vielmehr muß eine grundlegend neue kontruktive Lösung im Hinblick auf einen auch für breite Volksschichten erträglichen Preis angestrebt werden, welch letzteres dem technischen Fortschritt auf Jahre hinaus Rechnung trägt. Aus den obigen Forderungen ergeben sich etwa die folgenden Kennzeichen für den künftigen Volkswagen:

Radspur	1200 mm
Achsstand	2500 mm
Höchstleistung	26 PS
Höchstdrehzahl	3500 UPM
Leergewicht	650 kg
Verkaufspreis	1550,-- RM
Höchstgeschwindigkeit	100 km/Std.
Bergsteigefähigkeit	30 %
mittlerer Brennstoffverbrauch	8 Ltr./100 km
Wagenbauart	Vollschwingachser

IV.

Auf Grund vorstehender Ausführungen erlaube ich mir den folgenden Vorschlag zu unterbreiten:

Die Regierung möge mir den Bau eines Volkswagens als Studienobjekt übertragen. Der Wagen wird von mir innerhalb einer Frist von etwa 1 Jahr durchkonstruiert und durchprobiert, worauf eine Abnahmeprüfung durch eine Kommission von amtlichen und privaten Sachverständigen unter Heranziehung der Industrie stattzufinden hat. Im Falle eines befriedigenden Prüfungsergebnisses möge sich die Regierung entschließen, der Industrie den Serienbau dieses Modells als deutschen Volkswagen zu empfehlen.

Für meine Arbeit begehre ich lediglich die Vergütung der Entwicklungskosten für einen Probewagen, also die für Konstruktion, Herstellung und Versuch erwachsenden Auslagen, die mir im Wege einer staatlichen Subvention fallweise nach dem nachgewiesenen Arbeitsfortschritt zuzubilligen wären. Sollte dieser Wagen in den Serienbau übernommen werden, so begehre ich ferner eine noch zu vereinbarende Stücklizenz für die Benützung der zur Verwendung gelangenden eigenen Patente.

Ich halte mich für die selbständige Entwicklung eines Volkswagens aus dem Grunde für befähigt, da ich mir während meiner jahrzehntelangen praktischen Tätigkeit, in deren Verlauf ich mehr als 60 Fahrzeugtypen entwickelt habe, wohl alle hierzu nötigen fachmännischen Erfahrungen aneignen konnte. Ich verfüge überdies im Rahmen meines neutralen Konstruktionsbüros in Stuttgart über einen Stab ausgesuchter Mitarbeiter, die mit meinen Ideen auf das Engste verwachsen sind und daher allen Anforderungen genügen dürften. Mein Konstruktionsbüro darf mit Recht als ein neutrales angesehen werden, da kein anderes Interesse als das der planmäßigen schöpferischen Arbeit dahintersteht und da keinerlei Bindungen mit bestimmten Zweigen der Autoindustrie bestehen. Mein Konstruktionsbüro war daher binnen kürzester Zeit in der Lage, einen großen Teil der in- und ausländischen Industrie mit Konstruktionen zu beliefern, die den nachhaltigsten Widerhall in der Fachwelt gefunden haben. Ich habe mit meinen Mitarbeitern seinerzeit aus eigener Initiative den Bau eines deutschen Rennwagens begonnen und schließlich mit staatlicher Beihilfe durchgeführt, der gerade seine ersten vielbesprochenen Probefahrten zurücklegt. Der Bau eines deutschen Volkswagens, als der von breiten Volkskreisen noch in viel stärkerem Maße erwarteter Zukunftswagen, liegt mir daher außerordentlich nahe. Ich darf daher mit Berechtigung erwarten, daß mir die Regierung unter Würdigung der geschilderten Sachlage den Auftrag zum Bau des deutschen Volkswagens erteilt.

Stuttgart, am 17. Januar 1934. Dr. Ing. h.c. Ferdinand Porsche

Anhang zum

E X P O S E´

betreffend den
Bau eines deutschen Volkswagens

V. Konstruktive Merkmale
VI. Kennzahlen

Überreicht durch

Dr.h.c. Ferdinand Porsche

Stuttgart, Kronenstr. 24

V.

Die Konstruktionsmerkmale des von mir geplanten Volkswagens sind in den beigeschlossenen drei Skizzen näher veranschaulicht. Es zeigt

X. 35 .... das nackte Fahrgestell,

X. 36 .... das komplette Fahrgestell und

X. 37 .... den fertigkarosserierten Wagen.

Daraus sind die folgenden konstruktiven Einzelheiten zu ersehen:

a) Fahrgestell

1) Rahmen : Verwindungssteifer Rahmen bestehend aus zwei parallelen mittleren Längsrohren und schrägen parallelen Querrohren, die gitterförmig miteinander verschweißt sind. Das vordere Querrohr und der hintere Teil der Längsrohre dienen gleichzeitig als Federbehälter. Das vordere und hintere Querrohr dient außerdem als Stoßdämpferträger. Alle Querrohre dienen schließlich als Karosseriestützen.

Erreicht ist: Geringe Bauhöhe, geringes Eigengewicht bei großer Drehungs- und Biegungssteifigkeit; leichtes Aufsetzen verschiedenartiger Karosserien; günstiger Aufbau der Schwingachsen; einfache und billige Herstellung; Fortfall aller zusätzlichen Befestigungsteile.

2) Radführung : Unabhängig voneinander aufgehängte Räder und zwar durch in Fahrtrichtung schwingende Gelenkparallelogramme getragene Lenkräder und durch nach hinten verstrebte Pendelhalbachsen getragene Treibräder. An den Parallelogrammlenkern greifen gleichachsig angeordnete Drehfedern und Stoßdämpfer an. An den Schwingstreben greifen Drehfedern unter Vermittlung eines Gelenks an.

Erreicht ist: Starre Führung der Räder gegenüber dem Rahmen; Kippfreie Lenkräder, daher unberinflußt durch Kreiselrückwirkungen und Bremsmomente; kippbare Treibräder, daher einfacher Antrieb und günstigste Straßenlage; beste Schwingachskombination in Bezug auf Fahreigenschaften und Stabilität.

3) Abfederung : Durch auf Drehung beanspruchte Stahlstäbe, die mit den Führungsgliedern direkt verbunden sind und in den Rahmenträgern gekapselt liegen. Befestigung durch Riffeln mit verschiedener Teilung, die eine Verstellung der Stäbe nach dem Boninsprinzip ermöglichen.

Erreicht ist: Geringes Federgewicht infolge günstigster Werkstoffausnützung; hohe Schwingungsfestigkeit, daher kein Federbruch; kein zusätzlicher Platzbedarf durch Verlegung der Stäbe in die Rahmenträger, keinerlei Wartung, insbesondere keine Schmierung; einfache Ein- und Nachstellung; günstige progressive Federwirkung.

4) Stoßdämpfung : Durch doppelt wirkende Flüssigkeitsdämpfer nach dem Drehflügelprinzip mit Drosselschraube, an der Vorderachse mit dem Lenkergehäuse vereinigt, an der Hinterachse auf dem Querrohr gesondert aufgebaut.

Erreicht ist: Günstiges Zusammenwirken mit dem dämpfungsfreien Drehfedern; einfache Einstellung der Dämpfungswirkung, absolute Zuverlässigkeit.

5) Lenkung : Direkte Lenkung mit geteilten Spurstangen nach dem Parallelogrammprinzip, Lenkgehäuse am vorderen Querrohr befestigt, Lenkgetriebe mit Spindel und abgefederter Mutter.

Erreicht ist: Absolut rückwirkungsfreie Lenkung in jeder Stellung des Rades; keinerlei Zwischengelenke; dämpfende Wirkung; individuelle Einstellbarkeit des Lenkgetriebes; keinerlei Beeinflussung durch Abnützung.

6) Bremsung : Mechanische Vierradfußbremse und Hilfshandbremse auf die Hinterräder; kombinierte Bremskabelbetätigung.

Erreicht ist: absolute Zuverlässigkeit, da beim Bruch eines Bremskabels jeweils nur eine Achse ausfallen kann; geringes Gewicht durch unmittelbaren Zusammenbau von Haupt- und Hilfsbremse an den Hinterrädern.

7) Antrieb : Direkt über der Hinterachse angeordneter Antriebsblock, bestehend aus Geschwindigkeitswechselgetriebe, Ausgleichs- und Untersetzungsgetriebe, Motoraggregat, in Gummi auf den Längsrohren aufgehängt, Pendelhalbachsen direkt angelenkt.

Erreicht ist: Keinerlei Behinderung der ausbaufähigen Wagenlänge, daher günstige Sitzverteilung; keinerlei Zwischenwellen, daher geringes Eigengewicht; günstige Zugänglichkeit und Ausbaufähigkeit; Erschütterungsfreie Lagerung; keinerlei Rädergeräusch und Ausdünstungen im Fahrgastraum.

8) Motor : Entweder luftgekühlter Vierzylinder-Viertaktmotor in wagrechter Gegenläuferanordnung oder luftgekühlter Dreizylinder-Zweitaktmotor in Sternanordnung. Kühlluftgebläse auf der hochgelegten Hilfswelle bei der Gegenläuferanordnung. Kombiniertes Kühl- und Spülluftgebläse auf der Kurbelwelle bei der Sternanordnung. Leitvorrichtung für die Kühlluft zur zonenweise abgestimmten Kühlung der einzelnen Zylinder.

Erreicht ist: Guter Gleichförmigkeitsgrad; geringes Leistungsgewicht und kleiner Platzbedarf; guter Kühlwirkungsgrad; gute Zugänglichkeit.

b) Karosserie

9) Personenwagenaufbau : Eigener Wagenkasten unter Verwendung von leichtem Werkstoff mit Bodenrahmen, der unmittelbar mit den Enden der Rahmenquerrohre verbunden ist. Befestigung durch Schellen unter Vermittlung von Gummikissen. Anpassung der Karosserieform an die ideale Stromlinienform.

Erreicht ist: Bequeme Sitzverteilung; leichte Anbrinung und Auswechslung des Wagenkastens; geringer Luftwiderstand bei Höchstgeschwindigkeit; harmonisches Aussehen.

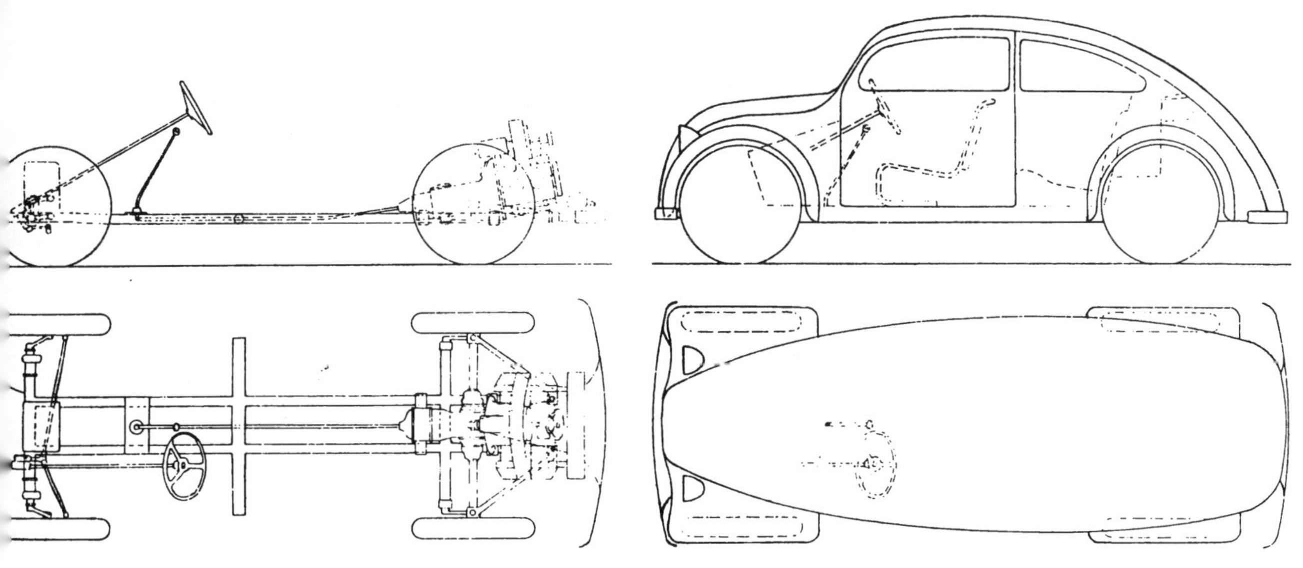

VI.

Beim obigen Entwurf des Volkswagens sind folgende Kennzahlen eingehalten worden:

1.) Fahrgestell-Hauptmaße:

Radspur S .... 1200 mm,
Achsstand R .... 2500 mm,
Verhältnis R/S 2,08,
Stützfläche R x S ... 3 qmtr.

2) Motorkennzahlen :

Motortype	4 Takt	2 Takt
Bauart	Boxer	Stern
Zylinderzahl z	vier	drei
Hubvolumen Vh	1,25 Ltr.	1 Ltr.
Max.Drehzahl n	3500 UPM	3200 UPM
Max.Leistung N	26 PS	26 PS

3) Wagenkennzahlen:

Anzahl der Sitze .... vier
Leergewicht .... 650 kg
Verkaufspreis .... 1550,-- RM
Höchstgeschwindigkeit .... 100 km/Std.
Bergsteigefähigkeit .... 30 %
Mittl. Brennstoffverbrauch 8 Ltr./100

4) Güteziffern:

Kilogrammpreis .... 2,4 RM/kg
Flächenbelastung G/RxS .... 21,6 kg/qm
Leistungsgewicht G/N .... **25 kg/PS**
Gewichtsverhältnis voll/leer 1,46

In der beiliegenden Tabelle X.38 sind diese Kennzahlen mit demjenigen der heute marktgängigen Wagentypen zusammengestellt, so daß der nötige Vergleich ohne Weiteres gezogen werden kann.

Stuttgart, am 17. Januar 1934. Dr. h.c. Ferdinand Porsche

Tabelle X.38

Type	Hansa 400	Standard	DKW 0,6	DKW 0,7	BMW 0,8	Opel 1 Ltr.	DKW 1 Ltr.	Hanomag 1,1 Ltr.	Opel 1,2 Ltr.	– 1,3 Ltr.	Adler Trumpf	Adler Primus	Porsche Wagen I	Wa
Radstand	1150	1050	1100	1100	1100	1118	1250	1200	1118	1270	1250	1250	1200	120
Achsstand	2400	2000	2600	2600	2150	2286	2850	2430	2206	2500	2775	2700	2500	250
Bodenabstand	–	–	–	–	–	–	–	–	–	170	220	195	240	240
Motorinhalt	400	500	584	684	780	995	995	1100	1186	1299	1600	1600	1250	100
Zylinderzahl	2	2	2	2	4	4	4	4	4	4	4	4	4	3
Motorhöchstleistung	11	16	18	20	20	18	26	23	23	26	32	32	26	26
Max. Drehzahl	–	–	3000	3000	2800	3200	2800	3200	3200	3400	3500	3500	3500	320
Motortype 2- oder 4-Takt	2	2	2	2	4	4	2	4	4	4	4	4	4	2
Höchstgeschwindigkeit	75	–	80	83	80	80	90	83	84	92	85	85	100	100
Wagengewicht	550	490	650	690	660	735	980	740	790	890	935	935	650	630
Sitzplätze	4	2	4	4	4	4	4	4	4	4	4	4	4	4
Fläche R×S m²	2,76	2,1	2,86	2,86	2,36	2,56	3,55	2,84	2,56	3,18	3,46	3,38	3,0	3,0
Verhältnis S/R	2,09	1,9	2,36	2,36	1,95	2,05	2,36	2,04	2,05	1,97	2,2	2,16	2,08	2,9
Flächenbelastung G/R×S	200	230	227	241	280	287	276	252	308	276	267	282	216	210
Preis	1700	1720	1990	2495	2650	1995	2995	2800	1880	3250	3500	3300	1550	155
Preis:Gewicht	3,1	3,5	3,06	3,6	4,0	2,72	3,0	3,8	2,38	3,7	3,8	3,46	2,4	2,4
Verhältnis	30	30,5	36	34,5	33	41	37,5	32	34,5	34	29	29,8	25	24
Zahl der Gänge	3	3	3	3	3	3	4	3 (4)	3 (4)	4	4	4	3	3
Brennstoff Ltr./100 km	6	–	7,5	7,5	7	7,5	10,5	6,5	–	10	9,5	9,5	8	8

Ferdinand Porsche

Am 30. Januar 1951, um 10.15 Uhr, unterrichtet mich Professor Dr. Götz, daß sich die Ärzte zurückziehen. Eine Lungenentzündung links hinten läßt sich nicht mehr abfangen. Ferdinand Porsche liegt jetzt im Sterben. Ich verständige den Sohn. Er kommt um 11.30 Uhr. Eine Stunde später scheint das Ende gekommen zu sein. Die Barmherzigen Schwestern Gutmunda, Jutta und Marolina sammeln sich um den Sterbenden. Auf ihren Rat hin verständige ich Ferdinand Porsches Ehefrau Louise. Zusammen mit Schwiegertochter Dorothea betritt sie gegen 13.30 Uhr das Krankenzimmer. Frau Porsche steht jetzt am linken Kopfende. Neben ihr Sohn Ferry. Dann die Schwiegertochter und ich. Uns gegenüber die drei Barmherzigen Schwestern. Sie beten leise. Um 13.48 Uhr bleibt Ferdinand Porsches Herz langsam stehen. Er wurde 75 Jahre alt.

Mit ihm starb ein Mann, der fürs Erfinden und vom Erfinden lebte. Sein Interesse für die Technik erwachte schon in frühester Jugend. Damals, kurz vor der Schwelle zum zwanzigsten Jahrhundert, beeindruckte den Lausbuben Ferdinand ein Erlebnis derart, daß er fortan in seiner Freizeit nur noch experimentierte. Es war das elektrische Licht. Noch als zehnjähriger Bub kannte er es nicht. Erst mit elf wußte er, was elektrisches Licht war. Damals wurde es in der Decken- und Teppichfabrik Ginzkey seinem Geburtsort Maffersdorf (rechts der Neiße, Böhmen/Österreich) eingeführt.

Seine Faszination und die Hochachtung vor dem Glühbirnen-Erfinder Thomas Alva Edison war so groß, daß er im zarten Alter von elf Jahren beschloß, selbst etwas Großes zu erfinden. Seinem Vater Anton Porsche gefielen die Flausen seines Filius allerdings gar nicht. Er, der gewandte Redner, Obmann des Veteranenvereins, Gründer der Ortsfeuerwehr, Obmann des Bezirksfeuerwehrverbandes und Gründer des Ortsbildungsausschusses, hatte ganz was anderes mit seinem Sohn vor: Ferdinand sollte einmal die väterliche Spenglerei, die Kohlenhandlung und das Fuhrunternehmen übernehmen, die alle drei zusammen immerhin 20 Gehilfen beschäftigten. Vater Porsche hatte dafür einen guten Grund: Nachdem sein ältester Sohn Anton bei einem tragischen Unfall mit einem Transmissionsriemen umkam, sollte auf jeden Fall ein Porsche die Firmen weiterführen. Und da kam nur Ferdinand in Frage.

Ferdinand war in der Volksschule ein mittelmäßiger Schüler. Mit seinen Gedanken war er meist nicht im Klassenzimmer, sondern zu Hause in seiner Bastelecke. Wurde er vom Lehrer aufgerufen, wußte er nicht, worum es ging. Von seinem Schulfreund, Emil Matzig, erfuhr ich, daß Ferdinand grübelte und bastelte. Er redete kaum.

Nach den acht Volksschuljahren wurde Ferdinand 1889 Klempnerlehrling bei seinem Vater. Er besuchte die Pflichtfortbildungsschule in Maffersdorf und einen Kurs über Elektrotechnik an der Staatsgewerbeschule in Reichenberg. Vater und Sohn stritten sich oft. Unvereinbar war das Verlangen des Vaters nach blindem Gehorsam mit Ferdinands Drang nach Höherem. Die Mutter mußte vermitteln. Einmal kam es ganz dick, als der Vater seinen Sohn auf dem Dachboden beim Experimentieren erwischte. Zornentbrannt zertrat er Ferdinands Gerätschaften, zerbrach dabei eine Batterie, deren austretende Säure ihm prompt Teile des Hosenbeins zerfraß. Der Stärkere hatte zunächst gesiegt. Nicht lange. Als der Vater für einige Tage auf Montage in einem benachbarten Ort war, bastelte Ferdinand zu Hause eine elektrische Lichtanlage. Zuerst handbetrieben. Kaum war der Vater zurück und hatte sich mit der Familie zum Abendessen hingesetzt, erstrahlte plötzlich das ganze Haus in hellem Lichterglanz. Das war der Durchbruch. Verwandte und Bekannte redeten auf Vater Porsche ein, den Sohn Ferdinand, weil er doch nicht zu halten sei, ziehen zu lassen. Das war für den Vater nicht leicht. Würde er damit doch seinen zweiten Sohn fürs Geschäft verlieren. Doch eines Tages ging auch beim Vater ein Licht auf.

Ferdinand durfte mit 18 als Lehrling bei der Vereinigten Elektrizitätswerke Aktiengesellschaft, Wien, Favoriten Fernkorngasse 16 anfangen. Seine ältere Schwester Anna führte ihm den Haushalt. Beide wohnten in der Nähe der Matzleinsdorfer Kirche. Ich war neun Jahre alt, als mir mein Onkel während einer Autofahrt von Wien nach Wienerneustadt zeigte, wo er angefangen hatte: In der Fernkorngasse mit dem Ausfegen der Werkstatt und mit dem Schmieren der Transmissionen. Diese Tätigkeit und andere unterbrach er so oft es ging, um an der Technischen Hochschule in Wien als Schwarzhörer das zu lernen, was ihm fehlte und was er brauchte.

In nur vier Jahren stieg Porsche zum Leiter des Prüfraumes und zum Assistenten im Berechnungsbüro auf. Sein Vorgesetzter war ein Herr Blömendal. Der Konstrukteur Otto Grünenwald und Betriebsleiter Wessel leiteten Porsche an. Im Betriebsbüro saß seit 1895 ein Fräulein Kaes, genannt Louise. Sie arbeitete unter dem Betriebsleiter Wessel in der Arbeitsverteilung. Eines Tages im Jahre 1896 ging der Montageingenieur Ferdinand Porsche vorbei. Louise sah ihn zum ersten Mal. Porsche hatte auch Louise gesehen. Er mußte ein Bild von ihr haben. Das erreichte er, indem er Otto Grünenwald bat, eine Gruppenaufnahme der weiblichen Angestellten zu machen. Aus diesem Gruppenbild vergrößerte sich Porsche den Kopf von Louise heraus.

Es kam der 6. Januar 1897, Heilige Drei Könige. Die Firma, die dreihundert Arbeiter und Angestellte beschäftigte, gab einen Betriebsabend im Ronacher Variete. Klar, daß sich Porsche die Louise zu seiner Tischdame wählte. Den ganzen Abend über tanzte er nur mit ihr. Vier Monate und vierundzwanzig Tage vergingen nach dem Fest, als sich die beiden am Samstag, dem 30. Mai 1897 auf einer Bank im Prater versprachen. Er war jetzt Elektro-Außenmonteur. Ferdinand war viel unterwegs. Sobald er wieder in der Firma war, ging er ans Reißbrett und zeichnete. Bald hatte er einen achteckigen Elektromotor neben einem Laufrad auf dem Papier. Wieder mal verreist, stahl ihm der Sohn des Firmeninhabers den Entwurf. Louise beobachtete den Diebstahl.

Ferdinand, vom Vater des Diebes abgewiesen, zeigte kaum Regung. Louise aber war außer sich. Auf ihr ständiges Drängen antwortete er endlich: »Ach laß doch, ich habe längst etwas Besseres.« Dieses Bessere war das Antriebslenkrad mit Elektromotor (Radnabenmotor). Es entstand 1897. Kurz vorher mußte Ferdinand zu Louises Eltern in die Hechtengasse. Er mußte mit Erfolg um die Hand anhalten. Louise versuchte an diesem Nachmittag ihre lästigen Brüder loszuwerden. Doch die wollten sich das Schauspiel nicht entgehen lassen. So machte sie gute Miene zum bösen Spiel und spannte ihre Brüder zweckmäßig ein. Sie postierte Hans, Otto und Ernst am Fenster, während sie sich schön machte. Die Posten meldeten lange nichts. Sie wurde unruhig. Da schaute Louise selber nach und sah ihren Ferdinand, der längst auf und ab ging, wie abgemacht. Ihre Brüder, die sein Kommen melden sollten, hatten ihn für einen Pfarrer gehalten, weil er einen steifen Kragen zur Provinzkleidung trug. Nach der ersten Vorstellung meinte Mutter Vilemina Kaes, geborene Dubsky: »Den habe ich aber schon öfter in unserer Straße gesehen.«

Mit seiner zweiten Erfindung, dem Radnaben-Elektro-Motor wechselte Porsche noch 1897 zur k.u.k. Hofwagen Fabrik Jacob Lohner & Co., Wien. Noch im selben Jahr wird bei Lohner das

Oben: Im Kaisermanöver 1902 steuert Porsche Erzherzog Franz Ferdinand in einem Porsche-Lohner-Automobil.

Links: 1897 wechselt Porsche zur Firma Lohner in Wien. Noch im selben Jahr entwickelt Porsche dort den elektrischen Radnabenmotor. Die Aufnahme von 1903 zeigt die Lohner-Fabrik.

Links unten:
Im Eingang der Porsche-Villa in Wiener Neustadt (von links nach rechts)
Sohn Ferry, Neffe Ghislaine und Tochter Louise.

Hitler läßt sich von Porsche das Volkswagen-Cabriolet zeigen.

erste Elektromobil mit Porsche-Radnabenmotor, ein transmissionsloses Fahrzeug, entwickelt und gebaut. Es erhält die Nummer 24000. Es heißt »Lohner-Porsche«. 1900 wurde das Fahrzeug auf der Weltausstellung in Paris ausgestellt. Die Presse schwelgt über die »epochemachende Neuheit«.
Quasi über Nacht ist Porsche berühmt geworden. Bis zu sieben PS leistete dieses Elektromobil rund 20 Minuten lang. Das war ein Spitzenwert. Die Normalleistung lag vielmehr bei 2,5 PS bei 120/min. Vorne bremste der Motor und hinten die Hand-Außenband-Bremse das 1205 Kilogramm schwere Gefährt.
Das Fahrzeug wurde Lohner & Co. aus den Händen gerissen. Bald fuhren Julius Meinl in Wien, Markgraf Sandor Pallavincini, Emil Jellinek-Mercédès, Fürst Karl Trautmannsdorf, Fürst Egon Fürstenberg, Erzherzog Franz Salvator, Baron Nathan Rothschild und Fürst Max Egon Thurn und Taxis Lohner-Porsche.
Entweder als Break, Mylord Coupé, Stadtwagen, Voiturette oder als Landaulet, wie man die Karosserie-Modelle damals bezeichnete. Die hohen Herren bezahlten bis zu 34028 Kronen für einen Lohner-Porsche. Noch im selben Jahr entwickelte und baute Porsche bei Jacob Lohner & Co. Rennwagen, die über seine Radnabenmotoren angetrieben wurden. Bei einem Modell wogen allein die Batterien 1800 Kilo. Diesen Rennwagen lieferte Porsche selber beim Kunden ab. Er fuhr ihn nach Luton, nördlich von London und übergab ihn dem Käufer.
Von jetzt ab kam Porsche regelmäßig nach England, wenigstens einmal im Jahr zur Motor-Show. Porsche fuhr seine Rennwagen auch selbst. So auf dem Semering, einem Berg im Süden Wiens, wo er seinen ersten Rekord aufstellte. Damals, im Jahre 1900, war mein Vater als Helfer dabei. Er erzählte mir beispielsweise, wie Porsche reagierte, wenn sich einer beim Montieren an seinem Rennwagen die Knöchel aufriß. »Das gibt die besten Knochen«, pflegte Porsche zu sagen, wenn er sah, wie sich der andere vor Schmerz krümmte. Porsche wird zum Anglophilen. Er kauft in London ein und ist von der englischen Lebensart begeistert.
Auch die britische Auffassung, Kraftfahrzeuge als Langzeitautos zu bauen, hält er für richtig. Die amerikanische Wegwerf-Philosophie dagegen für falsch, weil die Rohstofflage der Welt sie nicht vertrage. Ein Kraftfahrzeug nach viereinhalb Jahren zu verschrotten sei Verschwendung. Kein Wunder, daß ihn bei dieser Auffassung jede Panne an seinen Autos ins Herz traf. Pedantisch führte er darüber Buch: 6. Februar 1905: Auspuffrohr verloren, 13. März: Hinterradpneumatik defekt, 14. März: Nockenwellenbruch, 22. März: Zylinderkopf und Auspuffrohr gesprungen, 13. Mai: 9.30 Uhr ab Kronberg bei Graz, 12 Uhr an Bruck, 13 Uhr Bruck ab, 17 Uhr Wiener Neustadt an, 18 Uhr Wiener Neustadt ab, 19.45 Uhr an Wien von Neuenkirchen, bis Wien Regen, ohne Defekt.
Die Reifendefekte traten oft auf. Zu oft. Einmal holt Porsche seine Hausschuhe und verwendet sie als Einlagen, um den Reifen zu flicken. Irgendwie half sich Porsche immer. Auch 1908, als er mit einem Freiballon in Wien-Neustadt aufstieg und plötzlich ein Ventil klemmte. Der Ballon stieg weiter und näherte sich der Zerreißgrenze. Kurz davor gelang es Porsche mit seinen geschickten Händen das Ventil freizubekommen.
Ein andermal, am 26. November 1909, war der erste österreichische Lenkballon Parsevall I aufgestiegen. Am Sonntag darauf, dem 28. November 1909, fand der sensationelle Flug über Wien statt. Den Motor bediente Direktor Porsche. Seinen Motor. Das Luftschiff trug vier Personen und 180 Kilogramm Ballast. Der Ballon kreist um den Stephansdom. Der Kaiser beobachtet den Flug von der Hofburg aus mit einem Fernglas. Kurz nach der Landung wurde der Ballon von einer Böe erfaßt. Das Seil, das ihn festhielt, spannte

sich schnell straff und löste sich an der Verbindungsstelle. Der mit einem Ruck frei gewordene Ballon flog gegen die Halle und stieg gleichzeitig rasch empor. Kaum eine Sekunde später hatte Porsche den Motor wieder angelassen. Der Propeller begann seine Arbeit, und das Seitensteuer funktionierte. Kurz nach dieser Beinahe-Katastrophe kam eine Depesche von seiner apostolischen Majestät, dem Kaiser. Der Monarch hatte die Nachricht über die Flüge des ersten Luftschiffes mit besonderem Interesse allergnädigst zur Kenntnis genehmen geruht und dankte bestens für die erfreuliche Mitteilung. Als Porsche 1911 in einem Flugzeug aufsteigen will, um den höhenempfindlichen Vergaser an seinem Motor zu beobachten, soll er plötzlich zu einem Termin. Da befiehlt er seinem Chauffeur, Joseph Goldinger, statt seiner mitzufliegen. Goldinger, der vorher noch nie in einem Flugzeug geflogen war, überlebte den Flug so gerade eben, wie er später gern erzählte. Während des Fluges hat er dauernd sich, seine Angst und die Übelkeit kontrolliert. Porsche dankte ihm seinen mutigen Einsatz, indem er ihn jahrzehntelang bei sich hielt. Bis zum Tod.

Daß er 41 Jahre lang Professor Porsche fahren sollte, hätte sich Joseph Goldinger nicht träumen lassen, als er sich am Montag, dem 4. März 1908, den Führerschein in der Hand, bei Direktor Porsche vorstellte. Porsche, inzwischen Technischer Direktor der Oesterreichischen Daimler-Motoren-Gesellschaft in Wiener Neustadt, stellt ihn am Freitag, den 8. März 1908 ein. Goldinger, auch Pepperl gerufen, war am 22. August 1888 in Sankt Valentin/Niederösterreich zur Welt gekommen. Er war gelernter Maschinenschlosser. 41 Jahre lang fuhr Goldinger mit Porsche durch dick und dünn. Noch auf dem Sterbebett ging Porsche sein Fahrer nicht aus dem Kopf. Sieben Tage vor seinem Tod, am 23. Januar 1951, rief Porsche im Fieber laut: »Goldinger! Vier Uhr fertig!«

Aus Elbing in Ostpreußen, stellt sich Oswald Kux in Wiener Neustadt vor. Er ist Bearbeitungsfachmann und kennt die Maschinen. Porsche ließ ihn nicht mehr nach Elbing zurück. Nicht einmal um seine Sachen zu holen. »Die lassen Sie sich nachschicken«, befahl Porsche.

Zu dieser Zeit stellt sich Porsche systematisch eine Mannschaft zusammen, die über Jahrzehnte hinweg, ein Leben lang bei ihm blieb. Der Architekt Grünewald, ein Schwabe, arbeitete von 1908 bis 1945 mit ihm zusammen. Konstrukteur Karl Rabe begleitete ihn von 1913 bis 1951. Produktionsdirektor Otto Stahl, auch Schwabe, blieb von 1906 bis 1928. Dann trennen sie sich, weil der älter gewordene Schwabe in der Heimat bleiben will. Und Chefkonstrukteur Otto Köhler, auch ein Schwabe, arbeitete von 1906 bis 1928 mit Porsche zusammen.

Porsche war ein Patriarch, wie sein Vater. Widerspruch duldete er nicht. Als 1919 seine 6500 Arbeiter in Wiener Neustadt streikten, weil sie nicht genügend zu essen bekamen, rannte Porsche in die streikende Menge, bestieg eine Werkbank und brüllte so, daß ihn alle verstanden und an ihre Arbeitsplätze zurückkehrten.

Ein Lob gab es nie. Das höchste Lob, das einer bekommen konnte war, wenn über seine Arbeit nicht gesprochen wurde. Ich habe innerhalb von 30 Jahren dreimal eine Art Belobigung von ihm bekommen. Die erste mit elf Jahren. Ich hatte die Scheiben seines Austro-Daimlers geputzt, ehe Porsche mit mir und Goldinger nach Klagenfurt fuhr. Der Wagen war angefahren, da mußte sich mein Onkel räuspern. Dann spuckte er in Richtung Seitenscheibe, die aber nicht heruntergelassen war, wie er vermutete. »Die hast' aber sauber geputzt«, lobte er meine Arbeit, während er gleichzeitig mit einem Taschentuch über die Scheibe fuhr. An die 15 Jahre später machte er mir ein Kompliment, daß ich es verstünde, eine Sache durchzuziehen: »Das kannst du.« Denn er haßte jeden, der eine begonnene Arbeit nicht zu

Ende führte. Das dritte Lob bekam ich von ihm im September 1950. Ein Familienmitglied beanstandete, ich hätte Porsches ersten 356er Typ falsch geschaltet. »Laß den Ghislaine«, fuhr Porsche ihn an, »fahren kann er.« Porsche war zwar aufbrausend, aber nicht nachtragend.
Ich erinnere mich: Als ich ein Knabe war, mußten die Wagen für die Fahrt zur Sonntagsmesse stets sauber gewaschen sein. Während der Ferien half ich oft mit. Als der gläubige Katholik Porsche später nicht mehr in die Kirche konnte, weil diese vom Staat verfolgt wurde, fehlte ihm etwas. Ich merkte das besonders deutlich am ersten Sonntag unseres Aufenthaltes in den Vereinigten Staaten von Nordamerika: »Wann ist hier morgen die Sonntagsmesse?« fragte er mich. Und dann saßen wir beide in Detroit in der Kirche.
Gesprochen hat er mit mir über solche Dinge nie. Bis in Österreich die »Vernichtung unwerten Lebens« einsetzte und er von dort Hilfeschreie, Briefe erhielt und ich ihm antwortete, daß wir hier nichts machen können. Da schrie er mich an: »Sonst fällt dir nichts ein?« Ich mußte es versuchen. Doch das Ergebnis war gleich null. Ebenso, als sich eine Dagmar Bohanek bei ihm meldete. Sie war ihm tagelang durch Großdeutschland nachgefahren, bis er mir sagte, sie zu empfangen. Auch hier wieder wurde ich beauftragt, alles zu versuchen, ihren Ehemann, einen tschechischen Patrioten und Konstrukteur, zu retten. Aussichtslos, im Juni 1941 wurde er in Frankfurt am Main hingerichtet. Unmittelbar danach schrieb die junge Witwe einen Dankesbrief an mich für meine leider vergeblichen Bemühungen.
Ferdinand Porsches Verhältnis zum Tode glich dem, wie es in Goethes Faust heißt: »Für einen toten Leichnam bin ich nicht zu Hause. Mir geht es wie der Katze mit der Maus.«
Er wich dem Tod aus, so oft es ging, so lang es ging. Beispielsweise, als sein Rennfahrer Otto Merz tödlich verunglückt war, da mußte ich als junger Mann meine Tante zum Begräbnis begleiten. Porsche ging nicht hin. Später dann, anschließend an ein Begräbnis, fuhr er entweder gleich weit weg oder er ließ mich für den Abend Kinokarten besorgen.
Als aber am Samstag, dem 26. Juni 1948, der Tod erstmals bei ihm angeklopft hatte, da machte er sich nichts vor. Er wußte, wieviel es geschlagen hatte. Mit der Schilderung, die er mir gab: »Angstgefühl, Unsicherheitsgefühl, Gleichgewichtsstörungen, Doppelbilder, erschwertes Durchatmen«, mußte ich zu Primarius Doktor Siegbert Zollner vom Landeskrankenhaus Klagenfurt fahren. Den bedrängte er gleich mit der Frage, ob man die defekten Teile in seinem Körper nicht gegen Ersatzteile auswechseln könnte. Der Arzt antwortete: »Respekt Herr Professor! Soweit sind wir noch nicht.«
Und wie ein Leben lang gewohnt, setzte er eine Erkenntnis in die Tat um: »Ich habe veranlaßt, daß du deine Tätigkeit in der Firma aufgibst und ständig bei mir bist. Sollte ich einmal in einer Sitzung Blödsinn reden, mußt du mich darauf aufmerksam machen.« Seine Lebensweise des »Gehmma, gehmma, gehmma!« jedoch behielt er gegen den Rat der Ärzte bei.
Bald hatte er mehrere Ärzte. Einer davon war ein Wiener Augendiagnostiker. Porsche glaubte, sein Verfall würde dem seines Vaters gleichen, der nach einem Schlaganfall die Unterlippe hängen ließ. Mehrmals mußte ich seine Lippen betrachten. Er fuhr mit mir auf den Friedhof von Maria-wörth in Kärnten, auf dem er beigesetzt werden wollte und gab mir genaue technische Anweisungen für den Fall seines Ablebens.
Wenn wir dann einmal bei herrlichem Frühlingswetter das Drauntal hinauffuhren und er die Berge bis halb ins Tal angeschneit sah, sagte er in die Stille hinein, die nur vom Summen des Motors und dem Rauschen des Windes unterbrochen wurde: »Wenn man bedenkt, daß man all dieses Herrliche eines Tages wieder verlassen muß.« Dann wieder fuhr er mich an: »Daß du es

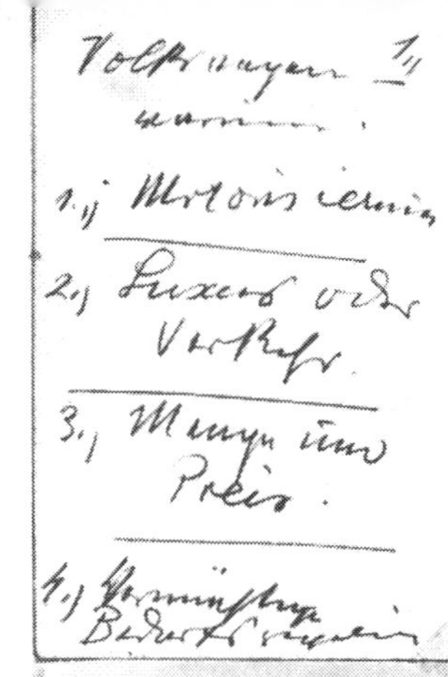

Volkswagen 1.
warum:
1. Motorisierung
2. Luxus oder Verkehr.
3. Menge und Preis.
4. Vernünftiger Bedarfswagen

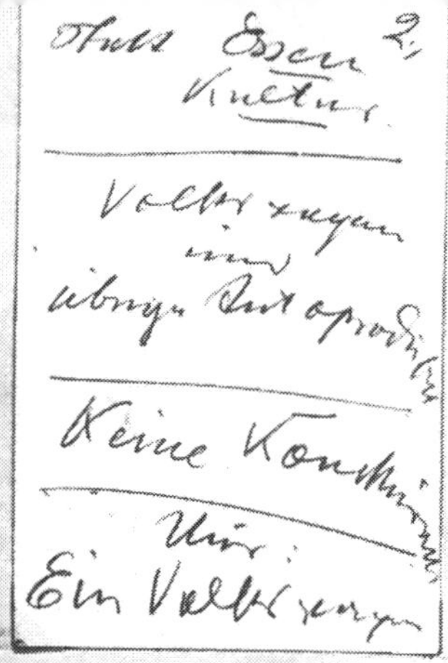

Statt Essen 2.
Kultur.
Volkswagen und übrige Autoproduktion
Keine Konkurrenz
Nur:
Ein Volkswagen

Oben links:
Porsche erklärt Hitler seinen Volkstraktor.

Oben rechts: Die Skizze dieses Volkswagens soll Adolf Hitler am 23. Dezember 1933 gefertigt haben.

Vor der Porsche-Villa in Stuttgart friedlich vereint: VW 3 und V1.

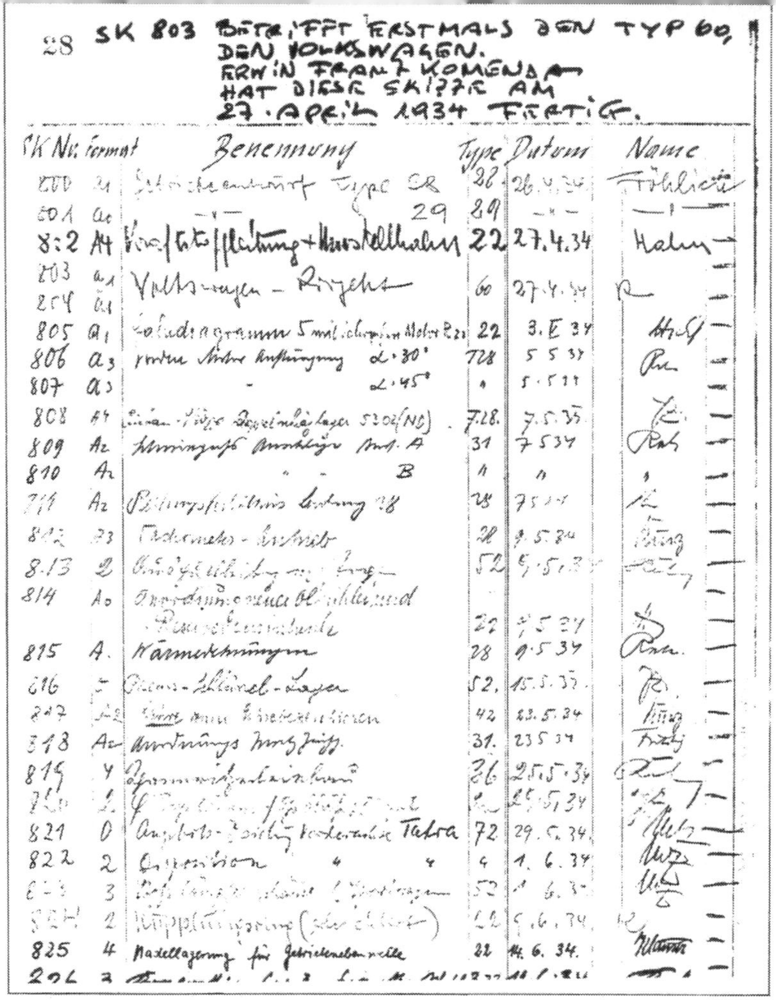

28 SK 803 BETRIFFT ERSTMALS DEN TYP 60, DEN VOLKSWAGEN. ERWIN FRANZ KOMENDA HAT DIESE SKIZZE AM 27. APRIL 1934 FERTIG.

SK Nr.	Format	Benennung	Type	Datum	Name
800	A1	Strichentwurf Type 28	28	26.4.34	Fröhlich
801	A0	— " — 29	29	— " —	— " —
802	A4	[illegible]	22	27.4.34	Hahn
803	A1	Volkswagen – Projekt	60	27.4.34	K
804	A1	[illegible]			
805	A1	Ladediagramm [illegible]	22	3.5.34	[illegible]
806	A3	vordere Achse Aufhängung α 30°	728	5.5.34	[illegible]
807	A3	" α 45°	"	5.5.34	
808	A4	[illegible] Lager 5304 (ND)	7.28	7.5.34	[illegible]
809	A2	Schwingachs Anschläge Ausf. A	31	7.5.34	[illegible]
810	A2	" " B	"	"	"
811	A2	[illegible] 28	28	7.5.34	[illegible]
812	A3	Tachometer-Antrieb	28	9.5.34	[illegible]
813	2	[illegible]	52	9.5.34	[illegible]
814	A0	Anordnung [illegible]	22	7.5.34	[illegible]
815	A.	Wärmedehnungen	28	9.5.34	[illegible]
816	[illegible]	[illegible] -Lager	52	15.5.34	[illegible]
817	A2	[illegible]	42	23.5.34	[illegible]
818	A2	[illegible]	31	23.5.34	[illegible]
819	4	[illegible]	36	25.5.34	[illegible]
820	2	[illegible]	[illegible]	25.5.34	[illegible]
821	0	[illegible] Tatra	72	29.5.34	[illegible]
822	2	Disposition " "	"	1.6.34	[illegible]
823	3	[illegible]	52	[illegible] 6.34	[illegible]
824	2	[illegible]	22	6.6.34	[illegible]
825	4	Nadellagerung für Getriebewelle	22	14.6.34	[illegible]
826	3	[illegible]			

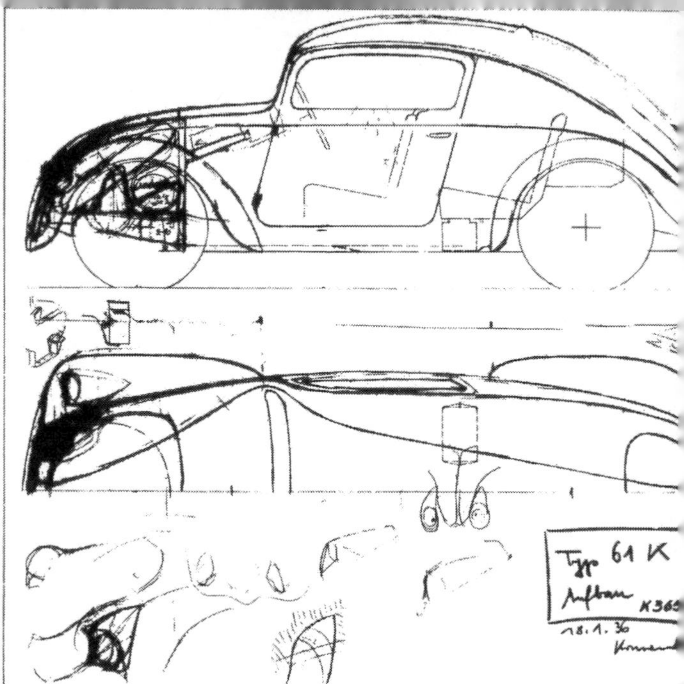

Oben links: Erstmals, am 27. April 1934 wird in der Auflistung aller technischen Zeichnungen, die in der Firma Porsche ausgefertigt wurden, das Volkswagen-Projekt, der Typ 60, schriftlich festgehalten. Angefertigt wurde die Zeichnung Nummer 803 von Erwin Franz Komenda.

Um den Preis zu senken, war auch an einen kleineren Volkswage (Typ 61) gedacht. Auf der Suche nach der richtigen Form fertigte Porsche-Mitarbeiter Erwin Franz Komenda am 18. Januar 1936 dies Skizze an.

Unten: Auf Testfahrt im Herbst 1936 nach Italien. Von links nach re Ferdinand Porsche, Ferry Porsche, Herbert Kaes, Fahrmeister Jo Goldinger.

weißt, ich will hundert Jahre alt werden, denn ich habe noch soviel zu erledigen.« Da wurde mir ganz mulmig, und ich hatte Mühe, meine Gefühle zu verbergen. Wir fuhren weiter von Unterdellach, seinem Sommersitz am Wörthersee, nach Gmünd in Kärnten, wohin die Firma im Herbst 1944 zwangsverlagert worden war. Nach Bruckberg bei Zell am See, zu seinem Schüttgut. Nach Stuttgart, wo der Neuanfang in Deutschland gemacht wurde und nach Wolfsburg zu seinem Vertragspartner Professor Doktor Ingenieur e.h. Heinrich Nordhoff. Einige erholsame Tage nach Venedig, und schließlich nach Paris zum 37. Salon de l'automobile des sports im Grand Palais des Champs-Elysées. Dort, wo im Jahre 1900 sein erster Wagen, der Lohner-Porsche, ausgestellt worden war. Diesmal steht der erste Wagen, der nicht nur von ihm ist, der aber auch seinen Namen trägt, der 356. Mit dem Porsche 356, der ihm an seinem 75. Geburtstag zum Geschenk gemacht wurde, fuhren wir in sieben Stunden zwanzig Minuten vom Feuerbacher Weg 48 in Stuttgart bis zum Hotel George V.in Paris. Er betritt zum letzten Mal das Grand Palais, diese Kathedrale der Automobile. Über seinem Stand steht zu lesen: 1900 bis 1950. Nach dem Essen treffen wir uns mit Herrn Pierburg von Solex. Wir sind mit Max Hoffman zusammen, einem Wiener, der sich anschickt, für Porsche den US-Markt zu erschließen. Wir gehen in die Oper. Als wir im Moulin Rouge unsere Loge verlassen, blickt er lange versonnen auf eine Sektflasche, die wir unberührt zurücklassen. Dann sagt er endlich: »Das ist mir in meinem ganzen Leben noch nicht passiert, daß ich eine Champagnerflasche unangebrochen zurücklasse.«
An einem Spätnachmittag stehen wir am l'Arc de Triomphe, er blickt auf den uns umbrandenden Verkehr und fragt mich: »Sind die Menschen nicht verrückt?« Darauf ich: »Das sagst ausgerechnet du, der du doch einen wesentlichen Anteil an diesem Geschehen hast.« Am 22. Oktober 1950 ist Porsche zum letzten Mal auf der Edelweißspitze am Großglockner. Wenn wir in den letzten zwei Jahren mit seinem Volkswagen über die Autobahn fuhren, beobachtete er die Autos genau, bis er sagte: »Von den letzten zehn Wagen, denen wir begegnet sind, waren sechs Volkswagen.«
Der Volkswagen, eine seiner großen Leistungen als Konstrukteur und Automobilbauer, hatte seinen Anfang im Jahre 1901. Damals konstruierte, entwickelte und baute er eine Voiturette, die 7000 Kronen kostete und am 1. Mai an einen Herrn von Gutmann verkauft wurde. 1900 folgte sein zweiter Kleinwagen, diesmal mit einem Vierzylinder, 76 Millimeter Bohrung, 110 Millimeter Hub. Er leistet 18 PS. Ein Journalist schrieb damals über diesen Wagen: »Es ist ein kleiner reizender Wagen, den die Oesterreichische Daimler-Motorengesellschaft da vor das große Publikum (im Lateinischen eine teilnehmende, beiwohnende Menschenmenge, Öffentlichkeit, Volk«) bringt. Was diesen kleinen Wagen auszeichnet, ist unter anderem der Umstand, daß seine Ausführung in den Details genau jeder der großen Wagen gleicht. Alles ist akurat und hübsch. Nirgends rasche, billige Arbeit, wie sie hin und wieder bei kleinen Wagen zu sehen ist. Dabei hat der Konstrukteur des Wagens, Herr Direktor Porsche, das Kunststück fertiggebracht, das Gewicht so gering zu halten, daß das Auto nur 650 kg wiegt. Das ist ein Rekord des Konstrukteurs, auf den er stolz sein darf.«
Kleinwagen waren damals nicht als Volkswagen gedacht, denn ein Volk nach der heutigen Auffassung gab es noch nicht. Es gab die Oberschicht und die Unterschicht. Erst 1921 brachte ein gräflicher Film-Mäzen die von Henry Ford 1908 geborene Idee eines Wagens für die Masse nach Europa. Porsche, inzwischen Generaldirektor der Oesterreichischen Daimler-Motoren Aktiengesellschaft, konstruiert, entwickelt und baut seinen dritten Kleinwagen. Nach dem erwähnten Grafen

Oben: 1936 vor Porsches Villa in Stuttgart. Die ersten Volkswagen von der Erprobungsfahrt zurück.

Mitte rechts: Porsche 1937, im Kreis seiner Mitarbeiter und Projektförderer: Ferdinand Porsche (stehend), Bodo Lafferentz (GEZUVOR), im Wagen vorn rechts Dyckhoff (GEZUVOR). Auf der hinteren Sitzbank von links nach rechts: Anton Piëch, Klauser, Josef Goldinger (Fahrer von F. Porsche).

Mitte links: Wo immer einer der ersten Volkswagen in der Öffentlichkeit auftauchte, wurde er von der Bevölkerung bestaunt.

Rechts: »Am 17. Februar 1937 wurde dem Führer in den Münchner Werkstätten der Daimler Benz AG von Dr. Porsche und Direktor Jakob Werlin das erste Modell des Volkswagens vorgestellt.«

erhielt er die Typenbezeichnung »Sascha«. Technische Daten: 4-Zylinder-Reihen-Motor, wassergekühlt, 68 mm Durchmesser, 75 mm Hub, 1100 cm^3, Radstand 2650, Spur vorne und hinten 1250 mm, Blattfeder, 775 kg, davon vorne 355, hinten 420 kg, viersitzige Ganzaluminiumkarosserie. Drei Prototypen wurden gebaut, dann kam die Inflation, die Porsche hart treffen sollte.
Doch zuvor erlebte er noch eine schöne Zeit auf seiner Jagd in Hochwolkersdorf. Feierlich wurde dort eine Jagdhütte vom Dorfpfarrer auf den Namen seiner Frau Louise getauft. Die Jagdgesellschaft bestand aus dem Förster Schönwetter, den Mitarbeitern Architekt Eugen Grünewald, Ingenieur Stracker und der Gouvernante Edith Reichmann, die später den Architekten heiratete. Anna, die Tochter aus einem Bauernhof in der Nachbarschaft, mußte jeden Samstag zum Nachtmahl Erdäpfelgulasch zubereiten. Chauffeur Goldinger half ihr dabei. In den riesigen Topf gab Porsche viel Salz, Pfeffer und was sonst noch scharf würzt. Gelöscht wurde das Ganze mit Pilsener Bier, Wein und Schnaps. Nach dem Essen mußte ich das Galizi-Berglied singen und mit meinem Vater zur Belustigung der Jagdgesellschaft boxen.
Mein Onkel ging zwar immer mit auf die Jagd, doch nach einem Erlebnis konnte er kein Tier mehr töten: Es zerriß ihm fast das Herz, als er von einem Rehbock, den er selbst geschossen hatte, kurz vorm Tod mit tieftraurigen Augen angesehen wurde. Die Gefühle, die er in dem Moment empfand, prägten sein weiteres Leben. Ebenso wie die, die ihn übermannten, als er mit seinem Motorboot auf der Donau auf einen Selbstmörder stieß. Danach wollte er nie wieder Aal essen. Auch Butter mochte er nicht. Noch nicht einmal sehen konnte er sie. Warum, das habe ich nie herausfinden können. Wiener Schnitzel, Maffersdorfer Salat, Forellen und Gulasch waren dagegen für ihn ein Hochgenuß. Whisky trank er normalerweise nicht. Nur wenn er in England oder USA war. Nirgendwo sonst. »Es muß«, sagte er mir, »mit dem Wasser zu tun haben.« Hielt er sich in Deutschland auf, war Schwarzwälder Kirschwasser sein Getränk für starke Stunden.
Leidenschaftlich gern ging er auf Pilzsuche. Besonders Eierschwammerl und Steinpilze hatten es ihm angetan. Er war auch ein bißchen abergläubisch. So segelte er auf dem Wörthersee nur mit Booten, die den Namen Sia trugen, nach der Endsilbe des Vornamens seiner Frau Aloisia. Und irgendwann brachte mein Onkel einen Foxterrier, ein schlaues Tier übrigens, aus London mit. Er rief ihn Jacky. Zusätzlich hielt er sich einen Airedaleterrier, den er Nigerl taufte.
Alle zusammen wohnten sie in einer Villa, die für ihn in Wiener Neustadt gebaut wurde und in der sein Sohn Ferry am 19. September 1909 auf die Welt kam. An schulfreien Tagen wartete ich, der Frühaufsteher, um 6.30 Uhr auf der Terrasse auf meinen Onkel Ferdinand. Dann kam er, sagte immer »Grüß Dich Gott«, klopfte die Lamprecht'sche Wetterstation ab und begann mit der Eierspeise, die von der Köchin gebracht worden war. Den zweiten Happen ließ er auf der Gabel und steckte ihn mir in den Mund. »Das ist für dich«, sagte er dann.
Noch vor sieben Uhr ging er mit den Arbeitern durch das Werktor, der Herr Generaldirektor. Gleichzeitig und wann immer er das Werk betrat, ging es wie ein Lauffeuer von Mund zu Mund, von Abteilung zu Abteilung: »Der Ferdl kommt!« Und alle, ob Arbeiter oder leitende Angestellte schalteten auf Hochtouren. Denn alle fürchteten ihn, hatte er doch überirdische Kräfte. Beispielsweise konnte er aus hundert Fertigteilen eines herausfischen, maß es eigenhändig mit der Schieblehre nach und man konnte sicher sein, daß es außerhalb der zulässigen Toleranz lag. Ach, das gab ein Donnerwetter. Dann wurden die restlichen 99 nachgemessen, die freilich waren alle gelungen. Auch Gedanken konnte er lesen. Ich kann ein Lied davon singen.

Nicht immer hatte er mit seinen typischen Wutausbrüchen Erfolg. Als Ende 1922 sein Hauptaktionär, Camillo Castiglione, von ihm verlangte, alle Devisen, die Porsche beim Verkauf seiner Autos machte, an ihn gegen österreichische Schillinge einzutauschen, die fast stündlich von einem neuen Inflationsschub erfaßt wurden, und als dieser Hauptaktionär darüberhinaus verlangte, Porsche soll 2000 Mann, das war ein Drittel der Belegschaft entlassen, weil auf der Börse in Holland eine Baisse gebraucht wird, tobte Porsche. Daraufhin wurde ihm stehenden Fußes gekündigt.

Im Februar 1923 begann Porsche bei Mercedes in Untertürkheim. Er läßt sich gleich am Feuerbacher Weg 48–50 in Stuttgart-Nord ein Haus bauen. Als sein 4-Zylinder/2-Liter-Kompressor überlegen die Targa Florio auf Sizilien gewonnen hatte, verlieh die württembergische Technische Hochschule von Stuttgart dem Herrn Doktor, Ingenieur ehrenhalber, Ferdinand Porsche, Direktor und Vorstandsmitglied der Daimler-Motoren-Gesellschaft, die Würde eines Doktoringenieurs ehrenhalber, in Anerkennung seiner hervorragenden Leistungen beim Kraftwagenbau im allgemeinen und im besonderen als Konstrukteur des siegreichen Wagens der Targa Florio. Vorher aber war ihm von den Behörden offiziell untersagt worden, den Doktortitel zu führen, weil er ihm in Österreich verliehen wurde.

Bei Daimler-Benz entwickelte, konstruierte und baute er seinen vierten Kleinwagen, den 5/25 PS: 4-Zylinder, 68 mm Durchmesser mal 88 mm Hub, Verdichtungsverhältnis 5,8 zu 1, 25 PS bei 3300 Umdrehungen in der Minute, unten liegende Nokkenwelle, Ventilsteuerung über Stößel, alle Ventile stehend, drei Gleitlager, Wasserumlaufkühlung durch Kreiselpumpe, Radstand 2600, Spur vorne und hinten 1340 mm. Einige dieser Versuchsfahrzeuge, 28 wurden damals als Limousine und als offener Tourenwagen gebaut, hatten bereits Schwingachsen.

Porsche scheidet bei der Daimler-Benz AG aus; mit dem 23. März 1929 endet sein Vertrag. Am 1. Januar 1929 wird Porsche in den Vorstand der Steyrwerke AG berufen. Er wird technischer Direktor in Steyr, Oberösterreich. Die Aufnahme war überaus herzlich. Unser großer Landsmann, der einst seinen großen Ruhm hier erworben hat, kehrt nun wieder heim. Einen Mann von der konstruktiven Genialität Dr. Porsches wieder in Österreich zu wissen, darf den gesamten österreichischen Automobilismus mit Stolz erfüllen, und es war eine große Tat der Steyrwerke AG, sich seiner Tätigkeit zu versichern.

In Steyr wartete schon Oberingenieur Karl Rabe auf ihn. Und hier trifft Porsche auch Josef Kales, Karl Fröhlich, Josef Zahradnik ebenso wie Josef Goldinger (seinen Fahrmeister), Hermine Sieberer (seine Köchin), deren Mann Franz Sieberer und mich, seinen Neffen, bereits werdender Sekretär, der mit ihm ab 1930 ein eigenes Konstruktionsbüro gründen und nach Stuttgart zurückkehren wird.

Bis das soweit war, entstand in Steyr ein 8-Zylinder, der Typ Austria. Zum Pariser Salon gingen ein nacktes Chassis und ein fünfsitziges Cabriolet: 5,3 Liter Hubraum, 100 PS. Auch der Typ 30, Porsches fünfter Kleinwagen, schlug ein. Im Dezember 1930 siedelten wir alle, ich hatte den Auszug aus Steyr zu bewerkstelligen, nach Stuttgart um. Hier stießen wir, im Stadtteil Nord, in der Kronenstraße 24, auf den ersten Geldgeber und unseren neuen kaufmännischen Direktor, Adolf Rosenberger. Am Anfang waren da:

1. Porsche, Dr.-Ing. e. h. Dr. techn. e. h. Ferdinand
2. Rosenberger, Adolf
3. Porsche, Ferdinand Anton Ernst
4. Rabe, Oberingenieur Karl (Chefkonstrukteur)
5. Fröhlich, Karl (Getriebe)
6. Kales, Josef (Motor)
7. Zahradnik, Josef (Vorderachse, Hinterachse...)

8. Junkers, Fräulein (Buchhaltung)
9. Goldinger, Josef (Fahrmeister...)
10. Sieberer, Franz (Pauserei, Photokopieren)
11. Zeller, Frau (Reinigung)
12. Kaes, Ghislaine (Stücklisten, Archiv...)

Bis zum 15. Januar 1938 werden es 93 Mitarbeiter sein.

Im Typenverzeichnis werden einhundert (100) Nummern belegt sein.

Am 25. April 1931 wurde die Firma im Handelsregister eingetragen:

Dr. Ing. h. c. F. Porsche G.m.b.H.
Konstruktion und Beratung für
Motoren und Fahrzeuge
Stuttgart, Kronenstraße 24
Telefon 24301.

Die wenigen Mannen legten mächtig los. Sie arbeiteten viel, und sie leisteten etwas. Arbeitszeit: Montag bis Freitag von 7.00 bis 12.00 Uhr und von 14.00 bis 22.00 Uhr. Samstags von 7.00 bis 14.00 Uhr. Sonntags, für einige (auch für mich) von 9.00 bis 13.30 Uhr. Als Entgelt erhielt ich damals freie Unterkunft und Verpflegung, Geld nur manchmal und auf Bitten am Ende des Monats, aber nie mehr als fünf Mark. Nur derjenige, der damals schon lebte, kann ermessen, wie das war. Es war schlecht, sehr schlecht. Wir lebten als Firma sozusagen von der Hand in den Mund. Trotzdem entstanden schnell hintereinander viele Typen.

Für den 12. Auftraggeber, die Zündapp G.m.b.H. Nürnberg, wurde ein Modell mit 5-Zylinder-Stern-Motor im Heck, 1200 cm³, 26 PS, Verdichtung = 1:5,3, wassergekühlt, entwickelt.

Dies wurde Porsches sechster Kleinwagen. Die Arbeiten hatten am 9. September 1931 begonnen. Am 1. Dezember 1931 war eine Karosserie-Skizze fertig, die schon deutlich die Volkswagenform (Käfer) zeigt. Am 28. Januar 1932 wird die selbst entwickelte und patentierte Drehstabfeder/Torsionsstab praktisch erprobt. Im Keller des Landesgewerbeamtes in Stuttgart arbeitete Ingenieur Mickl wie ein Besessener. Porsche und Konstrukteur Rabe warteten gespannt und hofften. Endlich der Beweis, daß sie funktionierte. Eine neue Epoche der Federung war eingeleitet.

1932 empfängt Porsche eine russische Delegation. Sie überbringt ihm eine Einladung, die Porsche annimmt. Er reist nach Moskau, und von dort aus zeigt man ihm die Zentren der Industrie. Porsche ist tief beeindruckt. Die Russen wollen ihn zum Reichskonstrukteur machen. Porsche lehnt ab: »Ich konnte mich in einer Gießerei mit den Arbeitern nicht verständigen, und ohne Verständigung kann ich nicht wirken. Und in meinem Alter« (er war 57), »erlerne ich die Sprache nicht mehr.« Nicht politische Erwägungen, nicht Heimweh oder ähnliches hatten ihn abgehalten, das Angebot anzunehmen. Nur die Sprache war es.

Im Jahre 1932 gab es nicht nur kein Geld, es gab auch keine Aufträge. Da gründete Porsche mit Helfern die Hochleistungsmotor G.m.b.H. als Tochterfirma. Am 7. Dezember 1932 entsteht dann ein neuer Typ, der Typ 22 mit 16-Zylinder-V-Motor. 1933, nach dem 30. Januar, fand sich ein Auftraggeber für Porsches Typ 22, die Auto-Union A.G. Es entstand ein Rennwagen, parallel zu einem Rennwagen, den die Daimler-Benz A.G., auch mit staatlicher Unterstützung, entwikkelte. Unter der Leitung Rabes machte Kales den Motor, Fröhlich das Getriebe, Zahradnik Vorderachse, Hinterachse und Lenkung und Erwin Komenda aus Weyer an der Enns konstruierte die Karosserie. Mickl rechnete. Und Porsche selber war wie eh und je überall.

Im Januar 1934 fuhr Hans Stuck mit diesem Auto-Union-P(orsche)-Rennwagen erstmals Rekorde und bald darauf, am 6. März 1934, drei Weltrekorde. Ebenfalls 1934 gewann dieser Porsche-Rennwagen den Großen Preis am Masarykring in der CSSR und den dritten Preis am Avus. 1935 waren es drei Siege bei Großen Preisen, drei zweite, ein dritter Platz und in vier Großen Preisen fuhr dieser Rennwagen die schnellste

Runde. 1936 waren es drei erste, drei zweite, ein dritter Platz und viermal die schnellste Runde. 1937 dann endlich fünf erste, vier zweite, vier dritte Plätze und siebenmal die schnellste Runde bei Großen Preisen.

Im April 1933 ließ Adolf Hitler Ferdinand Porsche zu sich kommen. Hitler hatte am 11. Februar 1933 bekanntgegeben, daß er Deutschlands Kfz-Industrie wieder zur Weltgeltung bringen wolle. Das interessierte Porsche natürlich. Er wurde von Hitler mit den Worten empfangen: »Wir kennen uns schon.« Beide sind sich 1926 bei einem Rennen auf der Solitude (Stuttgart) schon mal vorgestellt worden. Doch weil er damals von einem Hitler noch nie etwas gehört hatte, vergaß Porsche den Namen schnell wieder und konnte sich dann 1933 beim Treffen mit Hitler auch nicht daran erinnern, ihn schon einmal getroffen zu haben. Jetzt stand er diesem Mann gegenüber, der den gleichen Dialekt sprach und der bald von Porsche begeistert sein sollte. Hitler gibt Porsche das erbetene Geld für den Bau des Auto-Union-P-Rennwagens.

Am 17. Januar 1934 verfaßt Porsche sein »Exposé betreffend den Bau eines Deutschen Volkswagens« (siehe Seite 32).

1934 trifft ein Befehl Hitlers ein. In einem höflich gehaltenen Brief wird »der größte Deutsche Automobilkonstrukteur« angehalten, die Deutsche Staatsangehörigkeit zu erwerben. Zu mir, der ihm das Schreiben vorgelegt hatte, sagte er wörtlich: »Da wer'n ma ja nix machen können. Tust mir das erledigen.« Als Österreicher geboren, war er ab 1918 in der Tracht eines Tschechen einhergeschritten. Jetzt zog er stillschweigend die Deutsche Uniform an. Beim tschechischen Konsul in Stuttgart mußte Porsche die Ausbürgerungserklärung selbst unterschreiben. Diesen Weg hatte ich ihm nicht abnehmen können. Am Konsulat bemühte sich Porsche um einen freundlichen Ton. Der Konsul aber blieb eiskalt verschlossen. Als wir dann das Konsulat verlassen hatten und die Stufen des Gartenweges hinabschritten, Porsche in Gedanken, da blieb er langsam stehen und sagte mehr versonnen vor sich hin: »Der hat uns aber nicht mögen.«

In der Kronenstraße 24 wird fleißig am Volkswagen gearbeitet und zwar an folgenden Typen: Limousine, Cabrio-Limousine, offener Wagen, Kunstharz-Limousine, Heckmotor.

Am 24. September 1934 trat Konstrukteur Franz Xaver Reimspieß bei Porsche ein. Er erkannte, daß an einem Volkswagen-Motor die Zündkerze auf der falschen Seite saß, und er traute sich, das auch zu sagen. Reimspieß erklärte auch, daß ein 400-cm³-Motor, an dem eben konstruiert wurde, nicht gehen konnte. Er zeigte ferner, warum der NSU-Motor, bei dem die Zylinder abrissen, nicht gehen konnte. Dann wurde Porsche auf Reimspieß aufmerksam. Reimspieß mußte für den Auto-Union-P-Rennwagen eine neue Bremse entwickeln. Und die Hinterachse mußte er auf Stabfederung umändern. Einmal fragte Porsche seinen Konstrukteur Reimspieß: »Ist das nicht zu schwach?« Darauf Reimspieß: »Kein Teil ist zu stark.«

Die Volkswagen-Motoren der Jahre 1934–1935 und 1936 gaben Anlaß zur Sorge. Die eingeschlagene Richtung war zu primitiv und billig. Der Schiebermotor wollte nicht. Beim C-Motor von Kales brach bei 18 PS die Kurbelwelle. Der D-Motor von Engelbrecht, ein 2-Zylinder-Gegenläufer, funktionierte auch nicht wie er sollte. Angesichts dieser Pleiten drängte der Konstrukteur Reimspieß, ein Wiener Neustädter, auf einen 4-Zylinder-Viertakt-Gegenläufermotor (Boxer). Was keiner glaubte, gelang: Reimspieß setzt sich bei Porsche durch. Innerhalb von 48 Stunden hatte Reimspieß den Entwurf fertig. Der Motor, der dann eingebaut wurde, ist bis auf den heutigen Tag beim VW-Käfer im Prinzip unverändert geblieben. Doch zunächst spotteten die Kollegen: »Was macht Ihr Rolls-Royce-Motor?« Bis Kux, der Kalkulator, mit dem Ergebnis kam: 4

Kolben von Reimspieß waren billiger als 2 Kolben der anderen VW-Motoren. Der Unterschied des Zylinderkopfes von Reimspieß zu den anderen betrug 13,50 RM. Für seine Tat erhielt Reimspieß seinerzeit eine Belohnung von 100 RM. Die Versuchswagen, die die 50000 Kilometer-Test-Fahrt absolvierten, hatten schon Reimspieß-Motoren.

In dieser Zeit, am 10. Januar 1935, heiratete Porsche-Sohn Ferry. Er hatte seine Frau Dorothea Margareta Reitz schon 1928 in Stuttgart am Tazzelwurm kennengelernt. Schwer hatte es die Schwiegertochter mit ihrem Schwiegervater. Sie hatte am 11. Dezember 1935 ihren ersten Sohn Ferdinand Alexander geboren, der bestimmt war, den Namen Porsche weiterzutragen. Der Feuergeist des Schwiegervaters kannte auch hier nur: gehmma! gehmma! Ein Wort, das mir noch heute im Ohr klingt. Es will ausdrücken: schnell weiter und vorwärts machen. Als mehrere Kleinkinder da waren und der Senior oft nach Mitternacht heimkam, da kannte er nur eines: alle aufwecken und kundtun, wie er sich über die Familie freut. Die Kinder schliefen, einmal aus dem Bett gerissen, nicht gleich wieder ein. Porsche war da gewissermaßen rücksichtslos. Er konnte immer und überall schlafen. Er konnte jederzeit und ohne Folgen den Schlaf kurzfristig unterbrechen. Es gab da noch eine weitere stehende Redewendung für seine Umgebung. Sie lautete: »Red' nicht so blöd!« Damit endeten viele Antworten und Berichte von mir. Abrupt. Jedoch: Nachtragend war er gar nicht. Schwerste Auseinandersetzungen waren mit ihrem Ende auch schon vergessen. Jedenfalls bei ihm. Überhaupt, so erlebte ich sie wenigstens, waren Gefühlsausbrüche bei ihm oberflächlich. Ich erinnere mich: Aus einer großen Sitzung, bei der es lebhaft zuging, so daß ich das Geschrei durch die Wände hörte, kam plötzlich der Professor zu mir: »Verbind' mich mal mit Frau Sieberer!« Und dann besprach er sich mit der Köchin eingehend über das Mittagessen, das diese eben zubereitete. Ich hörte die Worte: »Butter«, »Zwiebel«, »goldgelb«, »achten Sie mir darauf!« Ja, so war er.

Am 11. April 1934 schaltete sich bei der Entwicklung des Volkswagens erstmals das Militär ein. Am 27. April 1934 war die Skizze Nr. 804, »5-Sitzer-Limousine (Groß-Serien-Wagen)«, die erste Skizze vom Porsche Typ 60, Volkswagen, fertig. Am gleichen Tag droht der Reichsverband der Deutschen Automobilindustrie (RDA), sich von Porsche zu trennen. Die Konkurrenz hatte Angst vor Porsche.

Am 4. Juli 1936 hat Hitler, dem die Vorgänge um den RDA nicht verborgen geblieben sind, erwogen, eine eigene Volkswagenfabrik bauen zu lassen. 100 Millionen RM sah er dafür vor. Ursprünglich dachte Hitler daran, den von Porsche konstruierten Volkswagen von der Deutschen Automobilindustrie gemeinsam bauen zu lassen.

Am 12. Mai 1934 hat Hitler selber über einige Merkmale des Volkswagens entschieden. Am 22. Juni 1934 tritt der Vertrag »Um die Motorisierung des Deutschen Volkswagens...« in Kraft. Am 2. Juni 1934 haben die zwei ersten Volkswagen-Prototypen, V1 und V2, rechnerisch ein Gesamt-Gewicht von jeweils 543,9 kg.

Porsche arbeitete Tag und Nacht an der Entstehung des Volkswagens. 1935 liefen dann die ersten beiden Volkswagen Prototypen V1 und V2. Ihre Motoren: 2-Zylinder, 4-Takt, luftgekühlt und 2 Doppelkolben, 2-Takt, luftgekühlt. Und während am 5. Februar 1936 drei weitere Volkswagen-Prototypen, die Reihe V3, davon einer mit 4-Zylinder, 4-Takt, luftgekühlt, ihre Motoren starteten, kam vom RDA starker Gegenwind. An diesem Tag stellte sich der Sprecher des RDA, Geheimrat Allmers, gegen Porsche. Er empfahl ein Preisausschreiben. Eine Kopie ging an Hitler. Der Gegenwind wurde stärker. Am 24. Februar 1936 erklärte Fritz von Falkenhayn, Vorstandsmitglied und Leiter der Vereinigten Fahrzeugwerke AG, Neckarsulm (NSU), in einer Sitzung des RDA: »Ein Fehler sei es, daß man in Herrn Dr. Porsche einen Chassis-Konstrukteur, aber keinen Aufbaukonstrukteur habe. Solange man nicht einen Konstrukteur habe, der beides könne, könne man (mit dem Volkswagen) nicht weiterkommen.«

Am 18. Dezember 1936 erhielt Porsche die Wilhelm-Exner-Medaille für seine hervorragenden Leistungen im Kraftwagenbau. Am 21. Dezember 1936 schlossen die Volkswagen der Reihe V3 ihren je 50000 km dauernden Test gut ab. Ostern 1937 läuft die Fahrversuchsreihe W 30 an. Und am 18. Mai 1937 wird die Gesellschaft zur Vorbereitung des Deutschen Volkswagens (GEZUVOR) m.b.h. gegründet. An der Spitze stehen drei Männer: Dr. techn. e. h. Dr.-Ing. e. h. Ferdinand Porsche, Reichsamtsleiter Dr. Bodo Lafferentz von der Deutschen Arbeitsfront (sie war es, die für den Bau des Volkswagenwerkes die Gelder bereitzustellen hatte) und Direktor Jakob Werlin, Vertreter der Daimler-Benz A. G. in München und Freund Hitlers.

An diesem 18. Mai 1937 nimmt die GEZUVOR ihre Tätigkeit in Stuttgart-Nord, Kronenstraße 24, IV. Stock, auf. Im Juni 1937 sind die Herren der GEZUVOR, Porsche-Sohn Ferry und ich in den USA. Diesmal werden Spitzenkräfte für das Volkswagenwerk angeworben. Auch Fabriken wurden besucht und Maschinen gekauft. Es kam zu einer Begegnung mit Henry Ford I. Dabei beschrieb Sohn Porsche dem 72jährigen Senior der Fordwerke den kommenden Volkswagen. Wir sahen, wie Bernd Rosemeyer den Vanderbilt Cup mit 132,8 km/h gewinnt. Der Auto-Union-P-Rennwagen erreichte (77 mm ø × 85 mm Hub, 16-Zylinder-Heck-Motor, Rootsgebläse, Drehzahl 5000/min) 545 PS. Das sind 86 PS pro Liter. Nach dem großen Sieg auf Long Island kam Edsel Ford, der Sohn, um Porsche zu beglückwünschen. Im selben Jahr komponierte Rudolf Gutjahr einen Volkswagen-Marsch und widmet ihn Ferdinand Porsche. 1937 erhielt Porsche auch den Auftrag für die Planung und den Bau der Stadt, die den Namen Stadt des KdF-Wagens erhalten soll und die heute als Wolfsburg bekannt ist.

Am 4. Januar 1938 war der erste Plan von »Die Stadt des Deutschen Volkswagens« fertig. Weitere Volkswagen-Prototypen, die Reihe VW 38, wurden aufgelegt. Die Firma Stuttgarter Karosseriewerk Reutter & Co., G.m.b.H. erhielt den Auftrag und baut die Karosserien. Porsche machte eine interessante Rechnung auf und geht damit in die Zeitungen:

1 kg Butter kostet 3,20 RM, 1 kg Volkswagen kostet 1,60 RM. Am 26. Mai 1938, Christi Himmelfahrt, 13.00 Uhr, wurde der Grundstein zum Volkswagenwerk in Wolfsburg gelegt: Die Volkswagenwerk G.m.b.H. Ebenfalls 1938 zog das Porsche-Konstruktionsbüro von der Kronenstraße 24 in die Spitalwaldstraße 2, in Stuttgart-Zuffenhausen.

Am 6. September 1938 erhielt Porsche aus den Händen von Adolf Hitler den Deutschen Nationalpreis, ein deutsches Gegenstück zum Nobelpreis. Zusammen mit Porsche erschienen in der Reichskanzlei der Hauptamtsleiter Dr. Fritz Todt, von der Organisation Todt, Ernst Heinkel und Wilhelm Messerschmitt. Porsche war schon früher oft geehrt worden. 1907 erhielt er von seiner Hoheit dem Fürsten von Bulgarien einen Orden. 1910 von seiner Majestät dem Kaiser den Kaiserlichen Adler im Firmenzeichen in Anerkennung der Verdienste auf dem Gebiet der Automobilindustrie und insbesondere für die Erfolge bei der dritten Prinz-Heinrich-Fahrt.

Am 11. November 1912 sah sich Franz Josef der Erste bewogen, »unserem lieben Getreuen, dem technischen Direktor der Oesterreichischen Daimler-Motoren-Gesellschaft, zum Ritter unseres Franz-Josef-Ordens zu ernennen.«

Der Kaiser von Österreich, König von Böhmen und Apostolischer König von Ungarn »haben mit allerhöchster Entschließung vom 28. Mai 1916

Mit dem V1 von der Testfahrt zurück.

Ehepaar Porsche in Österreich.

Organisationsplan der Firma Porsche im Jahr 1939.

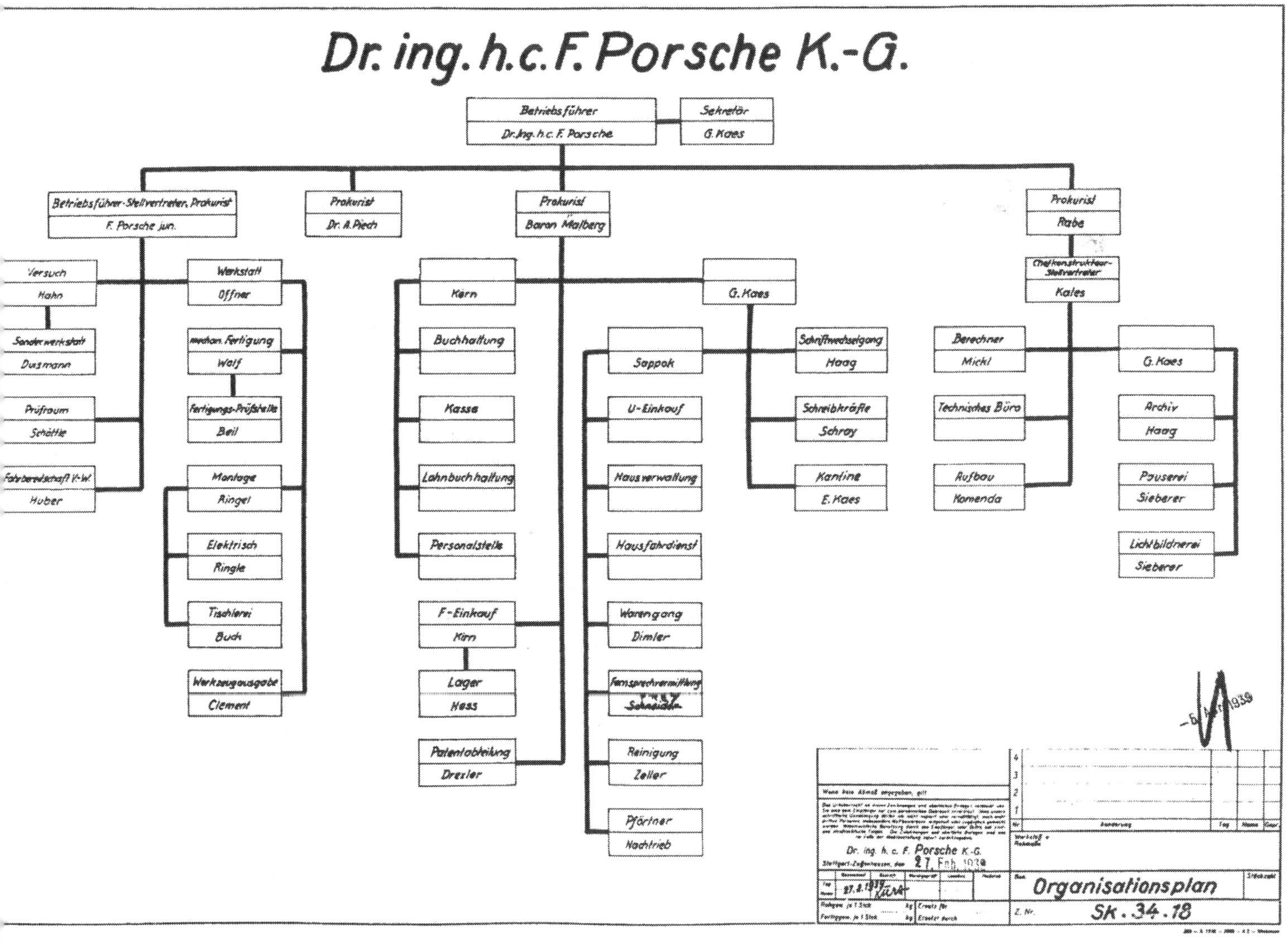

Dr. ing. h.c. F. Porsche K.-G.

- Betriebsführer: Dr. ing. h.c. F. Porsche — Sekretär: G. Kaes
  - Betriebsführer-Stellvertreter, Prokurist: F. Porsche jun.
    - Versuch: Hahn
      - Sonderwerkstatt: Dusmann
    - Prüfraum: Schättle
    - Fahrbereitschaft V-W.: Huber
    - Werkstatt: Offner
      - mechan. Fertigung: Wolf
        - Fertigungs-Prüfstelle: Beil
      - Montage: Ringel
      - Elektrisch: Ringle
      - Tischlerei: Buch
      - Werkzeugausgabe: Clement
  - Prokurist: Dr. A. Piech
  - Prokurist: Baron Malberg
    - Kern
      - Buchhaltung
      - Kasse
      - Lohnbuchhaltung
      - Personalstelle
    - F-Einkauf: Kern
      - Lager: Hess
    - Patentableilung: Drexler
    - G. Kaes
      - Sappok
        - U-Einkauf
        - Hausverwaltung
        - Hausfahrdienst
        - Warengang: Dimler
        - Fernsprechvermittlung
        - Reinigung: Zeller
        - Pförtner: Nachtrieb
      - Schriftwechselgang: Haag
      - Schreibkräfte: Schray
      - Kantine: E. Kaes
  - Prokurist: Rabe
    - Chefkonstrukteur-Stellvertreter: Kales
      - Berechner: Mickl
      - Technisches Büro
      - Aufbau: Komenda
      - G. Kaes
        - Archiv: Haag
        - Pauserei: Sieberer
        - Lichtbildnerei: Sieberer

-6. Apr. 1939

Wenn kein Abmaß angegeben, gilt

Dr. ing. h. c. F. Porsche K.-G.
Stuttgart-Zuffenhausen, den 27. Feb. 1939

27.2.1939

Organisationsplan

Z. Nr. Sk. 34. 18

dem Direktor Ferdinand Porsche der Oesterreichischen Daimler-Motoren-Gesellschaft in Wiener Neustadt, für vorzügliche Leistungen auf militär-technischem Gebiete das Offizierskreuz des kaiserlich-österreichischen Franz-Josef-Ordens mit Kriegsdekoration allergnädigst zu verleihen geruht.«

Am 20. Juni 1917 ernannte ihn die kaiserlich-königliche technische Hochschule in Wien »als den geistigen Führer eines heimischen Großunternehmens, der sich um die Ausbildung des Automobilwesens und der Flugtechnik hohe Verdienste erworben hat«, zum Doktor der Technischen Wissenschaften ehrenhalber.

Am 9. Oktober 1917 wird auf Befehl seiner Majestät des Königs von Preußen dem Generaldirektor Dr. Ing. Ferdinand Porsche das Verdienstkreuz für Kriegshilfe verliehen.

1918 zerfiel die Österreichisch-Ungarische Monarchie. Am 28. Oktober 1918 wurde die CSSR ausgerufen. Porsche wurde tschechoslowakischer Staatsbürger. Der Gedanke, von der Heimat getrennt zu werden, die Seinen nicht aufsuchen zu können, mag ihn dazu bewogen haben. Er zog aber einen wichtigen Vorteil für sich daraus: Nunmehr konnte er mit dem tschechischen Reisepaß sofort reisen. Für ihn galt es, den Anschluß an die durch den Krieg unterbrochene automobiltechnische Entwicklung zu finden.

Er reiste nach Paris, zum Auto-Salon. Nach London, zur Motor Show. Dort traf er einen Bekannten, den technischen Direktor von Rolls-Royce. Dieser schilderte ihm eine Besprechung mit Sir Henry Royce. Es ging um ein technisches Problem. Plötzlich entschied Sir Henry: »Wir machen es so wie Porsche, denn was der tut, ist immer richtig«. Porsche hat diese Worte später gelegentlich weitererzählt, mit berechtigtem Stolz.

1938 konstruiert, entwickelt und baut Porsche vom Volkswagen abweichende Modelle. Eine Kübelwagenausführung und ein Sportwagen entstehen, aus dem 1947 der Typ 356 und die Folgetypen erwachsen.

Adolf Hitler sah Porsche offensichtlich gern. Es mag die Ausstrahlung des berühmten Konstrukteurs gewesen sein, der nie in Uniform erschien, der seine österreichische Sprache nie verfälschte, der sich gab wie er war, einfach und doch groß.

Folgte Porsche einer Einladung Hitlers, dann pflegte ihn der Gastgeber mit den Worten zu empfangen: »Ich habe für sie Würstel und Bier richten lassen, ist das recht?« Bewaffnet mit Bleistift und Papier saßen beide über einem Blatt Papier und besprachen technische Einzelheiten einer Neukonstruktion. Als Porsche wieder einmal an die russische Front geflogen werden sollte, um die eigenen und die erbeuteten Panzer zu begutachten, befahl Hitler seinem eigenen Piloten, Oberst und Flugkapitän Hans Baur, Porsche dorthin zu bringen. Denn, so erklärte Hitler Porsche: »Generale habe ich genug, da kann einmal einer abstürzen, Porsche aber habe ich nur einen.«

Am 16. Februar 1939 wurde auf der Automobilausstellung in Berlin der KdF-Wagen vorgestellt. Er bestand aus 3199 Teilen, davon 1168 Normteile. Ab 15. Oktober 1939 sollte er vom Band rollen. Für Propaganda-Fahrten durch Großdeutschland wurden 1,2 Millionen Reichsmark ausgegeben.

An seine Familie wird Porsche gedacht haben, an Frau Louise, an Louisl und Ferry seine Kinder, an Ernst (Ernstl), Ferdinand Alexander (Butzi), Ferdinand Karl (Burli), Gerhard Anton (Gerd), Michael (Michi), Hans-Peter (Peter), Wolfgang Heinz (Wolfi) seine Enkelsöhne und an Louise (Louisi), seine einzige Enkeltochter, er wird den zurückgelegten Weg übersehen haben, er wird sich über den Augenblick Gedanken gemacht haben, und er wird die nächste Zukunft für sich und die Seinen eingeleitet haben, als am 3. September 1939 ab 11 Uhr der Krieg begann. Porsche wurde

Vorsitzender der Panzerkommission. Zuerst unter General Todt, nach dessen Ableben unter Albert Speer, Reichsminister für Bewaffnung und Munition. Am 17. August 1940 erhielt Porsche das Kriegsverdienstkreuz 2. Klasse. Im selben Jahr entwickelte er eine Abgasturbine für den Volkswagen (Typ 107). Auch ein Volkstraktor wurde gebaut (Typ 110). Mit der Fertigstellung des Typs 125 begannen Entwicklungen von Windkraftanlagen mit bis zu 4500 Watt Leistung. Es gab auch einen Sechsrad-VW-Kübelwagen. Als das Benzin knapp wurde, schaltete Porsche auf Holzgasbetrieb um, auch für den Volkswagen.

Am 24. November 1940 erhielt Porsche eine Ehrenurkunde »Für Verdienste um die Entwicklung unseres Flugwesens.« Porsche Typ 87 heißt der Flieger. »Dies ist ein Staatsgeheimnis im Sinne des Paragraphen 88 in der Fassung des Gesetzes vom 24. April 1934. Weitergabe nur verschlossen, bei Postbeförderung als Einschreiben. Empfänger haftet für sichere Aufbewahrung« hieß es. Bald folgte ein VW-Schwimmwagen (Typ 128 und 166).

Am 3. September 1940 wurde Porsche 65 Jahre alt, aber an ein Rentnerdasein dachte er nicht. Es folgten noch einige Modell-Varianten und ein VW-Motor für den Antrieb eines Sturmbootes. Im Mai 1941 wurde dem Volkswagen eine Panzer-Attrappe zur Täuschung des Gegners (insbesondere in Afrika) übergestülpt. Feldmarschall Rommel bedankte sich persönlich bei Porsche: »Sie haben mir das Leben gerettet...« Als Porsche ihn erstaunt ansah, weil er nicht wußte, was gemeint war, hörte er weiter: »Ihr VW-Kübel-Wagen, den ich in Afrika benutze, löste beim Überfahren eines Minenfeldes nicht aus, während der mir folgende schwere Horch-Wagen mit dem Gepäck hochging.«

Dann kam der Typ 179 mit Benzineinspritzung. Typ 130 war ein Sturmgeschütz-Panzer, der nach ihm Ferdinand genannt wurde.

1942 gibt es einen VW mit Raketenantrieb. Der Gedanke, einen schweren Panzer zu bauen, den schwersten der Welt, stammt von Adolf Hitler. Er wurde als beweglicher Bunker bezeichnet, gleich einem Schlachtschiff sollte er im Verband operieren. Voraus- und Nebenpanzer sollten das Schlachtschiff gegen Minen und gegen Angriffe aus der Luft absichern. Die Feuerkraft wiederum sollte ausreichen, um jeden Widerstand zu brechen. Porsche baute den Riesen mit 188 Tonnen Gewicht (Typ 205). Im Herbst 1944 mußte Porsche dem Druck des Reichsministers für Bewaffnung und Munition weichen und sein Konstruktionsbüro auslagern. Die Fliegerangriffe wurden immer stärker. Porsche verlagerte sein Büro in die W. Meineke Holzgroßindustrie Berlin/Gmünd, Werk Karnerau Gmünd in Kärnten im Maltatal. Porsche zog sich mit seiner Familie auf sein Schüttgut Bruckberg Nr. 9 bei Zell am See zurück und wartete ab.

Am 12. Mai 1945 kamen englische und amerikanische Offiziere. Am 15. Mai fuhr Porsche mit den Offizieren nach Gmünd/Kärnten ins Werk. Und schon am 20. Mai 1945 durfte Porsche die Arbeit wieder aufnehmen. Ein Neuanfang schien sich aufgetan zu haben. Da wurde Porsche am 30. Mai 1945 verhaftet. Man brachte ihn, zusammen mit seinem Fahrer Joseph Goldinger, der freiwillig mitkam, auf Schloß Kranzberg unweit von Bad Nauheim.

Zusammen mit Albert Speer, Schacht, Wernher von Braun, wird er unter die Lupe genommen. Nicht zuletzt die Zeugenaussage von Albert Speer, dem ehemaligen Reichsminister für Bewaffnung und Munition, war die schnelle Entlassung zuzuschreiben. Er sagte, daß Porsche immer nur ein Konstrukteur gewesen war und mit Politik überhaupt nichts zu tun hatte. Am 11. September 1945, begleitet von seinem treuen Goldinger, verläßt Porsche das Schloß. Fünf Tage später, am 16. November 1945 gewannen drei französische Offiziere Porsche für sich und

1939 auf dem Obersalzberg. Von links nach rechts: Ferry Porsche, Frau Porsche, Frau (unbekannt), Ferdinand Porsche, Chefkonstrukteur Rabe, Frau Rabe, Frau Piëch, die Schwester von Ferdinand Porsche, Frau Dorothea Margareta Porsche, die Frau von Sohn Ferry Porsche, Herbert Kaes, Neffe von Porsche und Versuchsingenieur.

Porsche 1939 in Österreich mit einer »Cabrio-Limousine« aus der VW-38-Serie.

Ferdinand Porsche mit seiner Frau Louise 1941 im Kreis seiner Enkelkinder. Von links nach rechts: Ferdinand Porsche, Ernst Piëch, Louise Piëch, Frau Porsche, Ferdinand Piëch, Gerd Porsche, Butzi Porsche.

Im Namen
des
Führers und Reichskanzlers
ernenne ich

den Dr. techn. E.h., Dr.-Ing. E.h.
Ferdinand Porſche

für die Dauer ſeiner Zugehörigkeit zum Lehrkörper
einer deutſchen wiſſenſchaftlichen Hochſchule

zum Honorarprofeſſor.

Mit dieſer Ernennung iſt eine Berufung in
das Beamtenverhältnis nicht verbunden.

Berlin, den 12. September 1940.

Der Reichsminiſter
für Wiſſenſchaft, Erziehung
und Volksbildung

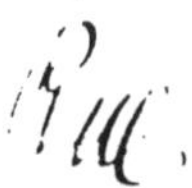

nehmen ihn nach Baden-Baden mit. Dort traf die Gruppe auf zwei Obristen. Im Kurhaus wurde die erste Begegnung mit einem feierlichen Abendessen gefeiert. Das war am 19. November 1945. Am 21. November führte Porsche seinen Volkswagen vor. Auf diese erste Begegnung folgte am 13. Dezember eine zweite, die zum Vertragsabschluß führen sollte. Doch die französischen Automobilhersteller hatten Wind bekommen und schalteten die Polizei ein. Porsche, sein Sohn Ferry und Schwiegersohn Dr. Anton Piëch wurden verhaftet. Die drei kamen in ein Gefängnis, das die Gestapo für hochgestellte Gefangene in der Vincentistraße in Baden-Baden eingerichtet hatte. Am 30. Januar 1946 stoße ich, seit dem 13. Februar 1944 gewaltsam von Porsche getrennt, wieder auf meinen Professor. Von der Vincentistraße aus, die dort ansteigt, konnte ich fast waagerecht zum Fenster schauen, aus dem mir hinter Gittern mein Onkel zuwinkte.

Ich übernahm sofort ihre weitere Betreuung, stieß aber zunächst auf den Widerstand meiner Umgebung. Die Porsche-Mitarbeiter sahen die Welt so verändert, daß ich für sie nicht mehr der bin, der ich einmal war. Aber vom Professor erhielt ich aus dem Gefängnis sofort ein Schreiben, das mich in meine alten Pflichten und Rechte und einige neue Pflichten dazu, einsetzte.

Täglich brachte ich einen Korb an das Gefängnis. Darin befand sich immer ein Lagebericht von mir und Essen, wie vom Professor bestellt. Täglich holte ich einen Korb vom Gefängnistor ab, darin Aufträge vom Professor und das Geschirr. Jedesmal mußte ich den deutschen Gefangenen-Aufseher mit 20 RM bestechen. Wie vom Professor angeregt, ging ich zu der französischen Verwaltung und verwies auf eine schleichende Erblindung des Gefangenen Porsche. Damit erreichte ich, was beabsichtigt war: Der Primarius des Städtischen Krankenhauses in Baden-Baden nahm den Gefangenen, auf mein Zureden hin, in die 1. Klasse-Station auf. Von da an war ich immer beim Professor am Krankenbett bzw. in seinem Krankenzimmer.

Bald erschienen jene Franzosen, die Porsche für sich benutzen sollten. Porsche sollte, bei seinem Leben, die Unterlagen (Zeichnungen und Stücklisten des Volkswagens) aus der britischen Besatzungszone beibringen. Porsche besprach sich mit mir und beauftragte mich dann, zum britischen Verbindungs-Offizier zu gehen und zu versuchen, ihn einzuschalten. Auf leisen Sohlen, bei Nacht und Nebel, schlich ich mich in dessen Hauptquartier. Ich erhielt die Erlaubnis, den Wünschen der Franzosen zu entsprechen.

Am 27. Februar 1946 wurde der Sohn Porsches aus dem Gefängnis entlassen und in ein Internierungs-Hotel gebracht. Dort, im Hotel Sommerberg in Bad Rippoldsau suchte ich ihn auf, um ihm zu berichten und mich abzumelden. Am 17. März fuhr ich mit einem der französischen Offiziere in einem VW-Kommandeurs-Wagen von Porsche über St. Johann in Tirol (wo ich meine Frau und Sohn Edwin wiederfand) über Zell am See nach Gmünd/Kärnten. Hier stieß ich auf Oberingenieur Karl Rabe, der von den Engländern als verantwortlicher Werksleiter für Porsche eingesetzt war. Rabe sah sich außerstande, dem Auftrag von Professor Porsche zu folgen.

Das geistige Oberhaupt der Familie war in diesen Tagen und Monaten die Tochter, heute Frau Kommerzialrat Louise Piëch-Porsche. Sie befand sich auf freiem Fuß. Sie und Rabe schickten mich nach Klagenfurt zu den britischen Stellen. Als Ergebnis wurde der Offizier des Landes verwiesen und ich in Schutzhaft vor den Franzosen genommen. Am 3. Mai 1946 um 6.00 Uhr wurde Porsche zusammen mit seinem Schwiegersohn per Auto von Baden-Baden nach Paris gebracht. Hier wohnte Porsche im Pförtnerhaus des Anwesens von Monsieur Renault.

Er war Gefangener, fuhr einen Versuchswagen des neuen 4 CV Renault und beriet die französischen Ingenieure, die die Gewichtsverteilung am

1941 vor dem Gasthaus Post in Untertauern, Kärnten. Porsche im Kreis seiner Familie. Von links nach rechts: Tochter Louise (verheiratete Piëch), Sohn Ferry Porsche, Frau Louise Porsche, Schwiegersohn Anton Piëch, Louise Piëch, Ernst Piëch.

Porsche mit einem Versuchswagen 1943 in Prag.

Im Herbst 1950 vor dem Schüttgut in Zell am See: Ferry Porsche, Ferdinand Porsche und Anton Piëch.

Schon kurze Zeit nach dem Krieg ist unter der Leitung von Ferry Porsche der Typ 356 fertig.

Wagen ändern sollten, weil die Straßenlage zu wünschen übrig ließ. Am 1. August 1946 wurde ich entlassen. Ein Wagen von Porsche-Gmünd holte mich ab. Herr Rabe setzte mich in meine früheren Pflichten und Rechte ein.

In Stuttgart nahm Professor Albert Prinzing den Wiederaufbau der Firma Porsche in die Hand. Er engagierte die Leute der ersten Stunde nach dem Krieg: Erwin Komenda, Hans Klauser, Karl Kirn, Helene Werkmeister und Fräulein Forster. Am Samstag, dem 1. Oktober 1949, begann die Firma Porsche in gemieteten Räumen wieder zu leben. Porsche erlebte noch, wie bis Ende 1950 genau 410 Porsche-Wagen hergestellt wurden. Autos, die erstmals seinen Namen trugen. Von diesen Exemplaren wurde ihm am 3. September 1950, seinem 75. Geburtstag, ein schwarzer geschenkt.

Am 1. Januar 1948 beriefen die Engländer Heinrich Nordhoff zum Geschäftsführer und späteren Generaldirektor der Volkswagenwerk G.m.b.H. Ihm verdankt der Volkswagen, der Käfer, seinen neuen Anfang und Produktionszahlen, die im Jahr des 100. Geburtstages seines Schöpfers die 18,5 Millionen überschritten.

Der allererste Wagen, der den Namen Porsche trägt: Der Prototyp des Porsche 356. Die Aufnahme entstand 1948 in Gmünd in Kärnten.

Im Oktober 1950 fuhr ich mit Professor Porsche in seinem 356er nach Wolfsburg. Porsche und Nordhoff trafen sich. Wir beide erhielten besondere Werksausweise zum Betreten auch von abgeschlossenen Versuchsabteilungen.

Im Januar 1948 lief der 20000ste Volkswagen seit Kriegsende vom Band, 1949 wurde der 50000ste Volkswagen ausgeliefert, und am 4. März 1950 erlebte Porsche noch, wie der 100000ste Volkswagen startet.

Im Mai 1950 machte Porsche erstmals in seinem Leben eine Kur. Zusammen mit seiner Louise weilte er in Bad Hall, Österreich. Um diese Zeit mußte er Todesahnungen haben. Ich brauste mit ihm durchs Drautal in Richtung Spittal. Vom wolkenlosen, blauen Himmel schien die Sonne. Die Berge um uns waren von oben her wie angezukkert weiß. Ich mußte für ihn, seine Frau, mich und meine Frau um eine Privataudienz beim Papst nachsuchen. Mit dem Sekretär von Pius XII, Laiber, hatte ich mich gleich gut und schnell verständigen können. Wir waren für Ende November 1950 eingeteilt.

Am 20. November 1950 feierte der inzwischen 75jährige Porsche mit seiner Familie die Hochzeit seines Neffen Herbert Kaes im Stuttgarter Nachtlokal Mausefalle. Dort gelang es mir, unterstützt von seinem Sohn, ihn, der früh ins Bett soll, um etwa 22.30 Uhr von der Gesellschaft zu lösen. Ich fuhr ihn, es sollte seine letzte Fahrt in seinem Porsche sein, zum Feuerbacher Weg 48. Auf sieben Uhr morgens des folgenden Tages hatte er mich bestellt. Ich war erst gegen 3 Uhr morgens ins Bett gekommen und so verspätete ich mich um eine halbe Stunde. Bei Porsche ein Kapitalverbrechen. Ängstlich blickte ich über die Gartenmauer und sah die geschlossenen Fensterläden. Auch verschlafen – dachte ich. Ganz ungewöhnlich für ihn. Dann fand ich ihn im dunklen Zimmer. Er mühte sich, aufzustehen, aber es ging nicht. »Hilf mir mal«, sagte er. Seine Beine und Arme versagten. Der elektrische Strom soll nicht seine Automobile antreiben, er soll jene Körperteile, die bei ihm ausgefallen sind, neu beleben. Ich mußte mit seinem Porsche 356 von Stuttgart nach Klagenfurt fahren, um Professor Zollner zu holen.

Am 1. Januar 1951, am Abend, es hatte kräftig geschneit, waren wir in Stuttgart.

Die Untersuchung einen Tag später ergab, daß Porsche ins Stuttgarter Marienhospital verlegt werden mußte. Dorthin wurde er am 3. Januar um 9.45 Uhr, in einem Krankenwagen vom Roten Kreuz, gefahren. Es war das seine letzte Fahrt als Lebender.

Am 5. Februar 1951 wurde Ferdinand Porsche in Zell am See beigesetzt. Sein getreuer Konstrukteur Karl Rabe fand am Grab tieferschüttert diese Worte: »...Wir danken Dir aus unserem ganzen schmerzerfüllten Herzen für all das, was Du uns gegeben hast... Der Allmächtige lasse Dich ausruhen inmitten dieser herrlichen Bergwelt und in der Erde unseres geliebten Vaterlandes Österreich...«

Dokumente

Bevor Porsche an die Arbeit zur Schaffung eines »Volksautomobils« gehen konnte, mußten zwischen ihm und dem Reichsverband der Automobilindustrie etliche Streitigkeiten aus dem Weg geräumt werden wie die vorliegenden internen Berichte des Reichsverkehrsministeriums aufzeigen.

Rk 3468 34 (Will) Thv

Berlin, den 11. April 1934.

Reichsverkehrsministerium
12 APR 1934

Herrn Minister

K 4

vorzulegen.

Betrifft: Volkswagen.

Am 11. April 1934 fand eine Besprechung über die an einen Volkswagen zu stellenden Bedingungen statt. Es nahmen teil:

Ministerialdirektor Brandenburg, Ministerialrat Sußdorf, Oberregierungsrat Eras, " Schumann, Amtmann Glaser	R.V.M.
Major Zuckertort V.O. des	R.V.M.
Ministerialrat Willuhn	Reichskanzlei
Ministerialrat Ruelberg	Reichswirtschaftsministerium
Dr. Küke	Reichspropaganda-Ministerium
Dr. Scholz	Reichsverband der Automobilindustrie.

Als Ergebnis der Besprechung wurden folgende Bedingungen für die Beschaffenheit des Volkswagens festgelegt:

Anschaffungspreis :	1 000 RM
Betriebskosten je km (bei 10 000 km jährlich)	6 Rpf
Sitzplätze für:	3 Erwachsene, 1 Kind +)

Brenn-

+) Diese Bedingung entspricht auch den militärischen Erfordernissen, da sich nach Entfernung des Aufbaus 3 Mann, 1 Maschinengewehr und Munition unterbringen lassen.

Kraft 3

Abschrift zu K.4.2253.

Aktenvermerk

über die Besprechung am 11. April 1934, betreffend Schaffung eines Volkswagens.

Vertreten waren die Reichskanzlei, das Reichsministerium für Volksaufklärung und Propaganda, das Reichswirtschaftsministerium und der Reichsverband der Automobilindustrie. Den Vorsitz führte Ministerialdirektor Dr.-Ing. e.h. Brandenburg.

Der Vorsitzende wies auf die Rede des Herrn Reichskanzlers anläßlich der Eröffnung der diesjährigen Internationalen Automobil- und Motorrad-Ausstellung hin. Der Führer habe der Automobilindustrie die Schaffung des Volkswagens als Ziel gesteckt. Um die gestellte Aufgabe zu lösen, müsse man sich zunächst über die Beschaffenheit des künftigen Volkswagens und die an ihn zu stellenden Anforderungen klar werden. Der Anschaffungspreis des Wagens dürfe 1000 RM und die Betriebskosten dürften 6 Rpf/km nicht übersteigen. Trotzdem müsse der Wagen betriebstüchtig sein und Raum für 3 erwachsene Personen und 1 Kind bieten.

Der Sachreferent des Reichsverkehrsministeriums erörterte hierauf die konstruktiven Möglichkeiten für den Bau eines solchen Wagens. Als eine greifbare Lösung erscheine die dreirädrige Bauart mit 2 Rädern vorn, 1 Rad hinten und Heckmotor. Als Vorteile seien hervorzuheben: symmetrischer Antrieb, gute Geländegängigkeit, geringerer Rollverlust gegenüber den vierrädrigen Wagen, kleines Gewicht, natürliche Stromlinienform.

Der Vertreter des Reichsverbandes der Automobilindustrie erklärte, daß die Industrie die Angelegenheit bereits aufgegriffen habe. Die Meinungen der Konstrukteure gingen jedoch sehr auseinander, so daß sich die Frage noch nicht abschließend beantworten lasse. Man dürfe auch das Risiko für die Industrie nicht verkennen. Völlig verfehlt sei es, der Industrie konstruktive Vorschriften zu geben. Die Lösung des Problems müsse vielmehr der Industrie überlassen bleiben. Auf Verlangen werde man der Regierung Vorschläge unterbreiten, und zwar könne dies innerhalb kürzester Frist – gewünschten Falls schon bis

-2-.

bis zum 15. Mai d.Js. - geschehen.

Der Vertreter der Reichskanzlei bestätigte die Ausführungen des Vorsitzenden. Die Industrie baue viel zu teure Wagen, die den Einkommensverhältnissen der breiten Volksschichten nicht entsprächen. Der Preis des Volkswagens dürfe nicht über 1000 RM liegen. Nötigenfalls könne das Risiko der Industrie durch reichsseitige Unterstützung vermindert werden.

Der Vertreter des Reichsministeriums für Volksaufklärung und Propaganda bezeichnete die Anregung des Reichsverkehrsministeriums zum Bau eines dreirädrigen Volkswagens als unbedingt wertvoll. Der Volkswagen müsse sich in der Anschaffung und im Betrieb billig stellen. Für einen solch billigen Wagen würde auch eine Ausfuhrmöglichkeit bestehen.

Der Vertreter des Reichswirtschaftsministeriums erkannte das Risiko für die Industrie an. Die Industrie habe aber bisher keine hochwertigen Kleinfahrzeuge gebaut. Hier bestehe zweifellos eine Lücke. Nur auf dem Wege der Serienanfertigung könne der billige Volkswagen geschaffen werden.

Der Verbindungsoffizier im Reichsverkehrsministerium erläuterte die von seinem Standpunkt aus an einen Volkswagen zu stellenden Anforderungen.

Als Ergebnis der Besprechung wurden folgende Bedingungen für die Beschaffenheit des Volkswagens festgelegt:

Anschaffungspreis	höchstens 1000 RM
Betriebskosten je km (bei 10 000 km jährlich)	6 Rpf.
Sitzplätze für	3 erwachsene Personen und 1 Kind
Brennstoffverbrauch je 100 km	4 bis 5 Liter
Höchstgeschwindigkeit	80 km/h
Geländegängigkeit u. Bodenfreiheit	entsprechend einem starken Kraftrad mit Beiwagen.

zu Rk. 3307.

Berlin, den 12. April 1934.

1./ Vermerk:

An der Sitzung, betreffend Bau eines Volksautomobils, hat der Unterzeichnete teilgenommen. Die Stellungnahme der Teilnehmer an der Besprechung war nicht einheitlich. Der Vertreter des Reichsverbandes der Deutschen Automobil-Jndustrie wandte sich insbesondere dagegen, dass die Regierung jetzt einen Wagentyp vorschreibt, bevor die Automobilindustrie selbst zu dieser Angelegenheit Stellung genommen hat. Die Automobilindustrie sei an der Arbeit und werde voraussichtlich demnächst mit Vorschlägen herauskommen.

Ministerialdirektor Dr. Brandenburg teilte mit, dass der Herr Reichsverkehrsminister in nächster Zeit dem Herrn Reichskanzler über die Angelegenheit Vortrag halten werde.

2./ Z.d.A.

zu Rk.4088.   Berlin, den 5. Mai 1934.

1. Vermerk:

Der Reichsverband der Automobilindustrie E.V. hat das anliegende Typenbuch über die deutschen Personenwagen, Lastwagen, Omnibusse, Anhänger, Krafträder, Motoren und über einbaufertige Aggregate übersandt. Dieses Typenbuch gibt Aufschluss über die Bestandteile der einzelnen Wagen.

Der Reichsverband der Deutschen Automobilindustrie richtete an den Unterzeichneten die Anfrage, ob eine Entschliessung des Herrn Reichskanzlers darüber vorläge, ob der Volkswagen 3- oder 4rädrig sein soll. Das Reichsverkehrsministerium hat sich mit den konstruktiven Möglichkeiten für den Bau eines 3rädrigen Wagens beschäftigt. Der Wagen soll 2 Räder vorn und 1 Rad hinten haben und Heckmotor besitzen. Als Vorteile dieses Wagens werden hervorgehoben: Symmetrischer Antrieb, gute Geländegängigkeit, geringerer Rollverlust gegenüber dem 4rädrigen Wagen, kleines Gewicht und natürliche Stromlinienform. Die Automobilindustrie ist zur Zeit an der Arbeit, um dem Reichsverkehrsministerium Vorschläge zu unterbreiten. Um dieser Arbeit Fortgang geben zu können, möchte sie in Erfahrung bringen, ob der Herr Reichskanzler den Bau eines 3- oder 4rädrigen Wagens für zweckmässig hält. Meines Erachtens müsste die Industrie auf die Herausarbeitung von Vorschlägen für einen 4rädrigen Wagen angesetzt werden, da

allein der 4rädrige Wagen den normalen Typ eines Wagens wiedergibt. Die Reichswehr verlangt einen Kleinwagen, der u.a. Platz für 3 Mann und für ein schweres Maschinengewehr bietet. Zu der Frage, ob 3 oder 4 Räder hat sie sich noch nicht geäußert.

2. Dem

Herrn Staatssekretär

gehorsamst vorgelegt.

Rk.4088/34.

1.) Der Herr Reichskanzler hat sich gegen den dreirädrigen und für den vierrädrigen Volkswagen ausgesprochen.

2.) Ein Autotypenbuch entnommen.

3.) Dem Herrn Referenten

erg.

B., am 9. Mai 1934.

Reichskanzlei
Rk 1489

Berlin, den 7 Februar 1936

Betrifft: Bau eines Volkskraftwagens.

1.) Vermerk:

Der Präsident des Reichsverbandes der Automobilindustrie, Geheimrat Dr. Allmers, teilte fernmündlich mit, daß Ingenieur Porsche zwar einen Volkswagen zum Preise von ungefähr 1 500 RM gebaut habe, dieser Wagen jedoch nach seiner (Geheimrats Allmers) Auffassung nicht brauchbar sei. Zum mindesten habe Porsche bisher stets vermieden, eine unumgänglich notwendige Probefahrt über rd. 50 000 km mit dem Wagen vorzunehmen. Er (Geheimrat Allmers) traue dem Wagen keine Stabilität zu und wolle deshalb die Probefahrt unbedingt ausgeführt sehen.

Da nun der Führer und Reichskanzler wahrscheinlich in seiner Rede bei der Eröffnung der Automobilausstellung am 15. Februar die Frage des Volkswagens berühren werde, sei es unbedingt notwendig, daß er über diesen Sachverhalt unterrichtet werde. Er (Geheimrat Allmers) bitte deshalb den Führer und Reichskanzler dringend um eine kurze Unterredung noch vor dem 15. Februar.

Geheimrat Allmers erklärt sich auch bereit, gegebenenfalls nach Garmisch-Partenkirchen zu kommen.

2.) Hiermit
Herrn Staatssekretär
gehorsamst vorgelegt.

RK. 1489

BERLIN W 8.
UNTER DEN LINDEN 12-13

8. 2. 36. V/F/Kü

REICHSVERBAND DER AUTOMOBILINDUSTRIE

DER ERSTE VORSITZENDE

Sehr verehrter Herr Staatssekretär !

Wie besprochen, überreiche ich Ihnen in der Anlage einen internen Bericht über den gegenwärtigen Stand der Volkswagenangelegenheit und bitte Sie sehr, den Führer und Reichskanzler mit dem Inhalt desselben bekannt zu machen.

Da es leider nicht zu dem in Aussicht genommenen Vortrag und der Aussprache des Führers mit der Industrie gekommen ist, müssen wir grossen Wert darauf legen, dass der Führer recht bald über den Stand der Angelegenheit wenigstens auf diese Weise unterrichtet wird.

Ich weiss, dass er vielleicht enttäuscht sein wird, aber er hat in seiner letzten Rede ja auch selbst gesagt, dass es noch Jahre dauern könne, bis das Problem gelöst sei.

Ich bedauere selbst ausserordentlich, dass ich noch kein günstigeres Ergebnis melden kann; die Lösung des Problems ist viel schwieriger als die Konstruktion irgend eines anderen Fahrzeugs. Auch der Führer hat ja in seiner Rede bei der letzten Ausstellung darauf hingewiesen, dass es noch Jahre dauern könne.

Heil Hitler

Ihr sehr ergebener

Allmers

Herrn
Staatssekretär Dr. Lammers,
Reichskanzlei,
Berlin.

Interner Bericht
an
den Vorstand des R D A

5.2.1936 V/F.

Streng vertraulich!

Betr. Volkswagen.

Gemäss Beschluss des Vorstandes am 12.11.1935 sollte versucht werden, dem Führer Vortrag über den Stand der Angelegenheit zu halten. Herr Werlin teilte dann mit, dass es die Absicht des Führers sei, einen Kreis von Automobilindustriellen zu einer Aussprache noch vor Weihnachten zu berufen.

Daraus ist leider nichts geworden, wohl aber hat Herr Werlin inzwischen Herrn Dr. Porsche veranlasst, einen Wagen nach München zu schaffen und dem Führer zu zeigen.

Da wir über diesen Vorgang nichts Näheres erfuhren, fragte ich bei Porsche an, warum er seinem Auftraggeber nicht Bericht in dieser wichtigen Angelegenheit erstatte. Er antwortete, die Angelegenheit eigne sich nicht zur schriftlichen Wiedergabe. Er hat dann mündlich hier in Berlin am 4. Februar berichtet.

Aus den Äusserungen Porsches ist zu entnehmen, dass seine Einstellung nicht geeignet scheint, dem Führer ein klares und objektives Bild des Standes der Angelegenheit zu geben. Ich kann mich des Eindrucks nicht erwehren, dass P. sich in dem Traum wiegt, der technische Direktor eines zu errichtenden grossen Spezialwerkes für den Bau des Volkswagens zu werden und dass er zu einer zu optimistischen Darstellung neigt.

Es ist jedoch nötig darauf hinzuweisen, dass:

1.) die Konstruktion noch keineswegs genügend erprobt, geschweige denn fabrikationsreif ist,

2.) dass sie nach Ansicht des Auftraggebers nicht den gegebenen Richtlinien entspricht, insbesondere noch immer erheblich zu teuer wird,

3.) dass eine besondere Fabrik nicht mehr erreichen konnte, als die von Porsche angegebenen 50 Lohnstunden, die das Chassis erfordern soll, auf vielleicht 45 Stunden herunterzubringen und dass grosse Neuinvestitionen sehr riskant sind, so lange nicht feststeht, ob das Fahrzeug im Publikum Anklang findet und ein sehr grosser Absatz gesichert ist,

4.) dass die Schwierigkeiten in erster Linie beim Material, (ca.RM,450.-) liegen; hier wäre zuerst der Hebel anzusetzen,

5.) dass die Industrie noch keineswegs überzeugt ist, dass die Konstruktion Porsches den zu stellenden Anforderungen inbezug auf Leistung, Zuverlässigkeit und Dauerhaftigkeit entspricht, weil trotz allen Drängens P. bis jetzt noch keine Gelegenheit genommen hat, die neue Ausführung der Industrie vorzuführen und sie einer Dauerprobe unterwerfen zu lassen,

6.) dass die Erfahrungen der Radio-Industrie mit dem "Volksempfänger" zu besonderer Vorsicht mahnen.

Die

- 2 -

Die Erfahrungen, die sowohl die Auto Union mit dem Rennwagen P. gemacht hat, der erst in der Fabrik nach vielfachen Umarbeitungen auf den heutigen Stand gelangt ist, wie auch die Erfahrungen, die Daimler-Benz früher mit Porsche-Konstruktionen gemacht haben, nötigen zur Zurückhaltung im Urteil.

P. ist ein genialer Konstrukteur, aber er arbeitet teuer; gewisse Konstruktions-Details sind gewagter und diffiziler als es für die Massenfabrikation eines Volkswagens von guter Lebensdauer erwünscht ist. Gewiss ist seine Konstruktion bestechend schön und überraschend einfach im Aufbau, aber wir brauchen keine Gazelle, sondern ein robustes Pferd. Niemand weiss, ob die Konstruktion sich in der Praxis bewähren wird, weil Porsche sie bisher einer harten Dauerprobe noch nicht unterworfen hat.

Ob vielleicht daneben auch bei P. der Gedanke mitspielt, möglichst lange im Genuss der erheblichen monatlichen Zahlungen des RDA zu bleiben, lässt sich nicht klar erkennen. Tatsache ist, dass er 3/4 Jahre durch die misslungene Konstruktion des Zweitakt Doppelkolbenmotors verloren hat.

Es blieb nichts anderes übrig, als ihm und seinem Herrn von Mahlberg positiv zu erklären, dass Zahlungen über den 31. März 1936 hinaus vorläufig nicht bewilligt werden würden, dass nunmehr zunächst eine scharfe Dauerprüfung von 2 Fahrzeugen über mindestens 50.000 km unter Aufsicht des technischen Stabes des R D A zu erfolgen hat.

Die Probefahrt soll am 1.März beginnen und wird, wenn alles gut geht, etwa 2½ bis 3 Monate in Anspruch nehmen.

Aber selbst wenn sie ein günstiges Ergebnis haben sollte, ist die zweite wichtige Frage, die der Herstellungskosten, noch leider weit von einer befriedigenden Lösung entfernt.

Als obere Preisgrenze für den Detailverkauf waren von uns in der Frankfurter Tagung vom 15.6.1934 RM.1.200. festgesetzt; der Führer gab in seiner Rede vom 14.Februar 1935 als Limit das an, "was früher ein mittleres Motorrad" kostete, also noch erheblich weniger.

Die Konstruktion Porsche dürfte jedoch in ihrer jetzigen Form und bei einer Massenauflage von 100.000 Stück einen Kundenpreis bedingen, der nicht viel unter RM.1 600.- liegt.

Enthalten sind darin 15 % Händlerverdienst, ferner 6 % für Vertriebsunkosten und 4 % für Verdienst der Fabrik, so dass der Nettopreis bei RM.1.200.-- läge. Porsches Absicht, die Händlerspanne auf 5 % zu kürzen, um dadurch auf einen billigeren Detailpreis zu kommen, ist abwegig; der Händler hat 10 % und mehr Unkosten und muss daher mindestens 15 % Rabatt haben. Eine Reduktion würde nur dazu führen, diesen eingespielten und bewährten Riesenvertriebsapparat für den Vertrieb des Volkswagens praktisch auszuschalten.

Gewiss scheinen einige weitere Verbilligungen von Porsche erzielt worden zu sein, aber andererseits sind inzwischen die Materialpreise nicht unerheblich gegenüber der letzten Kalkulation gestiegen. Die Kosten der Karosserie sollen nach Angabe von P. von RM.500.- auf RM.320.- zu senken sein. Diese Angabe begegnet starkem Zweifel. Weder in Sindelfingen noch bei Ambi-Budd, neben Opel den beiden leistungsfähigsten Karosseriefabriken, hält man zurzeit einen Preis, der wesentlich unter RM.500.-- liegt, für möglich.

Einen

- 3 -

Einen Volkswagen herauszubringen der RM 1,600. oder auch nur RM.1.500.- kostet. dürfte keineswegs den Absichten des Führers entsprechen; denn Wagen in annähernd dieser Preislage sind bereits vorhanden.

Die Bemühungen um die Schaffung eines Volkswagens haben bislang den Erfolg gehabt. dass Opel den Preis seines kleinsten Wagens von RM.1.800.- auf RM.1,650. gesenkt hat und dass die Auto Union dem Beispiel gefolgt ist. Massgebende Herren des Opel Werks haben erklärt. dass sie bei genügendem Absatz noch weiter mit dem Preis heruntergehen würden. möglicherweise bis auf RM.1.400.-.

Wenn das der Fall wäre. so würde sich bei annähernd gleicher Preislage von etwa RM.1.400. der Volkswagen mit den genannten beiden Fabriken in den Absatz teilen müssen und keine der drei Fabriken hätte Aussicht. auf eine genügend grosse Massenproduktion zu kommen.

Der Absatz an Kleinwagen macht zurzeit etwa 65 70 % des Gesamtabsatzes unserer Personenwagenindustrie aus. bildet also ihr Rückgrat. das zu erschüttern volkswirtschaftlich nur dann verantwortet werden könnte. wenn wirklich eine Konstruktion vorläge. die ganz erhebliche konstruktive Fortschritte aufweist und deren Herstellungspreis so niedrig ist, dass das Ziel, ein Fahrzeug für breiteste neue Schichten der Bevölkerung zu schaffen, auch wirklich erreicht werden würde.

Die Automobilindustrie hat die Pflicht, alles nur Erdenkliche aufzubieten. um der Forderung des Führers gerecht zu werden. Sie kann nicht abwarten. bis Porsche mit einer Konstruktion aufzuwarten vermag, die dem gesteckten Ziel besser entspricht; vielmehr sollte sie nunmehr den Versuch machen durch ein hoch dotiertes Preisausschreiben unter den Konstrukteuren aller Werke. insbesondere auch denen der Motorradfabriken zu einer voll geeigneten Konstruktion zu gelangen

Wir sollten uns nicht durch das Beispiel Frankreichs abschrecken lassen. wo ähnliche Problemlosungen missglückt sind und aufgegeben wurden. sondern zähe versuchen. auf einem anderen Wege zum Ziel zu kommen.

gez A l l m e r s

DR. ING. h. c. F. PORSCHE G. M. B. H. Aktennotiz

Zur Kenntnis Herrn Name Unterschrift	Betreff	Nr	
Dr.F.	Auszug aus dem RDA-Bericht v.24.7.1935, der uns zwecks Durchführung eines Auszuges	Tag	13.12.35.
F.M.		Zeichen	Ra/E.
Pi		Abteilung	Techn.
Ra		Frist	

leihweise zur Verfügung stand.

28.5.1934:	Interne Beschlußfassung RDA, Dr.Porsche die Volkswagen-Konstruktion zu übertragen.
15.6.1934:	Erste grundlegende Besprechung in Frankfurt.
22.6.1934:	Vertragsabschluß. Der Vertrag selbst sieht eine Dauer von 6 Monaten für die Konstruktion, 4 weitere Monate für den Bau eines Versuchswagens vor, so daß für die Gesamtaufgabe 10 Monate zur Verfügung stehe[n], was einem Ablaufdatum v.22.4.1935 entspricht.
Juni 1934:	Pressekonferenz faßt Beschluß, um jede Störung zu vermeiden, über die Volkswagen-Angelegenheit keine Berichte auszugeben.
7.-11.8.1934:	Besucht Dr.Porsche mit Vertreter RDA die Firmen Adler und Opel.
4.u.5.9.1934:	Besprechung bei Dr.Porsche, Stuttgart und anschließenden Besuch Daimler-Benz, Untertürkheim und Sindelfingen mit Vertreter des RDA.
9.11.1934:	Sitzung bei Dr.Porsche, Stuttgart betr. Leichtmetall
7.12.1934;	Auf Antrag Dr.Porsche wird die Anzahl der Versuchswagen auf drei erhöht.
31.1.1935:	Erfolgt ausführlicher technischer Bericht Dr.Porsch[e]
14.2.1935:	Eröffnung der Berliner Automobil-Ausstellung. Der Führer nimmt in seiner Ansprache neuerlich zum Volkswagenproblem Stellung und weist auf die in Gang befindliche Konstruktion hin. Es muß möglich sein, das Fahrzeug zu dem gleichen Preis eines mittleren Motorrades zu liefern. Unmittelbar daran Besuch Dr.Porsche beim Führer selbst, der weitgehendste Unterstützung der Angele-

DR. ING. h. c. F. PORSCHE G. M. B. H. **Aktennotiz**

Zur Kenntnis Herrn Name Unterschrift	Betreff	Nr.	
	Auszug aus dem RDA-Bericht v.24.7.1935, der uns zwecks Durchführung eines Auszuges leihweise zur Verfügung stand.	Tag	13.12.35.
		Zeichen	Re/Z.
		Abteilung	Techn.
		Frist	

genheit, evtl. durch gesetzliche Maßnahmen, zugesagt. Der RDA nennt eine diesbezügliche Notiz vom 21.3.1934.

15.3.1935: Eingehende Aussprache Dr.Porsche und RDA beim Reichswehrministerium.

25.3.1935: Dr.Lutz-Techn.Laboratorium Stuttgart erhält durch Vermittlung Dr.Porsche und RDA einen Motorprüfstand für Durchführung der Volkswagen-Versuche unter gleichzeitiger Mithilfe des Reichsverkehrsministerium

11.4.1935: Mit Daimler-Benz wird der Abrechnungsschlüssel für die Volkswagenarbeiten festgelegt.

15.-17.4.1935: Besprechung und Besuch bei Dr.Porsche Stuttgart.

23.4.1935: Der RDA stellt brieflich einen Lieferverzug fest, worauf Dr.Porsche m.Schreiben v.25.4.35 antwortet.

18.5.1935: Vorstandssitzung RDA.

11.6.1935: RDA erhält einen kompletten Satz Detailzeichnungen, Dispositionen, Stücklisten und Kalkulationslisten des Fahrgestells. Die Kalkulation lautet auf RM 756.— für letzteres.

24.6.1935: Besprechung in Berlin mit PKW. Bestellung eines Komitees zur Kalkulationsüberprüfung, das von sieben Firmen beschickt wird.

3.7.1935: Kalkulationsprüfung durch das technische Komitee.

15.-16.7.1935: Besprechung bei Dr.Porsche unter Beiziehung der Karosseriefabriken. Anschließend Entsendung des Karosseriefachmannes von Dr.Porsche zu Ambi-Budd Berlin. Die Frage der Verkleinerung der Karosserieabmaße wird untersucht.

Hierzu ist noch zur Ergänzung der gesamten Arbeiten

- 3 -

DR. ING. h. c. F. PORSCHE G. M. B. H. **Aktennotiz**

Zur Kenntnis Herrn Name Unterschrift	Betreff	Nr.
	Auszug aus dem RDA-Bericht v.24.7.1935, der uns zwecks Durchführung eines Auszuges leihweise zur Verfügung stand.	Tag
		Zeichen
		Abteilung
		Frist

bis zum heutigen Datum folgendes hinzuzufügen:

20.-24.8.1935: Kalkulationsprüfung durch die technische Kommission. Der Fahrgestellpreis Angabe Dr.Porsche RM 750.18 wird durch technische Kommission überprüft und e[illegible] Endwert von RM 756.38 plus RM 10.55 als Zuschlag = RM 766.93 festgelegt.

30.10. - 1.11.1935: Besprechung in Stuttgart mit technischem Komitee. Beschlußfassung über die verbilligte Ausführung, die nach Bericht der Dr.Porsche GmbH. mit Datum vom 30.10.35 einen Chassispreis von RM 711.— vorsieht. Das diesem gesenkten Preis entsprechende Fahrgestell soll bis zum 15.12.1935 fertiggestellt sein. Gleichzeitig werden die konstruktiven Studien für ein verbilligtes und verkleinertes Fahrgestell in Angriff genommen, die,incl. einem ungefähren Kalkulationsergebnis hierfür,bis zum 1.1.1936 abgeschlossen sein sollen.

Dr.Ing.h.c.F.Porsche GmbH.

Der Vertrag

Am 22. Juni 1934 ist es so weit. Nachdem sich die Parteien einigen konnten, schließen der Reichsverband der Automobilindustrie e.V. und die Dr. Ing. h. c. F. Porsche GmbH am 22. Juni 1934 einen Vertrag zur Schaffung eines Volksautomobils.

A b s c h r i f t

Gesellschaft des bürgerlichen Rechts, Steuerliste A II 1934, Nr. 320 Berlin, 28. Juni 193

Finanzamt Börse, ges. Unterschrift

V e r t r a g

Um die Motorisierung des deutschen Volkes auf Grundlage einer Gemeinschaftsarbeit unter Einsatz der besten Kräfte des deutschen Automobilwesens mit allen Mitteln zum Wohle d Deutschen Reiches zu fördern, schließen die nachstehend genannten Parteinen, und zwar

der

Reichsverband der Automobilindustrie e.V., Berlin-Charlottenburg,

im Folgenden kurz RDA genannt,

einerseits

und die

Dr.Ing.h.c. F. Porsche GmbH, Stuttgart-N, Kronenstraße 24,

sowie

Herr Dr. Ing.h.c. Ferdinand Porsche, Stuttgart, Feuerbacherweg 48,

beide in Folgendem kurz P genannt,

den nachfolgenden Vertrag.

Die Parteien sind sich hierbei der weittragenden Bedeutung dieses Vertrages in Beziehu auf die mit ihm verbundenen nationalen deutschen Belange voll bewußt und verpflichten sich über den Inhalt des Vertrages nach außen hin strengstes Stillschweigen zu bewahren. Insbes dere verpflichtet sich P, über die ihm gemäß diesem Vertrag aufgetragenen Arbeiten und der Fortschreiten an außerhalb des Vertrages stehende Dritte in keinerlei Form zu berichten od den Konstruktionsauftrag ohne Einwilligung des RDA propagandistisch für sich unmittelbar c mittelbar in irgendeiner Form auszuwerten.

Sollte während der Laufzeit des Vertrages die Dr.Ing.h.c.F. Porsche GmbH. aus irgendwelchen Gründen aufgelöst werden oder in andere Hände übergehen, oder Herr Dr. Porsche für die weitere Mitarbeit ausscheiden, so verpflichtet sich P, das gesamte auf dem Gebiet dies Vertrages von ihm bearbeitete Material an den RDA auszuhändigen, so daß der Übergang in fr de Hände vollkommen ausgeschlossen ist. P verpflichtet sich weiterhin ausdrücklich, falls übergeordneten nationalen Gründen eine Einforderung des gesamten Materials durch die Reich regierung oder deren Beauftragte in Frage kommen sollte, dieses Material restlos über den RDA an die entsprechenden Stellen zu überführen.

Der RDA erteilt P den Auftrag zur Konstruktion eines Volkswagens.

Diese Aufgabe zerfällt in folgende Abschnitte:

A.) Entwurf und Konstruktion

Entwurfsskizzen, Konstruktionszeichnungen, Vordetail, Zusammenstellung und Stücklisten (insbesondere verbindliche Teile, Gewichte- und Werkstoffspezifikationen) zur Erfassung der Vorkalkulation, Vorkalkulation.

b.) Detaillierung und Versuchswagen

Detaillierung der gesamten Konstruktion, Werkstattzeichnungen, Hauptkalkulation, Bau eines, oder auf Anfordern des RDA mehrerer Versuchswagen gemäß vorstehender Zeichnungen und Kalkulationen.

II.

Zur Mitarbeit, Überwachung und Durchführung des Programmes laut I bestellt der RDA einen Ausschuß.
Über die Verhandlungen dieses Ausschusses mit P werden vom Beauftragten des RDA verbindliche Protokolle aufgestellt, von denen jeder Teil die entsprechenden Exemplare erhält. Im übrigen ist der RDA durch seine hierfür zuständigen Organe berechtigt, jederzeit Einblick in die Arbeiten von P zu nehmen, so wie P zu jeder Auskunftserteilung an den RDA verpflichtet ist. Letzterer vermittelt P engstes Zusammenarbeiten mit seinen Mitgliedsfirmen zur Erzielung höchster Leistung auf der Grundlage aufrichtiger Gemeinschaftsarbeit.

III.

In Erläuterung des Programms zu I werden folgende Punkte festgelegt. P hat die gestellte Aufgabe längstens innerhalb von

zu I A.) etwa sechs, zu I B.) etwa vier weiteren,

insgesamt 10 Monaten

zu lösen und den Versuchswagen in dieser Frist fertigzustellen. Die Kalkulationen sind aufzubauen auf einem Gestehungspreis von 900 Mark je Wagen bei einer Serie von 50.000 Stück, wobei unter "Gestehungspreis" zu verstehen ist: Materialkosten plus Produkt, Löhne plus 200 % Zuschlag auf die Löhne.
Die gesamten Unterlagen zu I A und B einschließlich Versuchswagen gehen in das uneingeschränkte Eigentum des RDA über; es ist P freigestellt, einen weiteren Versuchswagen auf seine Kosten und zu seiner Verfügung zu bauen, dessen Weiterverkauf nicht ohne Genehmigung des RDA zulässig ist.

IV.

Soweit bei der Entwicklung der Konstruktion bestehende Schutzrechte irgendwelcher Art in Anspruch genommen werden, wird der RDA mit den Inhabern der Schutzrechte wegen deren Freigabe bzw. Lizenznahme verhandeln. Ist zwischen den Werken und dem RDA eine Einigung nicht zu erzielen, so ist P verpflichtet, eine andere technische Lösung zu finden.
P verpflichtet sich, seinerseits sämtliche ihm gehörige Schutzrechte von Erfindungen, die er vor Beginn der Arbeiten dieses Versuchswagens gemacht hat, laut besonders zu überreichender Aufstellung dem RDA für Konstruktion und Fabrikation des Volkswagens kostenlos und

lizenzfrei zur Verfügung zu stellen.
Schutzrechte, die P bei Entwurf, Konstruktion und Versuchsbau des Volkswagens an diesem Wagen entwickelt, sind ebenfalls kostenfrei dem RDA für die Fabrikation des Volkswagens zur Verfügung zu stellen. Ihre Auswertung wird auf die Dauer von vier Jahren nach Fabrikationsbeginn des Volkswagens durch dem RDA angehörige Fabriken zugunsten des RDA für Personen- und leichte Lieferwagen einer Bruttoverkaufspreisklasse bis zu 4.000 Mark gesperrt. Sollte die Fabrikation des Volkswagens innerhalb einer Frist von einem halben Jahr nach Ablieferung der Konstruktionszeichnungen durch P an den RDA von diesem nicht beschlossen sein, so steht die Auswertung solcher Schutzrechte P ohne Einschränkung wieder frei. Der RDA hat das Recht, auch nach den vier Jahren die Aufrechterhaltung der Sperre gegen angemessene Entschädigung, die jedoch nicht über der Höhe der Erfolgsprämie liegen darf, zu fordern.

V.

P verrechnet für die geleisteten Arbeiten die für die Durchführung der Aufgabe verausgabten Brutto-Konstruktions- und Versuchsgehälter, berechnet auf die tatsächlich aufgewendete Arbeitszeit der eigentlichen Konstrukteure und des Versuchspersonals mit einem Regiezuschlag von 400 % (Monatsgehalt = 25 Arbeitstage je 8 Stunden), jedoch im Gesamtdurchschnitt nicht über 20 000 Mark je Monat. In diesem Regiezuschlag sind enthalten die Bezüge von Herrn Dr. Porsche selbst, sowie die der übrigen Geschäftsführer (kaufmännische Leitung, Chefkonstrukteur), Patentabteilung, Lichtpauserei, Archiv usw., ferner die Aufwendungen für Zeichenmaterial, Licht, Miete, Steuern usw., im Gesamtbetrag weiter die Kosten für auszuführende Modelle, Versuche und <u>einen</u> Versuchswagen. Zu unternehmende Reisen werden mit den üblichen, innerhalb des RDA geltenden Diäten der entsprechenden Beamten vergütet.
Die Abrechnung erfolgt jeweils bis zum 10. eines jeden Monats; dem RDA steht jederzeit Einsicht in die Abrechnungsunterlagen zu. Der RDA wird die jeweils berechneten Beträge der Abrechnung längstens 14 Tage nach Vorlage der Berechnung zur Vergütung von P stellen.
Unmittelbar nach Unterzeichnung des vorliegenden Vertrages wird vom RDA eine Vorschußzahlung von RM 25 000,-- an P geleistet, die bei der Schlußabrechnung von P entsprechend berücksichtigt wird.

VI.

Falls der Ausschuß des RDA die endgültige Fabrikation des Volkswagens in Gemeinschaftsarbeit beschließt, erhält P weiterhin vom RDA eine vierteljährlich abzurechnende und dann sofort fällige Erfolgsprämie von RM 1,-- je gebauten Wagen für den Zeitraum von vier Jahren, gerechnet ab Beginn der Fabrikation einer Serie von mindestens 1 000 Stück. Die nach Durchführung der Grundkonstruktion gemäß I A und B des vorliegenden Vertrages für weitere Mitarbeit an P gezahlten Beträge werden von diesen Erfolgsprämien von P in der Weise zurückerstattet, daß jeweils ein Drittel der Prämie so lange vom RDA nicht zur Auszahlung gebracht wird, bis sämtliche an P bislang hierfür gezahlten Beträge voll abgedeckt sind. Die Verpflichtung zur weiteren Mitarbeit von P erlischt mit der Beendigung der Erfolgsprämienzahlung.

VII.

Dem RDA steht jederzeit das Recht auf Einstellung der Arbeiten zu: Eigentumsübergang wie III, letzter Absatz.

Ist die Ausübung des Rücktrittsrechts durch den RDA nach billigem Ermessen des Ausschußes - das vom Vorstand bzw. dem Führerrat des RDA zu bestätigen ist - durch die Arbeiten von P im Rahmen dieses Vertrages begründet, so steht P eine weitere Entschädigung als die für die in dem betreffenden Abschnitt geleistete Arbeit nicht mehr zu.

Macht der RDA von seinem Rücktrittsrecht aus anderen Gründen Gebrauch, so steht P eine Entschädigung in Höhe von dem eineinhalbmonatigen Höchstbetrage der Zahlungen unter V, Absatz 1.

VIII.

Mündliche Vereinbarungen außerhalb dieses Vertrages haben keine Gültigkeit.

Änderungen dieses Vertrages bedürfen der Schriftform.

IX.

Als Gerichtsstand wird Berlin vereinbart.

Berlin-Charlottenburg, den 22. Juni 1934.

REICHSVERBAND DER AUTOMOBILINDUSTRIE
E.V.
gez. A l m e r s

Dr.Ing.h.c. F. P o r s c h e
Gesellschaft mit beschränkter Haftung
gez. Dr. Anton Piech Malberg

Dr. Ing.h.c. Ferdinand Porsche

gez. Porsche

Die Unterschriften sind gleichlautend mit den Unterschriften auf dem Originalvertrag (befindet sich bei Herrn Kern).

Die Volkswagen-Modelle bis 1948

Die Zündapp-Prototypen

Porsche Typ 12

Typologie

Typ:	12
Baujahr:	1932
Zylinderanordnung:	Fünfzylinder-Sternmotor (wassergekühlt)
Bohrung/Hub (mm):	70/62
Hubraum (ccm):	1200
Max. Drehzahl/min:	3050/3600
Leistung (PS):	26
Getriebe:	Dreigang plus Schnellgang
Federung:	Blattfedern vorn und hinten quer eingebaut
Radstand (mm):	2500
Spurweite vorn/hinten (mm):	1200/1200
Bereifung (Zoll):	4,00–18
Leergewicht (kg):	900
Höchstgeschwindigkeit (km/h):	80

Sonstiges: Nur drei Versuchswagen gebaut, keine Serienfertigung.

1932 baute Ferdinand Porsche den ersten Käfer-Vorläufer – für Zündapp. Ein Auto mit wassergekühltem Sternmotor im Heck.

Geheimrat Dr.-Ing. h. c. Fritz Neumeyer, Generaldirektor der Nürnberger Zündapp-Werke (Zündapp-Werke GmbH Nürnberg und München), einem der größten deutschen Motorradhersteller, beschäftigte sich schon seit langem mit dem Gedanken, einen preisgünstigen Kleinwagen zu bauen, der das Budget seiner Zweirad-Kundschaft nicht übermäßig strapazierte.

Bereits Mitte der 20er Jahre hatte Neumeyer aus England zwei Rover-Automobile, die in etwa seinen Vorstellungen vom »Kleinwagen für jedermann« entsprachen, importiert. Zündapp-Spezialisten analysierten die beiden Wagen eingehend und stellten sogar schon Kostenkalkulationen auf, um zu klären, ob sich ein solches Kleinwagen-Projekt mit den vorhandenen finanziellen und betrieblichen Mittel überhaupt realisieren ließe; denn die Absatzchancen auf dem deutschen Markt waren außerordentlich günstig. Außer dem Hanomag »Kommißbrot«, dem Opel 4 PS, bekannter unter der Bezeichnung »Laubfrosch«, und, wenngleich ein wenig später, dem (BMW) Dixi, gab es kein »Volksauto«, zumindest keines, wie es Fritz Neumeyer vorschwebte.

Die übrigen einschlägigen deutschen Automobilhersteller hatten keine Kleinwagen in ihrem Programm. Stattdessen bauten sie gewinnbringende Mittelklassewagen und exklusive Nobel-Automobile, die jedoch kamen zwangsläufig nur für eine zahlenmäßig eng begrenzte Käuferschicht in Betracht. Hier sah Neumeyer seine Chance. Hinzu kam eine temporäre Flaute auf dem Motorradmarkt. Der Absatz stagnierte, sodaß das an sich artfremde Kleinwagen-Projekt durchaus erfolgversprechend erschien.

Da man bei Zündapp jedoch keinerlei Erfahrung im Bau von Automobilen hatte, schloß Geheimrat Neumeyer Ende September 1931 mit Ferdinand Porsche einen Vertrag, der das erst seit einem halben Jahr existierende Konstruktionsbüro Porsche in Stuttgart verpflichtete, für Zündapp einen viersitzigen Personenkraftwagen mit zweitüriger Limousinen-Karosserie, Schwingachsen und Ein-Liter-Motor zu entwerfen, wobei ausdrücklich festgelegt wurde, daß der Wagen bei einem Druchschnittstempo von 60 km/h nicht mehr als 8 Liter Kraftstoff verbrauchen sollte. Sowohl Porsche als auch Neumeyer wußten, daß man das Projekt mit konventionellen Mitteln nicht realisieren konnte; denn die damals vorherrschende Art und Weise, Autos zu bauen – Motor vorn, Antrieb hinten, Chassis und Karosserie in Gemischtbauweise unter Verwendung von Holz und Stahl als bevorzugte Baumaterialien –, war für einen Kleinwagen viel zu teuer.

Nach sechs Wochen hatte Porsche die ersten Pläne fertig und legte sie Neumeyer zur Begutachtung vor. Porsche plädierte für einen luftgekühlten Vierzylinder-Boxermotor, die Zündapp-Techniker aber bestanden wegen der angeblich größeren Laufruhe und des weitaus leiseren Motorengeräusches auf einem wassergekühlten Fünfzylinder-Sternmotor. Ansonsten erklärten sie sich mit Porsches Konzept, einen Heckmotorwagen mit Hinterradantrieb und stromlinienförmiger Ganzstahlkarosserie zu bauen, einverstanden.

Neumeyer gab zunächst drei Versuchswagen in Auftrag. Fahrgestelle, Motoren, Getriebe und die übrige Ausrüstung sollten bei Zündapp produziert werden, während Porsche bei der Stuttgarter Firma Reutter (Reutter & Co. GmbH) die Karosserien für zwei Limousinen und ein Cabriolet herstellen ließ.

Zwar waren diese Wagen mit selbsttragender Ganzstahlkarosserie konzipiert, doch der Einfachheit halber begnügte man sich bei den drei Prototypen mit der damals üblichen Gemischtbauweise; die Serienversion sollte dann später eine Stahlkarosserie erhalten.

Im April 1932 war es soweit. Bei »Nacht und Nebel« wurden die Karosserien nach Nürnberg geschafft und auf die dort bereitstehenden Fahrgestelle montiert. Intern trugen die drei Prototypen des Zündapp-Kleinwagens die Bezeichnung Porsche Typ 12. Das äußere Erscheinungsbild war unkonventionell. Ebenso unkonventionell wie die Technik. Das Chassis bestand aus einem stabilen U-Profil-Rahmen mit je einer Querfeder (Schwingachswagen) an den beiden Achsen. Der hinter der Hinterachse eingebaute wassergekühlte Fünfzylinder-Sternmotor war leicht nach vorn geneigt im Rahmen verankert, besaß eine zentrale, durch Stirnräder angetriebene Nockenwelle und hängende, über Stoßstangen und Kipphebel gesteuerte Ventile. Aus 1,2 Litern Hubraum schöpfte er bei einer Bohrung von 70 mm, einem Hub von 62 mm und einer Nenndrehzahl von 3600/min 26 PS. Das reichte für 80 km/h Höchstgeschwindigkeit. Das Getriebe (Drei-Gang plus Schnellgang) lag vor der Hinterachse und war mit dem Achsantrieb verblockt. Diese Antriebsanordnung, erstmals erfolgreich im Typ 12 erprobt, sollte sich später millionenfach im VW Käfer und seinen Abkömmlingen bewähren.

Der Porsche Typ 12, vielfach auch als Urahn des VW Käfer bezeichnet, war 3,30 m lang, 1,42 m breit, 1,5 m hoch und brachte knapp 900 Kilogramm (Leergewicht) auf die Waage.

Die ersten Probefahrten mit den drei Versuchswagen verliefen indes enttäuschend. Die im Heck, fernab vom kühlenden Fahrtwind, installierten Sternmotoren wurden schon nach wenigen Kilometern so heiß, daß selbst das Öl zu

Der Porsche Typ 12 für Zündapp gilt als Vorläufer des KdF-Wagens. Der Vertrag zwischen Porsche und Zündapp kam 1931 zustande.

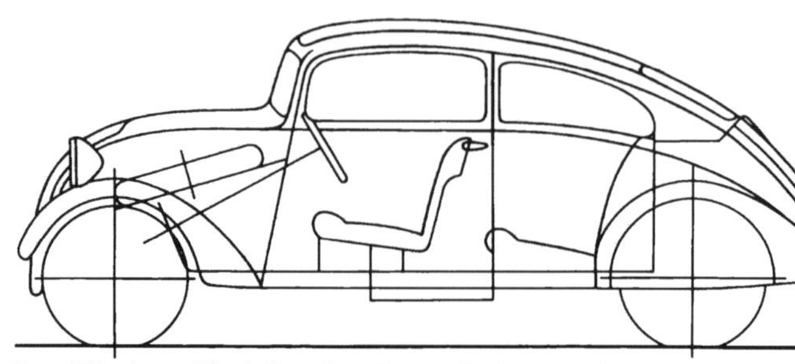

Das Zündapp-Modell sollte eine selbsttragende Ganzstahlkarosserie haben. Für den Antrieb war ein Fünfzylinder Sternmotor im Heck vorgesehen.

kochen begann; die Kühlung reichte bei weitem nicht aus. Auch die Getriebe bereiteten den Testfahrern Sorgen.

Obwohl man diese Mängel mit verhältnismäßig geringem Aufwand zufriedenstellend hätte beheben können, ging der Typ 12 als Zündapp-Volkswagen nie in Serie. Ausschlaggebend dafür war die Entscheidung Fritz Neumeyers, weiterhin ausschließlich Motorräder zu bauen. Zündapp ließ das Kleinwagen-Projekt allerdings nicht zuletzt auch aus Kostengründen fallen, denn es hätte enorme Investitionen erfordert.

Ferdinand Porsche erhielt für seine Bemühungen 85000 RM und einen der drei Prototypen, die beiden anderen blieben bei Zündapp.

Die Informationen über den Verbleib der drei Prototypen sind widersprüchlich. Fest steht nur, daß kein Fahrzeug mehr existiert. Porsches Wagen wurde bei einem Bombenangriff auf Stuttgart im Kriegsjahr 1944 zerstört; die beiden Zündapp-Wagen traf angeblich das gleiche Schicksal, andere wiederum meinen, sie seien bereits in den dreißiger Jahren verschrottet worden.

Die Prototypen von NSU

Porsche Typ 32

Typologie

Typ:	32
Baujahr:	1933/34
Zylinderanordnung:	Vierzylinder-Boxermotor (luftgekühlt)
Bohrung/Hub (mm):	80/72
Hubraum (ccm):	1470
Max. Drehzahl/min:	2600
Leistung (PS):	28
Getriebe:	Vierganggetriebe
Federung:	Drehstabfederung vorn und hinten
Radstand (mm):	2600
Spurweite vorn/hinten (mm):	1200/1200
Bereifung (Zoll):	5,25–16 oder 5,75–16
Leergewicht (kg):	870
Höchstgeschwindigkeit (km/h):	90

Sonstiges: Nur drei Versuchswagen gebaut, keine Serienfertigung.

Nach Zündapp zeigte ein anderer renommierter deutscher Motorradhersteller Interesse am Bau eines preisgünstigen Kleinwagens, die in Neckarsulm ansässige NSU-D-Rad Vereinigte Fahrzeugwerke AG, kurz NSU genannt.
Bei NSU verfügte man allerdings, im Unterschied zu den Zündapp-Werken, bereits über einschlägige Erfahrungen im Automobilbau. Außer Motor- und Fahrrädern hatte NSU im eigens zu diesem Zweck errichteten Zweigwerk Heilbronn auch Autos produziert. Im Zuge der Weltwirtschaftskrise und ihrer fatalen Folgen auf die gesamtwirtschaftliche Situation hatte man die Heilbronner Fertigungsstätte dem italienischen FIAT-Konzern überlassen. NSU beschränkte sich stattdessen auf die Produktion von Zweirädern.
Wenige Jahre später, 1933, hatte sich die wirtschaftliche Lage soweit gebessert, daß auch NSU wieder daran dachte, sein Lieferprogramm zu erweitern und erneut Autos zu bauen. Der damalige Leiter des Unternehmens, Generaldirektor Fritz von Falkenhayn, beauftragte das Stuttgarter Konstruktionsbüro Porsche mit dem Entwurf eines modernen, wirtschaftlichen Wagens, der dann später in Serie gehen sollte.
Nach eingehenden Vorgesprächen ließ von Falkenhayn Porsche bei der Konstruktion völlig freie Hand. So konnte Ferdinand Porsche unter anderem endlich seine Idee vom luftgekühlten Heckmotor verwirklichen. Bereits Anfang 1934 waren die Pläne für den NSU-Wagen, intern Porsche Typ 32 genannt, fertig.
In seiner Gesamtkonzeption ähnelte das Fahrzeug bereits weitgehend dem späteren Volkswagen.
Zunächst wurden drei Prototypen gebaut; zwei davon in Gemischtbauweise mit Kunstlederüberzug bei Drauz in Heilbronn, ein dritter mit Ganzstahlkarosserie bei Reutter in Stuttgart. Die Motoren entstanden unter Ferdinand Porsches Anleitung im Neckarsulmer Motorrad-Werk.
Der Typ 32 besaß bereits den für alle späteren Volkswagen typischen Zentralrohr-Plattformrahmen, Einzelradaufhängung, eine Stabfederachse mit je zwei Längslenkern vorn und eine Pendelachse hinten, ebenfalls torsionsgefedert sowie Stoßdämpfer und Trommelbremsen an allen vier Rädern. Erstmals wurden beim Typ 32 statt der damals üblichen Blattfedern Drehstäbe verwendet. Ein Porsche-Patent, das sich auch in zahlreichen anderen Konstruktionen bewähren sollte.
Kernstück des Wagens war der luftgekühlte Boxer-Motor mit zwei gegenüberliegenden Zylinder-Paaren, einem Keilriemen-Kühlluftgebläse und 1470 cm^3 Hubraum, resultierend aus einer Bohrung von 80 mm und einem Hub von 72 mm. Eine zentrale Nockenwelle steuerte über Stoßstangen und Kipphebel die hängend angeordneten Ventile. Bei einer Nenndrehzahl von 2600/min leistete der robuste Vierzylinder 20 PS. Für die notwendige Gemischaufbereitung sorgte ein Fallstromvergaser. Derart motorisiert erreichte der 750 Kilogramm schwere Wagen im vierten Gang eine Höchstgeschwindigkeit von gut 90 km/h. Der Typ 32 besaß schon den Volkswagen-typischen Hecktriebblock: Der Motor war hinter der Hinterachse installiert, das Getriebe davor und mit dem Achsantrieb verblockt.
Ende Juli 1934 begannen die Erprobungsfahrten. Gegenüber dem zuvor für Zündapp entwickelten Typ 12, der den Technikern noch viele Sorgen bereitet hatte, präsentierte sich der Typ 32 von Anfang an nahezu als ausgereiftes Fahrzeug. Im Fahrversuch auf den neuen Autobahnen und im Schwarzwald traten keinerlei gravierende Mängel zutage. Zwar brachen anfangs gelegentlich noch die Torsionsstäbe, ein konstruktiver Fehler, der jedoch alsbald behoben werden konnte. Und die luftgekühlten Boxer-Motoren verursachten bei hohen Drehzahlen einen ohrenbetäubenden Lärm, doch all dies wurde noch während der Erprobungsphase abgestellt.
Fritz von Falkenhayn war recht optimistisch und glaubte, sein Vorhaben für 10 Millionen Mark,

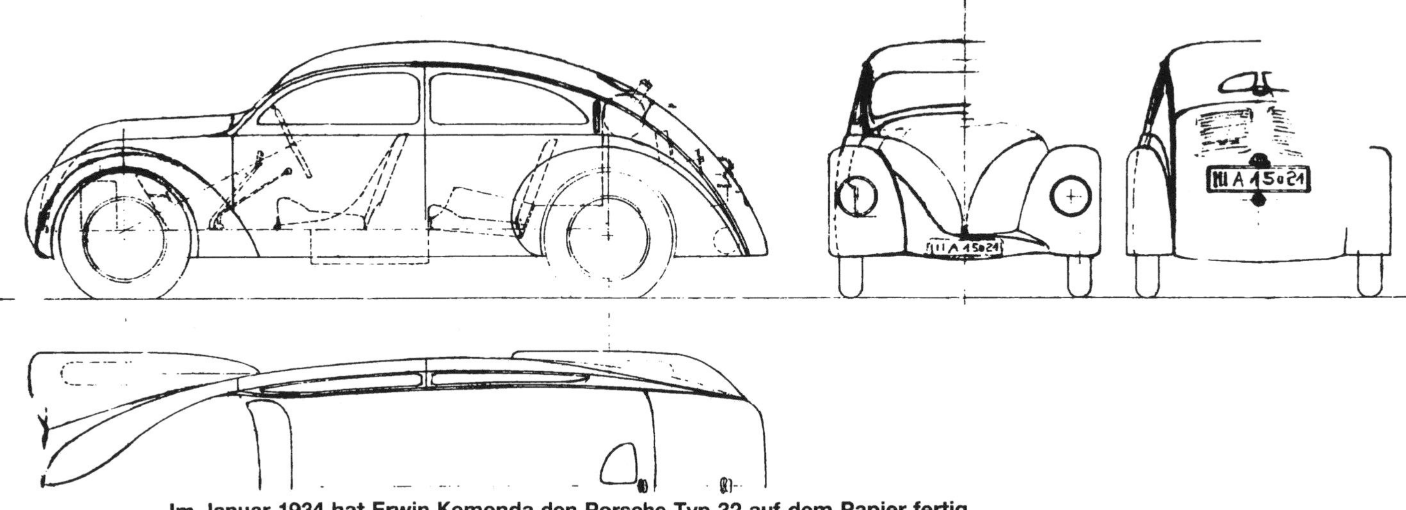

Im Januar 1934 hat Erwin Komenda den Porsche Typ 32 auf dem Papier fertig.

Ein Blick auf die schlichte Armaturentafel im NSU.

Mitte rechts: Von dem Typ 32 werden zunächst drei Prototypen gebaut, zwei davon in Stahl-Holz-Konstruktion bei Drauz in Heilbronn, ein dritter mit Ganzstahlkarosserie bei Reutter in Stuttgart.

Rechts unten: Der luftgekühlte Boxer-Motor leistete 28 PS bei einem Hubraum von 1470 cm³. Der Typ 32 besaß schon den Volkswagen-typischen Antriebsblock.

Dieses Modell ist nach dem Krieg restauriert worden.

Die Karosserie dieses Modells bestand aus Holz und Kunstleder.

damals eine horrende Summe, realisieren zu können. Trotzdem sollte der NSU-Porsche Typ 32 nie in Serie produziert werden. Einerseits scheute NSU die Kapitalinvestition, andererseits lief die deutsche Rüstungsindustrie bereits auf Hochtouren. Zündapp und BMW bauten schwere Motorräder für Kradschützen-Kompanien, während NSU das zivile Motorrad-Geschäft vorbehalten blieb. Aus diesem Grund ließ von Falkenhayn sein geplantes Auto-Projekt fallen und brachte stattdessen ein Volksmotorrad auf den Markt, die allseits bekannte und geschätzte NSU Quick.

V 1, V 2 und die VW-3-Serie

Typ 60

Typologie

Typ:	V1, V2, VW-3-Serie
Baujahr:	1935/36
Zylinderanordnung:	Vierzylinder-Boxermotor (luftgekühlt)
Bohrung/Hub (mm):	70/64
Hubraum (ccm):	900
Max. Drehzahl/min:	3100
Leistung (PS):	22
Getriebe:	Vierganggetriebe
Federung:	Drehstabfederung vorn und hinten
Radstand (mm):	2400
Spurweite vorn/hinten (mm):	1250/1250
Bereifung (Zoll):	4,50–17 oder 4,50–16
Leergewicht (kg):	650
Höchstgeschwindigkeit (km/h):	100

Sonstiges: Nur Versuchswagen gebaut, keine Serienfertigung. Als Aggregateträger auch mit anderen Versuchsmotoren ausgerüstet.

Als Ferdinand Porsche dem Reichsverkehrsministerium in Berlin zu Beginn des Jahres 1934 sein »Exposé betreffend den Bau eines deutschen Volkswagens« vorlegte, konnte er – nicht zuletzt dank seiner Entwicklungsarbeiten für Zündapp und NSU – schon mit konkreten Plänen zu diesem damals aktuellen Thema aufwarten.
Nach Porsches Vorstellungen sollte ein solcher Volkswagen kein Kleinwagen, sondern vielmehr »ein Gebrauchswagen mit normalen Abmessungen, aber verhältnismäßig geringem Gewicht« sein. Konzipiert waren eine Spurweite von 1200 mm und ein Radstand von 2500 mm; das Leergewicht sollte 650 Kilogramm nicht überschreiten. Die Maschine sollte bei einer Höchstdrehzahl von 3500/min 26 PS leisten und durchschnittlich nicht mehr als 8 Liter Treibstoff auf 100 Kilometer Fahrstrecke verbrauchen.
Mit bescheidenen Mitteln entstanden zwischen 1934 und 1936 insgesamt 5 Versuchswagen nach Ferdinand Porsches Plänen.
Als Arbeitsstätte diente die zur Werkstatt umfunktionierte Garage der Porsche-eigenen Villa am Feuerbacher Weg in Stuttgart.
Zwölf Männer arbeiteten auf engstem Raum und nahezu ununterbrochen mit oftmals primitiven Hilfsmitteln am Bau der Volkswagen-Prototypen. Für eine größere Werkstätte und spezielle Werkzeuge reichten die bewilligten Gelder nicht aus.
Ferry Porsche, Ferdinand Porsches Sohn und zugleich engster Mitarbeiter, bemerkt dazu in seinen Lebens-Erinnerungen: ...»Wir benutzten meine Hobby-Werkstatt, stellten zwei Drehbänke zusätzlich zur Fräsmaschine und elektrischen Bohrmaschine, die schon darin standen, hinein und fanden dann noch Platz für zwölf Mann. Fragen Sie mich nicht, wie wir es machten...«
Trotz großer Schwierigkeiten entstanden hier die ersten Versuchswagen des Porsche Typ 60: eine Limousine, V 1 genannt, und ein offener Tourer (Cabriolet), intern als V 2 bezeichnet. Beide besaßen schon die Käfer-typische Form und, im Gegensatz zu den späteren Versionen des Typ 60, in der Mitte der Frontpartie eingelassene Scheinwerfer. Mit diesen Wagen sammelte Porsche die ersten Erfahrungen; Karosserie und eine ganze Reihe technischer Details befriedigten allerdings noch nicht.
Versuchsweise experimentierte man anfangs mit verschiedenen Antriebsaggregaten; übrig blieb der später so erfolgreiche Vierzylinder-Viertakt-Boxermotor. Während alle übrigen Aggregate mehr oder weniger große Probleme verursachten – sie waren im Dauerbetrieb nicht standfest –, erfüllte der Vierzylinder-Boxer schon nach kurzer Erprobungszeit die in ihn gesetzten Erwartungen, von kleinen Pannen abgesehen.
Inzwischen waren auch die drei Limousinen der VW-3-Serie fertig: ein Wagen mit Ganzstahlkarosserie, die beiden übrigen in Gemischtbauweise mit Holz-Blech-Aufbauten. Diese frühen Prototypen ähnelten in ihrem Äußeren schon weitgehend dem späteren Käfer, von geringfügigen Details einmal abgesehen. Ausgerüstet mit den bereits erwähnten Testmotoren, dienten sie als Versuchswagen. Am besten bewährte sich das mit dem Vierzylinder-Boxermotor ausgestattete Fahrzeug. Es handelte sich dabei um ein luftgekühltes Aggregat, ähnlich dem für NSU konstruierten Motor, allerdings mit auf 985 cm^3 verringertem Hubraum und einer Nennleistung von 23,5 PS bei 3000/min.
Auch bei der VW-3-Serie gab es schon die Käfertypischen Merkmale: stromlinienförmige Ganzstahlkarosserie, mit dem Zentralrohrplattformrahmen verschraubt, Einzelradaufhängung, Drehstabfederung und der obligatorische Hecktriebblock: Motor hinter der Hinterachse installiert, das Getriebe davor, Achsantrieb mit der Hinterachse verblockt.
Am 10. Oktober 1936 starteten diese drei VW-3-Prototypen zu einer für damalige Verhältnisse einmaligen Dauer-Erprobungsfahrt, die am 22. Dezember des gleichen Jahres beendet war.

Berechnungen

Bl Nr. 1
Dat 2.6.34
Name Ng

Type: 60 | Gruppe: Gewichte | Detail:

Deutscher Volkswagen

Gewichts Veranschlag.

Gewichte in kg.

Gruppe	V1 LIMOUSINE	V2 OFFEN				
Motor kompl. samt Gebläse u. Schwungrad	45	45				
Lichtanlasser	13,5	13,5				
Kupplung	5	4,5				
Getrieberäder u. Schaltung.	8	8				
Fusshebel u. Gestänge	4	3,5				
Handbremshebel u. Gestänge	1	1				
Differential mit Seitenwellen.	15	13				
Hinterachsgehäuse m. Teilen.	14	12				
Hinterradnabe samt Bremse	19	17				
Bremsgestänge	1,5	1,5				
Vorderachse incl. Stäben	13	13				
Vorderrad Nabe s. Bremse.	12	11				
Lenkstangen	1,2	1,2				
Lenkung.	6	4,5				
Rahmen Plattform	35	35				
Hintere Stabfederung.	12	10				
Auspufftopf s. Leitung.	3,5	3				
Tank.	4	4				
Batterie	15	15				
Aussenbeleuchtg.	4	4				
Horn, Wischer, Winker.	2,5	2,5				
Elektr. Aparate sonstige.	5,0	5,				
Elektr. Leitungen.	3	3				
5 Räder samt Reifen.	50,7	50,7				
Schutzbleche u. div. Kleinteile.	3	3				
Sonst Aparate u. Armaturen.	5	5				
Reserve Radhalter.	4.	4				
Chassis Gewicht komplett	304,9	292,9				
Karosserie	240	200				
Gesamt Gewicht leer.	543,9.	492,9.				

Oben: Diese Porsche-Skizze vom Käfer-Vorläufer entstand zu Beginn des Jahres 1932. Während die Frontpartie den Versuchswagen V1 und V2 entspricht, hat das Heck noch die damals allgemein übliche Gestaltung.

Rechts oben: Unter der Kartei-Nummer 3451 entsteht auf dem Papier nach der Limousine auch eine Cabriolet-Ausführung.

Als Arbeitsstätte für die ersten Versuchswagen dient die zur Werkstatt umfunktionierte Garage der Porsche-eigenen Villa am Feuerbacher Weg in Stuttgart.

Einer der ersten Volkswagen auf Testfahrt in der Umgebung von Stuttgart.

V2, der zweite, offene Versuchswagen des Typ 60 (Volkswagen) wird 1935 fertig. Am Steuer des Cabriolet sitzt Ferry Porsche, der Sohn des Professors. Die Aufnahme entstand 1935 auf dem Tübinger Marktplatz. Typisch für diese Modelle: Die Scheinwerfer sind an der Haube montiert.

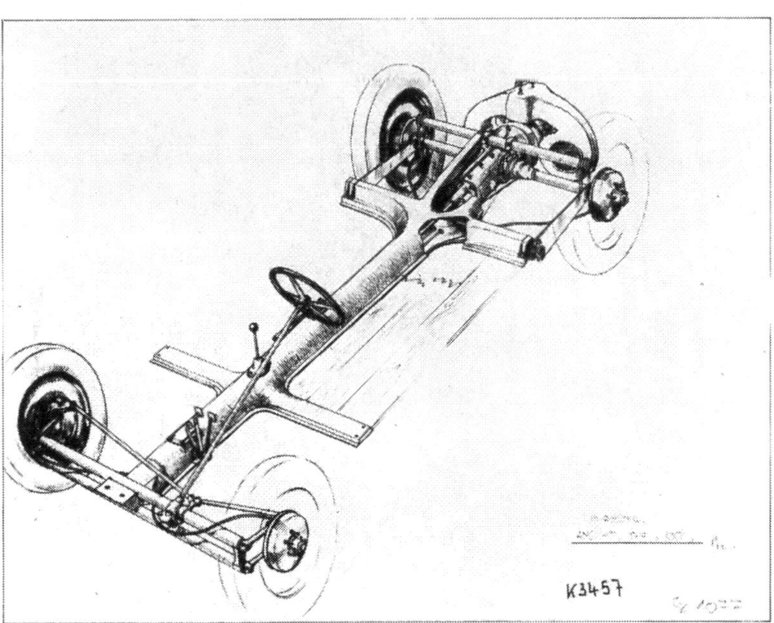

Diese Zeichnung von Franz Xaver Reimspieß aus dem Jahr 1935 stellt die erste Variante von vielen Untersuchungen des zukünftigen Volkswagens dar. Während die Achse und der Motor schon das Volkswagen-typische Gesicht haben, experimentiert man noch mit dem Rahmen, der zeitweise in einer gemischten Konstruktionsweise – Stahl/Holz – gedacht war.

Am 5. Februar 1936 laufen im Porsche-Versuch die beiden ersten Volkswagen. Hier die Fahrzeuge V1 und V2 auf Versuchsfahrt im Schwarzwald. Die Türen sind bei diesen beiden Modellen an der B-Säule angeschlagen und gehen nach hinten auf.

Die VW-3-Serie entspricht weitgehend den ersten beiden Versuchswagen. In der Motorhaube sind Belüftungsschlitze. Noch hat der Volkswagen keine Trittbretter.

Obwohl die Scheinwerfer schon in den Kotflügeln integriert sind, handelt es sich um einen weiterentwickelten Volkswagen aus der VW-3-Serie mit einigen Merkmalen der VW-30-Serie. In der Limousine im Hintergrund sitzt Ferdinand Porsche, vor dem Cabriolet steht Anton Piëch. Ein einfaches Unterscheidungsmerkmal zwischen dem VW 3 und VW 30 wird an der Tür deutlich. Bei der VW-3-Serie ist die Tür im Bereich des Griffes glatt, die Türen der VW-30-Serie haben eine Griffmulde.

Rechts ist der VW 3 im Bild, links ein VW 30 von 1937.

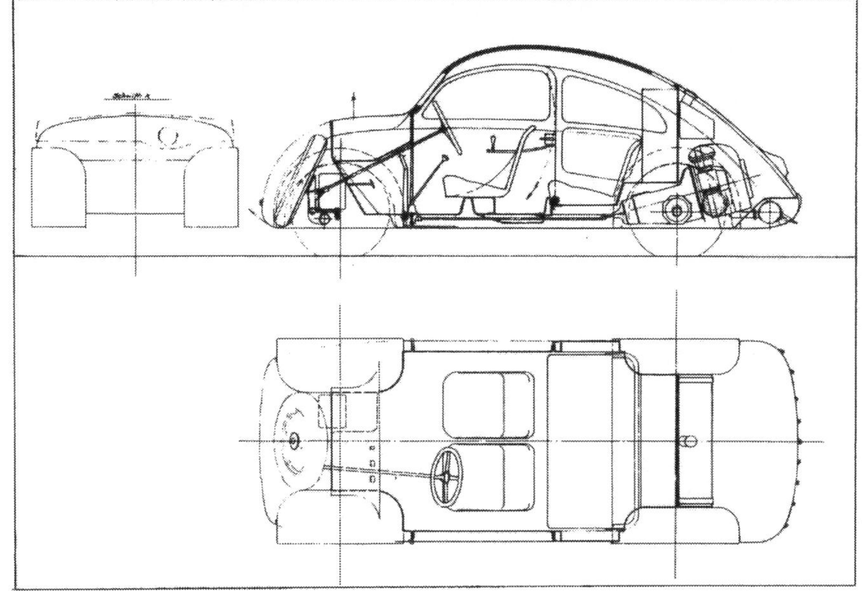

Typ 60 (Volkswagen). Die Zeichnung fertigt Karl Fröhlich am 2. Juni 1934 an. Für den Typ 60 ist noch ein Stern-Motor vorgesehen.

Nach der erfolgreich absolvierten Versuchsfahrt der VW 3-Modelle wurde eine neue Serie (VW 30) mit 30 Fahrzeugen gefertigt. Links im Bild der VW 30 mit kleinem Fenster im Seitenteil. Dafür ist die Tür gegenüber dem VW 3 größer. Es fehlt in der Türfensterscheibe das Dreieckfenster. Rechts im Bild der VW 3, hier schon mit den in den bei der VW-30-Serie üblichen Scheinwerfern in den vorderen Kotflügeln. Das Seitenfenster ist größer, in der Tür ist das für den späteren Käfer so typische Dreieckfenster vorhanden. Die Türen beider Modelle öffnen sich nach hinten. Beide Modelle, VW 3 und VW 30, laufen unter der Bezeichnung Typ 60.

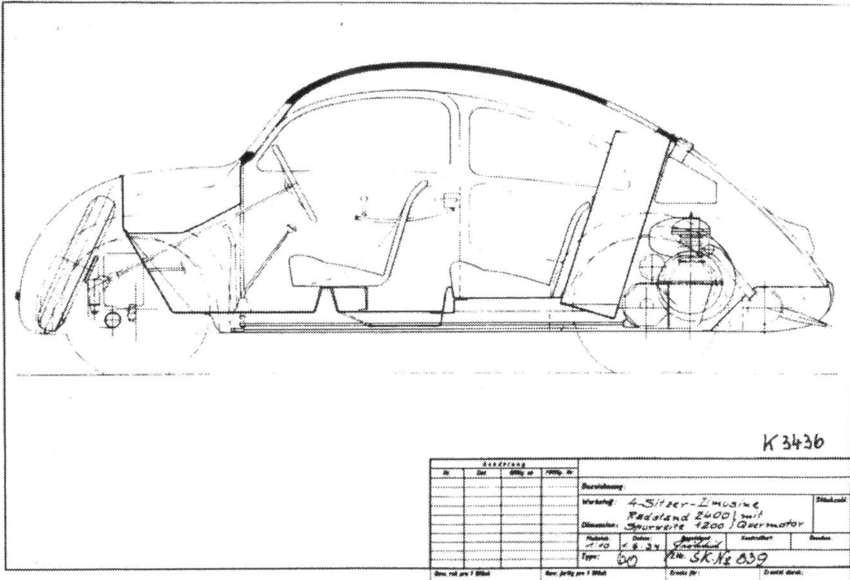

Hier eine Zeichnung von Karl Fröhlich vom 1. Juni 1934 mit Quermotor. Die Türen sind an der A-Säule angeschlagen und öffnen sich nach vorn.

Die Vorserie VW 30

Typ 60

Typologie

Typ:	VW 30
Baujahr:	1936/37
Zylinderanordnung:	Vierzylinder-Boxermotor (luftgekühlt)
Bohrung/Hub (mm):	70/64
Hubraum (ccm):	985
Max. Drehzahl/min:	3000/3200
Leistung (PS):	22
Getriebe:	Vierganggetriebe
Federung:	Drehstabfederung vorn und hinten
Radstand (mm):	2400
Spurweite vorn/hinten (mm):	1250/1250
Bereifung (Zoll):	4,50–16 oder 5,25–16 Aero
Leergewicht (kg):	650
Höchstgeschwindigkeit (km/h):	100

Sonstiges: 30 Vorserien-Versuchswagen gebaut, 29 Limousinen, 1 Cabriolet, zum Teil auch mit Stoßstangen.

Aufgrund der mit den Versuchswagen der VW-3-Serie gewonnenen Erkenntnisse hatte Porsche bereits zu Beginn des Jahres 1937 ein Nachfolgemuster konzipiert, einen Vorserienwagen, von dem insgesamt 30 Exemplare im Daimler-Benz-Karosseriewerk in Sindelfingen gebaut wurden. Diese Fahrzeuge erhielten die interne Bezeichnung VW 30 und ähnelten dem späteren Käfer auf frappierende Weise.

Alle 30 Volkswagen, 29 Limousinen, seltsamerweise ohne Heckfenster, und ein Cabriolet, besaßen Ganzstahlkarosserien, die mit dem bereits bekannten und bewährten Zentralrohr-Plattformrahmen verschraubt waren. Als Triebwerke dienten die inzwischen autobahnfesten, luftgekühlten Vierzylinder-Boxermotoren mit 985 Kubikzentimeter Hubraum und einer Nennleistung von 22 PS bei 3000 bzw. 3200/min. Das Fahrwerk bestand aus einer Stabfederachse mit je zwei Längslenkern vorn und einer drehstabgefederten Pendelachse hinten sowie Stoßdämpfern und mechanischen Trommelbremsen.

Die Testfahrten mit den Vorserienfahrzeugen vom Typ VW 30 begannen um Ostern 1937. Als Fahrer fungierten 120 SS-Männer, die man eigens zu diesem Zweck ausgesucht und abkommandiert hatte. Als Stützpunkt und zugleich Versuchshauptquartier hatte man die nahe Stuttgart gelegene Kornwestheimer Panzerkaserne gewählt. Hier standen genügend Garagen und geeignete Wartungsmöglichkeiten zur Verfügung, für ein reibungsloses Funktionieren der Dauererprobung unter Alltagsbedingungen unerläßlich.

Getestet wurden vor allem die Standfestigkeit der Motoren, denn sie sollten autobahnfest sein und Dauergeschwindigkeiten bis zu 100 km/h durchstehen können, ohne zu überhitzen. Das Unternehmen VW 30 lief, abgeschirmt von der Öffentlichkeit, die zwar schon oft vom Volkswagen gehört, aber noch nie ein Exemplar zu Gesicht bekommen hatte, unter strengster Geheimhaltung ab. Jeder Test-Teilnehmer hatte zuvor ein Dokument unterzeichnen müssen, das ihn unter Strafandrohung zum Stillschweigen verpflichtete. Insgesamt legten die 30 Vorserienwagen ohne gravierende Mängel annähernd 2,4 Millionen Testkilometer zurück. Jede einzelne Fahrt wurde peinlich genau protokolliert und diente als Grundlage für spätere Betriebskostenberechnungen.

Die Herstellung der 30 Vor-Volkswagen der VW-30-Serie und die Durchführung der Erprobungsfahrten verschlangen etwa 1,7 Millionen RM, eine horrende Summe.

Dafür erwies sich der von Ferdinand Porsche konstruierte Volkswagen damals bereits, wie wir heute wissen, als seiner Zeit weit voraus.

Links oben: Wo immer die Volkswagen in der Öffentlichkeit auftauchten, hier die VW-30-Vorserie, wurden sie von der Bevölkerung bestaunt.

Rechts oben: Stahlrohrsitze und eine karge Ausstattung bestimmten den Innenraum der Vorserien-Modelle.

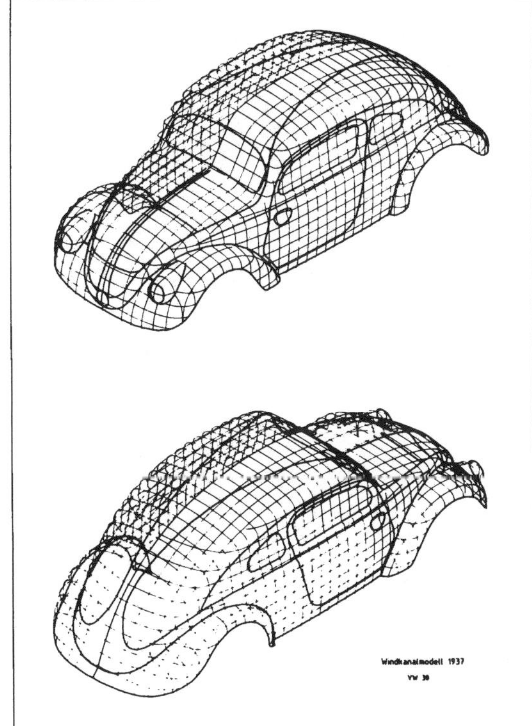

Für Untersuchungen im Windkanal wurde eigens ein Windkanalmodell hergestellt. Diese Zeichnungen sind allerdings erst 1983 vom Volkswagenwerk angefertigt worden.

Die Karosserie für die 30 Exemplare der VW-30-Serie entstehen bei Daimler-Benz in Sindelfingen. Die Karosserien haben in den vorderen Kotflügeln integrierte Scheinwerfer, eine kleine Fronthaube, unter der sich Tank und Reserverad befinden.

Die Türen sind bei der 30er Serie an der B-Säule angeschlagen und gehen nach hinten auf. Deutlich sichtbar die Griffmulde in der Tür. Es fehlt noch das für den Käfer typische Dreiecksfenster in den Türen. Im Heck kein Fenster, sondern eine große Haube mit Belüftungsschlitzen. Die Winker befinden sich in den vorderen Seitenteilen.

Sofort nach Beendigung der Testfahrten, die im Frühjahr 1937 begannen, wurden die VW-30-Modelle in der Kornwestheimer Panzerkaserne unter Verschluß genommen.

Der KdF-Wagen

Typ 60

Typologie

Typ:	VW 38 VW 39
Baujahr:	1937/38 1938/39
Zylinderanordnung:	Vierzylinder-Boxermotor (luftgekühlt)
Bohrung/Hub (mm):	70/64
Hubraum (ccm):	985
Max. Drehzahl/min:	3000/3200
Leistung (PS):	24
Getriebe:	Vierganggetriebe
Federung:	Drehstabfederung vorn und hinten
Radstand (mm):	2400
Spurweite vorn/hinten (mm):	1290/1250
Bereifung (Zoll):	4,50–16
Leergewicht (kg):	750
Höchstgeschwindigkeit (km/h):	100

Sonstiges: Käfer in der endgültigen Form, auch KdF-Wagen (Typ 60) genannt. Drei Versionen zur Auswahl: Limousine, Rolldach-Limousine. Cabriolet nur als Sonderanfertigung. 33 Wagen gebaut. Von der VW 39-Serie wurden 30 Vorserienwagen gebaut, die technisch mit der VW 38-Serie identisch waren.

Anfang 1938 erhielt der Volkswagen seine endgültige Form. Aufgrund der Erfahrungen, die man mit den Versuchs- und Vorserienfahrzeugen gesammelt hatte und nicht zuletzt aufgrund eingehender Versuche im Windkanal, gab Ferdinand Porsche bei der Stuttgarter Karosseriefirma Wilhelm Reutter weitere Volkswagen in Auftrag, die Vorserie VW 38.

Die stromlinienförmige Ganzstahlkarosserie der bei Reutter gefertigten Autos entsprach dem neuesten Erkenntnisstand und wies gegenüber den vorherigen Entwürfen zahlreiche stilistische Änderungen auf.

Die beiden Türen waren erstmals vorn angeschlagen, im Heck gab es nun ein Rückfenster, das aus technischen Gründen – man konnte die Glasscheiben damals noch nicht wölben – einen Mittelsteg aufwies, heute als »Brezel-Fenster« bekannt. Außerdem besaß der VW 38 vorn und hinten Stoßstangen; sie waren zuvor bei einigen Exemplaren der Serie VW 30 erprobt worden.

Technisch ähnelte der VW 38 weitgehend seinen Vorgänger-Modellen: Zentralrohr-Plattformrahmen, Doppelrohre als Vorderachsträger, Pendelachse hinten, Drehstabfederung, Einzelradaufhängung und im Heck der inzwischen schon bewährte luftgekühlte Vierzylinder-Boxermotor mit 985 cm^3 Hubraum und 24 PS.

Am 26. Mai 1938 wurde in der entstehenden »Stadt des Volkswagens« der Grundstein gelegt. Gleichzeitig verschwand aus dem offiziellen Sprachgebrauch der Begriff »Volkswagen«. An seine Stelle trat der »KdF-Wagen« (KdF: Kraft durch Freude).

Angeboten wurden zunächst nur zwei Versionen und nur eine Lackierung, nämlich Grau-Blau. Es gab den KdF-Wagen (Typ 60) als Limousine und als Limousine mit Rolldach (Cabrio-Limousine), allerdings zunächst ausschließlich im Prospekt.
Am 1. September 1939, das Volkswagenwerk war inzwischen fast fertig, brach der Zweite Weltkrieg aus. Die beabsichtigte Produktion des KdF-Wagens – bereits Mitte Oktober sollten die ersten 500 Exemplare vom Band laufen – wurde gestoppt, Rüstungsgüter hatten Vorrang.
Gebaut worden waren bis zu diesem Zeitpunkt lediglich 210 Fahrzeuge, allerdings nicht im Volkswagenwerk selbst. Sie wurden an die Nazi-Prominenz verteilt.

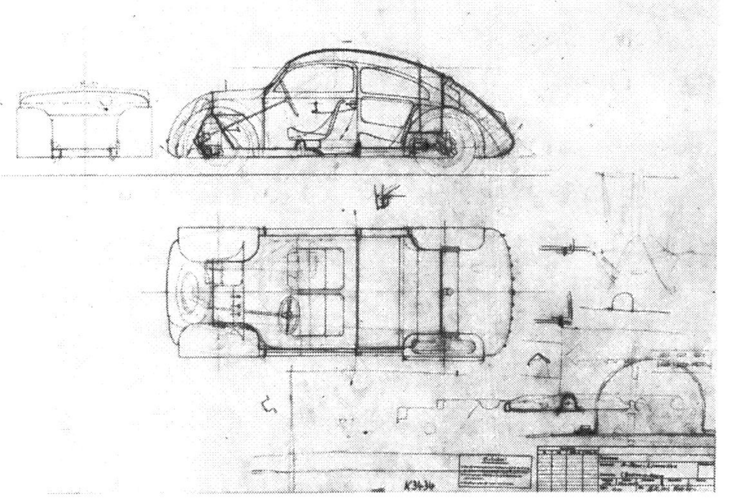

Diese Zeichnung, K 3434, Sk.-Nr. 804 vom 27. April 1934 hat historische Bedeutung. Denn erstmals taucht in der Porsche-Konstruktionsliste der »Typ 60« auf, der Urahn aller Käfer-Modelle.

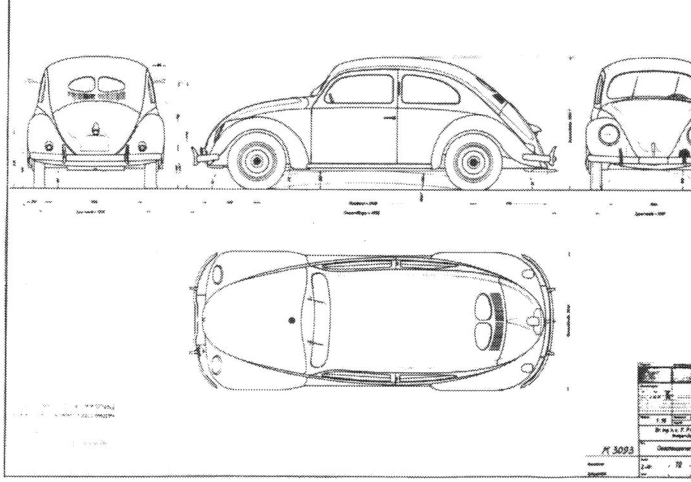

1938 entstehen zur Erprobung weitere 30 Volkswagen, die Serie 38. Sie weist schon alle typischen »Käfer«-Merkmale auf: Geteilte Heckscheibe und Trittbretter.

Zur Vorserie aus dem Jahr 1938 gehörte auch ein Vollcabrio. Serienmäßig sind jetzt die Türen an der A-Säule angeschlagen.

Die Technik der VW-38-Serie entspricht weitgehend den Vorgänger-Modellen: Doppelrohre als Vorderachsträger. In den Achsrohren befinden sich die Federpakete.

Für den KdF-Wagen lief damals eine recht aufwendige Propaganda an. Hier der Originaltext aus jener Zeit: »Seitenansicht des Innenlenkers mit Faltdach bei geöffneter Tür. Die linke Tür läßt sich abriegeln, die rechte ist verschließbar.«

Zentralrohr-Plattformrahmen.

VW 38: Pendel-Hinterachse, Einzelradaufhängung, luftgekühlter Boxermotor mit 985 cm³.

KdF-Wagen, Original-Prospekttext: »Gangschalter und Handbremse sind zwischen den Sitzen angeordnet, so daß das Einsteigen von der rechten Wagenseite zum Führersitz ungehindert vor sich gehen kann.«

Armaturenbrett des KdF-Wagens. Vorgesehen war auch ein »Volksradio«, wie die Abbildung zeigt.

Hinterachsabbildung aus dem Buch »Der KdF-Wagen von A bis Z«. Das Handbuch für den KdF-Wagen kostete seinerzeit 2,50 RM.

Neben der Limousine und dem Cabrio gab es auch eine sogenannte Cabrio-Limousine. Ein VW Typ 60 mit Rolldach.

Mit großem Aufwand wird der KdF-Wagen in der Öffentlichkeit propagiert. Hier Berliner Journalisten 1939 auf ersten Testfahrten.

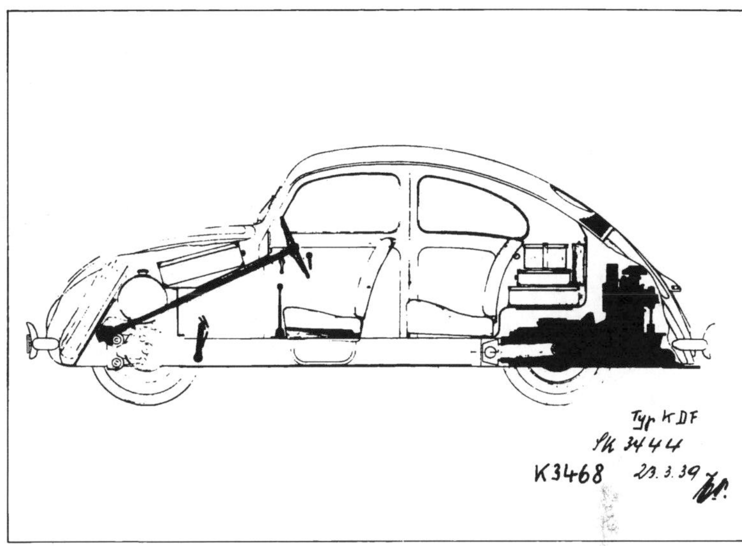

Die Zeichnung vom 23. März 1939 zeigt das endgültige Konzept. Motor mit Getriebe und Achsantrieb im Heck, runder Tank und Reserverad vorn unter der Haube. Seit der Grundsteinlegung am 26. Mai 1938 wird offiziell nur noch vom KdF-Wagen (KdF = Kraft durch Freude) gesprochen.

Auch 1939 stellte man noch Untersuchungen an, ob es nicht sinnvoller sei, den Motor nach vorn zu verlegen und den Antrieb über die Hinterräder vorzunehmen.

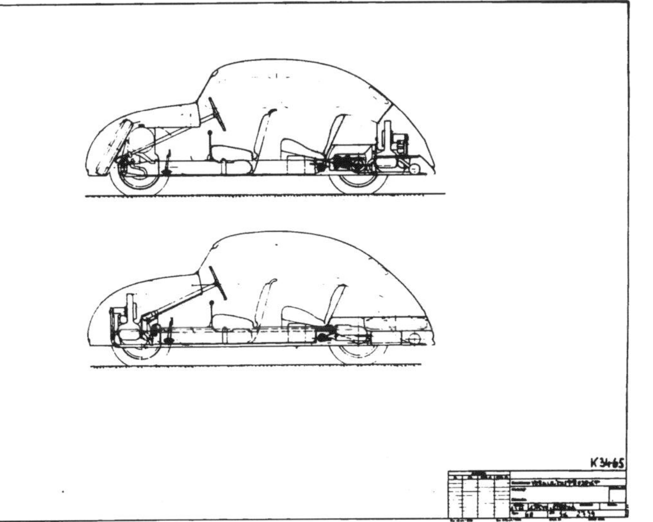

Ein erster Pick-up auf KdF-Fahrgestell.

Neben der KdF-Limousine gab es auch einige Spezial-Karosserien; zum Teil waren das allerdings nur Versuchs- und Einzelstücke. Hier der Tropenwagen, der wegen seines Kastenaufbaus und seiner schwarzen Farbe intern »Leichenwagen« getauft wurde.

Der Berlin-Rom-Wagen

Typ 60 K 10 oder Typ 64

Typologie

Typ:	64 (60 K 10)
Baujahr:	1939
Zylinderanordnung:	Vierzylinder-Boxermotor (luftgekühlt)
Bohrung/Hub (mm):	
Hubraum (ccm):	1100
Max. Drehzahl/min:	3800
Leistung (PS):	40
Getriebe:	Vierganggetriebe
Federung:	Drehstabfederung vorn und hinten
Radstand (mm):	2400
Spurweite vorn/hinten (mm):	1290/1250
Bereifung (Zoll):	5,25–16
Leergewicht (kg):	545
Höchstgeschwindigkeit (km/h):	140

Sonstiges: Nur 3 Versuchswagen gebaut, keine Serienfertigung, auch „Berlin-Rom-Wagen" genannt.

Als deutsches Gegenstück zur renommierten Langstrecken-Rallye Lüttich-Rom-Lüttich hatte man für Mitte September 1939 die Fernfahrt Berlin-Rom vorgesehen. Die Machthaber des Dritten Reiches sahen im Motorsport ein probates Mittel zur Aufwertung ihres Image, vor allem im Ausland. Und der Erfolg gab ihnen recht. Die Grand-Prix-Rennwagen der Auto Union und von Mercedes-Benz, deren Entwicklung und Einsatz der Staat großzügig subventionierte, galten als nahezu unschlagbar.
Um in Zukunft auch auf dem Rallye-Sektor konkurrenzfähig zu sein, erhielt Porsche den Auftrag, für die geplante Fernfahrt Berlin-Rom – sie sollte über eine Gesamtdistanz von 1300 Kilometer führen – einen geeigneten Sportwagen auf Volkswagen-Basis zu bauen.
Da im Herbst 1939 zudem die ersten in Serie produzierten KdF-Wagen vom Band laufen sollten, versprach man sich von einem möglichen Sieg des sportlichen Volkswagens ein positives Echo.
Kurioserweise hatte man zuvor einen Vorschlag Porsches, aus Volkswagen-Teilen, die aus der geplanten Serienfertigung stammen sollten, in eigener Regie einen kleinen Sportwagen herzustellen (Porsche Typ 114), mit der lapidaren Begründung abgelehnt, ein staatliches Unternehmen könne keine Teile für privatwirtschaftliche Unternehmen zur Verfügung stellen. Ein weiteres Porsche-Projekt, ein 1,5-Liter-Mittelmotor-Sportwagen, konnte wegen des Krieges ebenfalls nicht realisiert werden; später entstand daraus der Porsche 356, dessen Prototyp, im Gegensatz zu den Serienfahrzeugen, dann auch tatsächlich einen Mittelmotor besaß, noch dazu aus VW-Teilen.
Stattdessen befaßte sich Porsche auftragsgemäß mit Entwurf und Konstruktion des Berlin-Rom-Wagens. Die notwendigen finanziellen Mittel stammten aus dem schier unerschöpflichen Etat des Volkswagenwerks. Da hauptsächlich Teile aus dem Volkswagen-Programm verwendet werden sollten, erhielt das Fahrzeug intern die Bezeichnung Typ 60 K 10 oder auch Porsche Typ 64. Die Ziffer 60 wies die Neukonstruktion als Ableger des KdF-Wagens (Typ 60) aus; der Zusatz K 10 bedeutete nichts anderes als Karosserievariante 10, denn gerade in der Gestaltung der äußeren Form unterschied sich die Sportversion des KdF-Wagens wesentlich vom Basismodell.
Welche Zusammenhänge zwischen Windschlüpfigkeit, Kraftstoffverbrauch und Spitzengeschwindigkeit eines Autos bestehen, wußte man schon seit Anfang der 20er Jahre. Insbesondere die Karosserieversuche des Chef-Aerodynamikers der Zeppelin-Werke, Paul Jaray, oder die von Prof. Wunibald Kamm und des Freiherrn Koenig-Fachsenfeld waren hier richtungweisend. Auch Ferdinand Porsche bediente sich dieser Erkenntnisse und konzipierte für den Typ 64 eine stromlinienförmige Karosserie aus Leichtmetall (Aluminium) mit Radabdeckungen. Beim Einschlagen der Vorderräder wurden diese Abdekkungen mit Hilfe von Rollen, die an der Innenseite befestigt waren, nach außen gedrückt.
Im Innern des Wagens herrschte beklemmende Enge. Die Sitzposition des Fahrers lag fast in der Mitte, der Beifahrer kauerte schräg dahinter auf einem versetzt installierten Notsitz. Komplett wog der Typ 64 nur etwa 545 Kilogramm, der KdF-Wagen dagegen brachte ein Leergewicht von 750 Kilogramm auf die Waage.
Als Fahrgestell diente der bereits beim Typ 60 verwendete Zentralrohr-Plattformrahmen mit der bekannten Stabfederachse vorn und einer ebenfalls drehstabgefederten Pendelachse hinten sowie Stoßdämpfern und Trommelbremsen. Als Antriebsaggregat benutzte man einen auf 1100 cm^3 aufgebohrten Käfer-Motor mit größeren Ventilen und modifizierter Vergaseranlage. Diese frisierte Käfer-Maschine leistete bei 3800/min knapp 40 PS.

Technisch basierte der Berlin-Rom-Wagen auf dem KdF-Fahrzeug.

Der Berlin-Rom-Wagen erhielt die Typen-Bezeichnung 60 K 10 oder auch Volkswagen-Typ 64.

Der stromlinienförmige Berlin-Rom-Wagen sollte im sportlichen Einsatz für zusätzlichen Ruhm der KdF-Konstruktion sorgen. Hier eine Studie für den Berlin-Rom-Wagen.

Insgesamt drei Exemplare des Porsche Typ 64 wurden bei Reutter in Stuttgart nach Porsches Plänen gebaut. Erste Testfahrten verliefen, wie nicht anders zu erwarten, durchaus zufriedenstellend. Ihrer Bestimmung gemäß eingesetzt werden konnten die schnittigen Coupés jedoch aus naheliegenden Gründen nicht mehr, denn am 1. September 1939, wenige Tage vor Rallye-Beginn, brach der Zweite Weltkrieg aus. Die für Mitte September geplante Fernfahrt Berlin-Rom fiel aus. Während des Krieges benutzte Ferdinand Porsche einen der mehr als 140 km/h schnellen Sport-Volkswagen als Kurierfahrzeug, einen zweiten fuhr KdF-Leiter Bodo Lafferentz zu Bruch, der dritte Wagen verblieb ebenfalls bei Porsche. Eines der beiden von Porsche benutzten Modelle des Typs 64 existiert heute noch; es gehört dem Österreicher Otto Mathé, der damit noch bis in die 50er Jahre hinein erfolgreich Rennen fuhr. Gelegentlich kann man Otto Mathé mit seinem Berlin-Rom-Wagen bei Veteranen-Rennen auf dem Salzburgring, auf dem Nürburgring oder in Hockenheim sehen. Das andere Porsche-Exemplar wurde nach dem Krieg von dem Amerikanern requiriert und ging mangels sachkundiger Pflege zu Bruch.

Der Kübelwagen und seine Ableger

Typ 62/82/157

Die Abbildung zeigt den Typ 82.

Typologie

Typ:	62
Baujahr:	1938/39
Zylinderanordnung:	Vierzylinder-Boxermotor (luftgekühlt)
Bohrung/Hub (mm):	70/64
Hubraum (ccm):	985
Max. Drehzahl/min:	3000/3200
Leistung (PS):	24
Getriebe:	Vierganggetriebe
Federung:	Drehstabfederung vorn und hinten
Radstand (mm):	2400
Spurweite vorn/hinten (mm):	1356/1356 (1360)
Bereifung (Zoll):	5,25–16 oder 5,00–18
Leergewicht (kg):	642
Höchstgeschwindigkeit (km/h):	80

Sonstiges: Nur Versuchswagen gebaut, keine Serienfertigung.

Anfang des Jahres 1938 zeigte auch die Wehrmacht erstmals Interesse an Porsches Volkswagen.

Nach Auffassung der Experten im Heeres-Waffen-Amt (HWA), das für die Beschaffung militärischer Ausrüstungsgegenstände zuständig war, sollte ein solches Fahrzeug auf Volkswagen-Basis bei einem zulässigen Gesamtgewicht von 950 Kilogramm drei bis vier vollausgerüstete Soldaten transportieren können.

Zuvor hatten bereits die Männer der SS-Fahrbereitschaft, die mit der Erprobung des VW 30 betraut waren, erste Erfahrungen mit selbstgebastelten provisorischen Kübelsitzwagen, montiert auf einem normalen Volkswagen-Chassis, gesammelt.

In Zusammenarbeit zwischen Porsche und der Karosseriefirma Trutz in Gotha, einem renommierten Aufbauhersteller speziell für Wehrmachtsfahrzeuge, entstand innerhalb von nur neun Monaten ein offener Kübel-(sitz-)Wagen, abgekürzt Kübelwagen, der Porsche Typ 62.

Die komplette technische Ausstattung hatte man vom Volkswagen übernommen; die Karosserie, ein eckiger Aufbau mit aufgesetzten Kotflügeln, schräg abfallendem Heck und abgeflachter Frontpartie, war mit der Bodengruppe verschraubt.

Bei ersten Vergleichsfahrten zwischen den extrem leichten und wendigen Porsche-Prototypen und »leichten« Einheits-Personenkraftwagen der Wehrmacht schnitt die Neuentwicklung überraschend gut ab und bestätigte damit erneut die unbestreitbaren Qualitäten des Volkswagens als Allroundfahrzeug.

Lediglich die zunächst unbefriedigende Geländetauglichkeit des Typ 62 gab wiederholt Anlaß zu Kritik. Der Versuch, die Bodenfreiheit des Chassis durch Verwendung von 18-Zoll-Rädern statt der damals üblichen 16-Zoll-Räder zu erhöhen, führte wider Erwarten nicht zu dem erhofften Ergebnis. Trotz seines vergleichsweise geringen Gewichts – der VW 62 wog knapp 642 Kilogramm und war damit ein Leichtgewicht unter den Geländewagen –, kamen die Fahrzeuge in schwierigem Gelände nur mühsam voran.

Porsche überarbeitete sein Kübelwagen-Konzept daraufhin, und so entstand der Typ 82, ein ebenfalls kastenförmiges, offenes Fahrzeug mit vier Türen, schräg abfallendem Heck und abgeflachter Frontpartie, auf der das Ersatzrad platzsparend und durchaus zweckentsprechend montiert war. Auch diesmal stammte das Chassis vom Volkswagen, vorn und hinten jedoch mit zusätzlichen Abdeckblechen versehen, um Lenkung und Ölwanne vor möglichen Beschädigungen so gut wie möglich zu schützen.

Auch das Fahrwerk selbst stammte nahezu unverändert vom KdF-Wagen: Stabfederachse mit je zwei Längslenkern vorn, drehstabgefederte Pendelachse hinten, hydraulische Stoßdämpfer (vorn einfach-, hinten doppeltwirkend) und mechanische Trommelbremsen.

Durch Einbau spezieller Achsschenkel vorn und zusätzlicher Vorgelege an den beiden Halbachsen hinten erzielte man die erforderliche größere Bodenfreiheit, nämlich 290/275 mm statt 220/200 mm. Zur Verbesserung der Traktion im Gelände war für die Hinterachse ein selbsthemmendes Sperrdifferential vorgesehen.

Als Antriebsquelle diente der schon bekannte Vierzylinder-Boxermotor mit 985 cm^3 Hubraum und 24 PS bei 3000/min.

Notek-Tarnscheinwerfer und ein größerer Tank mit 40 Liter Fassungsvermögen ergänzten die Ausrüstung des Militär-Volkswagens. Trotzdem wog das komplette Fahrzeug nur 750 Kilogramm (Leergewicht).

Noch während die ersten Prototypen des neuen Kübelsitz-Wagens – im Landser-Jargon wurde daraus Kübelwagen – ihre Versuchsfahrten absolvierten, brach der Zweite Weltkrieg aus. Trotzdem erteilte das HWA zunächst keinen Beschaffungsauftrag für den Typ 82. Erst im Februar 1940 begann im mittlerweile fast fertiggestellten Volkswagenwerk die Serienproduktion. Allerdings baute man hier nur die Fahrgestelle und Motoren. Die Karosserien preßte Ambi-Budd in Berlin; sie wurden dann zur Endmontage ins Volkswagenwerk geschafft.

Bis Jahresende waren bereits mehr als 1000 Fahrzeuge des Typs 82 vom Band. Bis Kriegsende wurden etwa 55000 Kübelwagen gebaut, ab März 1943 mit dem leistungsstärkeren 1131-

cm³-Motor und 25 PS.

Neben dem Basismodell wurde speziell für den Afrika-Feldzug eine tropentaugliche Version entwickelt, äußerlich an den ballonförmigen Kronprinz-Sandreifen der Dimension 200-12 erkennbar.

Außer den drei- und viersitzigen Grundtypen, die als Mannschafts-, Vermessungs-, Funk- oder Sirenenwagen geliefert wurden, entstanden einige Sonderfahrzeuge, beispielsweise der Typ 155, ein Halbkettenfahrzeug und eine Schützenpanzer-Attrappe für Fahrschulzwecke, der Typ 157 mit Schienenlaufeinrichtung (auf die umgekehrt montierten Räder konnten bei Bedarf innen Spurkränze montiert werden, sie erfüllten dann den gleichen Zweck wie reguläre Radsätze für Schienenfahrzeuge). Am 20. Oktober 1943 wurde ein solcher Kübelwagen mit Schienenlaufrädern auf dem Truppenübungsplatz Arys erstmals der Öffentlichkeit gezeigt.

Im Alltag bewährte sich der Kübelwagen selbst in schwierigem Gelände und unter extremen Klima- und Witterungsbedingungen so gut, daß er als Beutefahrzeug auch von den Alliierten, insbesondere Amerikanern und Engländern, gern benutzt wurde.

Um den GIs den Umgang mit dem Kübelwagen zu erleichtern, gab das War Department schon im Juni 1944 ein Handbuch über den »German Volkswagen« heraus.

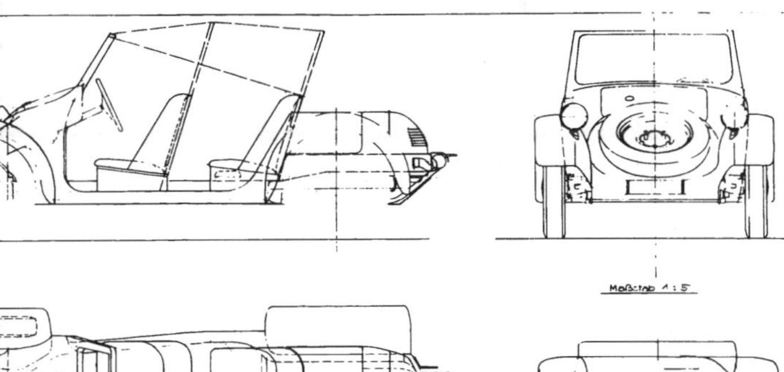

Links oben: Typ 62
Erste Versuche für eine Geländewagenvariante wurden mit einem dazu hergerichteten KdF-Wagen durchgeführt.

Rechts oben: Der Typ 62, abgeleitet vom Typ 60, dem Volkswagen, ist der Vorläufer des bekannten Kübelwagens (Typ 82). Feste Türen waren bei diesem Modell noch nicht vorgesehen.

Links: Die Zeichnung für den Typ 62 war am 15. Mai 1938 fertig. Das Fahrgestell stammt aus der VW-38-Serie.

Die Armaturentafel des Typ 82 ist spartanisch ausgestattet, aber funktionell.

Auch wenn einmal ein Typ 82 im Morast steckenblieb, der Kübelwagen war bei den Soldaten ein sehr beliebtes Fahrzeug.

Im Vordergrund ein erster Prototyp des Kübelwagens, Typ 62.

Von dem Typ 82 gab es verschiedene Modell-Variationen. Im Bild der Faßwagen.

Nachdem die Bodenfreiheit gegenüber dem Typ 62 durch ein zusätzliches Vorgelege verbessert werden konnte, besaß der Typ 82 die von der Wehrmacht geforderte Geländetauglichkeit.

Am 20. Oktober 1943 erfolgen die ersten Erprobungen der Schienenlaufeinrichtung auf dem Truppenübungsplatz Arys.

Der Typ 157 basierte auf dem Typ 82. Damit er auch auf Eisenbahnschienen laufen konnte, wurden innen an den Rädern Schienenleiträder montiert.

Auch das gab es: Typ 82 mit Zwillingsbereifung.

Am 20. Dezember 1940 lief der 1000. Kübelwagen von den damals noch recht langsam laufenden Fließbändern.

Die Basis für den Sirenenwagen (Typ 822) bildet der Typ 82. Die motorgetriebene Sirene wurde anstelle der hinteren Sitzbank eingebaut.

Der Typ 82 als Schützenpanzer-Attrappe für Fahrschulzwecke.

Noch ein Sondermodell, und zwar der Kübelwagen mit Protzhaken (Anhängerkupplung). Bekannt auch unter der Typ-Bezeichnung 276.

Bis Kriegsende wurden vom Kübelwagen rund 55 000 Stück gebaut.

Ein große Heckklappe erlaubt den leichten Zugang zum Boxermotor.

Die Ketten-Kübel

Typ 155

Typologie

Typ:	82
Baujahr:	1940 bis 1945
Zylinderanordnung:	Vierzylinder-Boxermotor (luftgekühlt)
Bohrung/Hub (mm):	70 (75)/64 (64)
Hubraum (ccm):	985 (1131)
Max. Drehzahl/min:	3000/3200
Leistung (PS):	24 (25)
Getriebe:	Vierganggetriebe
Federung:	Drehstabfederung
Radstand (mm):	2400
Spurweite vorn/hinten (mm):	1356/1360
Bereifung (Zoll):	5,25–16 und 200–12 trop
Leergewicht (kg):	750
Höchstgeschwindigkeit (km/h):	80

Sonstiges: Kübelwagen auf Volkswagenbasis, ab März 1943 mit stärkerem Motor.

Zu den interessantesten Sonderkonstruktionen auf Basis des Kübelwagens VW 82 gehörte der Typ 155 mit Schneeraupe, so die offizielle Bezeichnung, ein geländetaugliches Halbkettenfahrzeug.

Ausschlaggebend für die Entwicklung dieses ungewöhnlichen Gefährts waren die negativen Erfahrungen, die man im Kriegswinter 1941/42 in Rußland – hauptsächlich in der Ukraine – gesammelt hatte; denn vor allem die Radfahrzeuge der Wehrmacht blieben trotz aller technischer Finessen gelegentlich in Schnee und Morast stecken. Dann gab es kein Weiterkommen mehr, zumindest nicht aus eigener Kraft.

Um hier Abhilfe zu schaffen, erhielt Porsche vom Heeres-Waffen-Amt den Auftrag, auf Kübelwagen-Basis ein voll geländetaugliches Fahrzeug zu entwickeln. So entstand bei Porsche in Stuttgart-Zuffenhausen der Typ 155, ein geringfügig modifizierter Kübelwagen VW 82 mit Raupenketten.

Karosserie, Fahrgestell, Motor und Getriebe wurden nahezu unverändert vom Serienmodell übernommen.

Statt der normalerweise üblichen Hinterräder erhielt der Typ 155 ein Kettenlaufwerk, das zu beiden Seiten unmittelbar an den Hinterachswellen befestigt war. Zusätzliche Schubstreben an der Hinterachse selbst und in Fahrzeugmitte sowie außerhalb der Karosserie installierte Schwingarme sorgten für die notwendige Stabilität und Spurtreue der Gleisketten.

Gesteuert wurde der Halbketten-Kübel, wie jeder andere Wagen auch, mit den Vorderrädern; für den notwendigen Ausgleich an der Hinterachse – die Ketten waren ja starr befestigt – sorgte das auch im Serien-Kübelwagen verwendete selbsthemmende Sperrdifferential.

Ein spezielles Lenkgetriebe, bei Kettenfahrzeugen allenthalben üblich, war nicht erforderlich. Bereits ab Herbst 1942 wurden mehrere Prototypen mit vier verschiedenen Laufwerksystemen im Gelände erprobt, darunter auch solche mit

Schneekufen an den Vorderrädern.
Vergleichsfahrten mit dem NSU-Kettenkrad verliefen durchaus zufriedenstellend. Trotzdem ging der Typ 155 nicht in Serie. Grund dafür dürften die relativ hohen Kosten für die Ausrüstung mit dem Kettenlaufwerk gewesen sein.

Rechts: Auf Basis des Typ 82 wurde die Schneeraupe, der Typ 155 entwickelt. Karosserie, Fahrgestell, Motor und Getriebe wurden nahezu unverändert vom Serienmodell übernommen.

Wie die Abbildungen zeigen, gab es in der Porsche-Entwicklung recht unterschiedliche Ketten-Konstruktionen. Gesteuert wurde der Typ 155 nach wie vor über die Vorderräder. Schon 1942 wurden die ersten Kettenfahrzeuge erprobt.

Die Schwimmwagen

Typ 128

Typologie

Typ:	128
Baujahr:	1940
Zylinderanordnung:	Vierzylinder-Boxermotor (luftgekühlt)
Bohrung/Hub (mm):	75/64
Hubraum (ccm):	1131
Max. Drehzahl/min:	3000/3200
Leistung (PS):	25
Getriebe:	Vierganggetriebe plus Geländegang
Federung:	Drehstabfederung
Radstand (mm):	2400
Spurweite vorn/hinten (mm):	1356/1360
Bereifung (Zoll):	5,25–16
Leergewicht (kg):	900
Höchstgeschwindigkeit (km/h):	80 (Land), 10 (Wasser)

Sonstiges: Schwimmfähiger Kübelwagen, Allradantrieb zuschaltbar.

Die Kübelwagen bewährten sich im militärischen Alltag so gut, daß ihnen an sich nur noch eines fehlte: die Schwimmfähigkeit. Schon im Juni 1940 hatte Ferdinand Porsche vom HWA (Heeres-Waffen-Amt) den Auftrag erhalten, für die Heeres-Pioniere eine Schwimmversion zu entwickeln. Die Wehrmacht verfügte zwar bei Kriegsbeginn bereits über einige Trippel-Schwimmwagen, von einem schwimmfähigen Volkswagen versprach man sich allerdings mehr. Porsches Konzept sah ein voll geländetaugliches und schwimmfähiges Fahrzeug mit wannenförmiger Karosserie auf Volkswagen-Basis vor, den Typ 128.

Im Unterschied zum normalen Kübelwagen, dem VW 82, sollte der Schwimm-Kübel zur Verbesserung der Traktion im Gelände allradgetrieben sein und mit einem zusätzlichen Geländegang ausgerüstet werden.

Entsprechende Pläne hatte Porsche bereits parat; sie beinhalteten den Bau zweier allradgetriebener Fahrzeugtypen, ebenfalls auf Volkswagen-Basis, als VW 86 mit militärischem und als VW 87 mit zivilem Aufbau. Der VW 87 wurde dann später tatsächlich gebaut.

Im Juli 1940 fanden erste Versuche mit einem zunächst nur provisorisch umgebauten Kübelwagen des Typs 82 im werkseigenen Feuerteich statt, die Aufschluß über das Schwimmverhalten geben sollten.

Bereits im September absolvierten die ersten handgefertigten Prototypen des VW 128 auf dem nahe Stuttgart gelegenen Max-Eyth-See erfolgreich ihre Versuchsfahrten im Wasser.

Insgesamt 30 Exemplare des Schwimmwagens oder »Leichter Personenkraftwagen K 2 s«, wie der VW 128 auch hieß, wurden anschließend gebaut. Die meisten erhielt die Wehrmacht, einige dienten bei Porsche als Versuchsfahrzeuge.

Die Schwimmwagen der Vorserie besaßen das Einheitsfahrwerk des Volkswagen (Typ 60) mit der Stabfederachse vorn und der drehstabgefederten Pendelachse hinten. Neu waren die selbsthemmenden Sperrdifferentiale an den beiden Achsen.

Um die Bodenfreiheit zu erhöhen, erhielt auch der Schwimmwagen die bereits vom Kübel bekannten zusätzlichen Vorgelege an den hinteren Halbachsen und spezielle, mit Bohrungen für die Radwellen versehene Achsschenkel vorn. 16-Zoll-Felgen mit Geländereifen der Dimension 5,25 komplettierten die Ausstattung. Der Aufbau, eine aus Stahlblech gefertigte Wanne, war wasserdicht verschweißt. Gummidichtungen sollten an den zahlreichen Durchtrittstellen, beispielsweise an den Öffnungen für Lenksäule oder Antriebswellen, Wassereinbrüche beim Schwimmen verhindern.

Als Antriebsaggregat diente der luftgekühlte Vierzylinder-Boxermotor mit 1131 cm³ Hubraum und 25 PS. Er war wassergeschützt abgekapselt im Heck untergebracht. Statt der üblichen vier Vorwärtsgänge hatte das beim VW 128 verwendete Getriebe neben den vier regulären Straßengängen und dem obligatorischen Rückwärtsgang einen extrem kurz untersetzten Geländegang, der auf alle vier Räder wirkte und bei Bedarf mit Hilfe eines Hebels – der normale Schalthebel mußte sich währenddessen in Leerlaufstellung befinden – zugeschaltet werden konnte.

Der gleiche Hebel diente auch zum Ein- und Ausschalten des Allradantriebs.

Die Kraftübertragung vom Wechselgetriebe auf die Vorderräder besorgte eine mehrteilige Rohrgelenkwelle. Auf normalen Straßen konnte der Allradantrieb abgeschaltet werden. Dann trieben nur noch die beiden Hinterräder den Wagen an. Beim Fahren im Wasser liefen die Räder grundsätzlich immer mit. Den notwendigen Antrieb jedoch übernahm nun eine am Heck angebaute dreiblättrige Schiffsschraube, sie wurde zu diesem Zweck heruntergeklappt. Gelenkt wurde mit den Vorderrädern. Ein Zeiger am Armaturenbrett informierte den Fahrer über den jeweiligen Radeinschlag.

Während der Schwimmwagen trotz seiner 900 Kilogramm zu Lande knapp 80 km/h schnell war, schaffte er im Wasser nur etwa 10 km/h. Grund dafür war sicherlich der relativ große Tiefgang, er betrug immerhin 80 Zentimeter, das verbleibende Freibord 35 Zentimeter. Fünf Personen samt Gepäck hatten im VW 128 Platz. Zur Ausrüstung als Schwimmwagen gehörten eine Meßlatte zum Loten der Wassertiefe und zwei Paddel für den Notfall.

Die ersten Erprobungen des Schwimmwagens Typ 128 fanden zwischen Juli und September 1940 statt.

Die Schwimmwagen der Vorserie besaßen das Einheitsfahrwerk des Volkswagens Typ 60.

Typ 166

Typologie

Typ:	166
Baujahr:	1942 bis 1944
Zylinderanordnung:	Vierzylinder-Boxermotor (luftgekühlt)
Bohrung/Hub (mm):	75/64
Hubraum (ccm):	1131
Max. Drehzahl/min:	3000/3200
Leistung (PS):	25
Getriebe:	Vierganggetriebe plus Geländegang
Federung:	Drehstabfederung
Radstand (mm):	2000
Spurweite vorn/hinten (mm):	1220/1230
Bereifung (Zoll):	5,25–16, 690–200 oder 200–12
Leergewicht (kg):	910
Höchstgeschwindigkeit (km/h):	80 (Land), 10 (Wasser)

Sonstiges: Schwimmwagen mit zuschaltbarem Allradantrieb.

Noch im Jahr 1941 entwickelte Porsche einen weiteren Schwimmwagen. Diesmal im Auftrag des SS-Führungshauptamtes, das ein geeignetes Nachfolgemuster für die bisher verwendeten Seitenwagen-Maschinen der Kradschützen-Kompanien suchte.

Beeindruckt von den überragenden Fahrleistungen des VW 128, den Porsche zuvor für die Heeres-Pioniere entwickelt hatte, glaubte man, nur ein von Porsche konstruierter Kradschützen-Wagen – so zunächst die offizielle Bezeichnung – würde allen Anforderungen gerecht.

Bereits im April 1941 lagen die ersten Entwürfe Porsches zur Begutachtung vor. Die ersten Prototypen des neuentwickelten Schwimmwagens, Typ 166 genannt, standen ab August für eingehende Erprobungsfahrten zur Verfügung.

In den darauffolgenden Monaten wurden die Versuchswagen unter härtesten Bedingungen getestet und ständig verbessert. Welche Anforderungen dabei sowohl an Mensch als auch an Maschine gestellt wurden, beschreibt Ferry Porsche in seinen Erinnerungen:

»... Es gelang uns dabei, einige ziemlich hohe Gipfel, auf die noch nie zuvor ein Fahrzeug gelangt war, zu erklimmen, zum Beispiel das Kitzbüheler Horn ... Die ebene Fläche auf dem Gipfel ist so klein, daß wir den Wagen nicht mit eigener Kraft wenden konnten. Es war einfach kein Platz dafür vorhanden. Wir mußten den Wagen hochheben und von Hand umdrehen, damit er für die Abfahrt richtig stand!«

Nachdem die Versuchsfahrten erfolgreich abgeschlossen waren, lief im Volkswagenwerk im Jahre 1942 die Serienfertigung des VW 166 an. Die Aufbauten stammten von Ambi-Budd in Berlin, damals einer der bekanntesten deutschen Hersteller von Ganzstahlkarosserien.

Bis zum Jahresende hatten bereits 511 Fahrzeuge die Bänder verlassen. Der Schwimmwagen Typ 166 basierte an sich auf dem VW 128, wenngleich er sich in einigen Details von seinem »großen Bruder« unterschied. Er war beispielsweise wesentlich kompakter gebaut, bot aber

Bei Wasserfahrt wird die dreiblättrige Schiffsschraube heruntergeklappt. Der Antrieb der Schraube erfolgt über ein Kettengetriebe und eine Zwischenwelle, die mit dem hinteren Ende der Kurbelwelle verbunden ist.

Die Stahlblechwanne des Schwimmwagens war wasserdicht verschweißt. Das Fahrwerk entsprach der Typ 87 Version, allerdings erhielt der Typ 166 Vorgelege an der Hinterachse und wie die VW-128-Modelle Allradantrieb.

Als Antrieb diente der im Heck installierte luftgekühlte und gegen Wasser abgekapselte Motor mit 25 PS. Das Wechselgetriebe besaß neben den vier Vorwärts- und einem Rückwärtsgang zusätzlich auch einen extrem kurz ausgelegten Geländegang.

trotzdem vier voll ausgerüsteten Soldaten mühelos Platz. Außerdem war er 10 Kilogramm leichter (Leergewicht 900 kg statt 910 kg) und besaß dank eines zweiten Kraftstofftanks mit nunmehr insgesamt 50 Liter Inhalt eine größere Reichweite (520 statt 440 km).
Infolge gründlicher Überarbeitung des Fahrwerks konnte der Radstand um 400 mm auf 2000 mm verringert werden, ebenso die Spurweiten, nämlich 1220 mm vorn und 1230 mm hinten. Dadurch geriet das Fahrzeug nicht nur 40 cm kürzer, sondern auch 10 cm schmaler als sein Vorgänger.
Der Aufbau, eine selbsttragende, schwimmfähige Stahlblechwanne mit Längs- und Querversteifungen, war wasserdicht verschweißt. Fahrwerk, Motor und Getriebe stammten, nur geringfügig modifiziert, vom VW 128: vorn die Stabfederachse, hinten die drehstabgefederte Pendelachse, beide jeweils mit einem selbsthemmenden Sperrdifferential. Zusätzlich erhielt auch der Typ 166 die bereits beim Kübelwagen eingebauten Vorgelege an den Halbachsen hinten und spezielle, mit Bohrungen für die Radwellen versehene Achsschenkel vorn, genau wie beim VW 128 auch.
Als Antriebsaggregat diente der wasserdicht abgekapselte im Heck installierte luftgekühlte Boxer-Motor mit 1131 cm^3 Hubraum und 25 PS. Das Wechselgetriebe besaß vier Vorwärts- und einen Rückwärtsgang sowie einen extrem kurz abgestuften Geländegang. Bei Allradantrieb – normalerweise trieben nur die Hinterräder das Fahrzeug an – besorgte eine mit dem Wechselgetriebe verbundene Rohrgelenkwelle den Antrieb der beiden Vorderräder.
Bei Wasserfahrt wurde die im Heck montierte dreiblättrige Schiffsschraube heruntergeklappt, ihr Antrieb erfolgte über ein Kettengetriebe und eine Zwischenwelle, die mit dem hinteren Ende der Kurbelwelle verbunden war. Trotzdem lagen die Vorzüge des Schwimmwagens VW 166 weniger in seiner Schwimmfähigkeit als in seiner nahezu uneingeschränkten Geländetauglichkeit; in dieser Hinsicht stand der VW 166 kettengetriebenen Fahrzeugen kaum nach. Schnee und Morast stellten dank des Allradantriebs nur selten unüberwindliche Hindernisse dar. Insgesamt wurden zwischen 1942 und 1944 14283 Exemplare des Typ 166 gebaut. Dann mußte die Produktion wegen zunehmender Materialknappheit endgültig eingestellt werden. Nach Schätzungen existieren heute noch etwa 150 Schwimmwagen vom Typ 166.

Die Kriegs-Volkswagen

Typ 82 E / 92 SS / 87

Während des Krieges wurden im Volkswagenwerk, entgegen seiner ursprünglichen Bestimmung, hauptsächlich Kübel- und Schwimmkübelwagen montiert. Die geplante Großserienproduktion des KdF-Wagens hatte auf unbestimmte Zeit vertagt werden müssen. Dennoch entstanden in dieser Zeit etwa 1500 Wagen mit KdF-Karosserie.
Insgesamt 630 Käfer wurden in den Kriegsjahren nach dem Vorbild des KdF-Wagens hergestellt. Allerdings gingen diese Fahrzeuge nicht an KdF-Sparer, wie man vermuten könnte, sondern an privilegierte Parteifunktionäre, die den VW 60 als Dienstwagen zu schätzen wußten. Die übrigen Volkswagen wurden mit leichten Abwandlungen für die Wehrmacht gebaut, die einen geradezu unerschöpflichen Bedarf an Radfahrzeugen hatte.
Auf der Basis des Kübelwagens VW 82 entstand zunächst der VW 82 E, ein spartanisch ausgerü-

Typologie

Typ:	82 E + 92 SS
Baujahr:	1941 bis 1945
Zylinderanordnung:	Vierzylinder-Boxermotor (luftgekühlt)
Bohrung/Hub (mm):	70 (75) / 64 (64)
Hubraum (ccm):	985 (1131)
Max. Drehzahl/min:	3000/3200
Leistung (PS):	24 (25)
Getriebe:	Vierganggetriebe
Federung:	Drehstabfederung
Radstand (mm):	2400
Spurweite vorn/hinten (mm):	1356/1360
Bereifung (Zoll):	5,25–16
Leergewicht (kg):	790
Höchstgeschwindigkeit (km/h):	80

Sonstiges: Militärversion des KdF-Wagens; KdF-Karosserie mit Kübelwagenfahrgestell (VW 82), auch als Typ 92 SS für SS-Einheiten geliefert.

steter Militär-Volkswagen mit der zweitürigen KdF-Karosserie (VW 60) und dem hochbeinigen Fahrgestell des Kübels.

Dadurch hatte der Käfer mehr Bodenfreiheit, nämlich 290 mm. Unter der Haube steckte der normale Käfer-Motor mit nunmehr 1131 cm^3 Hubraum und 25 PS; als Typ 92 SS gingen eine ganze Reihe dieser Wagen an SS-Verbände. Nach dem Krieg lebte der VW 82 E fast unverändert noch einige Zeit als VW 51 weiter.

Eine weitere bemerkenswerte Sonderkonstruktion auf Volkswagen-Basis während des Krieges war der VW 87, ein allradgetriebenes, voll geländetaugliches Fahrzeug, bekannt geworden unter der Bezeichnung Kommandeurswagen. Auch dieser ganz besondere Käfer wurde nur in geringen Stückzahlen gebaut. Die meisten rollten ab 1941 in Rommels Afrika-Korps, andere dienten Hitlers bevorzugten Kommandeuren als adäquates Beförderungsmittel, zumal er auch in unwegsamem Gelände noch ein Fortkommen fand. Das Konzept für den VW 87, an sich nichts anderes als ein KdF-Wagen mit Allradantrieb, hatte Ferdi-

Die ersten in Wolfsburg prodzierten KdF-Wagen wurden an Parteifunktionäre verteilt.

Der Typ 87, auch bekannt unter der Bezeichnung »Kommandeurwagen«, basierte auf dem Schwimmwagen (Allradantrieb) und der Karosserie des KdF-Wagens (Typ 60). Die Abbildung zeigt die Tropenausführung.

nand Porsche schon seit 1939 in der Schublade parat. Die Konstruktionsunterlagen lieferten die Basis für die Entwicklung der Schwimmwagen 128 und 166.

Vorgesehen waren zunächst zwei unterschiedliche Versionen, und zwar der Typ 86 mit Kübelwagen-ähnlichem Aufbau und der Typ 87 mit der zivilen Karosserie des KdF-Wagens. Während der VW 86 in dieser Form nie in Produktion ging, wurde der VW 87, wenngleich in wenigen Exemplaren, tatsächlich gebaut. Wie alle übrigen Volkswagen besaß auch der VW 87 den soliden Zentralrohr-Plattformrahmen, drehstabgefederte Achsen und den bewährten Hecktriebblock. Als Antriebsquelle diente der herkömmliche 25-PS-Motor.

Technisch war der VW 87 ansonsten weitgehend mit dem Schwimmwagen VW 128 identisch: je ein selbsthemmendes Sperrdifferential an beiden Achsen, zusätzliche Vorgelege an den beiden Halbachsen hinten, spezielle, mit Bohrungen für die Radwellen versehene Achsschenkel vorn, außer dem regulären Vierganggetriebe ein zusätzlicher Geländegang mit Allradantrieb zur Verbesserung der Traktion. Der Allradantrieb konnte bei Bedarf zugeschaltet werden. Normalerweise trieben, genau wie bei den Typen 128 und 166, nur die Hinterräder den Wagen an.

Die für den Afrika-Feldzug vorgesehenen Fahrzeuge wurden, ähnlich wie die Kübelwagen auch, tropenfest ausgerüstet. Diese Sonderausstattung bestand im wesentlichen aus zusätzlichen Schutzvorkehrungen gegen Staub und Feuchtigkeit; insbesondere Motor und Elektrik waren besonders geschützt. Optisches Erkennungszeichen des VW 87 trop waren die voluminösen Kronprinz-Sandreifen, für deren Verwendung die Vorderachse umgebaut werden mußte.

Außerdem besaßen die meisten Kommandeurswagen ein Stoffschiebedach, ähnlich dem der Cabrio-Limousine; alle übrigen Volkswagen dagegen wurden ausschließlich als geschlossene Limousinen geliefert.

Die Kübelwagen mit Holzgasgenerator

Typ 230

Typologie

Typ:	230
Baujahr:	1943 bis 1945
Zylinderanordnung:	Vierzylinder-Boxermotor (luftgekühlt)
Bohrung/Hub (mm):	70 (75) / 64 (64)
Hubraum (ccm):	985 (1131)
Max. Drehzahl/min:	3000/3200
Leistung (PS):	24 (25)
Getriebe:	Vierganggetriebe
Federung:	Drehstabfederung
Radstand (mm):	2400
Spurweite vorn/hinten (mm):	1356/1360
Bereifung (Zoll):	5,25–16
Leergewicht (kg):	ca. 850
Höchstgeschwindigkeit (km/h):	80

Sonstiges: Generatorgaswagen der Typen 60, 82 E und 82. Verschiedene Ausführungen, auch für Holz, Braunkohle und Anthrazitkohle.

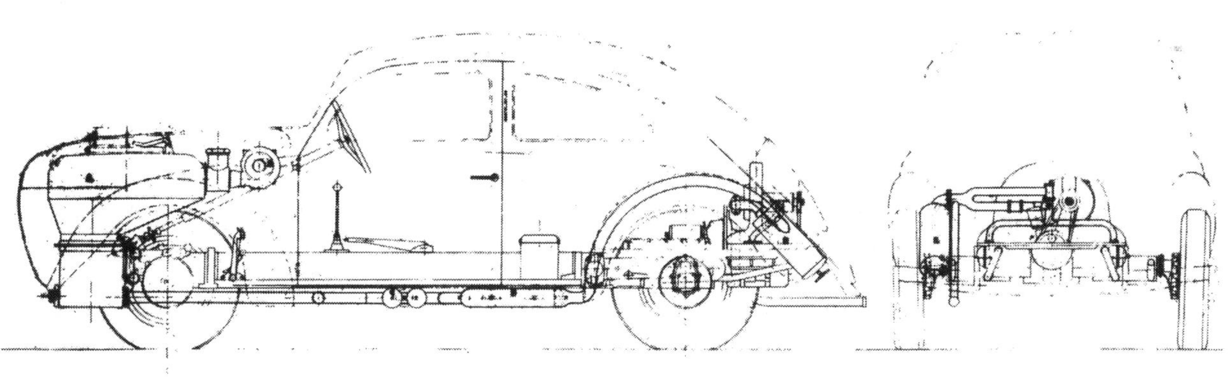

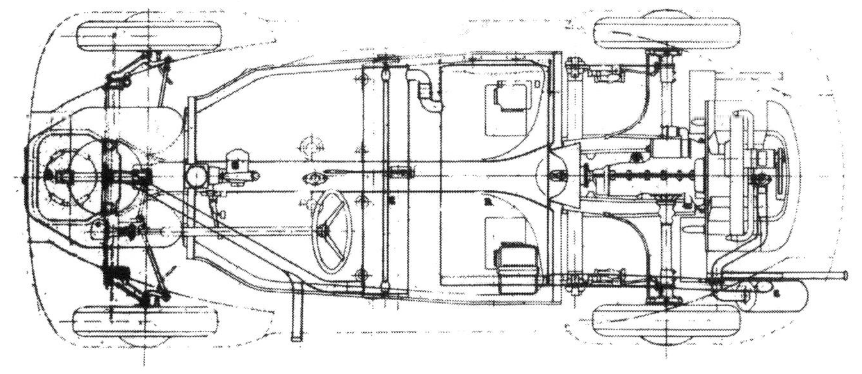

Da in den Kriegsjahren die Versorgung mit Benzin immer schwieriger wurde, versuchte man es auch mit »heimischen Kraftstoffen«. Es gab etliche Tankstellen, die handgerechte Holzscheite für den Holzbrenner bereithielten. Wie die Abbildung zeigt, wurde der Holzgasgenerator (Typ 230) sowohl im Kübel- wie auch im KdF-Wagen installiert.

Das »Betanken« mit Holz erforderte keine großen Kenntnisse.

Bereits im Jahre 1940 hatte man damit begonnen, Fahrzeuge mit Otto-Motoren auf Generatorbetrieb umzustellen. Als Treibstoffe wurden, je nach Auslegung des Generators, Holz, Anthrazitkohle, Schwelkoks, Braunkohle oder sogar Torf verwendet. Ausgenommen von dieser Regelung waren zunächst vor allem Militärfahrzeuge, hauptsächlich die der kämpfenden Truppe.
1942 verschlimmerte sich die Treibstoffsituation derart, daß Flüssigkraftstoff nur noch bei der Luftwaffe und an der Front eingesetzt werden durfte. Alle übrigen Kraftfahrzeuge mußten infolgedessen mit den »heimischen Kraftstoffen« und auf Generatorbetrieb umgestellt werden. Die »Zentralstelle für Generatoren« befaßte sich mit Entwicklung und Einsatz der verschiedenen Generatortypen.

Am bekanntesten und wohl auch am meisten verbreitet waren die Anlagen von Imbert, Wisco und Zeuch. Eine komplette Anlage – sie wurde entweder im Bug oder im Heck installiert, wog rund 55 Kilogramm, mit Holz oder Kohle gefüllt dagegen knapp 80 Kilogramm.
Auch Ferdinand Porsche konstruierte in den Jahren 1943/1944 Holzgasgeneratoren, die in einigen Volkswagen der Typen 60 und 82 (Kübelwagen) und 82 E (Volkswagen mit Kübelwagenfahrgestell) eingebaut wurden. Diese Fahrzeuge trugen die Typenbezeichnung 230 beziehungsweise 239. Es gab später auch noch spezielle Versionen für den Betrieb mit Anthrazitkohle.

Porsche-Entwicklungsnummern

Die Firma Porsche hat zwischen 1934 und 1945 viele Entwicklungsaufträge im Rahmen des Volkswagen-Projektes durchgeführt. Alle Aufträge bekamen eine Entwicklungsnummer, auch wenn nur eine Zeichnung oder ein erster Prototyp angefertigt wurden. Die Porsche-Entwicklungsnummern sind zum Teil mit der VW-Typ-Bezeichnung identisch.

Nr. 60 Deutscher Volkswagen
Nr. 61 Deutscher Volkswagen, Verkleinerungsstudie
Nr. 62 Deutscher Volkswagen für Geländezwecke
Nr. 64 VW-Rekordwagen
Nr. 65 VW-Zusatzeinrichtungen für Fahrschulen
Nr. 66 VW-Rechtslenker
Nr. 67 VW-Invalidenfahrzeug
Nr. 68 VW-Lieferwagen, Modell A
Nr. 81 VW-Kastenwagen-Fahrgestell (Aufbau 286) für KdF
Nr. 82 Deutscher Volkswagen, Geländezwecke
Nr. 83 automatisches Getriebe System Kreis für Volkswagen
Nr. 84 Versuchsgetriebe mit Doppelkupplung System Dr. Hering
Nr. 85 VW-Allradantrieb, Studien
Nr. 86 VW-Allrad-Geländewagen, Studien
Nr. 87 VW-Allradantrieb auf Basis Typ 82
Nr. 88 VW-Lieferwagen, Modell B
Nr. 89 VW automatisches Versuchsgetriebe System Beier BBS
Nr. 92 Fahrgestell Typ 82 mit KdF-Boden und KdF Karosserien und Pritschenwagen (825)
Nr. 98 Fahrgestell Typ 128 mit KdF Karosserie Typ CL
Nr. 106 Versuchsgetriebe P.I.M. an Typ 60
Nr. 107 Abgasturbine für Deutschen Volkswagen
Nr. 115 1,1 l VW-Kompressor-Motor
Nr. 120 Stationärer Motor KdF für RLM; Magnetzünder UKW entstört
Nr. 121 Stationärer Motor KdF für HWA; Magnetzünder UKW entstört
Nr. 122 Stationärer Motor KdF für R.P.; Batteriezündung UKW entstört
Nr. 126 VW Vollsynchron-Getriebe
Nr. 127 VW-Versuchs-Schiebermotor
Nr. 128 VW-Geländetyp schwimmfähig (Basis Typ 87, 1+3 Ausführung)
Nr. 129 VW-Geländetyp schwimmfähig, Sondertyp
Nr. 132 Behälter
Nr. 133 VW selbstsaugender Vergaser
Nr. 138 VW-Geländetyp schwimmfähig (Basis Typ 87 Ausführung B)
Nr. 151 VW-Versuchsgetriebe System Puls
Nr. 152 VW-Versuchsgetriebe System Stieber
Nr. 155 Schneekettenlaufeinrichtung für Typ 82
Nr. 156 Schienenlaufeinrichtung für Typ 166
Nr. 157 Schienenlaufeinrichtung für Typ 82 (87)
Nr. 160 VW Limousine, selbsttragend
Nr. 162 VW Geländetyp, selbsttragend
Nr. 164 VW leichter 6-Rad-Geländetyp mit 2 VW-Motoren
Nr. 166 VW-Kradwagen (kurzer Radstand aus 87 SS)
Nr. 172 Behälter
Nr. 174 Sturmbootmotor mit normalem VW-Motor
Nr. 177 5-Gang-Getriebe für VW-Gelände
Nr. 178 5-Gang-Getriebe für VW-Gelände (vereinfachte Ausführung)
Nr. 179 VW-Motor mit Benzineinspritzung
Nr. 182 VW-Geländewagen, 2-Rad-Antrieb, VW mit Einheitsaufbau
Nr. 187 Geländewagen mit VW-Allradantrieb mit Einheitsaufbau
Nr. 188 Schwimmwagen VW-Allradantrieb
Nr. 225 Versuchsgetriebe BBC
Nr. 227 Teile Zusammenstellung Allrad KdF
Nr. 230 VW mit Generatorbetrieb
Nr. 231 VW mit Acetylenbetrieb
Nr. 235 VW mit elektrischem Antrieb
Nr. 237 VW-Motor für Fliegerhorst Göttingen
Nr. 238 VW-Motor-Seilzuggerät
Nr. 239 VW mit Holzkohlengenerator
Nr. 240 VW mit Flaschengasbetrieb
Nr. 247 VW-Flugmotor
Nr. 252 Mitarbeit VW-Getriebe System P.I.V.
Nr. 274 Federkraftanlasser
Nr. 276 VW Typ 82 mit Protzhaken
Nr. 278 Synchrongetriebe für VW
Nr. 280 Projekt M
Nr. 283 Typ 82 mit Generatorbetrieb
Nr. 287 Fahrgestell Kommandeurwagen Basis Typ 87, Aufbau Typ 877
Nr. 296 Zwischengetriebe für VW-Motor
Nr. 307 Entwicklung von Schwerstoffvergasern
Nr. 309 Neuentwicklung eines Dieselmotors für den VW-Typ
Nr. 330 VW mit Holzkohlen-Gemisch-Anlage
Nr. 331 VW mit Heimischer-Brennstoff-Anlage
Nr. 332 VW mit Anthrazit-Kohlen-Anlage

Die frühen Nachkriegs-Volkswagen

Bei Kriegsende im Mai 1945 lagen etwa zwei Drittel der Fabrikanlagen des Volkswagenwerks in Schutt und Asche. Lediglich das Kraftwerk, das auch die angrenzende »Stadt des KdF-Wagens« (am 25. Mai 1945 in Wolfsburg umbenannt) mit elektrischer Energie versorgte, war kurioserweise von Bomben verschont geblieben und noch vollkommen intakt.

In den wenigen nur teilweise beschädigten Hallen richteten die britischen Besatzer in Zusammenarbeit mit den verbliebenen Deutschen eine provisorische Werkstatt ein und reparierten neben Armeefahrzeugen vor allem zivile Lastkraftwagen und Busse.

Im August 1945 übernahm Major Ivan Hirst von den Royal Electrical and Mechanical Engineers (REME), der technischen Abteilung der britischen Streitkräfte, die Leitung des Volkswagenwerks, das seit Beginn des englischen Engagements als »Wolfsburg Motor Works« firmierte.

Hirst und seine Mitarbeiter, zumeist leitende (ehemalige) Angestellte des Volkswagenwerks, arbeiteten zunächst einen Plan aus, um die noch immer brachliegende Produktion wieder in Gang zu bringen.

Dazu waren allerdings umfangreiche Vorarbeiten nötig. Trümmer mußten beiseite geräumt und die Hallen, soweit überhaupt möglich, behelfsmäßig instand gesetzt werden. Die Sichtung und Katalogisierung des noch vorhandenen Materials – es

VW Typ 83 für die Reichspost mit Anhänger (Typ 93). Beim Typ 83 wurde die Käfer-Karosserie auf ein Kübelwagen-Fahrgestell montiert.

VW Typ 28. Kübelwagen (Typ 21) als Kastenwagen (Holzaufbau) für die Reichspost.

ben und Mitte: VW Typ 83 als Behelfskrankenwagen.
as Fahrzeug ist identisch mit dem Reichspostlieferwagen.
a der Kasten für die Bahre zu kurz war, wurde im Bereich des
eifahrersitzes ein Loch in die Trennwand geschnitten.

ine Klappe im Kastenaufbau ermöglichte
eim VW Typ 83 die Wartung des Motors.

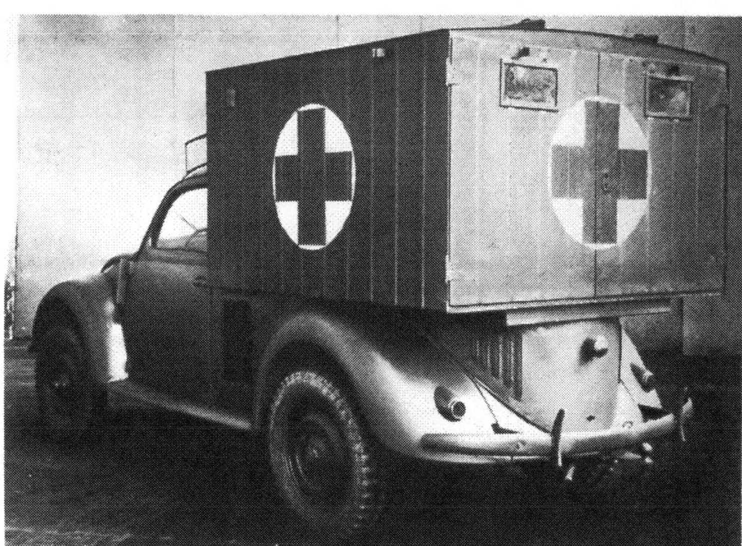

VW Typ 100. Zugmaschine mit verkürztem Käfer-Fahrgestell. Vom Typ 100 wurden nur geringe Stückzahlen hergestellt.

VW Typ 287. Bei diesem Modell handelt es sich um einen nach dem Krieg hergestellten Kommandeurwagen (Typ 87). Von dem Allradmodell 287 wurden nur zwei Stück hergestellt.

Dieser Sonderaufbau geht auf eine Porsche-Konstruktion aus dem Jahre 1938 zurück. Der Servicewagen wurde nach dem Krieg im Werk und auch von der Firma Schwen in Wolfsburg gebaut, eine Typ-Nummer hatte er nicht.

lag unter den Trümmern begraben – ergab, daß die Fertigung, wenngleich in bescheidenem Maße, wieder anlaufen konnte.

Unverzüglich gingen Bautrupps an die Arbeit, reparierten notdürftig Gebäude und die erforderlichen Einrichtungen und installierten die kurz vor Kriegsende ausgelagerten Maschinen, die man damals gerade noch rechtzeitig vor den Bomben in Sicherheit gebracht hatte.

Aus Restbeständen wurden bis zum Jahresende 1945 insgesamt 1785 Volkswagen zusammengebaut.

Die Absicht, Kübel- und Schwimmkübelwagen für die Alliierten zu produzieren, konnte allerdings nicht realisiert werden. Zwar gab es genügend Fahrgestelle, aber keine Karosserien in ausreichender Zahl, denn die stammten aus dem Ambi Budd-Preßwerk, dessen Fabrikanlagen im Ostsektor Berlins bei Kriegsende völlig zerstört worden waren.

Mit viel Improvisationstalent baute man aus den noch vorhandenen Kübelwagenfahrgestellen und im werkseigenen Preßwerk hergestellten Käfer-Karosserien die ersten Nachkriegs-Käfer (VW 51). Außerdem den Typ VW 53, eine Limousine mit Faltschiebedach. Technisch war der VW 51 weitgehend mit dem Kriegs-Käfer VW 82 E identisch. Eine ganze Reihe dieser Fahrzeuge erhielt die Reichspost, jedoch nicht mit der normalen Limousinen-Karosserie, sondern mit kastenförmigen, hölzernen Aufbauten, die auf veränderten Käfern (VW 83) und Kübelwagen (VW 21) installiert wurden. Andere wiederum wurden als Krankenwagen eingesetzt. Um die Bahre aufnehmen zu können, mußte allerdings im Führerhaus eine Klappe vorgesehen werden. Das gleiche Fahrzeug, mit hölzerner Pritsche ausgestattet, lief als Lieferwagen (VW 81). Ähnliche Versionen gab es mit modifiziertem Kübelwagenaufbau als Feuerwehrfahrzeug (VW 25), als Pritschenwagen (VW 27), als Kastenwagen (VW 28) und nicht zuletzt auch als reinrassigen Kübelwagen. Der ehema-

Im März 1946 wurden 1000 VW Typ 51 unter britischer Leitung fertig. Der Typ 51 war ein Käfer mit Fahrgestell vom Kübelwagen.

VW Typ 25. Es handelt sich dabei um einen VW 21, der mit einer Wasserspritze ausgestattet war.

Im Oktober 1946 lief der erste Typ 11 (Standard-Limousine) vom Band.
Der Urahn der Serien-Nachkriegs-Produktion.
Hier das erste, offizielle Pressefoto aus der Zeit.

lige VW 82 hieß nun allerdings VW 28.
Zu Versuchszwecken entstanden außerdem in einigen wenigen Exemplaren Zugmaschinen auf Volkswagenbasis, VW 100 genannt, Käfer mit verkürztem Fahrgestell und Pritschenaufbau.
Nach dem Krieg wurden die Modelle 51 (Käfer mit Kübelwagen-Fahrgestell), 21 (Kübelwagen) und 11 (Käfer, Standard-Limousine) im Werk selbst hergestellt, während die Sonderkarosserien bei der Firma Schwen in Wolfsburg entstanden. Schwen war Kundendienstleiter und hatte sich mit einem kleinen Reparaturbetrieb selbständig gemacht. Er bekam damals die raren Volkswagen-Grundmodelle und entwickelte daraus die Spezialaufbauten (Reichspost, Krankenwagen, Servicewagen).
Großen Anklang fanden bei den Alliierten auch zwei Wagen des Typ 87, des Kommandeurswagens, nunmehr der Typ 287. Insbesondere die Französische Militärregierung interessierte sich für diesen Allrad-Käfer, nachdem sie eines der beiden Fahrzeuge ausgiebigen Tests unterzogen hatte, und bestellte gleich 100 Stück davon. Sie konnten jedoch nicht geliefert werden, da die erforderlichen Werkzeuge zerstört worden waren. Der zweite VW 287 diente den Engländern als Dienstfahrzeug und befindet sich heute in der werkseigenen Fahrzeugsammlung in Wolfsburg.
Ebenfalls in handwerklicher Einzelanfertigung entstand eine offene Version des Käfers, der VW 55. Unter Verwendung einer modifizierten Käfer-Vorderachse baute man zudem leichte, einachsige Anhänger mit offenem (VW 91) oder geschlossenem (VW 92), kastenförmigem Aufbau, die unter anderem auch an den Reichspost-Käfer (VW 83) angehängt werden konnten.
1946 gelang es trotz aller negativen Prognosen, die Produktion zu steigern. Am 14. Oktober rollte der 10000. Nachkriegs-Volkswagen, ein schwarzlackierter Käfer (VW Typ 11) mit normalem Fahrgestell vom Band. Er löste den bisherigen VW 51 mit dem hochbeinigen Kübelwagenfahrgestell ab. Bis Jahresende erhöhte sich die Zahl auf insgesamt 10020 Einheiten. Anfang 1947 dagegen ruhte die gesamte Produktion wegen akuten Kohlemangels für mehrere Monate. Trotzdem entstanden im Laufe des Jahres weitere 8987 Wagen, 1656 wurden exportiert, doch nach wie vor ging der größte Teil als sogenannte CCG-Fahrzeuge (CCG = Control Commission for Germany) an die Besatzungsmächte. Nach Ivan Hirsts Schätzungen etwa 20000 Stück.

Typenschlüssel ab 1945

VW 51 = VW 82 E (Käfer mit Kübelwagen-Fahrgestell vom Typ 82)
VW 53 = VW 51 als Cabrio-Limousine (Käfer mit Faltschiebedach)
VW 81 = VW 51 mit Pritsche
VW 83 = VW 51 mit hölzernem Kastenaufbau für die Reichspost
VW 91 = offener Zweiachsanhänger mit modifizierter Käfer-Vorderachse
VW 93 = geschlossener Zweiachsanhänger, entwickelt aus VW 91
VW 100 = VW 51 mit verkürztem Radstand (Käfer als Zugmaschine)
VW 287 = Nachkriegsversion des Kriegs-Volkswagens VW 87 (Allrad-Käfer, bekannter als »Kommandeurswagen«), nur 2 Stück gebaut
VW 21 = Vormals VW 82 (Kübelwagen)
VW 25 = Kübelwagen VW 21 als Feuerwehrfahrzeug
VW 27 = Kübelwagen VW 21 als offener Lieferwagen (Pritsche)
VW 28 = Kübelwagen VW 21 als Kastenwagen (Holzaufbau)
VW 55 = VW 82 als Cabriolet

Ab 14. Oktober 1945 auch wieder in größeren Stückzahlen Käfer mit normalem Chassis, jetzt Typ 11 genannt

VW 11 = Limousine (Standard-Version, Export gab es damals noch nicht)
VW 13 = Limousine mit Faltschiebedach
VW 14 = Zweisitzer-Cabriolet (Hebmüller, besser: 2+2-Sitzer)
VW 15 = Viersitzer-Cabriolet (Karmann)
VW 17 = VW 11 als Krankenwagen (»Miesen«-Käfer)
VW 18A = VW 11 als Polizei-Cabriolet (Hebmüller, Papler, Austro Tatra, Karmann)

Quellen: Volkswagenwerk, H. Klersy

Types of Cars
Wolfsburg Motor Works

Type 11	(old Nr. 60)	Saloon type, 2 door (in current production)	
Type 13	–	Saloon type 2 door with sliding roof (special model)	
Type 15	–	Drop head Coupe, 2 door (special model)	
Type 21	(old Nr. 82)	Open 4-seater (Utility) Jeep-Type, 4 door. Body dies at Berlin	
Type 25	–	Fire tender with high pressure water pump (special model)	
Type 27	–	Delivery van, open, with canopy	
Type 28	–	Delivery van, closed body	
Type 51	(old Nr. 82E)	Saloon type, 2 door (current production) with chassis 82	
Type 53	–	Saloon type, 2 door with sliding roof (special model) with chassis 82	
Type 55	–	Drop head Coupe, 2 door (special model) with chassis 82	
Type 81	–	Delivery van, with canopy	
Type 83	–	Delivery van (closed body) Reichspost Type	
Type 91	–	Trailer open	
Type 93	–	Trailer closed	
Type 100	–	Road Tractor (special model)	

Rechts: Diese Typenliste wurde 1945 von den Engländern zusammengestellt.

Heinrich Nordhoff

Am 6. August 1955 läuteten in Wolfsburg die Glocken. An jenem Samstag gab es in der Hauptstadt des Volkswagens ein Ereignis zu feiern, dessen Rahmen angemessen war. Da ließen in der niedersächsischen Provinz die Ballett-Damen des Pariser Moulin Rouge die Beine fliegen, da sangen südafrikanische Chöre Spirituals, da stampften 32 schottische Tänzerinnen zu Dudelsackklängen, und Schweizer Fahnenschwinger wirbelten ihre Standarten durch die Luft. Die Besten der Besten hatten sich in der Hauptstadt des Volkswagens eingefunden.

Das Volkswagenwerk hatte eingeladen, den millionsten VW zu feiern. Es kamen neben den Werksangehörigen und Vertretern der westlichen Automobilindustrie über 1200 in- und ausländische Journalisten. Dabei hielt sich der eigentliche Star der prunkvollen Feier zunächst im Hintergrund. Nicht so sehr das blecherne Produkt auf vier Luftreifen sollte nämlich gefeiert werden, sondern vielmehr der Mann, der den Käfer zum Millionär machte und Wolfsburg mithin zu einer Wohlstands-Stadt: Heinrich Nordhoff, der Generaldirektor.

Mit den Arbeitern und ihren Familien füllten mehr als 100000 Menschen das riesige Sportstadion der Stadt, in dem VW seinen Gästen internationale Attraktionen servierte. Dann aber – nach einem sorgfältig einstudierten Plan – tanzte sich auf der 250 Quadratmeter großen Holzbühne des Stadions jede Gruppe an einen bestimmten Platz. Sänger und Musikanten nahmen die vorgeschriebene Aufstellung ein. Alle Blicke waren erwartungsvoll auf die 15 Meter hohe Treppe zwischen Musikkapelle und Ehrentribüne gerichtet.

Jeder ahnte: Gleich kommt der »König«. Mit einem mächtigen Paukenschlag vereinigten sich schließlich zwölf Musikkapellen zu einer Art Schlußhymne. Unter diesen Klängen schritt langsam, Stufe für Stufe, Heinrich Nordhoff auf die Bühne hinab. Tosender Beifall brandete auf. Der König hatte in seinem Reich Einzug gehalten. Strahlend blieb Nordhoff am Ende des roten Läufers stehen und dankte seinen Arbeitern für den Produktionserfolg.

Sein kurzer Auftritt endete so effektvoll wie er begonnen hatte. Mit ausgebreiteten Armen trat er ans bereitgestellte Mikrophon und rief seinen jubelnden Zuhörern zu: »Unser Fest war ein Blick in die Welt, die der Volkswagen erobert hat und weiter erobern wird!« Dramaturgisch glanzvoller und textlich genauer hätte sich Nordhoffs Auftritt kein Drehbuchschreiber ausdenken können. Mit der ihm eigenen Mischung aus Selbstbewußtsein

Der König von Wolfsburg und seine Mannschaft.

und Selbstherrlichkeit nahm er die Huldigungen entgegen.
Dieses rauschende Fest aus Anlaß des millionsten VW ist nun fast 30 Jahre her. Längst hat der legendäre VW Käfer die Stückzahl von 20 Millionen überschritten. Und schon lange ist Heinrich Nordhoff tot. Er starb am 12. April 1968 im Alter von 69 Jahren nach einem Herzinfarkt. In den Jahren bis zur ersten Käfer-Million und bis zu Nordhoffs Tod hat der »König von Wolfsburg« wie kaum ein anderer die Geschichte der noch jungen Bundesrepublik entscheidend mitgestaltet. Mit allen Höhen und Tiefen, die dazugehören. Damals wußten selbst die Kleinkinder Wolfsburgs, daß sie ihr Wohlergehen dem »Onkel Generaldirektor« zu verdanken haben. Daß die Wohlstands-Insel Wolfsburg am Südrand eines armen Moor- und Heidegebietes auf das Volkswagenwerk und seinen Chef zurückzuführen ist.
Heinrich Nordhoff war im Reiche Wolfsburg der große Vater und Mäzen. Er schenkte der Stadt das damals modernste Schwimmbad Deutschlands im Werte von einer Million Mark, ließ von der VW-eigenen Baugenossenschaft Siedlungshäuser bauen und ein gut ausgestattetes Ledigenheim errichten.
»Stadt und Betrieb sind eins, und der Paß in Nordhoffs Territorium ist ein blauer Werksausweis«, schrieb der »Spiegel« im August 1955. Auf diesen Ausweis gab jeder Möbelhändler unbesehen 1000 oder 2000 DM Kredit. Fasziniert kabelte der Korrespondent der Londoner »Evening News« damals heim: »Dieser Mann steht fast im Glanze eines überirdischen Gottes, der Wohltaten über sein Volk ergießt.«
So war es keineswegs von Anfang an gewesen. Und – wie wir aus der Geschichte wissen – sollte es auch nicht immer so bleiben. Grundlage allen Erfolges ist die geniale Konstruktion von Professor Ferdinand Porsche, für die Nordhoff übrigens jahrelang pro verkauftem Stück eine Mark nach Stuttgart überweisen mußte. Solch ein Wurf gelingt wohl nur alle 50 Jahre. Nur ein nahezu konkurrenzloser Markenartikel wie der Volkswagen konnte einem Industriellen wie Nordhoff, einen Mann voller ehrgeiziger Pläne wirtschaftlicher und sozialpolitischer Art, die Chance geben, in dem abgeschlossenen Siedlungsgebiet Wolfsburg wie ein kleiner König zu regieren. Heinrich Nordhoff sträubte sich nicht, diese Krone zu tragen.
Als Nordhoff am 1. Januar 1948 als Generaldirektor das Volkswagenwerk übernahm, herrschte allseits Chaos vor. Die Fabrikhallen waren zu 65 Prozent zerbombt, und der Interims-VW-Chef Dr. Münch begann mit dem schwierigen Wiederaufbau. Da kam ein Dynamiker wie Nordhoff der britischen Besatzungsmacht gerade recht. Besonders darüber erfreut, daß Nordhoff den Job angenommen hat, war der englische Major Hirst, der fest an den Volkswagen glaubte und als Besatzungsoffizier seit Kriegsende das Werk verwaltete.
Bei seinem Antritt meinte Heinrich Nordhoff, er sei ein Mann, der nur eine Leidenschaft kenne: Autos zu bauen. Wörtlich sagte er damals: »Ich bin mit Haut und Haaren dabei.« Die chaotischen Zustände im Werk stachelten seinen Ehrgeiz nur an. Prompt hielt man ihn für etwas überspannt, als er sofort erklärte: »Dieses Jahr wird das Volkswagenwerk zum erstenmal in seiner Geschichte vor die Notwendigkeit gestellt, auf eigenen Füßen zu stehen. Es wird an uns liegen, aus dieser nun größten deutschen Automobilfabrik einen ausschlaggebenden Faktor der deutschen Friedenswirtschaft zu machen…«
Dabei wollte Nordhoff Ende 1947 das Angebot von Radclyffe eigentlich gar nicht annehmen. Der Bankierssohn aus Hildesheim war, seit er 1930 von den Bayerischen Motorenwerken zu der General-Motors-Tochter Opel überwechselte, immer in amerikanischen Diensten gewesen. Aber die Amerikaner, deren Opel-Lkw-Werk in Brandenburg er zuletzt geleitet hatte, hatten für

»Mir ist keine bessere Lösung als der Volkswagen bekannt«.

Freude über den ersten großen Erfolg: Am 5. August 1955 läuft der einmillionste Volkswagen vom Band.

ihn direkt nach Kriegsende keine Verwewendung. Daraufhin nahm der gelernte Diplom-Ingenieur den Chef-Job in Wolfsburg an, obwohl er zunächst nicht daran glaubte, daß die Konstruktion von Ferdinand Porsche zum größten Verkaufserfolg der Automobilgeschichte werden würde.

Doch das änderte sich bald. Harte Arbeit, Ideen und ein unglaublicher Wille zum Durchhalten brachten den Volkswagen Heinrich Nordhoffs buchstäblich auf den Weg oder vielmehr auf die Straßen der Welt. Nordhoff setzte das deutsche Volk auf Räder.

Daß er in die richtige Richtung marschierte, bestätigte ihm damals auch der 74jährige Professor Porsche. Unter den endlosen Förderbändern des VW-Werkes stehend und die dröhnende Musik der riesigen Blech-Pressen im Ohr, legt der von den Folgen des harten Nachkriegskerkers gezeichnete Porsche dem weit jüngeren Nordhoff die Hand auf die Schulter und sagt: »Erst seit Sie es bewiesen haben, weiß ich, daß ich recht g'habt hab'.«

Langsam aber sicher begannen ihm die Deutschen wie die immer noch aufsichtführende britische Besatzungsmacht die großen Töne zu glauben. Denn unter seiner Leitung schnellte die Produktion sprunghaft nach oben. Bis Ende 1947 war eine Jahresproduktion von 10000 Volkswagen erreicht worden. Nordhoff war gerade ein Jahr im Amt, da hatte er die Käfer-Produktion schon verdoppelt. 1949 stieg sie auf 46000, 1950 auf 81979, 1951 auf 93709, 1952 auf 114348, 1953 auf 151323 und 1954 auf mehr als 200000 Volkswagen.

Produziert bedeutete damals auch gleich verkauft. Denn Absatzprobleme gab es seinerzeit nicht. Viel zu groß war der Nachholbedarf der Deutschen in Sachen Motorisierung.

Der Erfolg gleich im ersten Jahr seiner 20 Jahre als Generaldirektor kam nicht von ungefähr. Nordhoff, mittlerweile ein Besessener in Sachen

Volkswagen, trieb dem Käfer alle Kinderkrankheiten aus, die es gab. Er prägte den Satz am Anfang seiner Ära: »Der Volkswagen hat mehr Fehler als ein Hund Flöhe.« Aber die Grundkonzeption des Autos stimmte.

Dem Ingenieur Nordhoff, der einmal Schiffbauer werden wollte, hatte der Schöpfer des Volkswagens einen Haufen technische Kleinarbeit hinterlassen. In unzähligen Versuchen ließ Nordhoff jedes Teilstück des Wagens immer wieder verbessern. Bis eigentlich keines mehr in Form und Abmessung mit den von Professor Porsche verwendeten Teilen identisch war.

Wie Nordhoff die Qualitätsverbesserung bei gleichzeitiger Kostensenkung schaffte, macht vielleicht folgende Szene deutlich: In der Halle des noch halbzerstörten Werkes war die Belegschaft versammelt, um zu hören, was der neue Generaldirektor zu sagen hatte.

Seine Sätze kamen immer haarscharf auf den Punkt. Selbst wenn seine Augen in die Runde blickten, schienen sie stetig auf einem imaginären Punkt zu ruhen. Und wenn er eine Pause machte, zog ein selbstsicheres Lächeln seine Mundwinkel nach unten. Der Generaldirektor hob kaum die Stimme, als er damals erklärte: »Wir brauchen noch 400 Arbeitsstunden für den Bau eines Wagens. Wenn wir so weitermachen, können wir nicht mehr lange weitermachen. Wir müssen auf 100 Stunden pro Wagen kommen.« Ein verduztes Raunen ging durch die Halle. Dann verlegenes Gelächter.

Das war 1948. 1955 wurde ein VW in weniger als 100 Stunden zusammengebaut. Mitte 1949 entschloß sich Nordhoff, von einem unaufhaltsamen Drang getrieben, die Produktion mit einem Schlag auf 200 Wagen am Tag zu verdoppeln. Das überstieg die Vorstellungskraft vieler Leute. Einem hohen Beamten ging es auch so. Er ging zu Nordhoff und bezeichnete ihn als »Bankrotteur«. 1954/55 liefen dann täglich über 1000 Autos vom Band.

Zufall war das nicht. Genausowenig wie exakte Planung. Heinrich Nordhoff hatte wohl das richtige Gespür, daß es nur so klappen konnte. Schon zum Jahreswechsel 1950/51 sagte er zu seiner Belegschaft: »Ich sehe das Ziel meines Lebens darin, dieses Werk zur ersten Automobilfabrik Europas zu machen.« Drei Jahre später war es soweit. Monatelang hat er im Feldbett neben seinem Büro geschlafen, sich keine Minute Ruhe gegönnt. Aber auch ihm war die Entwicklung seines Traums ab und an ein bißchen unheimlich: »Wir müssen aufpassen, daß wir nicht den europäischen Zusammenhang verlieren«, sagte er, wenn es zu steil bergauf ging.

Das, was »Mister Volkswagen« aus dem Wolfsburger Schutthaufen gedeihen ließ, flößte aber nicht nur ihm zuweilen Furcht ein. Auch seine Konkurrenten bekamen eine Gänsehaut. Fast Monat für Monat wurden damals neue Rekordmarken gemeldet. Weit und breit konnte da keiner mithalten. Seine europäischen Konkurrenten räumten widerwillig ein, daß Nordhoff der beste Autobauer der Alten Welt ist.

Der Chef des Volkswagenwerkes hatte diesen Erfolg aber nicht nur, weil er ein guter Autobauer war. Mehr als eine nur technische Begabung gehörte dazu. Zwei Eigenschaften nämlich, die in einer Zeit der Organisationen, Behörden und Kollektive Seltenheitswert besaßen: undogmatisches, großzügiges Denken und jene Qualität, die heute leider einen eher negativen Anstrich hat: Unternehmertum.

Wichtigster Stützpfeiler bei Nordhoffs mehr oder weniger kalkuliertem Risikospiel war der Export. Um in seinem Reich auch während der im Autogeschäft flauen Wintermonate die Vollbeschäftigung zu sichern, brauchte er den Verkauf in Übersee-Gebiete, in denen Sommer ist, wenn in Deutschland Schnee liegt.

Von Wolfsburgs Tagesproduktion im August 1955 (1280 Stück) gingen deshalb 700 über die Grenzen der Bundesrepublik. 400000 Fahrzeuge der gefeierten Million rollten über die Straßen von 103 Ländern. Nordhoffs Werbeabteilung übersetzte ihren hochmütigen Slogan – »Es lohnt sich, auf einen Volkswagen zu warten« – in alle Sprachen der Erde. Die Lieferzeit für Übersee-Kunden dauerte bis zu zwei Jahre.

Zwei Zollbeamte des New Yorker Flughafens waren Ostern 1949 allerdings überhaupt nicht von dem Erfolg des Käfers in Amerika überzeugt. Nordhoff, auf Exporttour, zeigte ihnen bei seiner Ankunft Fotos und Zeichnungen seines Volkswagens. Die Zöllner waren ungläubig: »Nirgendwo auf der Welt werde ein solches Auto gekauft«, machten sie Nordhoff deutlich. Sie ließen die Fotos und Zeichnungen nicht als Werbematerial gelten, sondern deklarierten sie als Kunstgrafik. Nordhoff mußte 30 Dollar Zoll zahlen.

Nordhoff nahm jede Gelegenheit wahr, den Export anzukurbeln, die sich ihm bot. Bei einer Genfer-Automobilausstellung nahm er den Verkaufschef der amerikanischen Mammut-Gesellschaft Chrysler, Mr. Thomas, auf die Seite und fragte ihn einfach, ob Chryslers glänzend eingespielte Verkaufs-Organisation in Europa nicht den kleinen Wolfsburger Wagen mitverkaufen könne, »als Lückenbüßer gewissermaßen«. Verkaufschef Thomas stimmte zu.

Auf diesen Coup war Nordhoff besonders stolz und erzählte ihn dementsprechend gern: »Damit hatten wir eine Export-Organisation, die uns keinen Pfennig kostete, und wir arbeiten noch heute mit vielen Chrysler-Händlern zusammen. Nur ist es jetzt oft so, daß Chrysler den Lückenbüßer spielt und wir die Leute sind, die das Geld verdienen.« Leicht vorzustellen, wie sich Nordhoff dabei die Hände rieb.

Nordhoff war ein Mann, dem die Arbeit Spaß machte. Kein Wunder, daß er seine Exportabteilung eigenhändig aufgebaut hat. Kein Wunder auch, daß er höchstpersönlich von seinen zahlreichen Auslandsreisen die besten Abschlüsse nach Hause brachte. Im Umgang mit potentiellen Abnehmern des kleinen Käfers gingen Nordhoffs Export-Experten nicht gerade zimperlich vor. Als Schweden Anfang der fünfziger Jahre wegen Devisenrestriktionen die Importquote verweigerte, rückte bereits am nächsten Tag ein VW-Mann im schwedischen Wirtschaftsministerium an.

Auch der lukrative Amerika-Export ist gekennzeichnet von Heinrich Nordhoffs unkonventionellen Verkaufsmethoden. Sein New Yorker Verkaufschef, Mr. Hoffmann, hatte beim Augenlicht seiner Kinder geschworen, mehr als 800 Fahrzeuge jährlich seien in den Staaten nicht abzusetzen. Aber was jedermann überzeugt hinnahm, daß nämlich die langbeinigen Amerikaner sich nur ungern in den engen Wagen zwängen und der Strapazen langer Fahrten im Kleinwagen bald überdrüssig sein würden, erwies sich als ein Trugschluß. Nordhoff feuerte seinen amerikanischen Verkaufsleiter.

Statt seiner nahm er sich zwei junge Leute, steckte sie in Jeans (damals hießen sie noch Texashosen) und schickte sie mit der strikten Anweisung nach drüben, »auf die Dörfer zu gehen«. Von Kalifornien her über Texas begannen die beiden, den amerikanischen Markt zu beackern. Nordhoff hatte ihnen eingetrichtert: »Führt den Wagen jungen Händlern vor, die noch etwas werden wollen.« Der Erfolg ließ nicht allzulange auf sich warten. Als zweiter Wagen für die Familie, als ein Auto, das auch noch in Lücken parken konnte, in denen die Straßenkreuzer keinen Platz mehr fanden, und vor allem als ein Auto, das »eben anders« war als die anderen, wurde der Volkswagen in den USA schnell das meistgekaufte ausländische Modell. Ende 1955 rollten schon rund 35000 Käfer auf den amerikanischen High- und Freeways; am 27. 8. 1971 wurde der fünfmillionste Volkswagen nach USA verschifft.

Doch nicht alles gelang, was die Exportstrategen Wolfsburgs anpackten. Anfang der fünfziger

Ein entscheidender Grund für den einmaligen Käfer-Erfolg lag im Export dieses Fahrzeugs. Nordhoff erkannte frühzeitig diese Möglichkeiten und baute den Geschäftszweig zielstrebig aus. Der Käfer wurde in über 140 Länder exportiert und in 20 Ländern montiert.

Jahre mußte Nordhoff zwei herbe Niederlagen einstecken. Beide Male machte sich der Generaldirektor höchstpersönlich auf die Reise. In Brasilien verhandelte er mit dem Staatspräsidenten Getulio Vargas über den Bau eines VW-Zweigwerkes. Als Vargas zusagte, ging die Erfolgsmeldung durch alle Zeitungen. Nachdem Vargas aber aus politischen Gründen Selbstmord verübt hatte, wurde es still um das Projekt.

Auch aus Japan kam Nordhoff mit der Erklärung zurück: «Die haben kein Geld.« Einige japanische Pinselzeichnungen, die in der Werks-Villa des VW-Chefs ihren Platz neben zwei Köpfen selbstgeschossener Löwen fanden, waren seine ganze Beute aus dem fernen Osten.

Dafür machten sich in dieser Zeit in anderen Ländern die Millionen-Investitionen bezahlt, die Nordhoff für Reparatur- und Kundendienst hinblätterte. Der clevere Nordhoff hatte bewußt den tödlichen Fehler vermieden, Autos in Länder zu exportieren, in denen es keine Ersatzteile und keinen Kundendienst für seine Fahrzeuge gab. Die Aussage seines ehemaligen Kundendienstleiters Müller ist symptomatisch für die damalige Einstellung der Truppe rund um Nordhoff: »Es geht kein Wagen vom Schiff, ehe nicht der Service in dem betreffenden Land steht. Nordhoff würde mich aufhängen, wenn ich es anders täte.«

Um dieses entwicklungsfähige Auto letztlich auf einen geradezu atemberaubenden Erfolgskurs zu bringen, war Nordhoff als Menschenführer und Motivator herausgefordert. Die von der großen Katastrophe aus allen Richtungen und Schichten nach Wolfsburg verschlagenen Menschen formte Nordhoff zu einer ehrgeizigen Mannschaft.

Er erklärte ihr, daß alle Werksangehörigen, er selbst eingeschlossen, »auf Gedeih und Verderb vom Erfolg des Werkes« abhängen – und daß der »Erfolg des Werkes allein von der gemeinsamen Leistung« aller abhängt. Aus dem Abhängigkeitsgefühl machte er ein Zusammengehörigkeitsgefühl: Sie – vom Generaldirektor bis zum Bolzendreher – gehören dem Werk, und durch ihre Leistung, die alleine das Werk rettete und aufrichtete, gehörte das Werk gefühlsmäßig und wirtschaftlich ihnen, den VW-Leuten. Das war fast

eine Art Kadavergehorsam.
Nordhoff erhob die Leistung und den Wert der Leistung zum obersten Prinzip des Werkes. Er zögerte nicht, die Belegschaft in »produktive« und »unproduktive« Arbeiter einzuteilen. Er hielt den »unproduktiven« Angestelltenstab auf einem Minimum, griff unnachsichtig ein, wenn er in irgendeiner Abteilung Anzeichen von Bürokratie bemerkte, und bedeutete den Angestellten, sich aus ihren Sesseln zu erheben und lieber ein Stück den langen Gang der Verwaltungsbüros hinunterzugehen und alles in persönlichem Kontakt mit den Kollegen zu erledigen, statt zeitraubende Denkschriften zu verfassen.
Nordhoff tauchte überall in dem Riesenbetrieb auf, sprach mit Arbeitern, kontrollierte die Arbeitsgänge, stellte fest, wie Handgriffe zu sparen oder nervenaufreibender Lärm zu dämpfen war. Er hielt die Tür zu seinem Büro offen. Dieser Führungsstil paßte einem leitenden Angestellten aus der Gründerzeit überhaupt nicht: »Es ist für die Leute im Betrieb unten leichter, mit Nordhoff ins Gespräch zu kommen, als für seine persönlichen Mitarbeiter.«
Der unnachgiebige Leistungsdrang Nordhoffs und die unternehmerische Freizügigkeit, in der die produktiven Kräfte und Ideen ungehemmt wirken konnten, führten geradewegs zu Ergebnissen, die auf den ersten Blick wie ein wirtschaftlicher Hat-Trick anmuten: fortlaufende Preissenkungen bei höherer Qualität – und zugleich freiwillige Lohnerhöhungen für die VW-Arbeiter. Nordhoff steigerte die Löhne schneller als die Gewerkschaft fordern konnte. Zeitweilig konnten nur die unter Tage schuftenden Ruhrkumpel mit den VW-Werkern vom Verdienst her mithalten.
Daß das Werk mit Heinrich Nordhoff an der Spitze auf dem richtigen Wege war, zeigte sich bereits bei den Geschäftsbilanzen der Jahre 1948 bis 1950. Allein die flüssigen Mittel – Kasse, Bank, Postscheck – waren in dieser Zeit von knapp sechs auf 79 Millionen DM angeschwollen.
Nordhoff führte den Blitz-Aufstieg seines Betriebes vor allem auf zwei Grundsätze seiner Politik zurück:

- »Auf den Ausbau des Kundendienstes im In- und Ausland« und
- »auf das Verbleiben bei dem einen Modell unter ständiger technischer Verbesserung, was auch den hohen Wert des Volkswagens als gebrauchtes Fahrzeug mit begründete.«

Doch trotz aller Erfolge nagte an Wolfsburgs Glück schon damals der Zweifel. Die Händler drängten Nordhoff, ein zweites und drittes Modell zu bauen. Damit zeigte sich bereits Anfang der 50er Jahre eine gewisse Unzufriedenheit mit der Mono-Kultur des einen Automobils von VW.
Der Chef machte sich Gedanken und beratschlagte nächtelang mit seinen Ingenieuren der Abteilung »Technische Entwicklung«. Es blieb nicht bei den Beratungen. Streng bewacht vom Werkschutz werkten Nordhoffs Techniker in einem etwas abseits gelegenen Gebäude. Was nur gerüchteweise an die Öffentlichkeit drang, stellte sich hinterher als Tatsache heraus: Es sind verschiedene Prototypen neuer VW-Modelle gebaut worden.
Nordhoff kam und sah sie sich an: Eines hatte zwar die alte Schildkrötenform beibehalten, war jedoch um einiges in die Länge gezogen. Was aber dem kleinen Volkswagen noch eine gefällige Form gab, machte dieses Modell plump und klobig. Auch verschiedene Karosserien, die – völlig von der VW-Konstruktion abweichend – der amerikanischen Ponton-Form zustrebten, waren angefertig worden. Nordhoff hatte damals seinen Chefkonstrukteur ermahnt, daran zu denken, daß es eine Karosserie für einen 1,2-Liter-Motor sein sollte und nicht für einen 1,5-Liter-Motor.
Ein Versuchsmodell in der Größenordnung des Opel-Kapitäns war da, bei dem Heinrich Nordhoff schwankte. Der Wagen stand wochenlang in einer Vorführhalle der Abteilung »Technische Ent-

wicklung«. Die Konstrukteure warteten nur auf Nordhoffs Anweisung, das Modell fließbandreif zu machen. Die meisten Konstrukteure waren von dem Wagen begeistert. Aus Südafrika, wo Nordhoff gerade seine Exporttour für eine zweitägige Löwenjagd unterbrochen hatte, schickte er ein Telegramm, das den größeren VW wieder zu Schrott machte.

Nordhoff begründete seine Abkehr von allen Plänen, ein neues Modell herauszubringen, so: »Wenn Sie den Wagen 50 Zentimeter länger machen, heißt das 100 Kilo mehr Gewicht. Das aber bedeutet zunächst einen veränderten Brennstoffverbrauch. Vor allem aber brauchen sie einen größeren Motor. Und damit kommen Sie schon wieder in eine höhere Preisklasse. Solange man ein Modell so gut absetzen kann wie unseres, ist es klüger und wirtschaftlicher, dieses Modell weiterzuentwickeln.«

Diese Ansicht erwies sich noch ein paar Jahre als richtig.

Doch langsam aber sicher kam auch aus den eigenen Reihen immer mehr Unzufriedenheit darüber auf, daß der Chef so halsstarrig an dem einen Modell klebte. Und in einem denkwürdigen Interview mit dem SPIEGEL im Herbst 1959 antwortete Nordhoff gleich auf die erste Frage, warum kein neuer VW zur Automobilausstellung 1959 komme: »Ich möchte es so sagen, das Ziel der Automobil-Industrie kann nicht das Herausbringen neuer Modelle sein, sondern das Produzieren und Verkaufen. Das heißt: Die Wünsche zu erfüllen, die das Publikum hinsichtlich Menge und Art hat, und ihm etwas anbieten, was nach unserer Meinung attraktiv genug ist, um eine möglichst konstante Beschäftigung zu geben.«

Seine Antwort zeigt, daß er fast völlig unzugänglich für Kritik an seiner Mono-Kultur im VW-Angebot war. Und daß er vor allem die Konkurrenz auf lange Sicht eher unterschätzte. Schließlich ist es schon zu Nordhoffs Zeiten eine klare Erkenntnis gewesen: Wenn nichts Neues kommt, springt irgendwann auch die Stammkundschaft ab und wechselt zur Konkurrenz.

Die Journalisten des Hamburger Nachrichten-Magazins blieben hartnäckig und hakten nach.

SPIEGEL: Dürfen wir Ihnen aus L'Auto-Journal etwas über das Haus Citroën vorlesen. Es heißt dort, Citroën habe lange Zeit dieselbe Haltung eingenommen wie Sie, Herr Professor, aber eines Tages sei das Modell 15 verschwunden, dann das Modell 11 unverkäuflich geworden. Wörtlich: »Durch seinen Starrsinn, an einem ausgezeichneten Fahrzeug von 1939 nichts verbessern zu wollen, hat das Haus am Quai de Javel in einigen Jahren einen großen Teil seiner Kundschaft verloren.« Ihr Modell, Herr Professor, stammt aus der Zeit vor 1939.

Nordhoff: ... Ich glaube sehr wohl die technische und wirtschaftliche Grenze zu kennen, bis zu der ein Entwurf entwickelt werden kann. Jetzt gehen wir erst einmal auf die vierte Million des von Ihnen so kritisch betrachteten VW zu.

SPIEGEL: Sie wollen also an diesem 25 Jahre alten Wagen festhalten, bis – ja bis wann? Bis der Markt über ihn hinweggeht?

Nordhoff: Glauben Sie, ich schliefe? Was geht denn über den Volkswagen hinweg. Sicher wird der Tag kommen, an dem wir ein neues Automobil bauen werden, aber ich sagte schon, daß wir jetzt erst einmal auf die vierte Million zugehen und dann auf die fünfte. Also, was soll das jetzt alles?

Sie sagten, daß Ihre Frage hieße »Warum kein neuer Volkswagen zur Automobilausstellung 1959«. Meine Antwort darauf, in die kürzeste Form gebracht: Weil die Nachfrage nach diesem Wagen so stark ist, weil keine einzige europäische Automobilfabrik auch nur im entferntesten auf drei Millionen zufriedener Besitzer eines Typs hinweisen kann... Das ist alles, was ich zu diesem Thema noch zu sagen habe.

Nordhoff sollte noch einige Jahre mit seiner Modellpolitik recht behalten. Der Verkauf des

12. November 1949: Pressekonferenz in Berlin für einen völlig neuen Volkswagen, den VW-Transporter, dessen Serien-Produktion am 10. März 1950 mit zehn Stück pro Tag anläuft.

1950 wurde Nordhoff von der Technischen Hochschule Braunschweig die Würde eines Doktor-Ingenieurs ehrenhalber verliehen und 1955 die Professur.

Ferdinand Porsche zu Heinrich Nordhoff: »Erst seit Sie es bewiesen haben, weiß ich, daß ich recht g'habt hab'«.

Links unten: Am 5. August 1955 läuft der einmillionste Volkswagen vom Band. Nordhoff wird das Großkreuz des Bundesverdienstkreuzes mit Stern verliehen.

Eine Stadt nimmt im April 1968 Abschied von ihrem Ehrenbürger.

Käfers lief nach wie vor gut. Die Wolfsburger verzichteten deshalb auf jede grundsätzliche Veränderung, staffierten den Wagen mit Detailverbesserungen aus und verkauften von ihrem ebenso preiswerten wie unverwüstlichen und originellen Stück Technik eine Million nach der anderen.

Und seit es dem VW 1200 als einzigem ausländischem Fabrikat gelang, im bestmotorisierten Land der Welt, den USA, einen nennenswerten und ständig wachsenden Marktanteil zu erobern, schien Heinrich Nordhoffs Käferbrut ausersehen, einen Produktionsweltrekord für einen Autotyp aufzustellen. Das kam ja dann auch so; allerdings erst viel später.

Auf dem heimatlichen Markt zeichnete sich unterdessen eine weniger günstige Entwicklung ab. Opel und Ford stellten dem Käfer Konkurrenten entgegen, die nur wenig mehr kosteten, jedoch eindeutig mehr Nutzraum und spürbar bessere Fahrleistungen boten. Zum erstenmal in der VW-Geschichte ging der Inlandsabsatz des VW 1200 zurück: 1963 wurden nur noch 306468 Käfer verkauft – immer noch etwa doppelt soviel wie irgendein Typ einer anderen Firma, dennoch aber 57000 weniger als im Vorjahr. Und im Verkaufsjahr 1964 deutet nichts darauf hin, daß gegenüber 1963 ein großer Aufschwung gefeiert werden kann.

1967 wurde es ganz schlimm. Der Wolfsburger Riese geriet ins Wanken. Der Inlandabsatz ließ mehr als zu wünschen übrig. »Bild« sagte mit dreieinhalb Zentimeter hohen Lettern wie es ist: »VW hat geschlafen«. »Bild« wußte es von Finanzminister Franz-Josef Strauß, der Nordhoff vorgeworfen hat, das VW-Werk habe »jahrelang gewaltige finanzielle Reserven angehortet« und sich dennoch nicht genügend um den Markt gekümmert. Strauß: »Zwei glorreiche Buchstaben vorn am Wagen können fehlenden Komfort nicht ersetzen.«

Steigende Bezinpreise, höhere Mineralölsteuer und ein Prämienaufschlag bei der Haftpflicht-Versicherung um bis zu 12,5 Prozent veranlaßten Nordhoff im Frühjahr 1967 zu der düsteren Prognose, im Inland würden möglicherweise 30 Prozent weniger VW gekauft als um die gleiche Zeit im Vorjahr.

Nordhoffs Prognose traf nahezu auf das Prozent ein. Fast schlagartig gingen die Bestellungen bei den großen Autoproduzenten VW, Opel und Ford zurück. Nordhoff ordnete 42 Tage Kurzarbeit an, weil sich ein Verkaufs-Minus von rund 120000 Autos übers Jahr abzeichnete. Seine Fließbandwerker, die in den Boomjahren 1000 DM netto in den Lohntüten hatten, brachten jetzt nur noch 700 DM nach Hause. In der VW-Stadt, in der jahrelang am 8., 18., und 28. jedes Monats die Preise wegen des VW-Zahltags stiegen, kursierte nun ein bitterer Witz: »Was ist der Unterschied zwischen einem Volkswagen und einem Tennisschuh?« Antwort: »Keiner. Beide haben keinen Absatz.«

Wer war schuld? Nordhoff, die Regierung oder der Markt? Sicher alle drei Faktoren – einschließlich des VW-Konzepts. Die Kunden wurden Käfer-müde. Die Situation, in der VW damals steckte, war paradox. Ausgerechnet das Auto, das dem Werk den größten – nie geahnten – Erfolg bescherte, riß es bis an den Rand des Ruins.

Nordhoff schlug in Bonn zur Belebung der Autonachfrage vor, allen Käufern für ein Jahr die Kraftfahrzeugsteuer zu erlassen. Die Bundesregierung lehnte ab. Stattdessen attackierte Finanzminister Strauß erneut den König von Wolfsburg und forderte ihn auf, lieber bessere Autos zu bauen.

Auch wenn es Heinrich Nordhoff nie zugegeben hat, aber solche Pfeile saßen tief. Da war nicht nur die Haut angekratzt. Denn immer deutlicher bekam er die Quittung für seine starrsinnige Modellpolitik, die praktisch nur auf den Käfer ausgerichtet war.

Kerngesund war »Mister Volkswagen« auch

Heinrich Nordhoff: Ehrungen und Auszeichnungen

Heinrich Nordhoff wurde am 6. Januar 1899 als Sohn eines Bankiers in Hildesheim geboren. Dort besuchte er das humanistische Gymnasium.

Nach Abschluß seines Studiums an der Technischen Hochschule in Berlin begann der Ingenieur Nordhoff als Konstrukteur im Flugmotorenbau der Bayerischen Motorenwerke in München (1927). 1930 übernahm er bei der Adam Opel AG in Rüsselsheim zunächst die Organisation des Kundendienstes und wurde später technischer Berater der Verkaufsleitung. Nach längerem Auslandsaufenthalt berief ihn die Opel AG in ihren Vorstand und betraute ihn 1942 mit der Gesamtleitung ihrer Lastwagenfabrik in Brandenburg, der damals größten in Europa.

1930 heiratete Heinrich Nordhoff Charlotte Fassunge. Das Ehepaar bekam zwei Töchter: Elisabeth und Barbara.

Am 1. Januar 1948 übernahm Nordhoff als Generaldirektor die Geschäftsführung der Volkswagenwerk GmbH in Wolfsburg. Nachdem das Volkswagenwerk 1960 die Rechtsform einer Aktiengesellschaft angenommen hatte, wurde Nordhoff Vorsitzender des Vorstandes der Volkswagenwerk AG. Heinrich Nordhoff starb am 12. April 1968 in Wolfsburg.

1950 Dr.-Ing. E. h., Technische Hochschule Braunschweig

1951 Ehrensenator, Technische Universität Berlin

1955 Professor, Technische Hochschule Braunschweig; Großes Verdienstkreuz mit Stern des Verdienstordens der Bundesrepublik Deutschland aus Anlaß der Fertigstellung des 1000000 Volkswagens; Ehrenbürger der Stadt Wolfsburg

1957 Ritter des Ordens vom Heiligen Grabe

1958 Elmer A. Sperry-Preis, USA

1959 Comendador des Ordens Cruzeiro do Sul, Brasilien

1960 Ehrenbürger der Stadt São Bernardo do Campo

1962 Kommandeurskreuz 1. Klasse des Königlich Schwedischen Vasa-Ordens

1963 Niedersächsische Landesmedaille und Großes Verdienstkreuz des niedersächsischen Verdienstordens

1964 Dr. rer. pol. h. c. Wirtschafts- und Sozialwissenschaftliche Fakultät der Universität Göttingen; Doktor der Naturwissenschaften ehrenhalber (Naturwissensch.-mathem. Fakultät der Universität Hamburg); Doktor der Wirtschaftswissenschaften ehrenhalber (Universität Boston/USA); Großes Verdienstkreuz mit Schulterband und Stern des Verdienstordens der Bundesrepublik Deutschland

1966 Goldener Ehrenring der Deutschen Gesellschaft für Betriebswirtschaft, Berlin; Großoffizier des Verdienstordens der italienischen Republik

1967 Wakefield Medaille; Medaille »Freund des italienischen Volkes«; Daidalos-Medaille des Deutschen Aeroclubs

Nordhoff in Gold. Anläßlich des Produktionsjubiläums »Fünf Millionen Volkswagen« ließ Nordhoff 1961 Gold-Medaillen prägen.

längst nicht mehr. Die Arbeit, der Einsatz, sein fast übermenschliches Engagement für die Firma forderte Tribut. Der Körper machte nicht mehr richtig mit. Seit zehn Jahren war Wolfsburgs Chef krank. Im November 1958 mußte er sich in der Mayo-Klinik in Amerika Magengeschwüre wegoperieren lassen. Im Sommer 1967 erlitt er eine schwere Herz- und Kreislaufattacke. Als er im Herbst 1967 wieder an seinen Schreibtisch zurückkehrte, war er keineswegs genesen. Das Sprechen bereitete ihm Mühe. Er hörte kaum noch. Mitte März 1968 mußte er erneut wegen einer Darmerkrankung ins Hospital.

Entwicklungsfaul waren die VW-Techniker freilich unterdessen keineswegs. Längst hatte Nordhoff nämlich eingesehen, daß er mit dem Käfer allein langfristig keinen Staat mehr machen konnte. Seit 1952 – damals war die VW-Produktion noch drei Jahre von ihrer ersten Million entfernt – bauten die VW-Techniker etliche Prototypen, von denen freilich keiner in Serie ging.

Für die Käfer-Dämmerung ließ der VW-Chef geeignete Modelle in allen erdenklichen Variationen entwickeln. Sie hatten nur eines gemeinsam: Motor und Getriebe bildeten nach bewährtem kostensparendem VW-Prinzip eine Einheit, und immer wurde der Motor mit Luft gekühlt.

Psychisch belastete Nordhoff die Erkenntnis, daß er seinen Einfluß im Wolfsburger Konzern nicht nach seinen Wünschen hatte absichern können. Nordhoff wollte stets den Zeitpunkt seiner Pensionierung und seinen Nachfolger selbst bestimmen.

Aber im Sommer 1966 übernahm mit dem Segen Bonns der hemdsärmelige Wintershall-Generaldirektor Dr. Josef Rust den Aufsichtsratvorsitz in Wolfsburg, jenen Posten, den Nordhoff für seinen Lebensabend reserviert haben wollte. Rust machte Nordhoff auch klar: »Ich werde Ihren Nachfolger suchen.«

Rust suchte und fand Dr. Kurt Lotz, 55, den Generaldirektor des Mannheimer Elektrokonzerns Brown, Boverie & Cie. Der König von Wolfsburg fühlte sich überfahren. Freunde warnten Heinrich Nordhoff davor, das nichtssagende Repräsentativ-Amt eines Ehrenvorsitzenden anzunehmen. Der Tod am 12. April 1968 ersparte ihm die Entscheidung.

Mehr als 20 Jahre lief und lief der bucklige Käfer aus Wolfsburg unter der Regie von Heinrich Nordhoff auf den Straßen der Welt. Von den Produktionszahlen her entwickelte er sich vom Krabbeltier zum Dinosaurier. 14 Millionen Stück rollten in der Ära Heinrich Nordhoffs aus den Werkshallen.

Mitte der sechziger Jahre spürte auch Nordhoff, daß der Käfer nicht mehr das Brot- und Butter-Auto des VW-Werkes sein konnte. Er bestellte bei Porsche ein neues, daß dann vom späteren VW-Chef Leiding gekippt wurde, weil es nicht mehr die Käfer-Tugenden besaß.

Der Käfer hat in den Jahren 1970 (Bundesrepublik Deutschland) und weltweit bis 1973 Produktionsrekorde feiern können, doch von da an gingen die Erfolgsmeldungen, auch wegen der neuen VW-Modelle, zurück.

Zwei Wochen nach dem Tod des Generaldirektors besichtigten ausgewählte VW-Importeure und Großhändler auf einer geheimen Präsentation in Wolfsburg unter dem gleißenden Schein der Jupiterlampen Nordhoffs Vermächtnis: Der neue Volkswagen war da. Es war der Typ 411. Endlich modernes Aussehen, vier Türen, 1,7-Liter-Motor mit 68 PS, gute Beschleunigung, 145 km/h Spitze und ein familienfreundlicher Kofferaum. Von diesem Modell spricht heute allerdings keiner mehr, während der Käfer die 20-Millionen-Marke längst überschritten hat und seinem damaligen Werbespruch auch heute noch treu bleibt: Er läuft und läuft und läuft...

Der Käfer – eine geniale Konstruktion?

Es gibt nur wenige Automobile auf der Welt, die über eine längere Produktionszeit als zwei Jahrzehnte gebaut wurden. Der Käfer übertrifft sie alle. Von der Serienreife Ende der dreißiger Jahre bis heute sind über vier Jahrzehnte vergangen, die Produktionsziffer hat längst die 20-Millionen-Grenze überschritten.
Ein solcher Langzeiterfolg wirft die Frage auf, ob der VW Käfer bei seinem Erscheinen allen anderen weit voraus war, wie man ihn lange Jahre konkurrenzfähig erhielt oder ob es andere Gründe für seine weite Verbreitung gibt.
Als die Käfer-Idee geboren wurde, war Deutschland im Vergleich zu seinen westlichen Nachbarn und erst recht zu den USA untermotorisiert. Im Jahre 1938, also zu der Zeit, als der Käfer serienreif war, kamen auf einen Pkw 54 Einwohner im Deutschen Reich. In Frankreich und Großbritannien waren es rund 20, in den USA sogar nur 4. Nur 19,1% der Personenwagen wurden auf Arbeitnehmer (Beamte, Angestellte, Arbeiter) zugelassen, davon auf Arbeiter lediglich 1,3%. Dagegen wurden von den Motorrädern 64,9% auf Arbeitnehmer zugelassen, davon wiederum auf Arbeiter 48,7%. Ein großer Teil der deutschen Automobilindustrie hatte sich auf große und repräsentative Wagen spezialisiert. Die erfolgreichsten Kleinwagen kamen von Adler (Trumpf Junior), Auto Union (DKW Reichs- und Meisterklasse) und Opel (P 4).
Nach dem Krieg finden wir eine völlig gewandelte Situation vor. Die Sowjetunion erhielt als Reparationsleistung sämtliche Produktionsanlagen für den Opel Kadett in Rüsselsheim. Auch Ambi Budd wurde demontiert, wodurch Adler, Ford, BMW und Hanomag keinen Karosseriehersteller mehr besaßen. Die Werke der Auto Union lagen in der Sowjetischen Besatzungszone. Vor diesem Hintergrund erkennt man, daß der Volkswagen in Westdeutschland bzw. der Bundesrepublik ohne nennenswerte Konkurrenz antreten konnte. Aber zu einer Erklärung des Langzeiterfolgs und des Siegeszugs auf den Exportmärkten reicht diese Theorie nicht aus.

Gewicht, Hauptabmessungen, Auslegungskennzahlen

	Gewicht kg	Gesamtlänge mm	Gesamtbreite mm	Gesamthöhe mm	Radstand mm	Spurweite vorn mm	Spurweite hinten mm	Leistung kW	Hubraum cm^3
VW im Feld der deutschen mindestens 4sitzigen Limousinen mit maximal 1500 cm^3 Hubraum vor 1945 (3) *)									
VW Käfer, KDF-Wagen Typ 60 (4)	695	4200	1550	1550	2400	1290	1250	18,0	985
16-%-Wert	748	3741	1425	1483	2169	1130	1186	16,0	1024
Mittelwert des Feldes	878	3991	1497	1542	2523	1207	1240	21,0	1208
84-%-Wert	1008	4241	1569	1601	2700	1284	1295	26,0	1392

	Gewicht kg	Gesamtlänge mm	Gesamtbreite mm	Gesamthöhe mm	Radstand mm	Spurweite vorn mm	Spurweite hinten mm	Leistung kW	Hubraum cm^3
VW im Feld der in den Motor-Rundschau-Testbüchern 1951, 1952 und 1953 erfaßten mindestens 4sitzigen Limousinen mit Leergewicht zwischen 600 und 1000 kg (5) **)									
VW Käfer	750	4070	1540	1500	2400	1290	1250	18,4	1131
16-%-Wert	679	3623	1411	1453	2091	1157	1164	15,5	727
Mittelwert des Feldes	806	3893	1502	1510	2265	1209	1217	21,2	1018
84-%-Wert	933	4163	1593	1567	2439	1261	1268	26,9	1309
VW im Feld der von «Motor» (London) 1949 bis 1953 getesteten mindestens 4-sitzigen Limousinen mit einem Gewicht zwischen 600 und 1000 kg (6) ***)									
VW Käfer	749	4077	1587	1500	2400	1290	1250	18,4	1131
16-%-Wert	709	3623	1405	1441	2117	1143	1142	16,8	772
Mittelwert des Feldes	835	3873	1499	1517	2290	1201	1204	22,8	1030
84-%-Wert	961	4127	1593	1593	2463	1259	1266	28,8	1288

*) **Adler** Trumpf Junior, **Auto Union DKW** Reichsklasse F7 und F8, Meisterklasse F7 und F8, Schwebeklasse, Sonderklasse, **Fiat** 1100 und 1500, **Ford** Eifel und Taunus, **Hanomag** Garant, Kurier, 1,3 l, Rekord, **Hansa** 1100, **Opel** P4, Kadett 37, K38, KJ38, Olympia 1,3 und 1,5 l, **Steyr** 55 und 200, **Stoewer** Greif.

) **Auto Union DKW Meisterklasse, **Fiat** 500 Kombi, **Ford** Taunus 12 M, **Goliath** GP 700 E, **Gutbrod** Kombi, **Morris** Minor, **Opel** Olympia 1,5 l, **Panhard** Dyna 0,75, **Renault** 4 CV, **Simca** Aronde.

***) **Austin** A 30 Seven, A 40, **Fiat** 500 B, 1100, **Ford** Anglia, Prefect, **Hillman** Minx, **Morris** Minor, **Renault** 750, **Saab** 92, **Standard** 8, **Triumph** Mayflower, **Vauxhall** Wyvern, **Volvo** PV 444.

Um die Frage der Konkurrenzfähigkeit des Volkswagens zu klären, ein Blick auf die Situation vor 1945 und Testberichte der Nachkriegszeit. Dabei fallen folgende Merkmale des VW Käfers ins Auge:

Leichtbau

Das geringe Gewicht von ursprünglich 650 kg nahm im Laufe der Entwicklung zu. Heute hat der in Mexiko gebaute Käfer ein Leergewicht von 780 kg. Zwei wesentliche Gründe dafür: Glas ist schwerer als Blech, und die Fensterflächen sind im Laufe der Entwicklung beträchtlich vergrößert worden. Außerdem ist Komfort ein besonders schwerer Stoff.

Abmessungen

Die Gesamtlänge ist vergleichsweise groß, aber das ist eher auf die weit abstehenden Stoßfänger

vorn und hinten als auf den eigentlichen Karosseriekörper zurückzuführen.
Der Radstand ist gegenüber den entsprechenden Nachkriegsfahrzeugen groß, ebenso die Spurweite, besonders die vordere. Im Laufe der Entwicklung wurden die Spurweiten weiter vergrößert. Sie liegen heute vorn bei 1308 mm und hinten bei 1349 mm. Diese Maße kommen dem Fahrverhalten zugute.

Motorisierung

Die Kurven gestatten eine Beurteilung der Motorisierung des VW Käfers. Für die Jahre 1950–1970 sind alle vier Jahre die Mittelwertkurven des Leistungsgewichtes über dem Leergewicht eingetragen und das Leistungsgewicht der VW-Typ-1-Varianten als mit Jahreszahl versehene Punkte eingezeichnet.
Man erkennt den anfänglichen Vorsprung des VW Käfers und das Bemühen, ihn der Entwicklung zu höheren Fahrleistungen anzupassen.
Wie die Dimension »kg/kW« zeigt, gibt das Leistungsgewicht an, welche Masse von einem Kilowatt Motorleistung zu beschleunigen bzw. auf Höchstgeschwindigkeit zu bringen ist. Das Leistungsgewicht bestimmt in sehr engen Grenzen Beschleunigungsvermögen und Höchstgeschwindigkeit eines Fahrzeugs (7).

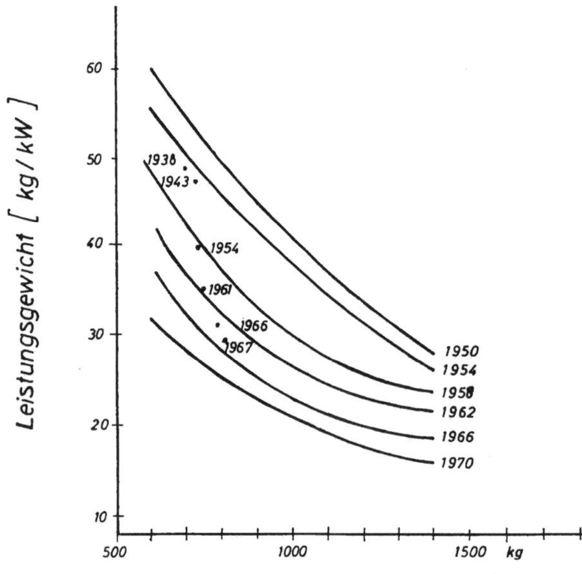

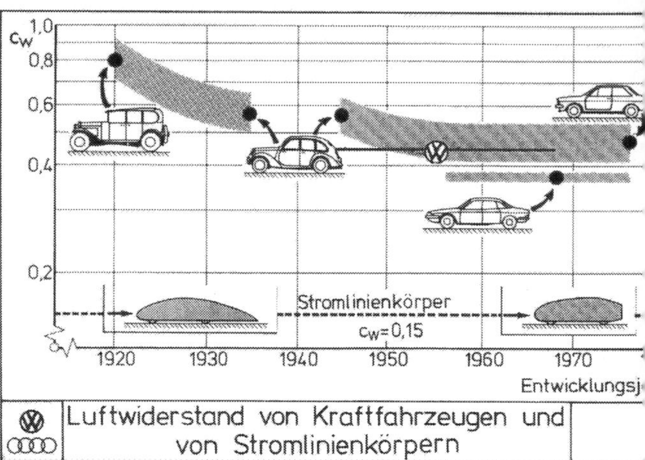

Luftwiderstandsbeiwert

Das Schaubild zeigt die Entwicklung der Luftwiderstandsbeiwerte von Fahrzeugen. Ganz unten sind Stromlinienkörper eingezeichnet, mit denen man sich zwischen den beiden Weltkriegen und verstärkt nach der ersten Ölpreiskrise 1973 beschäftigte. Diese Körper erreichen einen Luftwiderstandsbeiwert (c_w-Wert) von 0,15. Der Käfer, markiert durch das VW-Zeichen, unterbietet den c_w-Wert der Wagen vor und nach dem Kriege beträchtlich. 1964 und 1967 hat die Forschungsgesellschaft der britischen Automobilindustrie (Motor Industry Research Association) am VW-Käfer einen c_w-Wert von 0,458 gemessen (9, 10, 11).
Neueste Messungen im VW-Windkanal haben 0,48 für den VW 1200 und 0,47 für den VW 1303 ergeben. Der Vorteil für den VW 1303 resultiert aus der gewölbten Windschutzscheibe. Die Verschlechterung gegenüber den Messungen aus den sechziger Jahren hingegen ist vor allem auf die senkrecht gestellten Scheinwerfer zurückzuführen, eine Änderung, die durch den Export nach den USA und die dortigen Vorschriften zustande kam.
Dennoch kann gesagt werden, daß der Luftwiderstandsbeiwert des VW Käfers bis in die jüngste Vergangenheit konkurrenzfähig war, besonders im Vergleich zu Stufenhecklimousinen.

Leistungsgewicht
(Leergewicht + 150 kg / Motorleistung in kW)
über dem Leergewicht.

Lebensdauer des Motors

Langlebigkeit des Wagens und vor allem des Motors war ein vorrangiges Ziel bei der Konstruktion des Volkswagens. Ein Kriterium für die Lebensdauer des Motors ist der spezifische Kolbenweg, das heißt, der auf die Fahrstrecke bezogene Kolbenweg.

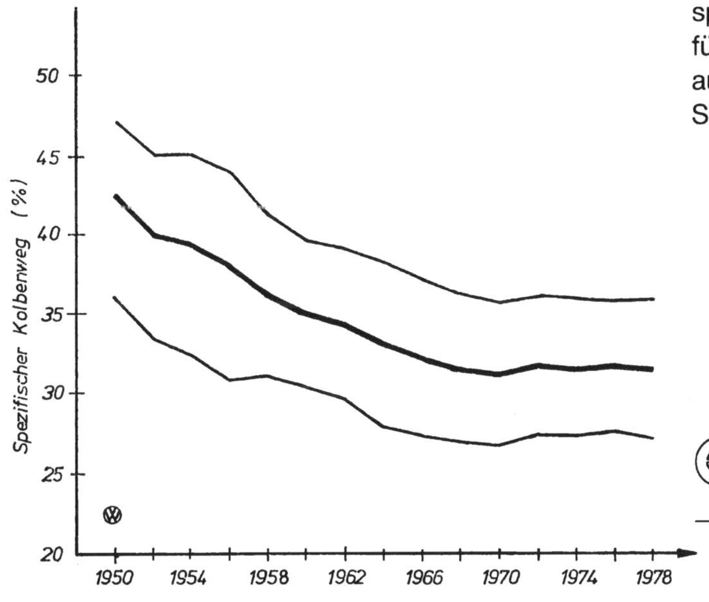

Ein Beispiel: Wenn der Wagen 1000 m im höchsten Gang zurücklegt, bewegt sich der Kolben im Zylinder 225 m. Das bedeutet einen spezifischen Kolbenweg von 22,5%.

Das Schaubild zeigt den spezifischen Kolbenweg des VW Käfers (Pfeil) Jahrgang 1950 im Vergleich zum Streubereich und Mittelwert aller mindestens viersitzigen Limousinen, deren Hersteller mindestens 100 000 Pkw im Jahr erzeugten. Der damals ungewöhnlich niedrige Wert von 22,5% ist auf den vergleichsweise kurzen Hub und die Auslegung des vierten Gangs als Schongang zurückzuführen. Der Käfer hat also eine Tendenz eingeleitet.

Innenraum

Innenraumlänge und Sitzhöhe sind zwei wesentliche Größen, wenn man die komfortable Unterbringung der Insassen eines Autos beurteilen will. Je höher man sitzt, um so weniger Beinraumlänge ist notwendig. Zusätzlich muß der Kopfraum und der Knickwinkel zwischen Oberschenkel und Rückgrat berücksichtigt werden. Ein zu spitzer Winkel engt den Bauch ein, außerdem führt zu starkes Anwinkeln der Oberschenkel zu auf die Dauer schmerzhaftem, weil unnatürlichem Sitzen.

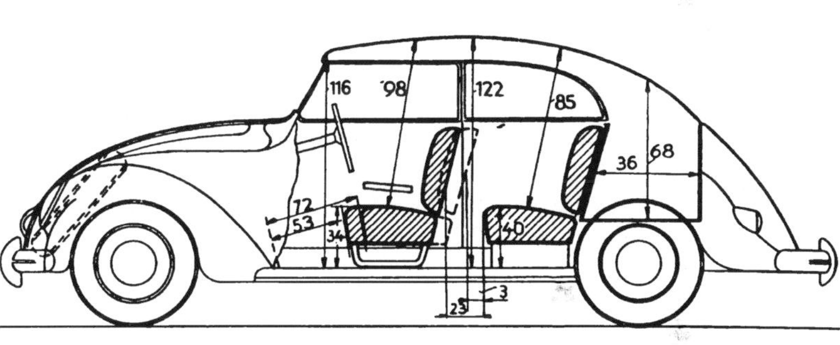

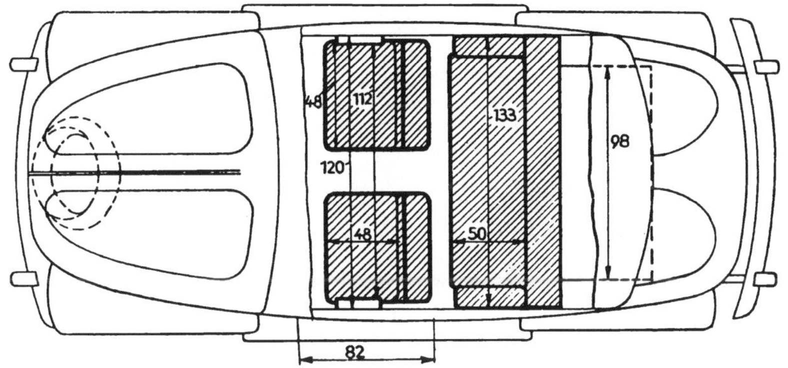

VW-Maße nach »Motor-Rundschau«-Test Oktober 1952.

Innenmaße

Maße in mm	Innen-länge	Verstell-bereich des Vorder-sitzes	Breite		Höhen vorn		Höhen hinten	
			vorn	hinten	Kopf-raum	Sitz-vorder-kante	Kopf-raum	Sitz-vorder-kante
VW im Feld der in den Motor-Rundschau-Testbüchern 1951, 1952 und 1953 erfaßten mindestens 4sitzigen Limousinen mit Leergewicht zwischen 600 und 1 000 kg (5) [2])								
VW Käfer	1 735	190	1 200	1 330	980	340	850	400
16-%-Wert	1 660	51	1 158	1 181	920	248	869	326
Mittelwert des Feldes	1 717	97	1 218	1 244	949	295	893	371
84-%-Wert	1 774	143	1 278	1 307	978	342	917	416
VW im Feld der von «Motor» (London) 1949 bis 1953 getesteten mindestens 4sitzigen Limousinen mit einem Gewicht zwischen 600 und 1 000 kg (6) [3])								
VW Käfer	1 473	165	1 168	1 321	965	343	864	406
16-%-Wert	1 523	86	1 148	1 110	897	266	860	328
Mittelwert des Feldes	1 613	126	1 210	1 225	939	310	890	358
84-%-Wert	1 703	166	1 272	1 340	981	354	920	388

Feld 2 umfaßt die in den Motor-Rundschau-Testbüchern 1951, 1952 und 1953 erfaßten mindestens viersitzigen Limousinen mit Leergewicht zwischen 600 und 1000 kg (5) *)
Auto Union DKW Meisterklasse, **Fiat** 500 Kombi, **Ford** Taunus 12 M, **Goliath** GP 700 E, **Gutbrod** Kombi, **Morris** Minor, **Opel** Olympia 1,5 l, **Panhard** Dyna 0,75, **Renault** 4 CV, **Simca** Aronde.

Feld 3 umfaßt die von «Motor» (London) 1949 bis 1953 getesteten mindestens viersitzigen Limousinen mit Gewicht zwischen 600 und 1000 kg (6) *)
Austin A 30 Seven, A 40, **Fiat** 500 B, 1100, **Ford** Anglia, Prefect, **Hillman** Minx, **Morris** Minor, **Renault** 750, **Saab** 92, **Standard** 8, **Triumph** Mayflower, **Vauxhall** Wyvern, **Volvo** PV 444.

Betrachtet werden sollen hier zwei Vergleichsmessungen, und zwar der »Motor-Rundschau« und von »Motor« (London). Dabei fällt die große hintere Sitzraumbreite beim VW Käfer auf. Diese dürfte nicht unerheblich zum Erfolg des Wagens beigetragen haben, weil drei Erwachsene oder sogar vier Kinder dort Platz finden.
Die Breite vorn kann nur als ausreichend bezeichnet werden. Der Kopfraum vorn ist hoch, die Sitzhöhen vorn und hinten höher als der Mittelwert aller verglichenen Fahrzeuge. Die Innenlänge zeigt, wie stark das Meßverfahren die Aus-

*) Falls der gleiche Typ mehrmals in der angegebenen Zeit getestet wurde, wurde nur der jeweils neueste Test berücksichtigt.

Innenmaße des VW 1200

Maß-Nr.	Definition	mm
L 99/L 927	Komfortmaß (Fahrpedal bis Hintersitzlehne unbelastet) **)	1 720
W 937	Ellbogenbreite vorn	1 225
W 3	Schulterraum vorn	1 165
H 61 *)	eff. Kopfraum vorn	960
H 3D *)	Sitzhöhe vorn	353
V 990 D	Gepäckraum vorn (Kugelmethode)	140 l
W 938	Ellbogenbreite hinten	1 288
W 4	Schulterraum hinten	1 220
H 63 *)	eff. Kopfraum hinten	904
H 8 *)	Sitzhöhe hinten	399
V 990	Gepäckraum hinten (Kugelmethode)	127 l
	Gesamtgepäckraum vorn und hinten	267 l

*) Mit SAE-Puppe gemessen
**) Vordersitzlehnenstärke ist eingeschlossen

sage beeinflußt. Die Motor-Rundschau beginnt an der Spritzwand zu messen, Motor (London) hingegen an dem unbetätigten Brems- oder Kupplungspedal.

Der große Verstellbereich des Vordersitzes gestattet es selbst großen Fahrern, im VW Käfer eine bequeme Sitzposition zu finden. Im Laufe der Entwicklung wurde der hintere Gepäckraum etwas verkleinert, dafür wurde durch eine andere Tankform und die spätere Umkonstruktion des ganzen Vorderwagens beim 1302/1303 der vordere Gepräckraum größer. Durch Fußmulden für die hinten Sitzenden wurde bereits vor 1950 deren Beinfreiheit verbessert.

Die folgende Tabelle gibt die Innenmaße für den VW 1200 von 1980 wieder. Die Maße sind heute weitgehend genormt.

Der Kraftstoffverbrauch des VW Käfers im Vergleich

Das Schaubild vergleicht den Kraftstoffverbrauch des VW Käfers bei konstanter Geschwindigkeit mit den beiden Streubändern der Testergebnisse von Motor-Rundschau und Motor (London). In beiden Fällen liegt er unter dem Mittelwert.

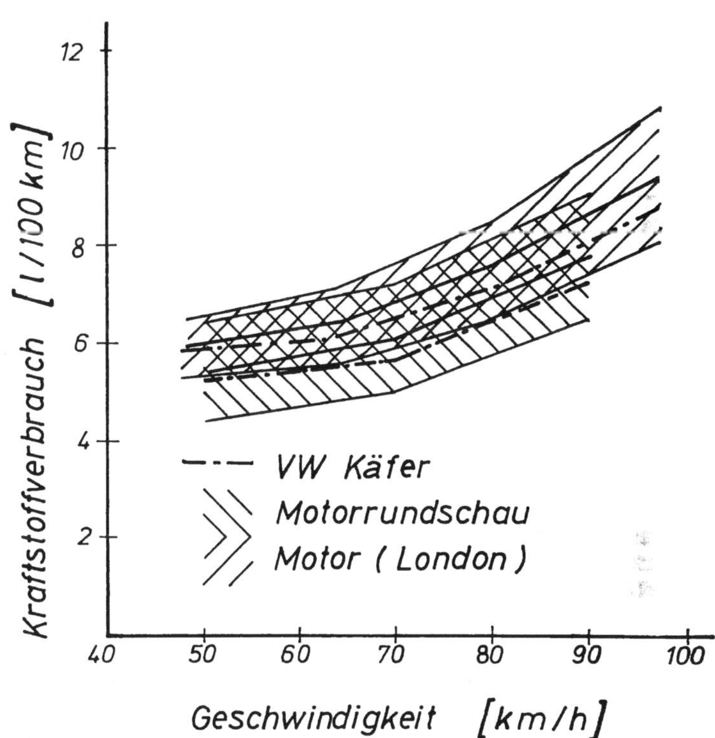

Fahrleistungen

Wieder wollen wir Messungen von Motor-Rundschau und Motor (London) heranziehen. Dabei liegen die Fahrleistungen des VW Käfers mit Ausnahme der Höchstgeschwindigkeit stets auf der besseren Seite vom Mittelwert aus betrachtet. Die gegenüber dem Mittelwert etwas geringere Höchstgeschwindigkeit ist vor allem auf die Auslegung des Motors als Drosselmotor zurückzuführen.

Käfer-Fahrleistungen im Vergleich

	Beschleunigungszeit [s]			Höchst-geschwindigkeit [km/h]	Kraftstoffverbrauch (Durchschnitt bei Test) [l/100 km]
	0–48 km/h	0–80 km/h	stehende Viertelmeile		
VW im Feld der in den Motor-Rundschau-Testbüchern 1951, 1952 und 1953 erfaßten mindestens 4sitzigen Limousinen mit Leergewicht zwischen 600 und 1000 kg (5) [2])					
VW-Käfer		23,3		103	7,5–8
Mittelwert		27,2		106	7,3–8,2
16-%-Wert		19,3		97,5	6,2–7
84-%-Wert		35,1		114,5	8,4–9,4
VW im Feld der von «Motor» (London) 1949–1953 getesteten mindestens 4sitzigen Limousinen mit einem Gewicht zwischen 600 und 1000 kg (6) [3])					
VW-Käfer	7,9	24,3	24,6	100	7,6
Mittelwert	8,2	27,1	25,6	103	7,9
16-%-Wert	6,8	18,5	23,8	93	6,8
84-%-Wert	9,6	35,7	27,4	113	9,0

Feld 2 umfaßt die in den Motor-Rundschau-Testbüchern 1951, 1952 und 1953 erfaßten mindestens viersitzigen Limousinen mit Leergewicht zwischen 600 und 1000 kg (5) *)
Auto Union DKW Meisterklasse, **Fiat** 500 Kombi, **Ford** Taunus 12 M, **Goliath** GP 700 E, **Gutbrod** Kombi, **Morris** Minor, **Opel** Olympia 1,5 l, **Panhard** Dyna 0,75, **Renault** 4 CV, **Simca** Aronde.

Feld 3 umfaßt die von «Motor» (London) 1949 bis 1953 getesteten mindestens viersitzigen Limousinen mit Gewicht zwischen 600 und 1000 kg (6) *)
Austin A 30 Seven, A 40, **Fiat** 500 B, 1100, **Ford** Anglia, Prefect, **Hillman** Minx, **Morris** Minor, **Renault** 750, **Saab** 92, **Standard** 8, **Triumph** Mayflower, **Vauxhall** Wyvern, **Volvo** PV 444.

Fahrgestell eines der VW-Prototypen für die erste Großerprobung 1936 (12). Radaufhängung und Federung – vorn: Kurbelachse mit je 2 Längslenkern und 2 Drehstab-Federpaketen aus Flachstahl; hinten: Pendelachsen mit je einer Längslenker-Federstrebe und je einem Drehstab aus Rundstahl; einfachwirkende hydraulische Stoßdämpfer vorn und hinten, mechanische Seilzugbremse, auf alle 4 Räder wirkend.

Rahmen, Radführung und Federung

In Rahmen, Radführung und Federung ist die Konstruktion des VW Käfers eigenwillig und hatte 1936 nur wenige verwandte Ausführungen. Der Mittelrohrrahmen, hinten zur Aufnahme des Triebwerks gegabelt, bildet mit dem Wagenboden eine Einheit (Plattformrahmen). Ursprünglich trug er an seinem vorderen Ende auch den Kraftstoffbehälter und das Ersatzrad. Diese Konstruktion wich bald der Unterbringung von beiden in der Karosserie. Folgende Patente schützten die Ausführung der Radaufhängung und Federung: Vorderradaufhängung: DRP 593897, 654765; Hinterradaufhängung: DRP 646447, 602797.

Die Vertikalkräfte, Längskräfte und Momente werden vorn und hinten konsequent über die die Drehstäbe der Federung umgebenden Rohre bzw. die Drehstäbe in das Mittelrohr eingeleitet. Die geringe Reibung in Radaufhängung und Federung hält auch kleinere Stösse fern. Nur die horizontalen Querkräfte hinten werden in Anbetracht der Weichheit der Federblatt-Längslenker über die Pendelhalbachsen und den Antriebsblock abgestützt. Dies begrenzt die mögliche Weichheit der Lagerung des Antriebsblockes in Querrichtung. Deshalb wurden 1967 bei den Typen VW 1300 und VW 1500 mit Halbautomat und 1970 beim 1302 und später beim 1303 Schräglenker eingeführt, die darüber hinaus durch ihre Kinematik das Fahrverhalten verbesserten. Diese Ausführung verlangte aber längenveränderliche Doppelgelenk-Antriebswellen.

Die Typen 1302 und 1303 (1970, als Cabrio bis 1980) besitzen McPherson-Vorderachsen.

Unter den 52 in C. O. Windeckers »Handbuch der Kraftfahrzeug-Typen (3)« außer VW behandelten Personenkraftwagen aus der Zeit vor 1945 herrscht die Blattfeder als Federelement für die Vorder- und Hinterachse vor, nur 10 Vorderachsen besitzen Schraubenfedern, die sich ähnlich wie Drehstäbe verhalten, eine hat Gummifedern, eine Schraubenfedern kombiniert mit einer Blattfeder. Von den Hinterachsen weisen drei Torsionsstäbe und 5 Schraubenfedern auf.

Die Vorderachsen haben bereits zum größten Teil unabhängig aufgehängte Räder, aber es gab immerhin noch sechs starre Vorderachsen. Die

Hinterachsen waren mit Ausnahme von zehn Pendelachsen starr.

Die folgenden Tabellen zeigen die Vorder- und Hinterachsen aufgrund einer Auswertung von 114 mindestens viersitzigen Limousinen, die in der Automobil-Revue-Katalognummer 1949 (13) beschrieben sind.

Der Käfer ist also eine Konstruktion, deren Fahrwerk ihrer Zeit vorauseilte. Im Laufe der fünf Jahrzehnte, die der Käfer gebaut wurde und wird, wurde die Feder- und Dämpferabstimmung sorgfältig verbessert. So wurden zum Beispiel Gummihohlfedern als Anschläge und ein Stabilisator vorn eingeführt. Bei einigen Baureihen wurde hinten eine Ausgleichsfeder verwendet. Die Bundbolzen an der Vorderachse wurden durch Kugelgelenke ersetzt, so wie das schon bei den ersten Prototypen war.

Vorderachs-Konstruktionen

Gesamtzahl der mindestens 4sitzigen Limousinen (einschl. VW)			114
Starre Vorderachsen		%	7,9
Unabhängige Aufhängung der Vorderräder		%	92,1
davon:	McPherson	%	0
	Doppelquerlenker	%	73,3
	1 Querblattfeder und 1 Querlenker	%	10,5
	2 Querblattfedern	%	2,9
	Längslenker gezogen	%	0
	Längslenker geschoben	%	1,9
	Doppellängslenker	%	3,8
	Sonstige	%	7,6
Federung:	Blattfedern	%	23,7
	Schraubenfedern	%	55,3
	Drehstäbe	%	19,3
	Gummifedern	%	0,9
	Gasfedern	%	0
	Sonstige	%	0,9
Dämpfung:	mechanisch	%	1,8
	hydraulisch	%	96,5
davon:	ausdrückl. Teleskopstoßdämpfer	%	17,6
Kopplung:	Stabilisator	%	32,5

Hinterachs-Konstruktionen

Starre Hinterachsen		%	85,1
davon:	De Dion	%	0
	durch Lenker geführt, nicht De Dion	%	16,5
	nur durch Blattfedern geführt	%	83,5
Unabhängige Aufhängung der Hinterräder		%	14
davon:	Schräglenker	%	0
	Pendelachse	%	62,5
	Koppelführung	%	12,5
	Sonstige	%	25
Federung:	Blattfedern	%	78,9*)
	Schraubenfedern	%	8,8
	Drehstäbe	%	11,4*)
	Gummifedern	%	0,9
	Gasfedern	%	0
	Sonstige	%	1,8
Dämpfung:	mechanisch	%	0,9
	hydraulisch	%	95,6**)
davon:	ausdrückl. Teleskopstoßdämpfer	%	19,9
Kopplung:	Stabilisator	%	42,9

*) In 2 Fällen Blattfedern und Drehstäbe
**) In 2 Fällen verstellbar

Der San Giusto-Vollschwingachser mit luftgekühltem Heckmotor aus dem Jahre 1923.

Nicht alles, was Prof. Dr. Ferdinand Porsche an seiner Konstruktion einbaute, ist von ihm selbst erfunden worden. Es gab auch vorher schon weitschauende Ingenieure, die bestimmte Merkmale des VW Käfers vorschlugen oder Prototypen verwirklichten (14, 15). Wohl eines der ältesten Fahrzeuge dieser Art dürfte der im Turiner Automobilmuseum ausgestellte San-Giusto-Wagen aus dem Jahre 1923 mit Mittelrohrrahmen und Heckmotor in der »Gabel« des Rahmens und unabhängiger Aufhängung aller vier Räder sein.

Lenkung und Fahrverhalten

Der VW Käfer besaß in seiner ursprünglichen Form eine originelle, preiswerte Lenkung. Das Lenkgetriebe entsprach dem DRP 583522 (Wanderer, Porsche). Es ist außermittig auf der Fahrerseite am oberen Querrohr der vorderen Radführung befestigt und wird über eine Hardy-Scheibe, die gleichzeitig die Lenkwelle elektrisch von Masse isoliert, betätigt.

Eine Schraubenspindel am Ende der Lenkwelle wird zu einem Drittel von einem außen kugelförmigen Mutter-Abschnitt umschlossen (DRP 605481, Auto-Union, Porsche). Die Kugelkalotte greift in eine Gegenkalotte an einem Hebel der Lenkhebelwelle. Beim Lenken bewegt sich die Lenkmutter auf und ab und dreht mit der Kugelkalotte die Lenkhebelwelle. Damit verstellt sie den Lenkstockhebel, der mit ungleich langen Spurstangen die beiden Räder zum Einschlag bringt. Eine Feder drückt die Mutter gegen die Lenkspindel.

Erst 1961 wurde diese Konstruktion bei der Exportausführung durch eine Schnecken-Rollen-Lenkung abgelöst. Gleichzeitig wurde ein hydraulischer Lenkungsdämpfer eingeführt.

Die Lenkkräfte beim VW Käfer sind gering. Die Ursache liegt in der geringen Vorderachslast.

Der Wendekreis beträgt heute 11 m, der Spurkreis 10,5 m. Die geringe Differenz dieser beiden Werte ist auf die abgerundete Karosserie- und Stoßfängerform zurückzuführen. Die Gefahr von

Rangierunfällen wird dadurch vermindert.

Zum Thema Fahrverhalten ist ein Zitat aus der Schweizer »Automobil Revue« vom 22. Juni 1949 besonders aussagekräftig. Die Zeitung veröffentlichte damals eine Langstreckenprüfung des Volkswagens Typ 11 (Käfer). Darin heißt es:

...»Von seinen Eigenheiten interessieren vor allem die Fahreigenschaften, die bei seinem Erscheinen weit über dem Durchschnitt im internationalen Autobau lagen und auch heute das Prädikat hervorragend verdienen. Das Zusammenspiel von Straßenlage, Kurveneigenschaften, Lenkung und Bremsen ergibt eine Fahrsicherheit, die den Lenker dazu verführt, Vergleiche mit weit anspruchvolleren Fahrzeugen anzustellen«...

...»Von der Straßenoberfläche ist der Volkswagen weitgehend unabhängig; auf schlechter Fahrbahn mit Rinnen und Wellen bedarf es keiner Temporeduktion aus Gründen der Sicherheit. Im Schnee dürfte dieser Wagen zu den sichersten gehören, die man heute überhaupt erwerben kann; nicht nur erlaubt die leichte Manövrierfähigkeit ein leichtes Ausweichen und Aufspüren der besten Fahrbahn, sondern die Belastung der Treibräder durch den Heckmotor, und die allgemeine Auslegung verhütet das gefürchtete Schwimmen. Auf regennasser Straße dagegen ist der Unterschied gegenüber weniger sicheren Wagen nicht so deutlich. Entsprechend der geringeren Vorderradbelastung arbeitet die Lenkung ohne Kraftaufwand; manche Fahrer werden sich an die geringere Untersetzung gewöhnen müssen«... (16).

Dieses Urteil gilt für das Jahr 1949 bei den damaligen Fahrgeschwindigkeiten und Straßenverhältnissen.

Die Vergrößerung des Autobahnnetzes in Europa, die Entschärfung der Gebirgs- und Paßstraßen haben die Anforderungen in Europa verändert und damit auch die Auslegung der Fahrzeuge.

Der Volkswagen – weiterentwickelt mit Stabilisator vorn und Ausgleichsfeder hinten – ist aber auch heute in seinem Geschwindigkeitsbereich den Anforderungen des modernen Verkehrs voll gewachsen.

Bremsen

Der VW besaß in seinen ersten Jahren mechanisch über Bowdenzüge betätigte Vierradbremsen mit einem sinnreichen Bremsausgleich durch eine in der Mitte betätigte Rechteckplatte, von deren Enden die Bowdenzüge zu den Rädern ausgingen (DRP 653983), und Anordnung des Bremslichtschalters nach DRP 687122 (K. Schmitt, Porsche).

Spreizhebel waren senkrecht zur Ebene des Bremsträgerbleches angeordnet, wie folgendes Bild zeigt (17).

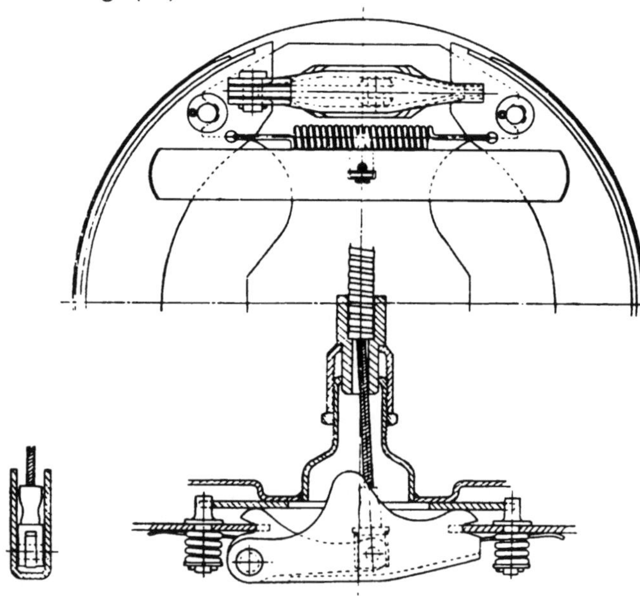

Spreizhebelbetätigung der Bremse.

Die Bremse war sehr wirksam, wie 7,5 m/s^2-Verzögerung in Motor-Kritik-Testkarte 1942 (4) und Abbremsung 85% in Automobil Revue Test 1949 (16) erkennen lassen. Der erforderliche relativ hohe Pedaldruck (16) führte in den frühen fünfziger Jahren zum Übergang auf hydraulische Betätigung der Bremsen. Die Bremsbelagfläche war mit 520 cm² ausgesprochen großzügig bemessen, wie der Vergleich mit allen in der Automobil Revue-Katalognummer 1949 (13) mit Angabe der Bremsfläche erfaßten Typen erkennen läßt.

Bremsleistung des VW Käfers

	Belagfläche / Bremsleistung [cm²/kW]	Belagfläche / Kinetische Energie [cm²/kJoule]
VW Käfer	43,8	1,54
16-%-Wert	28,1	0,71
Mittelwert	36,6	1,03
84-%-Wert	45,0	1,36

In allen Rechnungen wurden 150 kg Zuladung angenommen. Der ersten Spalte ist eine Gefällebremsung bei Fahrt mit halber Höchstgeschwindigkeit ohne Fahrwiderstände auf 10% Gefälle zugrundegelegt. In der zweiten Spalte ist die Bremsfläche auf die kinetische Energie bei Höchstgeschwindigkeit bezogen.

Motor

Die Entwicklung, Konstruktion, Einzelheiten, Vorläufer und Weiterentwicklung des luftgekühlten Vierzylinder-Boxermotors im VW Käfer ist im gesonderten Kapitel Käfermotoren ausführlich beschrieben. Hier werden im Rahmen der Konkurrenzfähigkeit des Wagens lediglich einige Diagramme betrachtet, die den Motor im Streubereich der Konkurrenz zeigen.

Herrn Professor Dr. Eberan von Eberhorst gebührt Dank für die Genehmigung, die Diagramme hier zu verwenden (18).

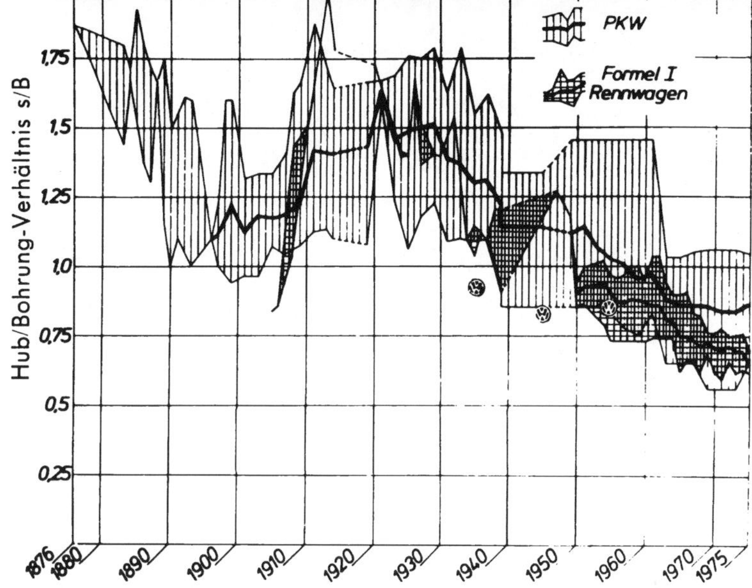

Hub/Bohrung-Verhältnis der Viertakt-Ottomotoren für Kraftfahrzeuge, 1876–1975 (18).

Kurzhubigkeit. Hier steht der VW an der Spitze einer Entwicklung, wie obenstehendes Bild zeigt. Hub-Bohrung-Verhältnis der Viertakt-Ottomotoren für Kraftfahrzeuge, 1876–1975 (18). Es wurden die Entwicklungsschritte der 985-, 1131- und 1192-cm³-Motoren als VW-Zeichen eingetragen.

Relativ geringe **Motordrehzahl** bei Höchstleistung, eine Folge der Auslegung als Drosselmotor. Kurzhubigkeit, geringe Drehzahl bei Höchstleistung und Auslegung des 4. Ganges als Schongang führen zu dem schon erwähnten geringen spezifischen Kolbenweg (siehe Bild unten).

Drehzahlen der Viertakt-Ottomotoren für Kraftfahrzeuge, 1876–1975 (18).

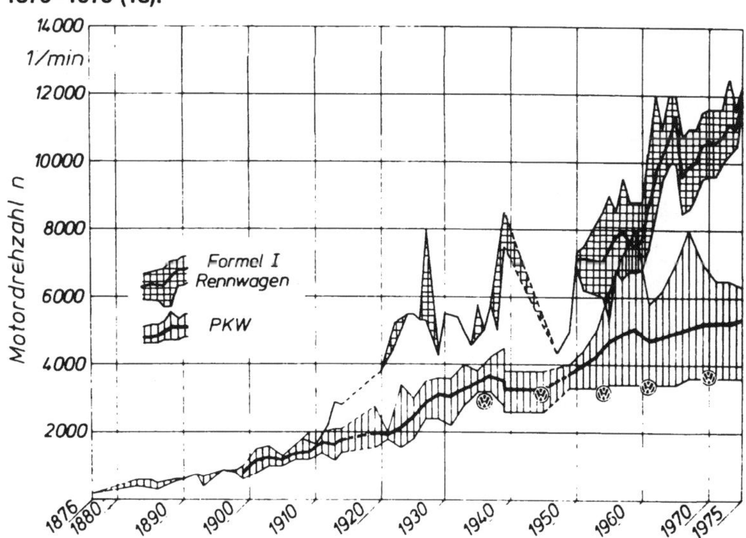

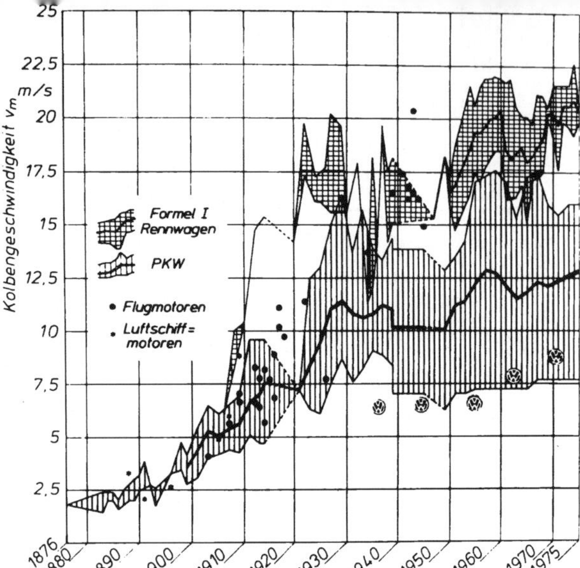

Kolbengeschwindigkeit der Viertakt-Ottomotoren für Kraftfahrzeuge, 1876–1975 (18).

Die **mittlere Kolbengeschwindigkeit** ist in Anbetracht des kurzen Hubes ebenfalls gering. Sie wird berechnet aus 2 × Hub [m] × Drehzahl [min^{-1}]/60 (siehe oben).

Der maximale effektive **Mitteldruck** ist hoch, was bei dem großen Hubraum ein beachtliches Drehmoment ergibt. Diese Vergleichszahl gibt den Druck in [bar] an, der während des Arbeitshubes konstant wirken müßte, um das gleiche größte Drehmoment zu ergeben wie beim tatsächlichen Druckverlauf im Motor (siehe unten).

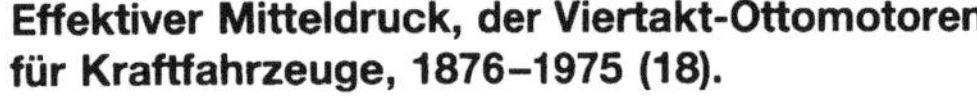

Effektiver Mitteldruck, der Viertakt-Ottomotoren für Kraftfahrzeuge, 1876–1975 (18).

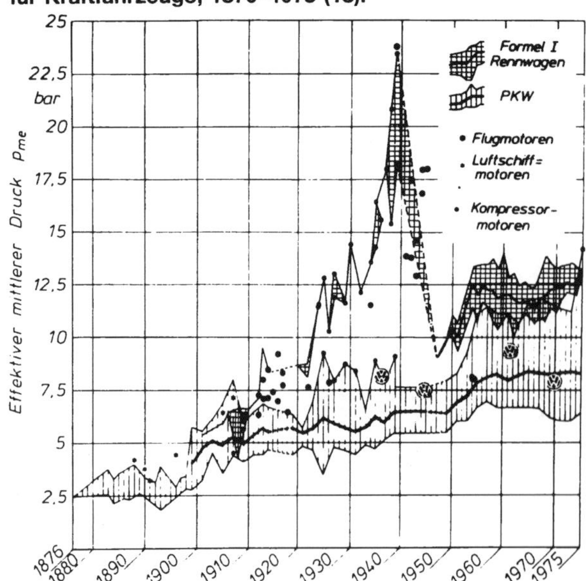

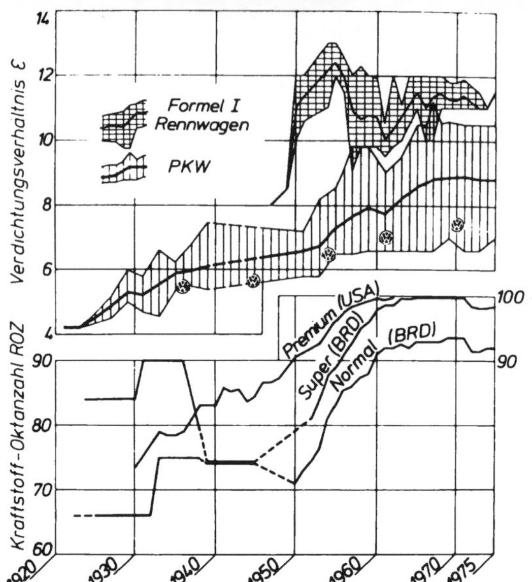

Literleistungen der Viertakt-Ottomotoren für Kraftfahrzeuge, 1876–1975 (18).

In Anbetracht des niedrigen **Verdichtungsverhältnisses** kommen die Motoren trotz der höheren Betriebstemperaturen bei Luftkühlung mit Normalbenzin aus (siehe oben).

Die **Literleistungen** sind wegen der Auslegung als Drosselmotor relativ gering (siehe unten).

Die entsprechenden Werte, auch für die Motoren mit 1285, 1493 und 1584 cm³ Hubraum, sind in der folgenden Tabelle zusammengefaßt.

Verdichtungsverhältnis Σ der Viertakt-Ottomotoren und Kraftstoff-Oktanzahl ROZ, 1921–1975 (18).

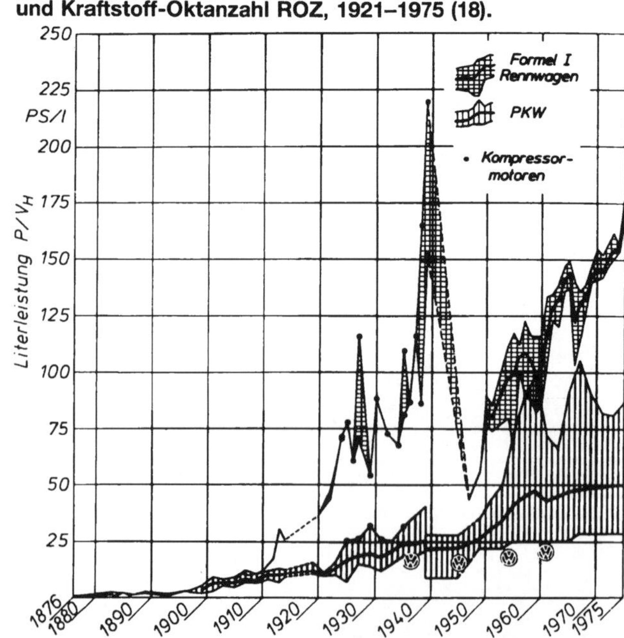

Käfer-Motoren im Vergleich

	Jahr	Hub/Bohrung [–]	Drehzahl bei P_{max} [1/min]	mittlere Kolbengeschwindigkeit [m/s]	mittlerer effektiver Arbeitsdruck [bar]	Verdichtungsverhältnis [–]	Literleistung [kW/l]
Motor mit 985 cm³ Hubraum	1936	0,915	3 000	6,4	8,15	5,6	17,6
Motor mit 1 131 cm³ Hubraum	1945	0,85	3 300	7,05	7,55	5,8	16,3
Motor mit 1 192 cm³ Hubraum	1954	0,83	3 400	7,25	8,2	6,6	18,5
	1961	0,83	3 600	7,68	8,85	7,0	21,0
	1970	0,83	3 800	8,1	8,0	7,3	21,0
Motor mit 1 285 cm³ Hubraum	1965	0,90	4 000	9,2	8,7	7,3	22,9
	1970	0,90	4 100	9,4	8,6	7,5	25,2
Motor mit 1 493 cm³ Hubraum	1966	0,83	4 000	9,2	8,6	7,5	21,7
Motor mit 1 584 cm³ Hubraum	1972	0,81	4 000	9,2	8,6	7,5	23,2

Eine jahrelang auch in der Werbung hervorgehobene Besonderheit des VW-Motors ist die Luftkühlung. Über die Vor- und Nachteile der Luftkühlung gibt es ein umfangreiches Schrifttum (siehe Literaturverzeichnis am Ende dieses Beitrags). Ich will hier nur einen Aspekt hervorheben: Infolge der höheren Differenz zwischen Kühlflächentemperatur und Außenlufttemperatur ändert sich die für die Kühlung verfügbare Temperaturdifferenz prozentual mit der Außentemperatur weniger als bei Flüssigkeitskühlung. Das hat sicher zusammen mit der Ölkühlung (DRP 747942) zur Bewährung des VW Käfers im Wüstenklima und bei tiefen Temperaturen beigetragen. Und noch zwei weitere Details des Käfer-Motors:

Eine für Heckmotorwagen günstige Gewichtsverteilung wurde durch die Verwendung einer Magnesiumlegierung für das Kurbel- und Getriebegehäuse und von Aluminium für die Zylinderköpfe erreicht. So wurde das Heck entlastet.

Die Betätigung der hängenden Ventile über Stoßstangen und Kipphebel (OHV) war im Jahre 1936 fortschrittlich. Noch 1949 waren von den in der »Automobil Revue«-Katalognummer erfaßten Motoren 27% untengesteuert, 2% wechselgesteuert, 52% OHV und 19% OHC. Heute beherrschen die obengesteuerten Motoren mit obenliegender Nockenwelle (OHC) das Feld.

Getriebe und Achsantrieb

Am ersten und allen späteren VW-Getrieben ist die kurze Bauweise bemerkenswert. Diese wurde durch eine sehr sinnreiche und preiswerte Konstruktion der Schaltelemente erreicht.

Die wandnahen, dauernd im Eingriff stehenden Räder der meist benutzten Gänge 3 und 4 ließen sich durch die geringe Umfangsgeschwindigkeit der Schaltelemente, Stifte und Löcher, auch ohne Synchronisation leicht schalten. Damit bot das Getriebe des VW Käfers mehr Komfort als die meisten Getriebe der Wettbewerber. Waren doch im Feld der deutschen Pkw bis 1,5 l Hubraum vor 1945 nicht einmal ein Fünftel teilsynchronisiert. Im Jahre 1949 weist die »Automobil Revue«-Katalognummer im Wettbewerbsbereich des

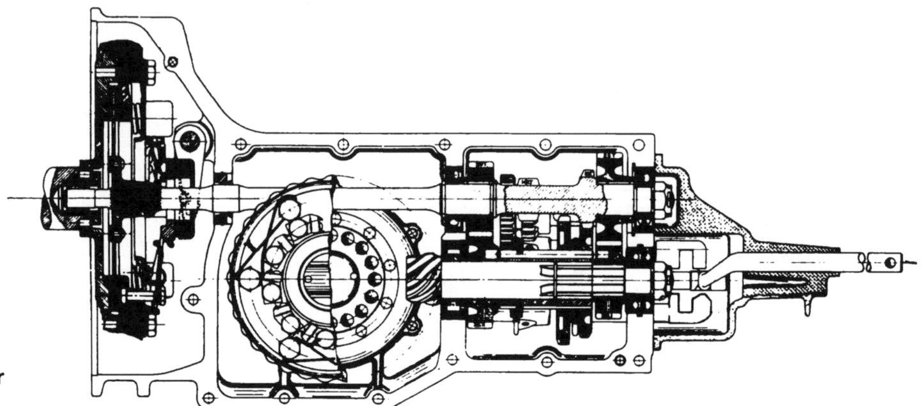

Achsantrieb und Wechselgetriebe bilden im VW Käfer eine Einheit.

Käfers bereits 70% teilsynchronisierte Getriebe auf.
Volkswagen brachte 1952 ein neues Getriebe mit Sperrsynchronisierung der Gänge 2 bis 4 heraus. Ihm folgte 1959 ein voll sperrsynchronisiertes Getriebe mit Tunnelgehäuse. Dazu war ab 1967 ein Halbautomat mit Wandler auf Wunsch erhältlich (23, 24).
Im VW Käfer sind das indirekte Standgetriebe und der Achsantrieb in einem ursprünglich längsgeteilten Gehäuse aus einer Magnesiumlegierung zusammengefaßt. Es bildet auch das Kupplungsgehäuse und ist in drei Punkten in der Rahmengabel gelagert (DRP 598799, Porsche). Der Motor mit Schwungrad und Kupplung ist fliegend angeflanscht und dadurch besonders leicht austauschbar. Antriebswelle und Abtriebswelle konnten vormontiert mit ihren Lagern in das Gehäuse eingelegt werden.

Karosserie

Die Ganzstahlkarosserie bildet eine Glocke über dem Plattformrahmen, mit dem sie unter Zwischenlage einer Dichtung verschraubt ist. Sie besteht aus vergleichsweise wenigen großen Preßteilen, die durch Punktschweißen miteinander verbunden sind. Die vier Kotflügel und die angedeuteten Trittbretter sind angeschraubt und leicht auswechselbar. Daher sind kleine Unfallschäden, die an diesen exponierten Teilen entstehen, leicht und preiswert zu reparieren. Angeschraubte Kotflügel wurden bei vielen Wagen verwendet und galten zeitweise in der Öffentlichkeit als besonders auffälliges Kriterium für die Reparaturfreundlichkeit eines Autos.
Die Karosserie des VW Käfers wurde für die Tauchlackierung entwickelt und so gestaltet, daß sich beim Tauchen keine Lacktränen und -seen bildeten.
Fortschrittlich war es auch, die Luftführungen für die Heizluft in den Karosserierohbau zu integrieren.
Die im Schweller geführte Warmluft trocknet ihn aus und verhütet so vorschnelle Korrosion. Erst später wurden zur besseren Wärmeisolierung Schläuche eingezogen.
Der unter Nr. 17 des Literaturverzeichnisses genannte B.I.O.S.-Bericht sagt nach einer sehr ausführlichen Beschreibung in Bezug auf die Karosserie:

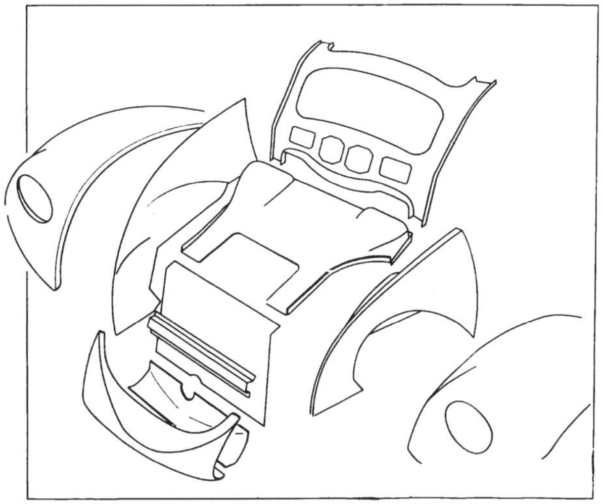

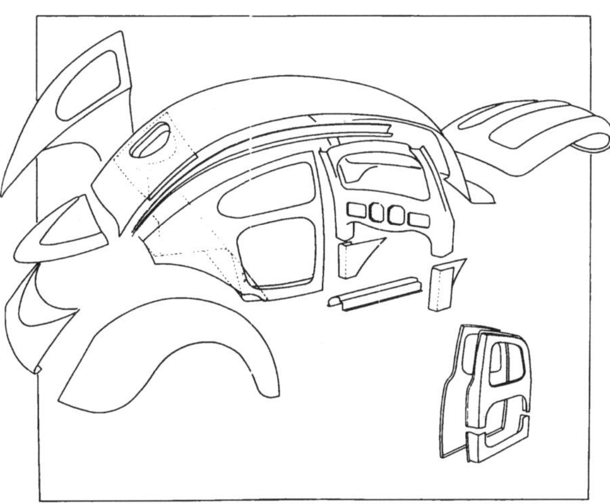

Hauptteile der Käfer-Karosserie (nach 17). Alle vier Kotflügel und die »Trittbretter« sind angeschraubt und leicht auswechselbar.

»It is our considered opinion that from the Body Engineering point of view the design of this vehicle is exceptionally good, and shows great advance on previous constructional methods.«
(»Wir sind zu der Überzeugung gekommen, daß vom Standpunkt der Karosserietechnik die Konstruktion dieses Fahrzeugs außergewöhnlich gut ist und einen großen Fortschritt gegenüber früheren Baumethoden zeigt.«)

Fazit

Bei der Konstruktion des Volkswagens bestand die geschichtlich fast einmalige Gelegenheit, ein Produkt ohne Rücksicht auf Bestehendes zu gestalten. Diese Gelegenheit ist einfallsreich genutzt worden, denn das Ergebnis war ein ausgewogenes Ganzes mit vielen originellen Details. Auf dieser Grundlage führten die sorgfältige Modellpflege, der Aufbau eines erstklassigen Kundendienstnetzes, die qualitätsbewußte Produktion und Inspektion und nicht zuletzt der noch heute günstige Preis den VW Käfer von Erfolg zu Erfolg.
Die amerikanische Zeitschrift »Consumer Report« (25) schreibt anläßlich eines Vierer-Vergleichstests über den Käfer:
»Der Volkswagen ist unausweichlich der beste Kauf unter den vier Wagen. Das beruht auf seinem wohlbewährten Mechanismus und dem ausgezeichneten Finish, seinem hohen Wiederverkaufswert und seinem kaum zu übertreffenden geringen Reparaturanfall und seiner überall verfügbaren Kundendienstorganisation. Und wenn Sie einen importierten Wagen für ernsthaften Transport zu verwenden planen, nicht nur als Spielzeug oder als Gegenstand der Unterhaltung, dann muß ein zuständiger Kundendienst verfügbar sein«.
All dies beruhte auf der Grundeinstellung bei Volkswagen in Wolfsburg, der Prof. Heinrich Nordhoff anläßlich des 25jährigen Jubiläums des Volkswagens im Jahre 1961 in der ATZ (12) folgenden Ausdruck verlieh: »Der Volkswagen ist der größte Erfolg der Nachkriegs-Automobilindustrie der ganzen Welt. Diesen Erfolg verdankt er einer von jeglicher Tagesmode unabhängigen, ganz konsequenten Entwicklung mit dem Ziel, zu einem stetig sinkenden Preis einen immer höheren Gegenwert zu liefern und dabei ein Qualitätsniveau zu erreichen, das weit über seine Größen- und Preisklasse hinaus überragt.

Der Käufer eines kleinen Wagens der unteren Preisklasse faßt einen viel größeren und schwerwiegenderen Entschluß als der, der einen teuren großen Wagen kauft, den er ohnehin nicht selbst bezahlt, während Volkswagen jetzt zu mehr als 60% aus versteuertem Einkommen gekauft werden. Diese unsere große Käuferschicht in der ganzen Welt nicht zu enttäuschen, sondern ihr ein Produkt von höchster Qualität und technischer Vollendung zu liefern, sehen wir als unsere Aufgabe und unsere Verpflichtung an – eine Ingenieurs-Aufgabe von faszinierendem Reiz, die heute nach 25 Jahren der Bewährung ebenso gilt wie in der Zukunft«.

Literaturhinweise in der Reihenfolge 1 bis 25:

Tatsachen und Zahlen aus der Kraftverkehrswirtschaft 1938, 12. Ausgabe, Berlin 1939.

SEHERR-THOSS, H. C. Graf von:
Die deutsche Automobilindustrie, Stuttgart 1974.

WINDECKER, C.O.: Handbuch der Kraftfahrzeug-Typen, Band 1, Personenwagen und Krafträder, 2. Auflage, Hannover 1948.

FISCHER, J.: Volkswagen / 1 Liter, Motor-Kritik-Testkarte / Teil I und II, Motor-Kritik (1942) H. 6.

FISCHER, J.: Testbuch der Motor-Rundschau, Frankfurt/M. 1951, 1952 und 1953.

The Motor Road Tests of 1949 (bzw. 1950, 1951, 1952 und 1953) *Cars*, London 1949 bis 1953.

FIALA, Ernst: Zusammenhang von Leistungsgewicht und Beschleunigungszeit.
Information 7 (1969) H. 74, S. 9/13.

MÖLLER, E.: Windkanalmessungen an Kraftfahrzeugen bei Seitenwind.
ATZ 53 (1951) H. 4, S. 74/78.

MIRA-Report 4/1964.

MIRA-Report 9/1967.

HUCHO, W.-H.: The Aerodynamic Drag of Cars – Current understanding, Unresolved Problems, and Future Prospects.
Symposium on Aerodynamic Drag Mechanisms of Bluff Bodies and Road Vehicles, General Motors Res. Laboratories, Sept. 27–28, 1976.

VOGELSANG, G.: Über die technische Entwicklung des Volkswagens.
ATZ 63 (1961) H. 1, S. 1/13.

Automobil-Revue-Katalognummer 1949, Bern 1949.

Cyril Posthumus asks: Whose was the VW? Doubts on the origin of a well known species.
Motor (London), (1965) No. 3275, S. 106/111.

FISCHER, J.: Zur Geschichte eines Motors.
Sonderdruck der Motor-Rundschau, o. J.

»AR«-Langstreckenprüfungen Volkswagen Typ 11.
Automobil-Revue (Bern),
(1949) Nr. 28, II. Blatt, S. 9/10.

Investigation into the Design and Performance of the Volkswagen or German People's Car. British Intelligence Objectives Sub-Commitee (B.I.O.S.) Final Report No. 998, London.

EBERAN-EBERHORST, Robert: Hundert Jahre Viertakt-Ottomotor. Der Weg vom Deutzer Gasmotor zum Automobilmotor der ganzen Welt.
ATZ 78 (1976) H. 7/8, S. 311/17.

BENSINGER, W. D.: Die Flüssigkeitskühlung bei neuzeitlichen Kraftfahrzeugen, Vergleiche mit der Luftkühlung.
ATZ 55 (1953) H. 9, S. 233/39.

KLOSS, R.: Luft- oder Wasserkühlung.
ATZ 55 (1953) H. 11, S. 293/95.

BACHLE, C. F.: Luftgekühlte Motoren für Fahrzeuge.
SAE-Paper Nr. 352 vom 15.–17. August 1949.

MACKERLE, Julius: Luftgekühlte Fahrzeugmotoren (übersetzt und bearbeitet von P. Jehlicka und H. Moebus). Stuttgart, 1963.

ASHAUER, K.; HARMUTH, H.:
Die Schaltautomatik des VW 1500.
ATZ 69 (1967) H. 9, S. 288/93.

ASHAUER, K.; HARMUTH, H.: Der VW 1500 mit Wandlergetriebe und automatischer Kupplung.
Automobil-Ind. 12 (1967) H. 4, S. 57/63.

*Ein Bericht über vier kleine Fremdwagen »Metropolitan, Renault, Saab und Volkswagen«.
Consumer Report 26 (1961)*

Käfer-Tests

Um sich einen Überblick über die konstruktive Beschaffenheit und die Alltagstauglichkeit des Volkswagens zu verschaffen, verlangte 1936 der Reichsverband der Automobilindustrie, »daß nunmehr zunächst eine scharfe Dauerprüfung von zwei Fahrzeugen über mindestens 50000 Kilometer unter Aufsicht des technischen Stabes des RDA zu erfolgen hat«.

Erstmals in der Automobilgeschichte wurde eine Dauer-Versuchsfahrt von drei Kraftfahrzeugen über 50000 Kilometer durchgeführt.

Im Januar 1937 lag der Abschlußbericht vor, dessen Gesamturteil in einem Satz zusammengefaßt werden konnte: »Das Fahrzeug hat demnach Eigenschaften gezeigt, die eine Weiterentwicklung empfehlenswert erscheinen lassen«.

Neben dieser einmaligen Dauerversuchsfahrt wurde der Volkswagen 1938 über zigtausend Kilometer auch im Vergleich mit seinen damaligen Konkurrenten getestet. Dieser Bericht gibt Aufschluß über den damaligen Stand der Automobiltechnik und kann auf den kommenden Seiten nachgelesen werden.

Seit seiner Serienfabrikation wurden dem Käfer unzählige Tests im In- und Ausland gewidmet. Hier die Ergebnisse aus der in Fachkreisen geschätzten »Schweizer Automobil Revue«.

B E R I C H T

über die Versuchsfahrt mit zwei Volkswagen
und Vergleichswagen der Firmen
ADLER, AUTO-UNION (DKW), OPEL und STEYR

Dr.ing.h.c.F.Porsche K.G.
Stuttgart-Zuffenhausen
Spitalwaldstraße 2

Inhalt — Seite

Anlagen

Um ein Bild über das Verhalten der Volkswagen im praktischen Fahrbetrieb im Vergleich mit serienmäßig hergestellten Industrie-Fahrzeugen der dem Volkswagen entsprechenden Stärkeklasse zu erhalten, wurde eine Vergleichsfahrt über 50 000 km mit folgenden Fahrzeugen durchgeführt:

<u>Volkswagen</u>: Wagen 801 (Limousine) Serie V 303
Wagen 802 (Cabr.Lim.)

<u>Vergleichswg.</u>: Adler - Trumpf Junior (Limousine)
Auto - Union/DKW-Meisterklasse (Limousine)
Opel - Kadett (Limousine)
Steyr Typ 50 (Limousine)
nur teilweise Vergleichswerte.

Die beiden Volkswagen sind der Serie V 303 entnommen, die eine nach den aus der Versuchsfahrt VW 30 gewonnenen Erkenntnissen verbesserte Ausführung darstellt, also noch nicht der endgültigen Ausführung VW 38 bzw. VW 39 entspricht. Aus nachstehender Tabelle sind technische Angaben ersichtlich, wie z.B. Zylinderinhalt, Drehzahl, Leistung, Gewicht, Übersetzungsverhältnis und Anschaffungs-Preis.

	VOLKSWAGEN		VERGLEICHSWAGEN		
	801	802	Adler Junior	DKW Meister-Klasse	Opel Kadett
Zyl. Inhalt cm^3	985	985	995	684	1074
Drehzahl U/min.	3000	3000	4000	3500	3400
Leistung PS	23,5	23,5	25	20	23
Gewicht Kg	686	682	820	780	770
Leist.Gew.Kg/PS	29,2	29,0	32,8	39,0	33,5
Ges.Übers. I.Gang	1 : 15,9		1:21,6	1:19,2	1:18,2
II. Gang	1 : 11,5		1:12,4	1:10,3	1: 9,17
III.Gang	1 : 5,54		1:8,55	1:6,08	1:5,1
IV.Gang	1: 3,54		1:5,4	-	-
R Gang	1: 29,2		1:20	1:29	1:22,8
Anschaffungspreis RM	990,--		2993,55	2380,37	2132,75

<u>Durchführung der Vergleichsfahrt.</u>

Vor Beginn der Vergleichsfahrt wurden die Fahrzeuge mit Kienzle-Tachografen ausgerüstet, um eine Kontrolle über die einzelnen Fahrten zu bekommen. Zur Überwachung der Öl- und Kühlwassertemperaturen wurden Fernthermometer eingebaut. Das Einfahren der Wagen begann am 1.6.1938 und erfolgte entsprechend der für die einzelnen Fabrikate geltenden Einfahrvorschriften, ebenso wurden die anfallenden Pflege-und Überwchungsdienste nach Vorschrift durchgeführt.
Um die Fahrzeuge den vielseitigsten Beanspruchungen auszusetzen, waren zwei Prüfstrecken vor-

gesehen und zwar:

1.) <u>Strecke Landstrasse :</u> Stgt.-Zuffenhausen, Pforzheim, Neuenbürg, Baden-Baden, <u>Länge etwa 350 Km</u> (Viertälerweg), Oppenau, Kniebis, (18% Steigung), Freudenstadt, Tübingen, Stuttgart.

2.) <u>Strecke R.A.B. :</u> Stgt.-Zuffenhausen, RAB Pforzheim-Karlsruhe-Bad Nauheim <u>Länge etwa 450 Km</u> und zurück.

Die Wagen befuhren diese Strecke täglich in zwei Schichten, wobei die Strecke nach jeder Schicht gewechselt wurde.

Vom 1.7. - 5.7.1938 fand eine <u>Alpenfahrt</u> statt, die über folgende Pässe führte:
Grossglockner (12% Steigung), Turracher Höhe (32%), Katschberg (29%).

Die <u>Ergebnisse der Alpenfahrt</u> sind in Folgendem zusammengefasst:

Auf der R.A.B. konnten bei einer Aussentemperatur von + 32° C und einer Durchschnittsgeschwindigkeit von 80 bis 85 km/h bei den Vergleichswagen hohe Öl- und Kühlwassertemperaturen (Öl bis 95°C, Kühlwasser bis 96°C.), beim Wagen Opel leichte Benzinpumpenstörungen festgestellt werden, während die Volkswagen Öltemperaturen von etwa 80 bis 85°C.zeigten und keinerlei Störungen in der Brennstoffzufuhr hatten. Noch krasser war der Unterschied bei den Versuchen am Grossglockner, wo bei sämtlichen Vergleichswagen, die nur mit einem Fahrer besetzt waren, sehr starkes Kochen des Kühlwassers und dadurch Kühlwasserverluste, bei Wagen Opel ausserdem starke Benzinpumpenstörungen auftraten, während die Volkswagen mit 4 Personen besetzt ohne wesentliche Temperaturerhöhungen im Motor die Bergstrecke bewältigten. Bei den Versuchen an der Turracher Höhe mit Steigungen bis zu 32 % kamen die Volkswagen mit 4 Personen sogar mit Anfahren auf der Steilstrecke durch, während von den Vergleichswagen nur Wagen Adler (mit einer Person besetzt), durch Anschieben auf der Steilstrecke unterstützt, die Höhe erreichte. Am Katschenberg kamen die Wagen DKW mit 2 Personen, Opel mit 3 Personen, Adler mit 4 Personen gerade noch über die steilste Stelle mit ungefähr 29 % Steigung hinweg, die Volkswagen jedoch mit 4 Personen sehr gut mit einer Geschwindigkeit von etwa 15-20 km/h. Bei den Bremsversuchen am Katschberg war der Bremsdruck am Bremspedal gemessen bei Wagen Opel und Volkswagen ungefähr gleich, bei wagen Adler um etwa 15 kg höher, ein Nachlassen der Bremswirkung war kaum zu beobachten, jedoch neigte die Adlerbremse sehr leicht zum Blockieren. Bei Wagen DKW war der Bremsdruck wesentlich höher, die Bremswirkung nahm gegen Ende des Gefälles erheblich am (s. Zusammenstellung).
Der durchschnittliche Benzinverbrauch war naturgemäss gegenüber dem normalen Fahrbetrieb höher. Er stellt einen Mittelwert über die Gesamtstrecke der Alpenfahrt einschliesslich ihren Bergprüfungen dar.
Den besten Verbrauch erzielte <u>Wagen 802 mit 8,79 ltr./100 km</u> es folgen:

Wagen DKW mit einem Mehrverbrauch von 2,8 %
Wagen 801 mit einem Mehrverbruach von 4,9 %
Wagen Adler mit einem Mehrverbruach von 12,2 %
Wagen Opel mit einem Mehrverbruach von 34,8 %

Stellt man diesen Werten noch die Beanspruchung durch Bergfahrten von 100 % bei Wagen 802 und 80 % bei Wagen 801 gegenüber, so liegen die Verbrauchswerte der Volkswagen im Vergleich zu den Vergleichswagen günstig, die nur etwa 1/5 der Bergfahrten mitmachten.

Beim Reifenabrieb ergab sich folgendes Bild:

Wagen 802	günstigster Abrieb
Wagen Opel	8,6% mehr Abrieb
Wagen 801	12,3% mehr Abrieb
Wagen DKW	23,5% mehr Abrieb
Wagen Adler	32,0% mehr Abrieb

Zusammenstellung der Werte.

Durchschnittlicher Benzinverbrauch auf die Gesamtstrecke, Beanspruchung durch Bergfahrten (Versuche), Bremsdruck gemessen am Bremspedal aus 30 km bis Stillstand, Reifenabnützung.

Wagen	ltr./100 km	Beanspr. d. Bergfahrt in % (Versuche)	Bremsdruck in kg (29% Gefälle, 4 Personen)	Reifenabnützung gr/1000 km
801	9,22	80,5	--....--	91
802	8,79	100,0	38....32	81
Adler	9,86	22,5	48....52	107
DKW	9,04	21,0	62...83	100
Opel	11,85	21,0	32....33	88

Nach Beendigung der Alpenfahrt wurden die Fahrzeuge wieder auf den normalen Strecken und während der üblichen Schichten gefahren.

Ergebnisse der Vergleichsfahrt.

1. Beanstandungen und Reparaturen.

In einer gesonderten Aufstellung sind für die einzelnen Wagen die während ihrer Laufzeit aufgetretenen Beanstandungen und die durchgeführten Reparaturen zusammengestellt. Die eingetragenen Zahlen geben den km-Stand an, bei welchem an dem betreffenden Teil eine Reparatur ausgeführt wurde. Arbeiten die aus Versuchsgründen erforderlich waren, sind mit den Buchstaben "V", Garantiearbeiten mit "G" und Unfallschäden mit "U" gekennzeichnet.

Zum Vergleich sind Versuchsergebnisse von Wagen VW 38/24 beigefügt, der vom 18.1.1939 bis 21.2.1939 eine Fahrstrecke von 26 767 km zurücklegte. Als Prüfstrecke für diesen Wagen wurde nur die Landstraße mit wechselnder Belastung bis zu 4 Personen und Durchschnitten bis zu 75 und 80 km/h gefahren, die äußerste Beanspruchung erkennen lassen.

Zusammenfassung.

a) Gruppe Motor

Wagen 801 : Die Ventilführungen mußten öfters ausgerieben werden, da Versuche mit verschiedenem Schaftspiel gemacht wurden. Versuche, die endgültige Ausführung für die Abdichtung der Kurbelwelle zu finden (Simmerring) verursachten erhöhten Ölverbrauch. Infolge Herstellungsfehler (verbohrte Ölleitung) trat bei etwa 24 000 km Lagerdefekt auf. Das Motorgehäuse wurde erneuert und gleichzeitig gegossene Versuchs-Kolben und-Zylinder eingebaut (ursprüngliche Kolben und Zylinder einwandfrei).Bei 36.500 km wurde Kolben und Zylinder 1 wegen mangelhafter Kompression ausgewechselt. (Zylinder unrund). Sonstige größere Schäden traten nicht auf. Bei km 43 997 scheidet der Wagen durch Unfall (Karosserieschaden) aus.

<u>Wagen 802 :</u> Ventile und Dichtringe siehe Wagen 801. Bei km-Stand 45.500 mußten die Pleuellager nachgearbeitet werden (Ursache lag an der Herstellung). Der Motor lief sonst einwandfrei.

<u>Wagen Adler :</u> Die häufigen Motorreparaturen waren auf ein Nachlassen der Leistung zurückzuführen und wurden jeweils nach Anordnung der Adler Vertrags-Werkstätte ausgeführt. Nach 20 400 km mußten 2 Kolben, 2 Pleuel und der Zylinderkopf erneuert werden, nach 28 400 km wurde der Motor generalüberholt. Mit 56 800 km erfolgte die nächste größere Reparatur mit Erneuerung von Zylinderkopf, 1 Kolben, 2 Pleuel und 4 Ventielen.

<u>Wagen DKW :</u> Der DKW-Motor lief während der Vergleichsfahrt sehr zufriedenstellend und erforderte keinerlei Reparaturen.

<u>Wagen Opel :</u> Der Motor lief zunächst zufriedenstellend, nach 51 000 km mußten infolge Lagerdefekts sämtliche Pleuel und Lager ausgewechselt werden, ferner wurde die Kupplungsscheibe erneuert.

<u>Wagen VW 38/24:</u> Während der beobachteten Laufdauer von etwa 27 000 km lief der Motor einwandfrei ohne jegliche Reparatur. Bei der Kontrollzerlegung konnte normaler Verschleiß festgestellt werden.

<u>b) Fahrgestell und Aufbau :</u>

<u>Wagen 801 :</u> Versuche mit Dichtringen für die Hinterachse verursachten mehrfach ein Auswechseln derselben, desgleichen Versuche mit Stoßdämpfern. Durch das Leckwerden der Hinterachsdichtringe wurden auch die Bremsen durch Verölen in Mitleidenschaft gezogen. Nach etwa 37 000 km mußten im Getriebe verschiedene Kugellager erneuert werden, sonst keinerlei Schäden.
<u>Aufbau : in Ordnung.</u>

<u>Wagen 802 :</u> Versuche mit Dichtringen und Stoßdämpfern wie bei Wagen 801. Zusätzlich wurden noch Versuche mit Bundbolzen eingeschaltet. An wesentlichen Reparaturen ist die Erneuerung der Schaltgabel für 1. und 2. Gang (Herstellungsfehler) nach 19 500 km, sowie die Neubelegung der Bremsen nach 58 500 km zu

erwähnen.
Aufbau : in Ordnung.

Wagen Adler : Die Bremsen mußten schon nach 24 200 km neu belegt werden, nach 30 900 km war eine größere Getriebeüberholung notwendig. Nach 55 500 km wurden die Bremsen zum 2.Mal neu belegt.
Aufbau : Sitze unbequem.

Wagen DKW : Nach 21 700 km wurden die Bremsen neu belegt, bei km-Stand 33 800 zum 2.Mal neu belegt, nach 40 800 km wurde der Freilauf und nach 47 400 km Schwenklager und Lenkung überholt.
Aufbau : starke Karosseriegeräusche.

Wagen Opel : Der Hinterachsantrieb mußte nach 15 600 km nachgesehen und nach 17 800 km überholt werden. Nach 30 300 km wurden 2 Bremsen, nach 45 200 km sämtliche 4 Bremsen neu belegt. Bei km-Stand 50 900 wurde der Hinterachsantrieb zum 2.Mal überholt.
Aufbau : Karosseriegeräusche.

Wagen VW 38/24 : keine wesentlichen Beanstandungen und Reparaturen.
Aufbau : in Ordnung.

2.) Wartung und Pflege.

Anspringen der Motoren im Winter:

Volkswagen : springt von allen Wagen am besten an
Adler : Startschwierigkeiten
Opel : keine Schwierigkeiten
D K W : keine Schwierigkeiten

Außerdem fällt beim Volkswagenmotor mit Luftkühlung die Gefahr des Einfrierens fort.

Abschmieren.

Hier kommt die nach allen Gesichtspunkten ausgedachte Konstruktion des Volkswagens zur Geltung. Der Unterschied gegenüber den Vergleichswagen ist am besten aus folgender Aufstellung über die Anzahl der Schmierstellen zu ersehen:

Volkswagen : Motor, Triebwerk und 7 Schmierstellen
Adler : Motor, Triebwerk und 20 Schmierstellen
Opel : Motor, Getriebe, Hinterachse und 23 Schmierstellen
D K W : Motor, Triebwerk und 30 Schmierstellen

Das Abschmieren des Volkswagens wird noch dadurch erleichtert, daß sich sämtliche 7 Schmierstellen an der Vorderachse befinden. Es sind zurzeit Versuche mit schmierlosen Büchsen aus heimischen Werkstoffen im Gange, sodaß, günstige Versuchsergebnisse vorausgesetzt, außer Motor und Triebwerk nur eine Schmierstelle und zwar am Lenkgehäuse übrig bleibt. Die Pflege vereinfacht sich ferner durch die leichte Zugänglichkeit der Teile, sowie durch die glatte Außenform des Volkswagens ohne vorspringende Ecken und Kanten.

3.) Benzin- und Ölverbrauch.

In den Aufstellungen sind die Benzin- und Ölverbrauchsziffern von 10 000 zu 10000 km zusammengestellt. Es bedeutet beim einzelnen Wagen die linke Ziffer den mittleren Verbrauch in der betreffenden 10 000 km-Spanne, die rechte Ziffer gibt ein Bild vom mittleren Gesamtverbrauch. Zum Vergleich wird die 50 000-km-Grenze herangezogen, deren Werte in nachstehenden Tabellen zusammengefaßt sind.

Benzinverbrauch.

Wagen	801	mit 7,53 ltr/100 km	bester Verbrauch
Wagen	802	mit 7,54 ltr/100 km	d.h. 0,13 % mehr
Wagen	DKW	mit 7,91 ltr/100 km	d.h. 5,05 % mehr
Wagen	Adler	mit 8,54 ltr/100 km	d.h.13,4 % mehr
Wagen	Opel	mit 9,43 ltr/100 km	d.h.25,2 % mehr

Die Verbrauchsziffern wurden bei einer mittleren Durchschnittsgeschwindigkeit von 58 bis 60 km/h und einer Belastung von 1 bis 3 Personen erzielt, wobei auf Strecke Landstraßen ein Durchschmitt von etwa 55 km/h, auf Strecke RAB von etwa 70 km/h gefahren wurde (d.h. etwa 80 bis 85 km/h Autobahn-Geschwindigkeit).

Ölverbrauch:
ohne Ölwechsel über 50 000 km

Wagen	801	0,342 ltr/1000 km	bester Verbruach
Wagen	802	0,394 ltr/1000 km	d.h. 15,2 % mehr
Wagen	Adler	0,547 ltr/1000 km	d.h. 58,6 % mehr
Wagen	Opel	0,553 ltr/1000 km	d.h. 61,6 % mehr
Wagen	DKW	-- --	- - -

Diese Werte beziehen sich auf den reinen Verbruach an Öl, das heißt auf die Ölmenge, die während des Betriebs ergänzt werden mußte. Bezieht man den Ölwechsel mit ein, so ergibt sich folgendes Bild:

Ölverbrauch:
mit Ölwechsel über 50 000 km

Wagen	802	0,98 ltr/1000 km	bester Verbrauch
Wagen	801	1,02 ltr/1000 km	d.h. 4,1 % mehr
Wagen	Opel	1,44 ltr/1000 km	d.h.46,9 % mehr
Wagen	Adler	1,81 ltr/1000 km	d.h.84,6 % mehr
Wagen	DKW	3,95 ltr/1000 km	d.h. 303,0 % mehr

Der Ölverbrauch von Wagen DKW ist dabei mit einem Mischungsverhältnis Öl : Benzin von 1:20 und dem oben angegebenen mittleren Benzinverbrauch von 7,91 ltr/1000 km errechnet. Zum Ölverbrauch der Volkswagen ist zu bemerken, daß die erreichten Werte ziemlich hoch liegen, da auch Ölverluste durch undichte Stellen, defekte Motorsimmerringe (Versuchsteile) mit einbezogen wurden. Die zur Abhilfe unternommenen Versuche an der Serie V 303 führten zu der in Serie VW 39 eingebauten Ausführung, die eine einwandfreie Abdichtung garantieren.

4. Reifenverbrauch.

Die bei der Vergleichsfahrt erzielten mittleren Reifenleistungen waren bei

Wagen Opel	14 300 km	
Wagen 802	12 800 km	d.h. 10,5 % weniger
Wagen DKW	12 500 km	d.h. 12,6 % weniger
Wagen 801	12 400 km	d.h. 13,3 % weniger
Wagen Adler	11 500 km	d.h. 20,0 % weniger

Diese Werte liegen der scharfen Fahrweise entsprechend sehr nieder.

Es ist ein merkbarer Unterschied zwischen Wagen Opel mit Starrachse und den Volkswagen mit Schwingachse festzustellen. Hier wirkt sich das rasche Beschleunigungsvermögen und die sehr gute Straßen-und Kurvenlage insofern aus, als der Fahrer zum schnellen Kurvenfahren verleitet wird und höhere Durchschnitte erzielen kann.
Um einen klaren Vergleich zwischen Starrachse und Schwingachse zu bekommen, wurde zusammen mit der Firma Dunlop ein Reifenspezialversuch mit einem Opel-Kadett und dem Wagen 802 im Rahmen der Vergleichsfahrt durchgeführt. Die Versuchsbedingungen waren für beide Wagen dieselben:

Vorderachsbelastung 440 kg
Hinterachsbelastung 560 kg
Strecke : Landstraße
Durchschnittliche Geschwindigkeit : 58 bis 60 km/h.

Um dieselben Achsdrücke zu erhalten, wurde der Volkswagen zusätzlich mit 317 kg einschl. Fahrer, der Wagen Opel mit 229 kg einschließlich Fahrer belastet, das heißt der Volkswagen war ausgehend vom Leergewicht mit 88 kg, das heißt mit 38,4 % mehr belastet (siehe folgende Tabelle).

	Wagen 802			Wagen OPEL		
	Ges. Gew. kg	Vord. Achse kg	Hint. Achse kg	Ges. Gew. kg	Vord. Achse kg	Hint. Achse kg
Leer	682	277	405	770	415	355
mit Belastung	999	439	560	999	440	559
zusätzl. Belast.	317	162	155	229	25	204

Opel Kadett, Baujahr 1938, Hubraum 1074 cm^3, 23 PS.

Adler Trumpf Junior, Hubraum 995 cm^3, 25 PS.

DKW Meisterklasse, Hubraum 684 cm^3, 20 PS.

Bei allen Versuchsfahrzeugen ist ein Tachograf untergebracht. Jeden Tag werden die Tachografenblätter abgelesen und ausgewertet.

Als Strecke wurde ausschließlich "Landstraße", und zwar von beiden Versuchswagen in Kolonne unter Abwechslung des Spitzenfahrzeugs gefahren. Um eine einseitige Beeinflußung der Versuchsergebnisse durch verschiedene Fahrweise der Fahrer auszuschalten, erfolgte täglich Fahrerwechsel. Nach je 1000 km Laufdauer wurden die Räder auf den Achsen seitlich umgewechselt, nach je 4000 km Laufdauer wurde der Reifenabrieb durch die Firma Dunlop gemessen.

Ergebnis :

Die nach je 4000 km ermittelten Meßwerte sind aus dem Diagramm ersichtlich. Es sind dabei Abriebwerte für Vorder- und Hinterachse, sowie das Mittel hieraus über eine Gesamt-Laufdauer von 16 000 km aufgetragen. Der Abrieb der Vorderräder liegt im Durchschnitt beim Volkswagen 22,8 % besser gegenüber Wagen Opel, während der Abrieb der Hinterräder bei Opel durchschmittlich 9,2 % besser gegenüber dem Volkswagen ist. Die Ergebnisse im Mittel sind bis 12 000 km Laufzeit für Wagen Opel um 7,9 % bis 2,0 % schlechter, nach 16 000 km Gesamtlaufdauer ist der Reifenabrieb des Volkswagens um 1,0 % schlechter wie derjenige von Wagen Opel. Zu dem Resultat ist zu sagen, daß die bei den hohen gefahrenen Durchschnitten erzielten Reifenleistungen als gut zu bezeichnen sind. Ein Unterschied zwischen Wagen Opel und Volkswagen, wie er sich bei der Vergleichsfahrt zeigte, ist hier nicht festzustellen. Bei gleichmäßiger Fahrweise ist also praktisch der Reifenverbrauch zwischen Volkswagen mit Schwingachse und Opel mit Starrachse gleich, wobei zu beachten ist, daß bei beiden Fahrzeugen, wie oben erwähnt, der Achsdruck und nicht die zusätzliche Belastung gleich groß gehalten wurde und bei Wagen Opel an der Hinterachse nicht serienmäßige Ausgleichstoßdämpfer Fabrikat "Stabilus" eingebaut waren.

5.) Unkosten - Vergleichsrechnung.

Die nachstehende Vergleichsrechnung für 50 000 km Fahrstrecke setzt sich zusammen aus Kosten für Motor- und Fahrgestell-Reparaturen, Auslagen für Öl, Benzin, Reifen und Kundendienst. Bei den Vergleichswagen wurden die Preise laut Rechnung der Vertragswerkstätten eingesetzt, die für die Durchführung der Reparaturen verantwortlich waren. Die Reparaturpreise für die Volkswagen sind nach vorläufigen Kalkulationen der Volkswagenwerk G.m.b.H. errechnet worden. Es wurde dabei von einer Berechnung des im Zusammenhang mit Versuchen eingebauten Materials abgesehen, es ist lediglich der hierbei entstandene Arbeitsaufwand berücksichtigt worden.
In den Aufstellungen sind bei den Motor- und Fahrgestell-Reparaturen der Volkswagen Werte mit und ohne Berücksichtigung von Versuchsarbeiten eingesetzt. Für Öl und Benzin wurde der handelsübliche Preis von RM 1.30 je ltr. Öl und RM -,40 je ltr. Benzin, als Verbrauchsziffern die Werte der 50 000 km Grenze zu Grunde gelegt.

Zusammenstellung der Werte und ihr Unterschied in Prozenten.

In dieser Tabelle sind Werte von einem Wagen Typ Steyr 50 eingefügt, der in die Stärkeklasse des Volkswagens zu rechnen ist.

1938 zum Test auf der Katschberghöhe mit Ingenieuren und Monteuren.

Vom 1. Mai 1938 bis zum 5. Juli fanden auf der Großglockner-Hochalpenstraße eine Vergleichsfahrt zwischen dem VW 303, einem DKW-Meisterklasse, einem Adler Trumpf Junior und einem Opel Kadett statt.

Versuchsingenieur Herbert Kaes 1938 mit einem Volkswagen (Typ 30) auf der Großglockner-Hochalpenstraße. Nachdem dieser Wagen einen 100 000-km-Test überstanden hatte, fuhr Herbert Kaes zur Langzeiterprobung mit dem gleichen Fahrzeug noch weitere 40 000 Kilometer.

Die Verbrauchsziffern über eine Strecke von 37 500 km sind folgende:

Benzinverbrauch	8,8 ltr/100 km
Ölverbrauch mit Ölwechsel	2,6 ltr/1000 km

Wagen		50 000 km RM/km	50 000 km Unterschied in % bez. auf a)	50 000 km Unterschied in % bez. auf b)	Gesamt beobachtete Laufdauer RM/km	Gesamt beobachtete Laufdauer Unterschied in % bez. auf a)	Gesamt beobachtete Laufdauer Unterschied in % bez. auf b)
802	a) mit Vers.Arb.	0,0420	bester Wert	-	0,0423	bester Wert	-
	b) ohne Vers.Arb.	0,0402	-	bester Wert	0,0405	-	bester Wert
801	a)	0,0451	7,4	-	0,0451	6,6	-
	b)	0,0418	-	4,0	0,0418	-	3,2
D K W		0,0499	18,8	24,2	0,0510	20,6	25,9
Steyr		-	-	-	0,0572	35,2	41,2
Opel		0,0535	27,4	33,1	0,0581	37,4	43,5
Adler		0,0634	51,0	57,7	0,0688	62,6	70,0
VW 38/24	a)	-	-	-	0,0375	+11,3 x)	-
	b)	-	-	-	0,0374	-	+7,6 x)

x) Die Werte von VW 38/24 liegen um die angegebenen Prozente günstiger als die besten Werte von Wagen 802.

Ergebnis:

Von den Wagen der Vergleichsfahrt erzielte der Wagen 802 nach 50 000 km Laufzeit den besten Wert mit 0,0402 RM/km ohne Berücksichtigung von Versuchsarbeiten, an zweiter Stelle liegt der Wagen 801 mit 4 % Unterschied.
Mit größerem Abstand folgen die Vergleichswagen und zwar als bester Wagen DKW mit 24,2 % dann Wagen Opel mit 33,1 % und Wagen Adler mit 57,7 % Unterschied. Die Werte über die gesamte beobachtete Laufdauer erhöhen sich bei Wagen 802 unwesentlich, während sie bei den Vergleichswagen, außer Wagen DKW, durch die nach 50 000 km Laufdauer notwendigen Reparaturen merkbar stiegen. Der Wagen Steyr 50 schiebt sich mit 0,0572 RM/km zwischen Wagen DKW und Opel, allerdings ist dabei zu beachten, daß nur eine Laufdauer von 37 500 km zu bewerten war. Dagegen erreicht der Volkswagen VW 38/24 mit ca. 27 000 km Laufzeit einen Wert von 0,0374 RM/km, das heißt Wagen Steyr 50 ist um 53,0 % schlechter wie VW 38/24.

Zusammenfassung.

Zweck der Vergleichsfahrt war, zwischen normalen in Serien-Fabrikation hergestellten Fahrzeugen der 1 - Liter Klasse und dem Volkswagen vergleichende Werte über ihr Verhalten im Fahrbetrieb zu bekommen.
Vorstehender Bericht gibt Aufschluß über die Durchführung der Vergleichsfahrt und über die Punkte, die sich beim Vergleich in Zahlen ausdrücken lassen, wie Reparaturen, Benzin- und Ölverbrauch, Reifenverbrauch u.s.w.
Die Ergebnisse, die bei der Alpenfahrt und bei der Vergleichsfahrt erzielt wurden, zeigen, daß der Volkswagen gegenüber den geprüften Vergleichswagen sehr gut abschneidet. Auch die Leistungen des Volkswagens hinsichtlich Spitzengeschwindigkeit und Autobahnfestigkeit, sowie Bergfreudigkeit können von den Vergleichswagen nicht erreicht werden.
Zu den Punkten, die sich zahlenmäßog nicht belegen lassen, wie Fahreigenschaften und Fahrannehmlichkeiten, kann Folgendes gesagt werden:
Die Straßenlage des Volkswagens, bedingt durch Einzelradabfederung mit Torsionsstäben,tiefe Schwerpunktlage und die damit verbundene Kurvensteifigkeit, erlaubt ein schnelleres Durchfahren von Kurven und besonders von schlechten Wegstrecken gegenüber den Vergleichswagen, von denen Wagen DKW und Adler mit Frontantrieb ausgerüstet sind. Letztere bewähren sich auf Schlaglochstrecken besser wie Wagen Opel, der infolge seiner weicheren Abfederung stärkere Nickschwingungen ausführt.
Die Lenkung des Volkswagens zeichnet sich durch leichten und vollkommen erschütterungsfreien Gang auf schlechten Straßen und in Kurven aus.
Die Fahrannehmlichkeit hinsichtlich Raumeinteilung, Anordnung und Ausführung der Sitze, Sicht, Unterbringung von Gepäck, Fahr- und Wagengeräusche, findet beim Volkswagen eine wesentlich bessere Lösung wie bei den Vergleichswagen.
Abschließend kann festgestellt werden, daß die für den Bau des Volkswagens erforderlichen Grundbedingungen als erfüllt betrachtet werden können und daß die endgültige Ausführung, wie sie später vom Band läuft, in vielen Einzelheiten noch ausgereifter sein wird.

Dr.ing.h.c.F.Porsche K.G.

Stuttgart-Zuffenhausen, den 14.6.1939.
Schl./Ra.

Zusammenstellung der Beanstandungen und Reparaturen

	Kurbel-Gehäuse	Hauptlager	Dichtungsring	Kurbelwelle	Kolben
Wagen 801 Beobachtete Laufdauer **43 997 km**	24 352/G	24 352/G	29 188/V 36 441/V 39 305/V		24 352/V 36 441/V
Wagen 802 Beobachtete Laufdauer **64 413 km**			11 736/V		
Adler Beobachtete Laufdauer **58 166 km**	59 663	28 399		28 399	20 433 28 399 56 799
DKW Beobachtete Laufdauer **52 786 km**					
Opel Beobachtete Laufdauer **60 751 km**					51 037
VW 38/24 Beobachtete Laufdauer **26 767 km**					

	Pleuel	Pleuellager	Zylinder	Zylinderkopf	Ventilsitzringe	Ventilführung
Wagen 801 Beobachtete Laufdauer **43 997 km**			24 352/V 36 441/V	7941		1300/V 4721/V 13 424/V 18 810/V
Wagen 802 Beobachtete Laufdauer **64 413 km**		45 609		45 699	18 409/V	18 409/V
Adler Beobachtete Laufdauer **58 166 km**	20 433 56 799	20 433 28 399 56 799		18 487 20 433 24 244 56 799	18 487	28 399
DKW Beobachtete Laufdauer **52 786 km**						
Opel Beobachtete Laufdauer **60 751 km**	51 037	51 037				
VW 38/24 Beobachtete Laufdauer **26 767 km**						

	Ventil	Gebläse-rad	Saug-rohr	Dichtung z. Ölkühler	Zündung	Licht-maschine
Wagen 801 Beobachtete Laufdauer **43 997 km**	300 1300/V 4721/V 7941 13 424/V 18 810/V 24 352/G 36 441/V		39 305			
Wagen 802 Beobachtete Laufdauer **64 413 km**	1100 18 409/V 26 970 47 123 50 623	27 962	45 699	3441	19 943 47 123	18 409 60 451
Adler Beobachtete Laufdauer **58 166 km**	18 487 20 433 56 799			Kühler 50 294 55 508	43 954 50 187	32 202 53 260
DKW Beobachtete Laufdauer **52 786 km**						38 432
Opel Beobachtete Laufdauer **60 751 km**	8299					14 764 54 956
VW 38/24 Beobachtete Laufdauer **26 767 km**						

	Keil-riemen	Anlasser	Zünd-kerze	Zünd-kabel	Kupplung	Auspuff
Wagen 801 Beobachtete Laufdauer **43 997 km**			19 682	24 352	29 188/V 39 305	
Wagen 802 Beobachtete Laufdauer **64 413 km**	33 402		16 089 30 499 40 834/V	5589		
Adler Beobachtete Laufdauer **58 166 km**		50 294		48 779 50 187		36 281
DKW Beobachtete Laufdauer **52 786 km**			13 393 36 313		40 787	17 353 47 079

Zusammenstellung der Beanstandungen und Reparaturen (Fortsetzung)

	Keil-riemen	Anlasser	Zünd-kerze	Zünd-kabel	Kupplung	Auspuff
Opel Beobachtete Laufdauer **60 751 km**	42 555		25 133 42 555 54 956		15 578 60 131 59 273	51 462
VW 38/24 Beobachtete Laufdauer **26 767 km**			23 217/V			8590

	Getriebe	Fußhebel-werk	Ausgleich-Getriebe	Hinter-achse	Vorder-achse	Stoß-dämpfer
Wagen 801 Beobachtete Laufdauer **43 997 km**	37 203	24 352/V		2000/V 8066/V 10 031/V 37 203/V	37 176	7941/V 19 408/V 36 441
Wagen 802 Beobachtete Laufdauer **64 413 km**	19 487	2000 11 736/V 45 699 27 962/V		2000/V 23 317/V 49 907 53 014/V	4010/V 25 203 38 756/U 39 476 42 157/V 46 884/V 49 140/V 62 951	4010/V 35 817/V 38 756/V 49 140/V 58 571/V
Adler Beobachtete Laufdauer **58 166 km**	30 967 55 654		30 967		9257 43 954	
DKW Beobachtete Laufdauer **52 786 km**	2145/G 17 533 47 406				47 406 52 786/U	
Opel Beobachtete Laufdauer **60 751 km**		59 273	15 578 17 791 50 871	15 578 17 791 50 871 51 462	22 426/U	
VW 38/24 Beobachtete Laufdauer **26 767 km**		6141 21 533		4992 8590/V 23 217	25 459/U	6141/V 10 823

Zusammenstellung der Beanstandungen und Reparaturen (Fortsetzung)

	Bremsen	Lenkung	Kraftstoff-behälter	Benzin-hahn	Tacho-meter	Karosserie
Wagen 801 Beobachtete Laufdauer **43 997 km**	8445 10 031 29 188 37 203	18 810 29 188			20 075	29 876 34 274 43 997/U
Wagen 802 Beobachtete Laufdauer **64 413 km**	23 317 25 203 38 756 39 476 50 623 58 751			38 756 59 954		33 975 39 476 49 907 53 014/V
Adler Beobachtete Laufdauer **58 166 km**	5448 6522 18 487 24 244 28 399 53 026 55 475 55 948	9257 24 244 43 954			37 214 47 915 53 026 53 706	46 292 49 535 58 166/U
DKW Beobachtete Laufdauer **52 786 km**	21 783 33 812 40 787 52 448	47 406		6310	18 938 20 583	17 533
Opel Beobachtete Laufdauer **60 751 km**	30 296 45 166		15 578		12 886	22 426/U 36 363 39 995 59 273 60 751/U
VW 38/24 Beobachtete Laufdauer **26 767 km**	4992/V 17 345					4636 9704/V 16 193 19 332

Benzin-Verbrauch

	Wagen 801		Wagen 802		Adler Junior		DKW Meisterklasse		Opel Kadett	
Km-Stand	ltr./ 100 km	Ges.-[1] Verbr.	ltr./ 100 km	Ges.-[1] Verbr.	ltr./ 100 km	Ges.-[1] Verbr.	ltr./ 100 km	Ges.-[1] Verbr.	ltr./ 100 km	Ges.-[1] Verbr.
0 … 10 000	7,30	7,30	7.07	7,07	8,30	8,30	7,62	7,62	9,78	9,78
10 000 … 20 000	7,12	7,20	7,36	7,23	8,51	8,42	7,62	7,62	8,94	9,28
20 000 … 30 000	7,73	7,39	7,71	7,39	8,73	8,52	7,95	7,75	9,56	9,36
30 000 … 40 000	7,59	7,49	7,96	7,49	8,37	8,48	8,04	7,81	9,67	9,40
40 000 … 50 000	8,12	7,54	7,86	7,53	8,79	8,54	8,29	7,91	9,54	9,43
50 000 … 60 000	–	–	7,12	7,45	9,23	8,63	8,54	7,94	9,35	9,41
60 000 … 70 000	–	–	6,73	7,37	–	–	–	–	–	–

[1] in Liter pro 100 Kilometer

Öl-Verbrauch

	Wagen 801		Wagen 802		Adler Junior		DKW Meisterklasse		Opel Kadett	
Km-Stand	ltr./ 1000 km	Ges.- Verbr.	ltr./ 1000 km	Ges.- Verbr.	ltr./ 1000 km	Ges.- Verbr.	ltr./ 1000 km	Ges.- Verbr.	ltr./ 1000 km	Ges.- Verbr.
0 … 10 000	0,225	0,225	0,362	0,362	0,416	0,416			0,068	0,068
10 000 … 20 000	0,185	0,210	0,222	0,267	0,595	0,499			0,308	0,171
20 000 … 30 000	0,560	0,318	0,562	0,383	0,623	0,554			0,424	0,264
30 000 … 40 000	0,396	0,338	0,242	0,347	0,479	0,533			0,725	0,380
40 000 … 50 000	0,366	0,342	0,592	0,394	0,598	0,547			1,21	0,553
50 000 … 60 000	–	–	0,985	0,494	0,729	0,572			0,643	0,560
60 000 … 70 000	–	–	0,784	0,518	–	–			–	–
mit Ölwechsel auf 50 000 km	1,02 ltr./ 1000 km		0,98 ltr./ 1000 km		1,81 ltr./ 1000 km		3,95 ltr./ 1000 km		1,44 ltr./ 1000 km	

Test- und Erprobungsfahrten führten unter anderem nach Jugoslawien, Griechenland, Afghanistan oder – wie hier – in die Alpen. 1941 wurden dort die Typen 82 und 92 (Kommandeurswagen) eingehenden Tests unterzogen.

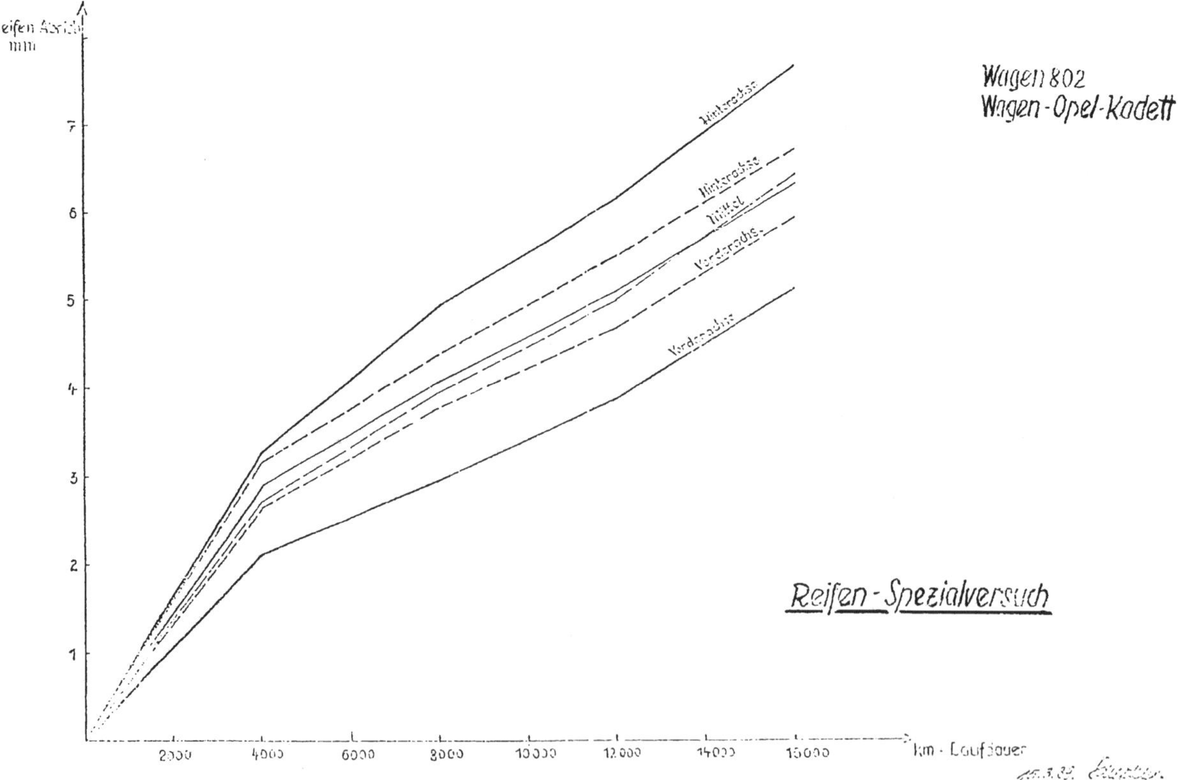

Aufstellung der Kosten über 50 000 km

Wagen		km	Motor RM	Fahrg. u. Aufbau RM	Öl, Motor Getriebe RM	Benzin RM	Reifen RM	Kunden-dienst RM	Gesamt-Summe RM	RM/km
801	mit Vers.-Arb.	43 997	135,35	73,05	64,50	1326,50	306,30	61,50	1985,75	0,0451
	ohne Vers.-Arb.		22,95	60,05	64,50	1326,95	306,30	61,50	1842,25	0,0418
802	mit Vers.-Arb.	50 000	104,80	75,50	69,50	1506,00	293,00	56,00	2104,80	0,0420
	ohne Vers.-Arb.		35,55	53,50	69,50	1506,00	293,00	56,00	2013,55	0,0402
Adler		50 000	619,90	154,00	126,55	1708,00	403,00	160,30	3171,75	0,0634
DKW		50 000	18,45	148,45	268,01	1582,00	357,00	124,00	2497,91	0,0499
Opel		50 000	18,55	286,05	90,00	1886,00	249,00	146,50	2676,10	0,0535

Aufstellung der Kosten über die gesamte beobachte Laufdauer

Wagen		km	Motor RM	Fahrg. u. Aufbau RM	Öl, Motor Getriebe RM	Benzin RM	Reifen RM	Kunden-dienst RM	Gesamt-Summe RM	RM/km
801	mit Vers.-Arb.	43 997	153,45	73,05	64,50	1326,95	306,30	61,50	1985,75	0,0451
	ohne Vers.-Arb.		22,95	60,05	64,50	1326,95	306,30	61,50	1842,25	0,0413
802	mit Vers.-Arb.	64 413	109,55	119,75	100,00	1898,89	417,50	80,00	2725,69	0,0423
	ohne Vers.-Arb.		37,80	75,00	100,00	1898,89	417,50	80,00	2609,19	0,0405
Adler		58 166	940,35	248,10	139,05	2007,89	494,00	175,30	4004,69	0,0688
DKW		52 786	18,45	195,30	283,48	1676,48	386,00	135,50	2695,21	0,0510
Opel		60 751	195,15	448,35	107,05	2286,68	332,00	164,25	3533,48	0,0581
VW 38/24	mit Vers.-Arb.	26 767	15,45	34,00	46,05	858,68	9,40	42,00	1005,58	0,0375
	ohne Vers.-Arb.		12,70	32,75	46,05	858,68	9,40	42,00	1001,58	0,0374
Steyr 50		37 500	–	–	–	–	–	–	2147,15	0,0572

AUTOMOBIL REVUE

KLIMATISCHER KONTRAST. Solche Wetterumschläge mit Nachtfrösten können dem VW dank seiner Luftkühlung nichts anhaben. Die Unempfindlichkeit gegenüber den Temperaturschwankungen werden mit etwas grösserer Geräuschentwicklung, die dem luftgekühlten Motor eigen ist, erkauft.

«AR»-LANGSTRECKENPRÜFUNGEN

Volkswagen Typ 11

3000 km mit dem deutschen Volkswagen — Ein sparsames, zuverlässiges und strassensicheres Fahrzeug — Zweckmässige, streng sachliche Ausrüstung

Mit dem Prüfungsbericht über den deutschen Volkswagen löst die «AR» ein Versprechen ein, das sie ihren Lesern vor mehr als Jahresfrist abgegeben hat. Der Volkswagen ist der erste deutsche Nachkriegswagen, über den die «AR» einen Prüfungsbericht veröffentlicht; es versteht sich von selbst, dass in diesem Fall mit besonderer Sorgfalt vorgegangen wurde, da die deutsche Automobilindustrie im Erreichen des Vorkriegsstandards an Material und Fertigung im Vergleich zu den anderen Ländern einen Rückstand aufzuholen hatte. Um völlige Klarheit über den Volkswagen zu erhalten, wurde deshalb ein fabrikneuer Wagen im schweizerischen Lager ausgewählt, eingefahren und nachher der üblichen scharfen Erprobung unterzogen. Das Prüffahrzeug wurde etwa im Monat Januar gebaut; seither sind einige Detailverbesserungen eingeführt worden. Material- und fabrikationsmässig waren schon am untersuchten

PLATZ IM BUG. Unter dem vorderen Deckel findet man den grossen Benzintank mit leicht zugänglichen Einfüllstutzen, das Reserverad, das Werkzeug und etwas Raum für Kleingepäck.

Fahrzeug gegenüber den ersten Nachkriegsexemplaren nicht unwesentliche Einzelkorrekturen festzustellen.

Heute ist der Volkswagen nicht mehr die technische Sensation, die er im Zeitpunkt seines ersten Auftretens vor rund zehn Jahren war. Seine Konstruktion ist inzwischen sowohl der Industrie wie dem am Automobil interessierten Publikum geläufig geworden; und es besteht kein Zweifel, dass sie in manchen Konstruktionsbüros eine anregende Wirkung ausübte. Auch im Verkaufspreis hat der Volkswagen den ihm entsprechenden Platz unter den lieferbaren Kleinwagen gefunden.

Er lässt sich heute also zwanglos in die Typenreihe der Weltkonstruktion einreihen und ist einer der wenigen wirtschaftlichen Wagen, die an Nutzraum, Fahrleistung und Fahrkomfort das bieten, was auch derjenige Automobilist mit Recht verlangt, der sich und seine Angehörigen mit minimalem Geldaufwand motorisieren will.

Dieses Ziel wurde beim Volkswagen nicht so zu erreichen gesucht, dass man einen normalen Wagen verkleinerte, sondern man strebte danach, den Innen- und Nutzraum eines mittleren Fahrzeugs möglichst beizubehalten und den Raumbedarf des mechanischen Teils so zu verringern, dass dadurch kleinere Aussendimensionen, geringeres Gewicht und damit geringere Herstellungskosten entstanden. Hier liegt wohl der Schlussel zur Konstruktion des Wagens, die heute noch immer als volle Eigenart angesprochen werden darf, und deren wichtigste Merkmale, der luftgekühlte Boxermotor im Heck, die Aufhängung der Räder, das Fahrgestell und die Form des Aufbaus deutlichere Auswirkungen auf die Fahrweise, die Durchschnittsgeschwindigkeit und den gebotenen Komfort ausüben als man dies von einem normalen Typ erwarten würde. Das gilt auch für die Merkmale, die heute weniger mehr angetroffen werden, wie beispielsweise die mechanischen Bremsen und das nicht mit einer Synchronisiervorrichtung versehene Getriebe. In seiner Entstehung unterscheidet sich der Volkswagen vielleicht insofern am stärksten von fast allen anderen Personenautomobilen, dass am Anfang seiner Entwicklung kein Verkaufsdirektor und kein Fabrikbesitzer stand; diesem Umstand ist wohl die sehr nüchterne, luxusfremde, anderseits aber äusserst zweckmässige Gestaltung des Wagens zuzuschreiben.

Ueber die Konstruktion des Volkswagens sind keine Worte mehr zu verlieren; sie ist bei einem Wagen, der innerhalb rund eines Jahres eine grosse Verbreitung in der Schweiz gefunden hat, als bekannt vorauszusetzen. Von seinen Eigenheiten interessieren vor allem die Fahreigenschaften, die bei seinem Erscheinen weit über dem Durchschnitt im internationalen Autobau lagen und auch heute das Prädikat hervorragend verdienen. Das Zusammenspiel von Strassenlage, Kurveneigenschaften, Lenkung und Bremsen ergibt eine Fahrsicherheit, die den Lenker dazu verführt, Vergleiche mit weit anspruchsvolleren Fahrzeugen anzustellen. Die Fahrgeschwindigkeiten, die man auf unserem Strassennetz erreichen kann, werden denn auch selten vom Fahrgestell begrenzt; Motorleistung und allgemeine Verkehrssicherheit sind üblicherweise die limitierenden Faktoren. Bei niederen Fahrgeschwindigkeiten ist die Federung im Vergleich zum heutigen Standard als eher hart zu bezeichnen; die dann auftretenden leichten Stösse verschwinden aber bei etwa 50 km/h und machen einer ruhigen Fahrweise Platz, die nur auf sehr welligen Strassenoberflächen oder bei Tempi von rund 100 km/h durch Nickschwingungen etwas beeinträchtigt wird. Die Kurvenlage ist einer der besonderen Qualitäten des VWs; eine spürbare Neigung der Karosserie tritt dabei kaum auf. Fährt man scharf, und es ist zu betonen, dass das Gefühl grosser Fahrsicherheit dazu eher einlädt als bei weniger strassensicheren Fahrzeugen, so erreicht man den Punkt, wo ein

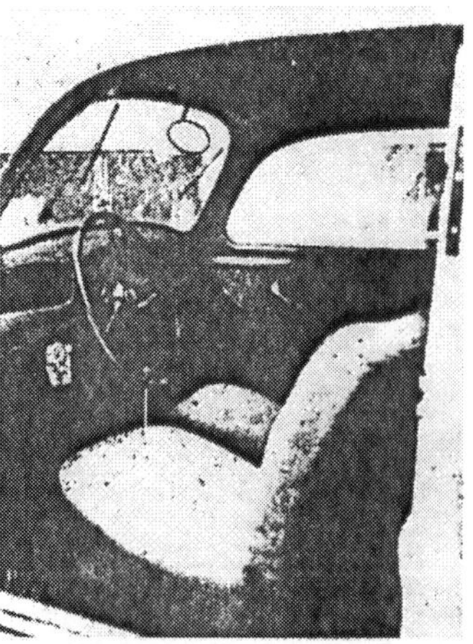

DAS VORDERABTEIL. Verstellbare Einzelsitze mit leicht gebogenen Rücklehnen, grosse Ablegekästen neben den Armaturen, kurzer Mittelschalthebel und breite Türen.

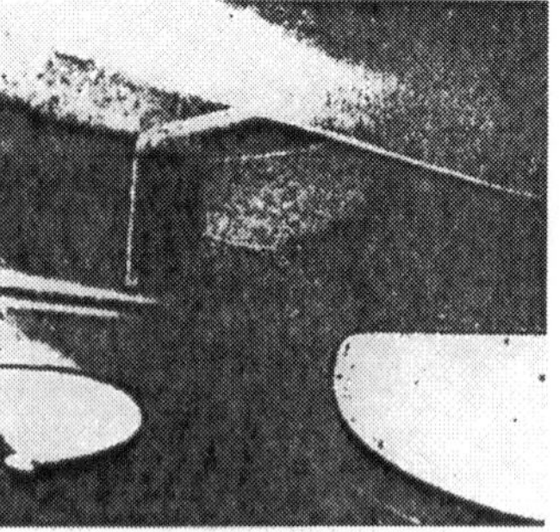

DER GEPÄCKRAUM. Die Rücklehne der Hintersitze ist abklappbar und gibt den Zugang zum geräumigen Gepäckbehälter frei

«AR»-PRÜFUNGSBERICHT Nr. 18 (NACHKRIEGSSERIE)

VOLKSWAGEN VW 11

Hauptkennzahlen

6 Steuer-PS, 25 Brems-PS, 4-5 Sitze, Verbrauch 7,5 bis 9 Liter auf 100 km, Gewicht fahrbereit 730 kg, Leistungsgewicht fahrbereit 29,2 kg/PS, Höchstgeschwindigkeit 99 km/h, Preis der zweitürigen Limousine Fr. 6250.— + WUSt.

Technische Daten

Ausführliche technische Beschreibung siehe «AR» vom 7. Juli 1948

MOTOR: 5,77 Steuer-PS, 4 Zyl. Boxer im Heck, 75×64 mm, Hubvol. 1131 cm³, Höchstleistung 25 PS bei 3300 U/min, spez. Leistung 22,1 PS pro Liter, bzw. 6,7 PS pro Liter und 1000 U/min, Verdichtung 5,8:1.

Hängeventile, 1 Solex-Fallstromvergaser 26 VFJ, mech. AC-Benzinpumpe, Druckschmierung, Oelkühler, Luftkühlung durch Radialgebläse, Keilantrieb.

KRAFTÜBERTRAGUNG: Einscheibentrockenkupplung F & S K 10, Getriebe im Hecktreibsatz, 4 Gänge, 3. und 4. geräuscharm, alle Gänge indirekt, Untersetzungen: 1. Gang 15,95:1, 2. Gang 9,17:1, 3. Gang 5,54:1, 4. Gang 3,54:1, Rückw. 29,2:1, Hinterachse 4,43:1.

FAHRGESTELL: Plattformchassis, Mittelträger, hinten Gabel, vorn Einzelradaufhängung mit 2 Kurbellängslenkern und Torsionsstäben, hinten Schwingachse mit Längslenker und Torsionsstäben, vorn einfachw., hinten doppeltw. hydr. Stossdämpfer.

Mech. Bremse, Spindel- und Mutterlenkung, Bremsfläche 576 cm², Reifen 5.00—16.

ABMESSUNGEN: Radstand 240 cm, Spurweite vorn 129 cm, hinten 125 cm, Länge 405 cm, Breite 154 cm, Höhe 155 cm, Bodenfreiheit 21 cm.

AUSRÜSTUNG: Eingebaute Warmluftheizung mit Defroster.

THEORETISCHE GESCHWINDIGKEITS-DREHZAHL-VERHÄLTNISSE

Drehzahl U/min	1. Gang km/h	2. Gang km/h	3. Gang km/h	4. Gang km/h	Kolbengeschw. m/s
a: 1000	7,3	13	21	33	2,14
b: 2000	15	26	42	66	4,28
c: 3000	22	39	64	100	6,42
d: 3300	24	43	70	109*	7,04
e: 4200	31	55	88	—	8,96

b: höchstes Drehmoment.
c: von der Fabrik empfohlene Höchstdrehzahl.
d: Höchstleistung.
e: höchste erreichbare Drehzahl (nicht empfohlen).
*: normalerweise nicht erreichbare Geschwindigkeit.

FAHRLEISTUNGSKENNZIFFERN: Spez. Hubvolumen (730 kg) 1,55 Liter/Tonne, Luftdurchsatz im 4. Gang 1393 Liter pro km, spez. Luftdurchsatz im 4. Gang (730 kg) 1910 Liter pro Tonnenkm. Spez. Bremsfläche (730 kg) 791 cm²/Tonne.

Messergebnisse

Messungen durch geeichte, teilweise registrierende Spezialinstrumente

FAHRZEUG, TREIBSTOFF, PRÜFUNG: Serienmässige Limousine Modell 1949, Motor-Nr. 1-128849, Chassis-Nr. 1-097732, fabrikneu übernommen, eingefahren durch AR, Messungen bei 5100 km.

Fahrstrecke durch AR 3000 km, schweiz. Mittelland und Alpen, deutsche Ueberlandstrassen, Treibstoff Reinbenzin mit Bleizusatz (für Messungen ohne einheimische Komponenten), OZ ca. 72. Prüfung März—Mai 1949.

GEWICHT UND MASSENVERTEILUNG

	Gewicht kg	Leistungsgewicht kg/PS	Gewichtsverteilung vorn/hinten in %
Trocken	700	28,1	42/58
Aufgefüllt	730	29,2	43/57
Aufgef. + 2 Pers. (150 kg)	880	35,2	46/52
Aufgef. + 4 Pers. (300 kg)	1030	41,3	43/47

EICHEN DER BORDINSTRUMENTE

Geschwindigkeitsmesser

Instrument km/h	20	40	60	80	100	117	Rücken-
Wirklich km/h	20	40	59	77	96	106	wind

Kilometerzähler, Reifen 95%: 1 km Instrument = 990 m; Instrument zeigt 1% zuviel an.

BESCHLEUNIGUNG

Nach korr. Instrumenten, Belastung 150 kg

	2. Gang	3. Gang	4. Gang	
20—50 km/h	6,5	8,9	20,8	sec
35—65 km/h	—	9,2	19,9	sec
50—80 km/h	—	14,5	21,2	sec
65—95 km/h	—	—	31,0	sec

Vom Stillstand mit Durchschalten

0—50 km/h (1. und 2. Gang) 11,1 sec
0—80 km/h (1. bis 3. Gang) 28,9 sec

BERGSTEIGFÄHIGKEIT

Belastung 150 kg

	% bei km/h	% bei km/h
1. Gang	22 bei 20	
2. Gang	14 bei 30	12 bei 40
3. Gang	9 zwischen 30 und 50	7 bei 60
4. Gang	4 zwischen 48 und 60	2 bei 90

HÖCHSTGESCHWINDIGKEIT

Messungen bei starkem Wind

Mittel aus 6 Messungen	99 km/h
Beste Messung bei Rückenwind	106 km/h
Beste Messung ohne Rückenwind	102 km/h

LENKUNG

Lenkradumdrehungen von Anschlag zu Anschlag: 2 ⅛.
Wendekreisdurchm. (Radspur) l. und r. 10,1 m
Wendekreisdurchm. (Karosserie) l. und r. 10,5 m

BREMSVERZÖGERUNG

Max. Verzögerung nach Tapley

Zwischen 60 und 40 km/h, trockene Betonstrasse: 85%.

INNENMASSE DER KAROSSERIE

Ellbogenbreite vorn	118 cm
Ellbogenbreite hinten	134 cm
Kopfhöhe vorn	92 cm
Kopfhöhe hinten	88 cm
Sitzbreite hinten	133 cm
Windschutzscheibe	101×31 cm
Heckkofferraum Tiefe unten	47 cm
Heckkofferraum Tiefe oben	34 cm
Heckkofferraum Höhe	40 cm
Heckkofferraum Breite	94 cm

TREIBSTOFFVERBRAUCH

Durchschn.-Geschwind. km/h	Max. Geschw. auf off. Strasse km/h	Belastung kg	Gelände	Fahrweise	Benzinverbrauch in Ltr./100 km
60	80	80	Mittelland	schonend	7,1
65	90	150	Mittelland	zügig	7,9
70	100	100	Ebene	Vollgas	8,8

Angaben für den Unterhalt

SCHMIERUNG: Motor 3 Liter (Wechsel 2,5 Liter), Getriebe 3 Liter (Wechsel 2,5 Liter), Chassis 12 Punkte alle 2500 km.

BENZINTANK: 41 Liter im Wagenbug, davon 5 Liter Reserve.

VENTILSTEUERUNG: Einlass öffnet 17°10' vor OTP, schliesst 52°10' nach UTP, Auspuff öffnet 52°10' vor UTP, schliesst 17°10' nach OTP. Ventilspiel kalt, Einlass und Auspuff 0,15 mm.

VERGASEREINSTELLUNG: Lufttrichter 21,5, Leerlauf G 45, Hauptdüse 120, Ausgleichsdüse 170.

ZÜNDUNG: Grundeinstellung (spät) 5° vor OTP, Kerzen 14 mm Bosch W 175 T oder W 145, Lodge HD 14, Champion L 10, AC 44, Elektrodenabstand 0,6 bis 0,7 mm, Unterbrecherabstand 0,4 mm, Zündfolge (1. Zyl. rechts in Fahrrichtung) 1-4-3-2.

BATTERIE: 75 Ah. ANLASSER: Bosch EED 0,4/6 L 4
LICHTMASCHINE: Bosch RED (K) 130/6/2600 AL 15 p.

RÄDER: Reifendruck vorn 1,2 atü, hinten 1,65 atü Vorspur 3—6 mm, Sturz 0°, Nachlauf 2°30', Spreizung 4°30'.

leichtes Uebersteuern Lenkradkorrekturen verlangt. Von Schwanzschwere lässt sich allerdings kaum sprechen, solange der Wagen so gefahren wird, wie es das Verantwortungsgefühl und der Anstand diktiert. Von der Strassenoberfläche ist der Volkswagen weitgehend unabhängig; auf schlechter Fahrbahn mit Rinnen und Wellen bedarf es keiner Temporeduktion aus Gründen der Sicherheit. Im Schnee dürfte dieser Wagen zu den sichersten gehören, die man heute überhaupt erwerben kann; nicht nur erlaubt die leichte Manövrierfähigkeit ein leichtes Ausweichen und Aufspüren der besten Fahrbahn, sondern die Belastung der Treibräder durch den Heckmotor und die allgemeine Auslegung verhütet das gefürchtete Schwimmen. Auf regennasser Strasse dagegen ist der Unterschied gegenüber weniger sicheren Wagen nicht so deutlich. Entsprechend der geringeren Vorderradbelastung arbeitet die Lenkung ohne Kraftaufwand; manche Fahrer werden sich an die geringere Untersetzung gewöhnen müssen. Beim Manövrieren auf beschränktem Raum und beim Parkieren geniesst man die Vorteile der knappen Aussenmasse; der Wendekreis ist diesen Dimensionen angepasst, ohne besonders klein zu sein.

Die mechanischen Bremsen am Prüfwagen arbeiteten immer zuverlässig, wenn sie auch einen wesentlich höheren Pedaldruck verlangen als man heute sonst gewöhnt ist. Auch in Kurven und auf bombierter Fahrbahn darf man unbedenklich die Bremsen benützen, und die Höchstverzögerung von 85 % darf sich sehen lassen. Nachstellarbeiten überstiegen das Normale nicht; dagegen trat kurz vor dem Anhalten ein Rupfen auf, das sich nicht beheben liess. Die Beläge nützten sich nicht anormal ab.

Das Leistungsgewicht und damit auch die Beschleunigungsziffern liegen unter dem heutigen Durchschnitt eines Fahrzeugs dieser Klasse. Dieser Stand der Dinge ist ja bekanntlich gewollt, da man aus dem Motor verhältnismässig wenig PS herausholte und durch geringe thermische Belastung und kleine Drehzahl zusammen mit der konstruktiv bedingten niedrigen Kolbengeschwindigkeit die Abnützung des Motors auf einem Minimum zu halten suchte. Dennoch erreicht der Volkswagen Durchschnittsgeschwindigkeiten, die ihn als recht rasches Fahrzeug klassieren; dass sich beispielsweise auf unseren Mittellandstrassen Gesamtdurchschnitte von bis zu 70 km/h erreichen lassen und zwischen 14 und 20 Uhr desselben Tages Fahrstrekken von 360 km inkl. Passieren einer Landesgrenze möglich sind, beweisen, dass die Fahrleistungen nichts mehr von einem Volkswagen an sich haben. Solche Durchschnitte verlangen allerdings, dass der Fahrer die Getriebestufen richtig ausnützt. In diesen Fällen ist der sehr wenig untersetzte vierte Gang als Schnellgang anzusehen und der dritte Gang, manchmal auch der zweite, häufig dazu zu verwenden, die Reisegeschwindigkeit raschmöglichst wieder zu erreichen. Diese ist, günstige Strassen vorausgesetzt, mit der Höchstgeschwindigkeit identisch; hier wirkt sich die geringe Untersetzung, im Gegensatz zur knappen Bergsteigefähigkeit im 4. Gang, sehr günstig aus. Zur Höchstgeschwindigkeit ist zu bemerken, dass sie sehr stark von äusseren Umständen wie vor allem allfälligem Rückenwind und geringem Gefälle abhängt; sind diese günstig, so kann die «echte» Höchstgeschwindigkeit, die bei Windstille und vollständig ebener Strasse beim geprüften Fahrzeug mit 99 km/h gemessen wurde, bis um etwa 10 km/h überschritten werden. Vergleiche mit anderen Exemplaren des Volkswagens zeigten, dass sich hier schon kleine Unterschiede in der Motorleistung spürbar auswirken. Die Zahl von knapp 100 km/h dürfte angesichts der katalogmässigen 25 Brems-PS als gut bezeichnet werden.

Die Eigenart des Getriebes und das häufige Bedürfnis nach Wechsel des Ganges führt dazu,

dass die Beherrschung des Zwischengasschaltens für gute Durchschnitte Voraussetzung ist. Auch das Heraufschalten vom 2. in den 3. und 3. in den 4. Gang wird bei höheren Drehzahlen durch Doppelkuppeln (natürlich ohne Zwischengas) erleichtert. Bei niedrigem Tempo dagegen kann zwischen den beiden oberen Gängen ohne Zwischengas geschaltet werden. Dem einigermassen fahrfreudigen Lenker gefällt das Getriebe mit seinem kurzen, steifen Schalthebel und entschiedenen sportlichem Einschlag nach kurzer Zeit sehr gut. Beim Anfahren zeigte die Kupplung hin und wieder eine Tendenz zum Rupfen, die durch Nachstellen rasch behoben war.

Am Berg verhält sich der Volkswagen eigentlich besser als die Zahlen vermuten lassen. Bis zu einer Belastung von zwei Personen kann man ihn als recht lebhaft bezeichnen, da er besonders auf den Alpenstrassen im 2. und 3. Gang gut vorwärtskommt; die Fahreigenschaften in den Kurven und die Unabhängigkeit des Motors von den Einflüssen der Aussentemperatur sind dabei zum mindesten mitbeteiligt. Ein sorgfältiger Fahrer wird sich stets an die nicht sehr hohe, von der Fabrik vorgeschriebene Drehzahlgrenze von 3000 U/min halten; die entsprechenden Geschwindigkeiten sind auf dem Tachometer angegeben. Das Gewissen schnellerer Lenker würde allerdings erheblich entlastet, wenn man die Sicherheit hätte, dass kurzfristiges Ueberschreiten dieser Drehzahl, das ohne weiteres möglich ist und die Bergdurchschnitte wesentlich erhöhen kann, keine Motorschäden hervorruft. Am Prüfwagen, der allerdings nur etwa 5500 km zurücklegte, wurden keine irgendwelchen anormalen Erscheinungen festgestellt. Ueber die Luftkühlung ist ebenfalls ein günstiges Urteil abzugeben. Sie genügte bei voller Beanspruchung am Berg und erlaubte anderseits das Garagieren des Wagens im Freien auch in der Kälte. Der morgendliche Start bot bei Verwendung der Anlasshilfe (Zughebel am Mitteltunnel) keine Schwierigkeiten.

•

Für den Fahrer, der sich der Kategorie des Wagens bewusst ist, genügt der gebotene Komfort. Mitfahrer dagegen äussern sich unterschiedlich. Besonders auf den Hintersitzen und bei längerer Fahrt in den unteren Gängen fällt das Dauergeräusch des Motors auf; bei normaler Fahrt im vierten Gang und besonders auf den Vordersitzen kann man es nicht als störend betrachten. Während die Vordersitze sowohl gut gepolstert wie auch einwandfrei gefedert sind, tritt bei voller Belastung der Hecksitze und raschem Ueberfahren von Schwellen etc. manchmal ein Durchschlagen auf. Von allen vier Sitzen geniesst man eine gute Sicht; dass die hinteren Seitenfenster nicht versenkt werden können, wird durch den günstigen Ellbogenraum der Hintersitze, auf denen während kürzeren Reisen auch drei nicht allzu korpulente Personen Platz nehmen können, aufgewogen. Die Karosserie scheint ausserordentlich gut abgedichtet, so dass beim Schliessen der Türen ein Fenster geöffnet werden muss, um der komprimierten Luft eine Abzugsmöglichkeit zu gewähren. Die Sitzwinkel sind recht gut gewählt.

Für einen Kleinwagen darf man die Unterbringungsmöglichkeit für Gepäck als reichlich bezeichnen. Ist das Ein- und Ausladen der Koffer in den Raum hinter den Fondsitzen auch nicht so angenehm wie bei einem Gepäckraum mit Zugang von aussen, so ist dafür der Schutz vor Staub und Feuchtigkeit gesichert und der zur Verfügung stehende Raum eher grösser. Kleingepäck oder Benzinreserve kann im Wagen untergebracht werden; eine kleine zusätzliche Frontbelastung wirkt sich auf die Fahreigenschaften eher günstig aus.

Die eingebaute Heiz- und Defrosteranlage, die wohl nicht gerade amerikanischen Klimatisierungskomfort bietet, genügt für eine einigermassen behagliche Atmosphäre auch bei Winterkälte. Während ein Enteisen der Windschutzscheibe einige Zeit beansprucht, wird der Feuchtigkeitsbeschlag rasch weggeblasen. Nicht alle Insassen können sich mit dem Oelgeruch der aus dem Motorraum stammenden Warmluft befreunden; als einfache, störungsfreie und billige Heizanlage aber eignet sich die Verwendung der durch den Motor vorgewärmten Kühlluft für einen wohlfeilen Wagen gut. Die absperrbare Heizluft strömt durch zwei Schlitze an die Windschutzscheibe und zwei Bodenlöcher an die Füsse.

Im praktischen Gebrauch schätzt man die vielen Details, die alle gut ausgedacht und einfach verwirklicht sind. Hinter dem Armaturenbrett herrscht einwandfreie Ordnung unter Kabel und Leitungen. Unter dem Bugdeckel findet man den Benzintank mit wirklich genügend grosser Einfüllöffnung; gerade im Stadtverkehr aber wäre ein Benzinstandanzeiger am Armaturenbrett wünschbar, da auch am Tachometer der heute immer seltener anzutreffende, auf Null einstellbare Tageszähler fehlt, der ans Nachtanken erinnert. Dagegen hilft eine Treibstoffreserve von 5 Liter, das Steckenbleiben zu verhüten. Der Aktionsradius beträgt je nach Fahrweise 450—500 km, für einen Kleinwagen eine musterhafte Zahl. Das Reserverad ist in den Bugraum eingelegt und kann sofort weggenommen werden; die mitgelieferte Werkzeug- und Wagenhebereinrichtung ist genügend und solid. Die Sitzverstellung bietet Einstellmöglichkeiten für grosse wie auch kleine Fahrer. Als bemerkenswertes Detail sei der Steckkontakt für eine Handlampe erwähnt. Das Deckenlicht dürfte mit einer etwas stärkeren Birne ausgerüstet sein. Die beiden elliptischen Heckfenster bieten recht gute Sicht.

Die Betriebsicherheit des Wagens bot zu keinen Beanstandungen Anlass. Unfreiwillige Halte entstanden keine, und neben dem normalen Einfahrservice waren nur Kleinigkeiten nachzusehen (krächzendes Signalhorn, Kupplung nachstellen, Scheinwerferkontrollicht im Armaturenbrett defekt). Die Verbrauchszahlen dagegen bedürfen noch einiger Bemerkungen. Besonders günstige Zahlen werden, ohne grossen Einfluss durch die Durchschnittsgeschwindigkeit, im Ueberlandbetrieb und vorherrschender Verwendung des vierten Gangs erzielt. In der Stadt und am Berg kann bei häufiger voller Ausnützung der unteren Gänge eine kleine Verbrauchssteigerung eintreten.

Als zuverlässiges, wirtschaftliches Fahrzeug mit hohem Durchschnittspotential hat sich der Volkswagen während der Versuchsperiode gut bewährt. Er bietet zweifellos nicht allen Fahrkomfort modernerer, neuerer und teurerer Wagen, ermöglicht aber manchem Familienvater, Geschäftsmann und auch sportlich eingestelltem Fahrer, sein Bedürfnis nach einem voll brauchbaren Wagen für einen verhältnismässig geringen Betrag und bei sehr niedrigen Betriebskosten zu stillen.

«Tester»

Der Volkswagen im Urteil seiner Besitzer

Ergebnisse einer Rundfrage der «AR» an die Fahrer des Volkswagens — Eine Ergänzung zur Rundfrage über die Bewährung der Nachkriegswagen

Als die «AR» im Sommer 1948 eine Rundfrage über die Bewährung der Nachkriegswagen durchführte, mussten die Erzeugnisse der deutschen Automobilindustrie von der Einbeziehung ausgeschlossen werden, da in jenem Zeitpunkt nur eine geringe Zahl von Wagen aus dem nördlichen Nachbarland der Schweiz eingeführt worden war. Die Absicht, auch über deutsche Produkte eine Rundfrage zu veranstalten, konnte etwa ein halbes Jahr später verwirklicht werden, da der Volkswagen in der Zwischenzeit eine ziemlich grosse Verbreitung gefunden hatte. Kurz vor dem Genfer Automobilsalon wurde an 730 Volkswagenbesitzer ein Fragebogen gesandt, auf den von rund der Hälfte, nämlich 366, Antworten eingingen. Wie schon bei der ersten Rundfrage, wurden nur die Antworten solcher Besitzer berücksichtigt, die nicht mit dem Handel oder dem Autogewerbe verbunden sind. Dass die Oeffentlichkeit am Ergebnis einer solchen Rundfrage schon deshalb ein eminentes Interesse zeigen wird, da sie sich auf eine einzelne Marke beschränkt, muss nicht besonders betont werden.

Der Volkswagen eignete sich als Objekt für diese Untersuchung aus zwei Gründen in speziellem Mass. Einmal interessiert sich ein grosser Kreis von Fahrzeugbesitzern und zukünftigen Haltern über die Erfahrungen anderer mit einem billigen und wirtschaftlichen Fahrzeug. Ferner scheint das Urteil der Oeffentlichkeit gerade über den Volkswagen nicht genau umrissen zu sein und zwischen grosser Begeisterung und scharfer Ablehnung zu schwanken. Solche Meinungen basieren oft auf Uebertreibungen und Gerüchten, so dass es nicht unangebracht erscheint, einmal Tatsachen und Zahlen sprechen zu lassen.

Die wichtigsten Ergebnisse der Rundfrage sind in der beigegebenen Tabelle zusammengefasst, die auch darüber Aufschluss gibt, wie weit sie verallgemeinert werden dürfen. Die günstigen Gesamturteile überwiegen bei allen erfassten Kilometerleistungen in stärkstem Masse; allerdings sind diese Fahrleistungen angesichts des kurzen Intervalls seit der Inbetriebsetzung der Fahrzeuge noch nicht sehr hoch und erreichen nur bei einigen wenigen Fahrzeugen mehr als 30 000 km. Es zeigt sich wieder einmal, dass eine genaue Auskunft über die Bewährung eines Fahrzeugs erst dann möglich ist, wenn es seit mindestens einem Jahr, wenn nicht länger, in grösserer Anzahl im Verkehr steht.

Die in dieser Auswertung wiedergegebenen Ansichten sind, dies sei ausdrücklich vermerkt, diejenigen der Besitzer und Fahrer und nicht etwa diejenigen der «AR». Ihr Gewicht ist deswegen um nichts geringer.

Für die grosse Mühe, die sich die 360 Volkswagenbesitzer in der sorgfältigen Beantwortung der nicht einfachen Rundfrage genommen haben, sei ihnen an dieser Stelle gedankt. Sie haben dazu beigetragen, die Beurteilung der Eignung von Fahrzeugen für den schweizerischen Verkehr, die ein wichtiges Anliegen unseres Blattes ist, zu fördern. Anderseits geht die Bedeutung dieser Rundfrage insofern über den Rahmen der Marke hinaus, als sie erkennen lässt, wie sich der schweizerische Automobilist den wirtschaftlichen Kleinwagen vorstellt.

Der wichtigste Punkt der Rundfrage ist zweifellos derjenige nach der Gesamtbeurteilung des Volkswagens. Von den 360 Fahrzeugen werden ganze sechs als unbefriedigend bezeichnet. Zwei davon waren offensichtlich für den Verwendungszweck falsch ausgewählt, während deren vier so zahlreiche Fehler aufwiesen, dass sie als Nieten zu bezeichnen sind. Dieses Ergebnis ist schon deshalb als günstig zu bezeichnen, weil sich unter den Wagen jüngerer Herkunft keine mehr befanden, die als unbefriedigend beurteilt wurden; der gesamte Prozentsatz an schlechten Wagen liegt wesentlich unter demjenigen der seinerzeitigen grossen Rundfrage, wo die entsprechende Zahl aller Marken zusammen statt 1,7 % das Sechsfache, nämlich 10 %, betrug.

Die Zuverlässigkeit und Freiheit von Pannen scheint im allgemeinen ebenfalls zu befriedigen. Unfreiwillige Halte werden nur ganz selten verzeichnet, und in vielen Fällen werden Berichte über grosse Fahrstrecken, oft durch mehrere Länder, vermittelt, die störungslos zurückgelegt werden konnten. Der eigentliche Unterhalt wird ebenfalls durchwegs als normal betrachtet; es muss allerdings auffallen, dass sich viele Fahrer anscheinend widerspruchslos damit abfinden, dass kleine Nachstellarbeiten an Bremsen, Kupplung, Ventilen etc. häufig notwendig sind. Ueber den Service lauten die Aussagen unterschiedlich; wo ausgebildete Mechaniker vorhanden sind, gibt er kaum zu Klagen Anlass.

Nicht ganz so günstig lauten die Aussagen über die notwendigen Reparaturen. Es fällt hier auf, dass bei einem gewissen Prozentsatz der Fahrzeuge schon nach kleineren Fahrleistungen Reparaturarbeiten notwendig wurden, die zweifellos nicht auf die Konstruktion, sondern vor allem auf Material und Genauigkeit der Herstellung zurückzuführen sind. Auch hier kann man deutlich feststellen, dass die ersten Fahrzeuge am schlechtesten abschneiden, und zahlreiche Einsender erwähnen, dass sich ihre Garage bemühte, Uebelstände rasch und zum Teil kostenlos zu beheben. Besonders bemängelt wird die Qualität der anfänglich gelieferten Bremsbeläge, die sich teils zu rasch abnützten, teils infolge ihrer Härte die Wirksamkeit der Bremsen beeinträchtigten. Etwa 50 Wagen waren mit Hinterachsdichtungen ausgerüstet, die nicht einwandfrei abdichteten. Rund zwanzig Fahrzeuge wiesen Störungen an den Ventilen auf, die innert kurzer Zeit zu ersetzen waren. In etwa 80 % der Fälle wird erwähnt, dass der Schaden zur nachherigen Zufriedenheit der Fahrer behoben werden konnte. (Es sei hier gesagt, dass sich die Volkswagenvertreter dieser Mängel bewusst waren und auf Veranlassung des Werkes, bzw. des Importeurs in vielen Fällen von sich aus für Abhilfe sorgten.) Nicht einheitlich sind die Urteile über die elektrische Anlage, die zum grösseren Teil einwandfrei zu arbeiten schien, während manche Wagen wiederholt Störungen an Kabeln, Apparaten und Glühlampen zeigten. Mit solchen Fehlern waren ja die ersten Nachkriegswagen mancher Marken reich bedacht. Die Zahl von über 80 % der Rundfrageteilnehmer, die die Reparaturanfälligkeit als gering bezeichnen, überrascht insofern, als nur ein kleinerer Teil von ihnen gänzlich von Reparaturen verschont blieb. Das Urteil der Besitzer ist somit als mild zu bezeichnen, eine Erscheinung, die schon anlässlich der ersten Rundfrage auftrat. Vielleicht sind sich manche von ihnen bewusst, dass sie von ihrem Wagen zu viel verlangen.

Zu diesem Schluss gelangt man vor allem wegen den ausserordentlich günstigen Urteilen über die erreichbaren Fahrleistungen. Es kann

DIE BEWÄHRUNG DES VOLKSWAGENS

Ergebnisse der Rundfrage der «AR»

Angefragte Besitzer: 730. Antworten: 366 – 50 %. Verwertbar 360 Antworten

Zurückgelegte Kilometer bei Beantwortung	unter 10 000	10 000—20 000	über 20 000	Total
Anzahl Antworten	218	115	27	360
Resultate in %				
1. GESAMTURTEIL				
Sehr gut	4,1	1,5	77,8	8,9
Gut	80,3	83,6	11,1	78,2
Befriedigend	14,2	10,7	—	11,9
Unbefriedigend	1,4	2,7	—	1,7
Keine Meinung	—	1,5	11,1	1,3
2. ZUVERLÄSSIGKEIT, FREIHEIT VON PANNEN				
Gut	98,2	95,8	88,9	96,8
Unbefriedigend	0.5	2,7	—	1,1
Keine Meinung	1,3	1,5	11,1	2,1
3. ANSPRÜCHE AN UNTERHALT				
Angemessen	96,4	93,9	88,9	95,3
Zu hoch	1,3	5,4	—	2,4
Keine Meinung	2,3	0,7	11,1	2,4
4. REPARATUREN				
Gering	76.7	86,2	85,2	80,4
Zu viele	17.9	12,2	3.7	15,1
Keine Meinung	5,4	1,6	11,1	4,5
5. FAHRLEISTUNGEN (Beschleunigung, Steigfähigkeit, Geschwindigkeit)				
Gut	99,1	95,8	88,9	97,3
Ungenügend	0,9	3,5	—	1,6
Keine Meinung	—	0,7	11,1	1,1
6. FAHRWEISE (Sicherheit, Komfort)				
Gut	96,0	98,3	88,9	96,2
Unbefriedigend	3,1	1,7	—	2,4
Keine Meinung	0,9	—	11,1	1,4
7. TREIBSTOFFVERBRAUCH				
a) Beurteilung				
Gut	76.7	85,2	63,1	78,3

aus ihnen geschlossen werden, dass ein grosser Teil der Fahrer den Volkswagen wirklich ausfährt und es versteht, die Motorleistung durch richtig gewähltes Schalten auszunützen. Diesen Eindruck erhält man übrigens auch auf unseren Ueberlandstrassen, wo die Volkswagen weit häufiger Ueberholer als Ueberholte sind. Auch die Leistung am Berg wird durchwegs gut beurteilt. Auffallend dagegen sind die Unterschiede in der erzielbaren Höchstgeschwindigkeit, die mit dem weiten Streubereich von 90 bis 110 km/h nicht nur durch Tachometer-Differenzen erklärt werden können. Einige der Fahrer scheinen zudem mit den Gängen wirklich nicht richtig zu hantieren, während schliesslich etwa ein Dutzend der Volkswagen am Berg und in der Beschleunigung als «unter pari» bezeichnet werden.

Der eigentliche Fahrkomfort behagt besonders der jüngeren Generation; erfahrenere Automobilisten wünschen sich eine weichere, stossfreiere Federung, und auch die Polsterung scheint nicht alle Freunde bequemer Fahrweise zu befriedigen. Zu diesem Punkt ist allerdings zu sagen, dass die Anforderungen auch zu hoch gestellt werden können.

Nicht gerade günstig lautet das Urteil über die Bremsen. Obwohl durchwegs anerkannt wird, dass sie die nötige Sicherheit vermitteln und in keinem Fall von einem Versagen die Rede ist, so scheint doch eine gewisse Einhelligkeit darüber zu bestehen, dass der erforderliche Pedaldruck zu hoch ist und die Gleichmässigkeit der Wirkung noch verbessert werden könnte. In diesem Punkt muss der Volkswagen der seit seinem Entwurf verstrichenen Zeit den Tribut entrichten. Gleiches gilt für den Mangel einer Synchronisierung im Getriebe. Den Fahrern, die sich diese wünschen, steht allerdings eine weitaus grössere Anzahl solcher entgegen, die mit offensichtlichem Genuss den Sport des richtigen und geräuschlosen Zwischengasschaltens betreiben. Es sei nicht verhehlt, dass dieser Umstand dem Anhänger einer einwandfreien Getriebebeherrschung persönliche Genugtuung verursacht hat.

Diejenigen Fahrer, die meist allein oder nur mit einer Person fahren, haben über die Motorgeräusche wenig zu bemerken; Mitfahrer der Hintersitze dagegen scheinen sich besonders auf Bergstrecken mit dem Surren des Vetilators und den etwas stärkeren Geräuschen des luftgekühlten Motors weniger gut abzufinden. Ein Einsender hatte sich die Mühe genommen, seinen Wagen unter erheblichen Kosten durch Isoliermasse und -wände geräuschloser zu gestalten; sein Vorhaben scheint von Erfolg gekrönt zu sein.

In der Beurteilung der Ausstattung lässt sich deutlich erkennen, wer Neufahrer ist und wer von grösseren und teureren Fahrzeugen etwas «verwöhnt» war. Vor allem gilt dies für die Beurteilung der Sitzpolster, der vorhandenen Armaturen und der Heiz- und Defrosteranlage. Besonders die Reaktion auf den leichten Oelgeruch der Warmluft schwankt zwischen eigenartigem Beifall und entrüsteter Ablehnung. Oft wird auch vom Defroster und der Heizung raschere Auswirkung gewünscht, während Langstreckenfahrer eher befriedigt sind. In sehr vielen Fällen wird die Qualität der Lackierung nicht nur der Oberfläche, sondern auch unter dem Wagen und unter den Kotflügeln beanstandet. Bei fast allen Fahrzeugen aber scheinen die notwendigen Korrekturen ausgeführt worden zu sein. Sehr viele Besitzer wünschen sich eine etwas schmuckere Ausgestaltung der Karosserie, doch sind sie in den wenigsten Fällen geneigt, dafür einen Mehrpreis zu entrichten.

Die Ziffern über den Treibstoffverbrauch liegen verhältnismässig nahe beieinander. Nur aus diesem Grunde wurden sie überhaupt ernsthaft berücksichtigt, da ja die Messmethoden in den einzelnen Fällen bestimmt voneinander verschieden waren und man ihre Genauigkeit nicht kennt. Es fiel jedoch auf, dass die meisten Antworten Ziffern oft auf zwei Dezimalen enthielten, was beweist, dass der Besitzer eines Kleinwagens seinen Treibstoffverbrauch genau kontrolliert. Weniger als 7,5 Liter auf 100 km wurde nur in vereinzelten Fällen angegeben; einige wenige Fahrer verzeichnen dagegen Zahlen bis gegen 10 Liter, wobei es sich allerdings meist um reine Stadtfahrten oder Bergstrecken handelt. Die Durchschnittszahl von 8,25 Liter ist als sehr günstig zu bezeichnen.

Der grösste Wert dieser Antworten dürfte wohl darin liegen, dass sie die «Wahrheit über den Volkswagen» mit einiger Präzision festlegen lassen. Die manchmal sehr scharfen, nachteiligen Urteile, die man im Publikum hören konnte, erweisen sich als übertrieben oder auf Ausnahmefälle bezogen. Die bekannten Vorzüge des Volkswagens werden erwartungsmässig bestätigt; ebenso zeigt sich, dass auch dieses Fahrzeug, wie jedes andere, mit Vorzügen und Nachteilen bedacht ist. Dass besonders die ersten Serien einige, wenn auch grösstenteils kleinere Mängel aufwiesen, unterscheidet den Volkswagen nicht von den übrigen Nachkriegswagen, ebenso die Tatsache, dass sie in den neueren Exemplaren zum grössten Teil behoben werden konnten. Von einem deutschen Nachkriegsprodukt war ja angesichts des Zustandes von Wirtschaft und Industrie zu erwarten, dass es anfänglich noch nicht in jeder Beziehung «friedensmässig» ausfallen würde. Die Schilderung der erwähnten Mängel zeigt aber wieder einmal in aller Klarheit, welche Schwierigkeiten eine seriöse, den sehr bestimmten Forderungen des schweizerischen Automobilisten Rechnung tragende Importfirma zu überwinden hat, bis sie den einzelnen Fahrer wirklich zufriedenstellen kann.

KURZTESTE DER AUTOMOBIL REVUE

AR-Kurztestserie 1970

Bericht Nr. 33

Volkswagen 1302 S

Prüfergebnisse

Messung

bei km-Stand		4000
Aussentemperatur	°C	16
Höhe über Meer	m	550
Leergewicht (DIN)	kg	850
Leistungsgewicht	kg/DIN-PS	17,9
Gewichtsverteilung		
vorn/hinten	%	41/59
Höchstgeschwindigkeit		
im Mittel nach 5. Rad	km/h	134,5
im Mittel nach Zähler	km/h	138
Anlaufstrecke ca.	km	5
nach Werkangabe	km/h	130
Beschleunigung (2 Personen)		
0— 60 km/h	sec	6,6
0— 80 km/h	sec	12,2
0—100 km/h	sec	19,2
0—120 km/h	sec	35,7
1 km stehender Start	sec	39,2
Zählereichung		
effektive Geschwindigkeit		
bei 60 km/h Zähler	km/h	58
bei 100 km/h Zähler	km/h	95
Bremsprüfung aus 60 km/h		
Seitliche Spurversetzung	cm	0
Wendekreis (Karosserie)	m	10,9
Lenkradumdrehungen		3
Benzinverbrauch		
Autobahn, ruhige Fahrt		
Durchschnitt 100 km/h	L/100 km	9,4
Autobahn, Ueberland und Stadt		
Durchschnitt 76 km/h	L/100 km	12,6
Gesamtverbrauch	L/100 km	11,0

Innenraum

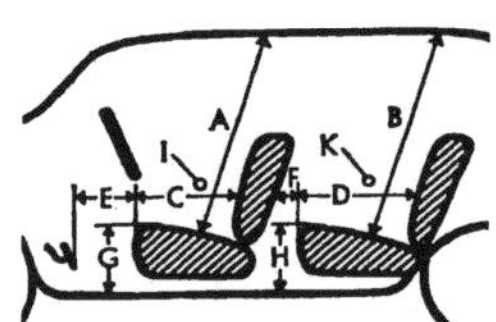

Abmessungen

A =	98 cm	B =	84 cm
C =	44 cm	D =	44 cm
E =	44—56 cm	F =	12—24 cm
G =	35 cm	H =	37 cm
I =	119 cm	K =	131 cm

Beurteilung des Innenraums

	Vordersitz	Hintersitz
Kurzbeiner	sehr gut	gut
Mittelbeiner	gut	gut
Langbeiner	knapp	knapp

Sichtbeurteilung

	nach vorn	nach hinten
Kleine Personen	ungenügend	ungenügend
Mittlere Personen	gut	ungenügend
Grosse Personen	gut	ungenügend

Hauptdaten

Preis: Fr. 8450.—, plus Fr. 40.— Transportkosten.

Testwagenlieferant: AMAG, Schinznach.

Motor: 8,07 Steuer-PS, 4 Zyl. paarweise gegenüberliegend, Bohrung 85,5 mm, Hub 69 mm, Hubraum 1584 cm^3, Kompr. 7,5 : 1, Höchstleistung 50 PS (DIN) bei 4000 U/min, max. Drehmoment 10,8 mkg bei 2800 U/mn. Hängende Ventile, zentrale Nockenwelle (Zahnräder), 1 Solex-Fallstromvergaser, Batterie 12 V, 36 Ah, Dynamo 360 W, Luftkühlung mit Gebläse.

Kraftübertragung: Heckmotor. Vollsynchron-Vierganggetriebe, Stockschaltung. Achsuntersetzung 4,125:1. Geschwindigkeit bei 1000 U/min im IV. Gang 32 km/h.

Untersetzungen im Getriebe: I. 3,80:1; II. 2,06:1; III. 1,26:1; IV. 0,88:1; R 3,60:1.

Fahrgestell: Vorne Einzelradaufhängung mit Federbeinen und untern Querlenkern, Kurvenstabilisator als Längslenker; hinten Einzelradfederung mit Doppelgelenkachse, Längs- und Schräglenkern und querliegenden Drehstabfedern, vorn und hinten Teleskopdämpfer. Zweikreisbremse, vorn Scheiben-, hinten Trommelbremsen. Lenkung mit Schnecke und Rolle. Benzintank 42 Liter; Reifen 5.60-15 4 PR.

Dimensionen: Radstand 242 cm, Spur v./h. 138/135 cm, Bodenfreiheit 15 cm. Länge 408 cm, Breite 158 cm, Höhe 150 cm.

Karosserie: 2türig, 5 Sitze.

Reparaturkosten (inkl. Montage): Preis für Austauschmotor noch nicht festgelegt. Frontstossstange Fr. 117.—, 1 Scheinwerfer kompl. Fr. 94.80, Bremsbeläge vorn Fr. 47.50, hinten Fr. 42.90.

Beschreibung: in «AR» 34/1970.

Vollständige Daten: Katalognummer 1971.

Ausrüstung

Serienmässig mit vordern Einzelsitzen und Lehnenverstellung, Zwangsbelüftung der Karosserie, Fondheizung, pneumat. Scheibenwaschanlage, Lichthupe, Türschloss links und rechts, Anlasswiederholsperre, zündabhängige Lichtschaltung, Dreistufen-Rücksitzlehne, verriegelte Tankklappe.

Mehrpreis für Stahlkurbeldach Fr. 425.—, Metallic-Farben Fr. 140.—, halbautomatisches Schaltgetriebe Fr. 660.—, Kunstleder Fr. 60.—.

Sicherheitsmassnahmen

Serienmässig ausgerüstet mit Sicherheitslenksäule, Sicherheitstürgriffe, Anschlusspunkte für Sicherheitsgurte.

Unterhaltsdaten

Reifendruck (kalt): vorne 1,2, hinten 1,8 atü.

Serviceintervalle: Mechanische Kontrolle alle 5000 km, Motorölwechsel alle 5000 km, keine Schmierstellen.

«AR»-KURZTEST 33/1970: VOLKSWAGEN 1302 S

Heckmotor fast ohne Nachteile

Jahrzehntelange Kritik am VW-Käfermodell, die allerdings durch die Produktionszahlen und die Popularität stets Lügen gestraft wurde, scheint nun beim neusten Modell 1302, das seit September 1970 produziert wird, doch den Stein zum Erweichen gebracht zu haben. In folgenden Punkten, denen wir während des Kurztests besondere Aufmerksamkeit schenkten, ist der VW 1302 S — der sich vom gleichzeitig erschienenen VW 1302 *ohne* S im wesentlichen nur durch den um 6 PS stärkeren, aber viel zugkräftigeren 1.6-Liter-Motor unterscheidet — allen frühern Käfermodellen überlegen:

Kofferraum. Unter der verlängerten Fronthaube ist nun ein ordentlicher Kofferraum mit darunter liegenden Reserverad von fast doppelt so grossem Volumen vorhanden. Er eignet sich zudem zum Verstauen grösserer Einzelstücke, wenn er auch in Etagen eingeteilt und nach vorne verengt ist.

Motorleistung. Mit 50 PS (DIN) und 10,8 mkg Drehmoment bei 2800 U/min bleibt das neue Modell nur noch um knapp 10 PS (DIN) hinter den etwa gleich teuren Vergleichsfahrzeugen zurück. Hinsichtlich der Zugkraft übertrifft er, dank dem Inhalt von 1,6 Liter, schlechthin alle preisgleichen Modelle. Der 1302 S ist das stärkste Käfermodell.

Fahrgestell. Dank der Vorderradaufhängung an Federbeinen (die den grösseren Kofferraum möglich machten) und der hintern Doppelgelenkachse (die früher nur den Käfermodellen für die USA und solchen mit halbautomatischer Kraftübertragung vorbehalten waren) unterscheidet sich das Fahrverhalten (Windeinflüsse ausgenommen) kaum mehr von einem konventionell gebauten und gefahrenen Wagen der untern Mittelklasse. Im Federungskomfort ist der neue Käfer mit der weichern Vorderradaufhängung sogar vielen Vergleichsfahrzeugen überlegen.

Karosserie. Die Zwangsbelüftung durch ständigen Luftaustritt und die wesentlich verbesserte Frisch- und Warmluftdosierung machen den Aufenthalt in der engen Karosserie angenehmer; zudem wird das Beschlagen der Heckscheibe weitgehend verhindert oder doch schneller zum Verschwinden gebracht.

Kein neues VW-Fahrgefühl — aber mehr Sicherheit

Das seit Jahren für alle Käfer-Modelle typische Fahrgefühl wird auch im neuen Modell 1302 S durch die vorne sehr *enge Karosserie* mit den *hohen* Fensterbrüstungen, die Sitzposition *ganz nahe* an der Windschutzscheibe, die *hohe Lage* des Armaturenbretts und das Fehlen gut sichtbarer *Begrenzungspunkte* der Karosserie geprägt. Vom Lenkrad aus scheint die Bughaube des 1302 S noch aufgeblähter als beim frühern 1300 und 1500. Im Kulminationspunkt der nicht nur nach rechts und links, sondern auch geradeaus sichtbehindernden Haubenform liegt das waagrecht angeordnete VW-Emblem. Im Sichtfeld liegen sodann auch die Scheibenwischer mit ihren kräftigen Armen. Der enge Raum zwischen Vordersitzlehne und Armaturenbrett wird zudem durch das relativ grosse, wenn auch gut in der Hand liegende Lenkrad versperrt. Beim Rückwärtsfahren muss man sich irgendwie an die Hindernisse herantasten, ohne sie zu sehen. Der Zuwachs in der Breite um 3 cm und in der Länge um 5 cm gegenüber dem Modell 1500 spielt bei der Beurteilung der Sichtverhältnisse allerdings keine Rolle. Je mehr die Motorhauben bei modernen Wagen nach vorne abfallen und je grösser ihre Fensterflächen werden, umso mehr stellt sich die VW-Käferkarosserie als Unikum heraus.

Gebirgslokomotive

Der 1,6-Liter-Heckmotor im VW 1302 S erlaubt eine ausgesprochen schaltarme Fahrweise. Der 2. Gang ersetzt im dichten Stadtverkehr praktisch einen Getriebeautomat. Sein Normalfahrbereich erstreckt sich vom Fussgängertempo bis gegen 60 km/h, wobei der Motor recht lebhaft aufs Gaspedal reagiert. Wenn auch schon frühere VW-Käfermotoren für ihre *Zugkraft* an den Steigungen berühmt waren, so kommt diese Eigenschaft beim 1302 S in bisher unbekanntem Mass zum Durchbruch. Hier holt er, insbesondere wenn er nur mit zwei Personen besetzt ist, zu zügigen Reprisen aus, ohne besonders laut zu werden, auch wenn man ihn im 2. Gang bis gegen 80 km/h (nach Zähler im Wagen) und im 3. Gang auf 90 bis 100 km/h ausfährt. Aber auch ohne Forcieren liegen die Bergsteiggeschwindigkeiten weit höher, als man auf Grund der Spitzengeschwindigkeit in der Ebene, die wir mit 134,5 km/h registriert haben, erwarten würde.

Bei der vom Werk angegebenen Autobahn-Dauergeschwindigkeit von 130 km/h läuft der Motor knapp über der Nenndrehzahl für die Höchstleistung. Oberhalb 90 km/h (Ende des 3. Ganges) nimmt das Beschleunigungsvermögen im 4. Gang rascher ab als bei anderen 1.6-Liter-Motoren; man spürt die aus Sicherheitsgründen in den Motor eingebaute Drosselung der Zylinderfüllung bei Vollgas.

Der 1.6-Liter ist kein besonders sparsamer Motor, wenn man ihn stark beansprucht. Auf zügig gefahrenen Bergstrecken verbrauchte er 11,7 Liter, mit 100 Durchschnitt auf der Autobahn 9,4 Liter Normalbenzin. Die höchsten Verbräuche, bis zu 13 Liter, resultierten im Stadtverkehr mit kaltem Motor. Die vollautomatische Kaltstart- und Vorwärmvorrichtung gibt dem kalten Motor zwar sofort Kraft, sie schaltet aber im Kurzstreckenverkehr sehr spät aus.

Heckschleuder ade

Der VW 1302 besitzt als *Heckmotorfahrzeug* eine optimale Strassenlage, die praktisch keine Rücksichtnahme mehr auf die Hecklastigkeit erfordert. Eine wesentliche Verbesserung war ja schon bei den VW 1500 mit Automat festzustellen, die bereits mit der Doppelgelenk-Hinterachse versehen waren, welche das Eigenlenkverhalten des Hinterwagens unter Kontrolle brachte. Beim 1302 kommen nun als weitere Anti-Heckschleudermassnahmen hinzu: die Vorderradaufhängung mit Federbeinen, die um 7 cm breitere Vorderradspur und die um rund 40 kg stärkere Vorderachsbelastung (fahrbereit). *Das Ergebnis:* Ein VW der untersteuert, also aus der Kurve herausdrängt, und dessen Lenkung man beim schnellen Fahren durch sich verengende Kurven etwas überziehen darf, ohne zu riskieren, dass der Hinterwagen ausbricht. Das dem Untersteuern vorangehende, *neutrale* Lenkverhalten ist eine der auffallendsten Charakteristiken des neuen VW 1302. Wichtig ist aber auch, dass ein nur durch schwere Fahrfehler hervorzurufendes *Uebersteuern* nicht mehr plötzlich, sondern langsam beginnend einsetzt. Der grössere Gepäckraum vorne lässt es geraten scheinen, dass man mehr Gewicht auf die *Vorderachse* verlegt, statt es im Gepäckraum hinter der hintern Sitzbank zu verstauen und damit die Hinterachsenbelastung zu erhöhen. Der VW 1302 kann, nach unsern Feststellungen, mit günstiger Auswirkung für das Kurvenverhalten auch mit *Radial-* statt Diagonal-Reifen gefahren werden.

Die Federbeinaufhängung vorne spricht rasch an, hat einen grossen Federweg und ist weich gedämpft. Die Neigung der Karosserie wird in engen Grenzen gehalten. Insgesamt ist das Federungsverhalten angenehm und demjenigen grösserer Wagen angenähert.

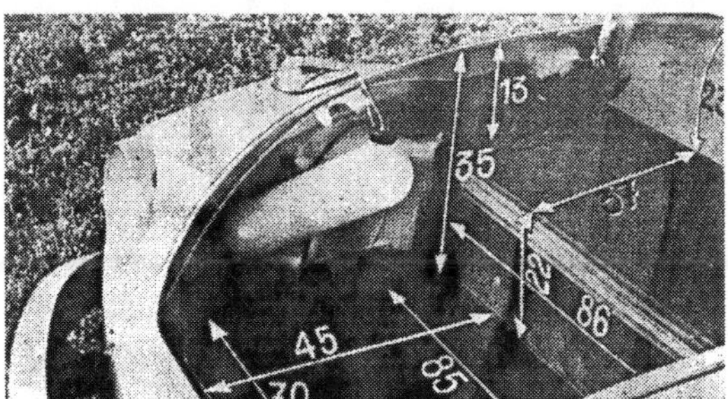

Die Masse des vergrösserten Kofferraums — Unter dem vordern Boden liegt das Reserverad, unter der zweiten Etage der auf 42 Liter vergrösserte Tank, an der Seitenwand der 1,6 Liter fassende Scheibenwassertank. (Bild «AR»)

VW 1302 S — Beurteilung

Vom VW Käfer 1300/1500 abgeleitete Neukonstruktion. Ersatz des VW 1500 (44 PS).

★

Vergrösserter Gepäckraum. Volumen für 4 Personen ohne Einbezug der Ablagemöglichkeiten im Innern der Karosserie nicht mehr zu knapp.

★

Im Verhältnis zum Preis und zum Zylinderinhalt mässige Motorleistung. Zahlreiche praktische Details (Zwangsbelüftung, passive Sicherheit) und vorzügliche Verarbeitungsqualität.

★

Im Geschwindigkeitsbereich zwischen 40 und 80 km/h dank starker Durchzugkraft des Motors im Stadtverkehr und auf Bergstrassen flink, wendig, sicher und nicht zu laut.

★

Neutrales bis untersteuerndes Kurvenverhalten. Angenehmer Federungskomfort.

Die Lenkung ist zwar leichtgängig, aber (trotz hydraulischem Lenkungsdämpfer) stossempfindlicher und auf Reifenunwucht sensibler als bei den früheren VW-Käfern, sie repräsentiert aber einen hohen Vollkommenheitsgrad. Der Wendekreis liegt unter dem Durchschnitt gleichgrosser Wagen, und wegen der vergleichbar geringern Vorderachsbelastung erfordert das Manöverieren nur kleine Lenkkräfte.

Alles gut durchdacht

Die Neuerungen an der Innenausstattung und für die Bedienungserleichterung sind klug ausgedacht. Die Frisch- und Warmluftzufuhr ist durch waagrechte Schlitze (mit etwas zu klein geratenen Schiebern) am Armaturenbrett einfacher als früher regulierbar. Die Heizung setzt sofort kräftig ein: sie ist fast geruchlos und trocken. Der Benzintankdeckel liegt vorne an der Wagenaussenseite und ist mit einer Klappe, die von innen verriegelt wird, versehen. Der Wasservorrat (1,6 Liter) der Scheibenwaschanlage reicht tagelang aus, er steht unter 3 atü Druck, der aus dem Reserverad (über ein Rückschlagventil) entnommen wird. Ueber die Abmessungen des Kofferraums orientiert unsere Massskizze. Durch Umklappen der hintern Sitzlehne entsteht eine Gepäckfläche von 94 cm Breite und 100 cm Länge. Im Benzintank ist gegen das Ueberlaufen bei Ausdehnung des Treibstoffs ein grosser Luftraum einbezogen: man hört deshalb das Hin- und Herschwabbeln des Inhalts auch bei gut gefülltem Tank. Zum Aerger des Tankstellenpersonals ist der Oeleinfüllstutzen nicht ohne Spezialtrichter erreichbar.

*

In der VW-Entwicklungsgeschichte stellt der Typ 1302 S einen der markantesten Fortschritte in bezug auf sicheres Fahrverhalten, Laufruhe und Spurtfähigkeit dar. Der Innenraum ist im Verhältnis zu den Aussenabmessungen zu eng, die Sicht auf kleine Winkel beschränkt. Er bleibt ein wendiges Vielzweckfahrzeug für ruhige Leute, die von ihrem Fahrzeugbesitz kein Aufhebens machen.

«AR»-Testteam

VW 1303 BIG

Das Käfer-Modell 1303 Big, dem der nachstehende Prüfbericht gilt, ist zwar für jedermann käuflich, doch figuriert es nicht auf den offiziellen Preislisten der VW-Vertretungen. Es ist nämlich kein regulärer, dauernd produzierter Typ wie seine Grundversion 1303, sondern ein in limitierter Stückzahl gebautes, als «Verkaufsschlager» gedachtes Aktionsmodell. Es unterscheidet sich vom Basistyp durch eine reichhaltigere Ausstattung und ist dabei kaum teurer als jener.

Die Idee von solchen «Alles-inbegriffen»-Sondermodellen ist nicht neu. So hatte Volkswagen bereits vor zwei Jahren den «Weltmeister-Käfer» lanciert, eine zum Jubiläum des meistverkauften Autos der Welt kurzzeitig aufgelegte Spezialausführung.

Der VW 1303 Big besitzt zwar hervorragende Fahreigenschaften, doch sein 1,3-Liter-Drosselmotor verhilft ihm zu nur bescheidenem Temperament, ohne dabei sparsam zu sein. Noch immer recht eng, dafür aber bedeutend wohnlicher und moderner präsentiert sich nunmehr der Innenaum.

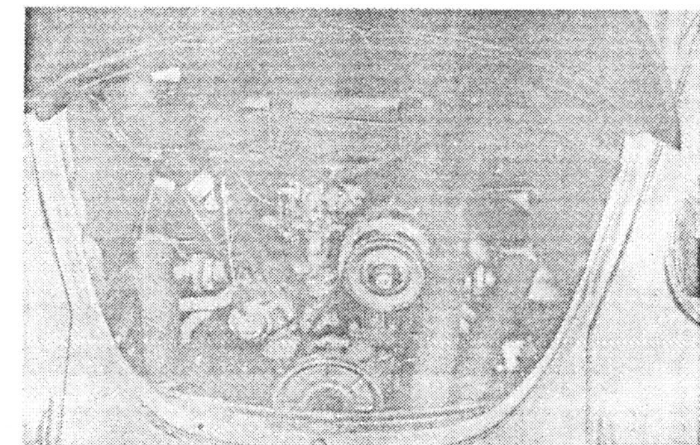

Der «Big», der mechanisch völlig dem 1,3-Liter-1303 entspricht, wurde an der letztjährigen Frankfurter IAA erstmals gezeigt, und zwar zusammen mit dem speziell für jugendliche Autofahrer gedachten fröhlich-frechen Sparmodell «Jeans» (Basis VW 1200) und dem teureren und luxuriöseren «City». In der Schweiz sind nur die beiden erstgenannten Ausführungen erhältlich.

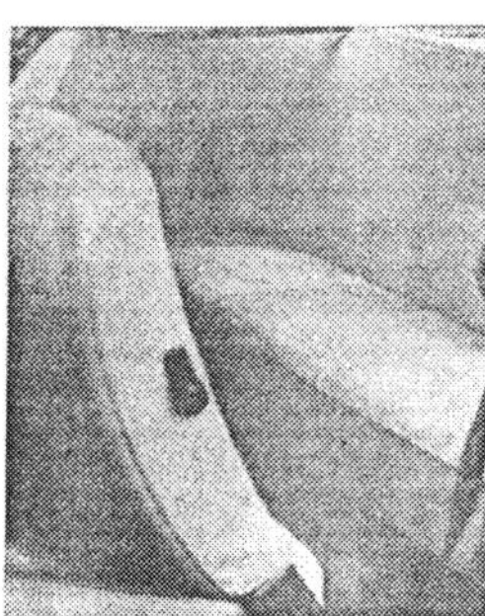

Kurzsteckbrief des Big

Die Grundversion des 1303 Big ist das Ablösemodell 1974 des im Jahre 1970 neu herausgekommenen 1302 mit 1,3-Liter-Motor von 44 PS. Damals erfuhr das Käfer-Prinzip eine Verjüngungskur durch das wesentlich modernere Fahrwerk mit Doppelgelenkhinterachse und vorderer Federbeinaufhängung. Als 1303 verfügt nun der Käfer auch über eine bombierte Frontscheibe (ebenso wie der 1303 S, der sich vom 1303 hauptsächlich durch den stärkeren 1,6-Liter-Motor unterscheidet); Radio, Rückfahrlampen und heizbare Heckscheibe sind in der Schweiz seit einiger Zeit serienmässig. Noch mehr Extras sind beim «Big» im Preis inbegriffen, nämlich sportlich aussehende, breitere Felgen mit breiten Stahlgürtelreifen, Metallic-Lackierung mit schwarzen Seitenstreifen, Veloursitzbezüge, Lenkrad mit griffigem Vinylbezug sowie Sportschalthebel. Der Preis beträgt Fr. 9820.— (inklusiv Transportkosten), also nur knapp 300 Franken mehr als beim 1303. Der Big wird ausschliesslich in dieser Ausstattung geliefert; eine für die übrigen Modelle übliche Sonderzubehörliste (wie z. B. hintere Ausstellfenster, Stahlschiebedach) existiert für diesen Typ nicht.

Bei seinem Verkaufspreis von gegen 10 000 Franken hat der geprüfte Käfer gegen eine sehr starke Konkurrenz von durchwegs wesentlich moderneren und zeitgemässeren Konstruktionen zu bestehen, und zwar Wagen, die in dieser Preis- und Hubraumkategorie die Führung übernommen haben (siehe Aufzählung der direkten Konkurrenten in der untenstehenden Beurteilungstabelle).

Alte Schale renoviert

Nimmt man im Big Platz, so fällt die Fülle der Detailänderungen auf, die der Käfer in den vergangenen Jahren nach und nach erfahren hat und die das Interieur mittlerweile wesentlich wohnlicher gemacht haben. Augenfällig ist das neugestaltete Armaturenbrett, das nunmehr endlich jede Aehnlichkeit mit der nüchternen Instrumententafel des Urkäfers abgelegt hat. Das grosse Rundinstrument ist am richtigen Ort plaziert und lässt sich leicht überwachen. Sehr geschickt gelöst ist die Anordnung der Bedienungshebel: alle für das Fahren wichtigen Funktionen wie Scheibenwischer, Waschanlage, Lichthupe usw. sind durch Fingerdruck vom Lenkrad aus zu steuern; Lenkrad, Handbremse und Schalthebel liegen vorbildlich zur Hand. Die ebenfalls neugeformten Sitze, die luxuriöse Innenauskleidung und der durchgehende Teppichboden tragen mit zur freundlicher gewordenen Atmosphäre im Innern bei.

Doch alle optischen und gestalterischen Tricks vermochten keine Wunder in Sachen Zentimeter zu vollbringen. Nach wie vor stellt sich hinter dem Volant das beengende Käfer-Raumgefühl ein, welches durch die schmale Karosserie, die hohe Gürtellinie, die noch immer recht kleinen Fensterchen und durch das Fehlen von sichtbaren Karosseriebegrenzungspunkten bedingt ist. Durch die gegenüber früher etwas höhere Sitzposition geniesst man zwar einen etwas besseren und ungehinderteren Ueberblick direkt auf die Strasse, doch genügt dieser den heutigen Anforderungen nicht mehr. Nach vorn ist die Sicht trotz der bauchigen Haube zufriedenstellend, doch bei Einmündungen und Kreuzungen, wo man auch nach den Seiten beobachten muss, stört der breite, gegen oben sogar noch dicker werdende vordere Dachpfosten merklich. Die Sicht nach schräg hinten wird durch das schmaler werdende hintere Seitenfenster und den breiten hinteren Dachpfosten empfindlich beeinträchtigt; der «tote Winkel» ist ausgesprochen gross, was bei Einmündungen, etwa auf Autobahneinfahrten, hinderlich ist und das Beobachten von Ueberholern erschwert. Zum Rückwärtsparkieren muss nach Gefühl gefahren werden, denn das hintere Karosserieende ist vom Fahrersitz aus nicht auszumachen.

VW 1303 Big – Beurteilung

Einstufung

In limitierter Stückzahl aufgelegtes Aktionsmodell. Kompletter ausgerüstete Version des 1303 mit 44-PS-1,3-Liter-Motor. Preis Fr. 9820.— (Grundversion 1303: 9545.—, beide Preise inkl. Transportkosten).

Wichtigste Konkurrenten. Zweitürig (wenn nicht anders angegeben), Preisspanne bis ca. 10 500 Franken. Alfa Romeo Alfasud (4türig) Fr. 10 450.—, Austin Allegro 1300 Fr. 9580.—, Fiat 128 Fr. 9200—, Ford Escort 1300 L Fr. 9600.—, Lada 1200 Fr. 7950.—, Mazda 818 DL Fr. 10 550.—, Morris Marina 1.3 Fr. 9250.—, Opel Kadett Fr. 9500.—, Simca 1100 LS (4türig) Fr. 9190.—, Sunbeam 1300 DL Fr. 8140.—, Toyota Corolla 1200 Fr. 8690.—, Vauxhall Viva Fr. 8015.—.

Karosserie

Zweitüriger Coach in altbekannter Linienführung. Eingeschränkte Rundsicht. Platzangebot für vier grosse Erwachsene knapp, 5, nur wenn Kinder dabei. Kleiner Kofferraum, zusätzlicher Stauraum hinter den Rücksitzen. Reichhaltige und luxuriöse Innenausstattung und Ausrüstung. Ausgezeichneter Finish, tadellose Verarbeitungsqualität.

Antrieb

Luftgekühlter 1,3-Liter-Boxermotor im Heck. Bescheidenes Temperament. Ansprechendes Bummelvermögen, aber ungenügende Elastizität. Gut abgestuftes Vierganggetriebe, sehr präzise Schaltung. Fahrleistungen: 0—100 km/h 24,9 sec. 40—100 km/h im obersten Gang 32,3 sec, Höchstgeschwindigkeit 125 km/h.

Fahrverhalten

Problemlose, sichere Fahreigenschaften ohne jede Tücken. Kurvenverhalten neutral bis leicht untersteuernd. Zufriedenstellender Geradeauslauf. Wendiger Wagen; präzise und beim Fahren leichtgängige Lenkung, wirksame und spurtreu verzögernde Bremsen. Angenehmer Federungskomfort.

Kosten

In bezug auf Platzangebot und Fahrleistungen hoher Anschaffungspreis, dafür erfahrungsgemäss guter Wiederverkaufswert. Benzinverbrauch (Nomalbenzin) überdurchschnittlich hoch, im Test 11,4 L/100 km (Gesamt), bei konstanter Autobahnfahrt mit 100 km/h 8,1 L/100 km. Angemessene Steuer- und Versicherungskosten. Dichtes Servicenetz, Service mit Computerdiagnose

Der Käfer ist zwar als Fünfplätzer abgenommen, doch darf dies nicht darüber hinwegsehen lassen, dass die Raumverhältnisse in diesem Wagen nicht üppig sind, ja dass er sogar bezüglich nutzbarem Innenraum zu den kleinsten 1,3-Litern gehört. Ungewohnt erscheint heute vor allem die geringe Innenbreite: mit 121 cm ist die Ellbogenfreiheit vorn um rund 7 cm kleiner als beim Klassendurchschnitt, während sie hinten nur dank den (bei Zweitürern möglichen) Vertiefungen in der Seitenverkleidung befriedigende 132 cm erreicht. Sehr grosszügig bemessen ist dagegen dank der stark bombierten Dachform die Kopffreiheit nicht nur auf den Vordersitzen, sondern auch im Fond.

Auf den vorderen Einzelsitzen mit in der Neigung verstellbaren Lehnen (es sind indessen keine echten Liegesitze) finden zwei Erwachsene gut Platz; nur gerade ausgesprochene Langbeiner wünschten sich, dass man die Sitze noch weiter zurückfahren könnte.

Hinten geht es etwas enger zu: wenn die Vordersitze ganz zurückgestellt sind — was notabene zumeist der Fall ist — kann zwei Erwachsenen der Aufenthalt im Fond nicht über längere Zeit zugemutet werden, da der Knieraum dann nur gerade 12 cm beträgt. Zufriedener fühlen sich auf den Rücksitzen kleinergewachsene Personen und vor allem Kinder bis 160 cm Grösse; ihnen kann im Bedarfsfall auch zugemutet werden, zu Dritt nebeneinanderzusitzen.

Die Sitze des Big sehen mit ihren angedeuteten seitlichen Stützpolstern, den gewölbten Rückenlehnen und dem komfortablen Veloursbezug wesentlich ansprechender aus als die früher verwendeten. Es zeigte sich indessen auf langen Fahrten, dass man auch auf ihnen auf die Dauer nicht ermüdungsfrei sitzen kann; dazu wäre eine anatomischer gestaltete Rückenlehne mit ausgeprägter Kreuzstütze sowie eine etwas üppigere Polsterung nötig. Dank dem rutschfesten, längsgerippten Veloursbezug geniesst man auch auf kurvigen Strässchen ausreichenden seitlichen Halt. Durchdacht und einfach zu bedienen ist die Sitzverstellung.

Sehr praktisch sind die serienmässig installierten Dreipunktsicherheitsgurten für Einhandbedienung und -regulierung. Für Gurtenbenützer wirkt sich übrigens die Enge des VW-Cockpits positiv aus: alle Bedienungshebel sind auch mit straff angezogenen Gurten mühelos erreichbar; selbst das Radio kann betätigt, die Beifahrertüre geöffnet und der Sitz während der Fahrt verstellt werden.

Bemerkenswert ist auch bei diesem jüngsten Käfermodell der hohe Qualitätsstandard und der saubere Finish. Alle Verkleidungen sind tadellos verarbeitet, und jedes Teil macht einen grundsoliden Eindruck. Bezeichnend für das typische VW-Qualitätsbewusstsein ist der Umstand, dass die verarbeitete Aussenlackierung zu den teuersten überhaupt gehört. Um so mehr schien uns, dass das mitunter auftretende, leicht hörbare Vibrieren im Schaltgestänge — es verschwand jeweils beim Berühren des Schalthebels — nicht ganz zum gewohnten Bild passte.

Obwohl der Käfer seit 1970 dank der platzsparenden Federbeinvorderradaufhängung und der stärker gewölbten Bughaube einen etwas geräumigeren Kofferraum besitzt, ist das nutzbare Stauvolumen nicht überwältigend. Um das Feriengepäck einer vierköpfigen Familie unterzubringen, muss jedenfalls mit Ueberlegung geladen werden, und man wird oft froh sein, in dem durch Abklappen der Hutablage entstehenden Fondstauraum einige Gepäckstücke versorgen zu können. Sofern die Rücksitze nicht benützt werden, kann deren Lehne nach vorn umgeklappt werden, wodurch ein zwar beachtlich grosser, dafür aber umständlich nur durch die Türen zugänglicher Gepäckraum für sperrige Güter entsteht.

VW 1303 Big

Schluss von Seite 17

Bescheidene Fahrleistungen

Die 44 DIN-PS, die der im Heck installierte, luftgekühlte 1,3-Liter-Boxermotor bei 4100 U/min abgibt, entsprechen einer Literleistung von nur 34,2 PS/L (DIN), was für europäische Verhältnisse einen niedrigen Wert darstellt. Der Motor, der ja noch nie als besonders drehfreudig gegolten hatte, sondern nur zäh den oberen Drehzahlbereich erreicht, zeigt in seiner jüngsten Form, möglicherweise bedingt durch die Massnahmen zur Abgasentgiftung (geänderte Zündungs- und Vergasereinstellung), einen weiteren Kritikpunkt: er reagiert vor allem aus niedrigen und mittleren Touren heraus nur mit Zögern und unwillig auf Gas. Diese Eigenschaft erfordert vor allem im Schrittempostadtverkehr einige Gewöhnung.

Die Fahrleistungen, die der 44-PS-Käfer entwickelt, sind mit deutlichem Abstand die bescheidensten in dieser Hubraum- und Preiskategorie: für 0 bis 100 km/h benötigt er 24,9 sec (Werkangabe 25 sec), und mit einer Höchstgeschwindigkeit von 125 km/h (ebenfalls Werkangabe) ist der Big eines der wenigen bei uns erhältlichen Autos, die das erlaubte Autobahntempo von 130 km/h nicht erreichen.

Bescheinigte man bisher den Käfer-Motoren sozusagen als Kompensation zum bescheidenen Leistungsniveau ein respektables Durchzugsvermögen, welches nach Art von hubraumstarken Wagen eine schaltarme Fahrweise ermöglichte, so gilt dies für den 1303 Big nicht mehr im gleichen Masse. Tatsächlich zeigt zwar der 1,3-Liter nach wie vor ein ausgeprägtes Bummelvermögen, doch ist er nicht mehr so elastisch wie früher; dies wird schon auf dem Papier durch die relativ hohe Höchstdrehmoment-Tourenzahl von 3000 U/min angedeutet. Hinunterschalten ist für zügiges Beschleunigen deshalb angezeigt; will man im obersten Gang durch blosses Niedertreten des Gaspedals von 40 auf 100 km/h kommen, vergehen dagegen ganze 32 sec, also deutlich mehr als bei vergleichbaren Wagen.

Nach bekannter Käfer-Art lässt sich das gut abgestufte Vierganggetriebe ausserordentlich leicht und präzis schalten; die Zwangssynchronisierung arbeitet leicht und auch bei raschem Schalten stets fehlerfrei. Der erforderliche Kupplungspedaldruck liegt mit 10 kg eher etwas über dem Durchschnitt.

Durch verschiedene lärmdämmende Massnahmen konnte der Innengeräuschpegel gegenüber früheren Modellen deutlich verringert werden. Die früheren metallischen Nebengeräusche, die für luftgekühlte Aggregate charakteristisch sind, dringen nurmehr in stark gedämpfter Form ins Wageninnere. Die Geräuschkulisse im Big wird deshalb nicht als lästig empfunden, obwohl der Pegel bei den Messungen bei 120 km/h einen Höchstwert von 80 Phon dB(A) erreichte.

Dass der VW-Käfer einen recht durstigen Motor besitzt, nahm man früher wohl zur Kenntnis, doch vermochten die damaligen niedrigen Benzinpreise diesen Schönheitsfehler zu vertuschen. Heute dagegen fällt ein überdurchschnittlicher Treibstoffverbrauch eher ins Gewicht. Bei Autobahnfahrt mit konstant eingehaltenen echten 100 km/h benötigte der Big 8,1 l/100 km, also rund anderthalb Liter mehr als der Opel Kadett, der in dieser Disziplin am besten abschneidet. Der Testgesamtverbrauch von 11,4 l/100 km zeigt deutlich, dass der Wirkungsgrad des luftgekühlten VW-Motors noch einem Standard entspricht, der von moderneren Konstruktionen schon lange überholt worden ist. Dafür gibt sich der Käfer im Gegensatz zu den meisten Konkurrenten mit dem billigeren Normalbenzin zufrieden.

Für die raschen, periodischen Kontrollen an der Tankstelle wünschte man sich einen besser zugänglichen Oelmessstab (man läuft Gefahr, sich bei dessen Herausziehen die Finger zu verbrennen); Oel kann ohne Spezialausguss nicht eingefüllt werden. Eine wesentliche Vereinfachung stellt dagegen der Zentralstecker für die bei VW schon lange eingeführte Computer-Diagnose dar. Diese Serviceleistung rationalisiert und verbilligt die Kontroll- und Einstellarbeiten.

Sehr sicheres Fahrverhalten

Bereits im Jahre 1970, als das aufwendigere Fahrwerk für die damaligen Typen 1302 und 1302 S in die Serie übernommen wurde, konnte eine bemerkenswerte Verbesserung des Fahrverhaltens und damit der Fahrsicherheit verzeichnet werden. Eine neuerliche Steigerung registriert man beim geprüften Big, der auf breiten Stahlgürtelreifen der Dimension 175/70 SR 15 einherrollt. Diese Bereifung gibt dem Aktionskäfer ein besonders «kräftiges» Aussehen, und der Wagen erscheint trotz gleichgebliebener Spurweite breiter als das Grundmodell 1303. Uebrigens: der Käfer steht nicht nur optisch breitbeiniger auf dem Boden als früher: im Jahre 1952 betrug die Spur bei einem Radstand von 240 cm nur 129 bzw. 125 cm, und mittlerweile ist sie beim 1303 bei nur geringfügig grösserem Radstand (242 cm) auf 138 bzw. 135 cm angewachsen.

Beim Fahren zeigt sich, dass der 1303 Big absolut ohne Tücken ist und den Wünschen des Fahrers stets unbeirrt folgt.

In Biegungen verhält er sich in einem weiten Bereich völlig neutral und kann deshalb mit der präzisen und direkten Lenkung mühelos auch in rascher Fahrt über kurvenreiche Strässchen bewegt werden. Nähert man sich der Kurvengrenzgeschwindigkeit, welche übrigens überraschend hoch liegt und deshalb im normalen Fahrbetrieb schon wegen der fehlenden Motorleistung kaum je erreicht wird, so wird ein leichtes, dann sanft zunehmendes Untersteuern feststellbar, d. h. der Wagen beginnt, mit dem Bug gegen die Kurvenaussenseite zu schieben. Dadurch kommt es von selbst zu einem Abbremsen auf normale Kurventempi; genügt dies allein noch nicht, kann der Wagen durch stärkeres Einschlagen der Lenkung in die Biegung gezwungen werden.

Auf nassem Untergrund tritt das Untersteuern früher und ausgeprägter auf; brüskes Vom-Gas-Gehen (Lastwechsel) hat hier kaum Einfluss auf das Eigenlenkverhalten, d. h. der Wagen bleibt untersteuernd. Dagegen führt extremer Lastwechsel in sehr rasch angefahrenen Kurven bei griffigem Belag zu einem Umschlagen vom Unter- zum Uebersteuern (Ausdrehen des Hecks). Dieser Wechsel vollzieht sich indessen nicht schlagartig, sondern bemerkenswert sanft, und es bleibt dem Fahrer genügend Zeit, um diese Bewegung durch leichtes Gegenlenken zu parieren.

Dieser Schriftzug im schwarzen Seitenstreifen kennzeichnet die geprüfte Version «Big». («AR»-Photos)

Der Geradeauslauf ist wiederum deutlich besser geworden, und auf Autobahnen muss kaum je korrigiert werden. Böig einfallender Seitenwind kann den Wagen allerdings noch immer leicht aus der gewünschten Spur drängen.

Das Lenkrad liegt ausgezeichnet zur Hand. Dank seiner vertikalen Stellung, dem geringen Kranzdurchmesser und dem griffigen Ueberzug ist es für kurvige Strässchen wie geschaffen. Beim langsamen Manövrieren ist der erforderliche Kraftaufwand jedoch etwas hoch — besonders um die Nullage — und in Kurven möchte man mehr Rückstellkraft spüren.

Ohne Tadel arbeiten die ohne Servohilfe operierenden Vierradtrommelbremsen. Sie verzögern den Wagen stets spurtreu und rasch; der aufzuwendende Pedaldruck ist mässig, und die Bremswirkung lässt sich gut dosieren. Ausgezeichnet ist auch die Wirkung der Handbremse.

Das Federungsverhalten des VW 1303 Big ist angenehm und entspricht ungefähr dem Standard in dieser Kategorie.

*

Seit seinem Erscheinen hat der VW-Käfer eine Verbesserung nach der anderen erfahren, und aus dem vor 40 Jahren ultramodernen Prinzip von Professor Porsche ist ein Optimum herausgeholt worden. Dennoch unterliegt der Käfer auch als 1303 Big seinen direkten Konkurrenten modernerer Bauart ausser in bezug auf die Fahrsicherheit und die Seriosität der Fabrikation in den meisten Disziplinen. Dass er trotzdem auch heute noch gekauft wird, hat somit andere Gründe, nämlich solche ökonomischer Art: der Käfer hat neben seinen Nachteilen auch ebenso unbestreitbare Pluspunkte, die gerade heute wieder stärker bewertet werden als früher: eine bis ins letzte ausgereifte, millionenfach bewährte Konzeption, eine anspruchslose und dauerhafte Mechanik, eine überdurchschnittliche Verarbeitungsqualität sowie nicht zuletzt ein bestens eingespieltes und dichtes Servicenetz. Diese Merkmale kommen nicht nach kurzer Zeit zum Tragen, sondern erst im Verlaufe der Jahre, und tatsächlich ist der Käfer kein Auto, das man jährlich wechselt, sondern eine — nicht ganz billige — Investition auf Jahre hinaus. Er ist Porsches erstes Langzeitauto. *«AR»-Test-Team*

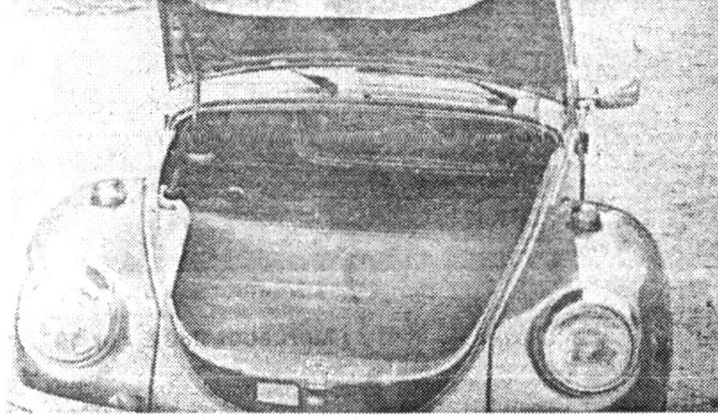

Trotz verschiedenen Tricks zur bestmöglichen Raumausnutzung ist der Bugkoffer des Käfers noch immer unterdurchschnittlich klein. Er ist eher für flache Koffer gedacht, während ...

... grosse, kubische Gepäckstücke am besten im Stauraum hinter den Fondsitzen untergebracht werden. Durch Umklappen der Rücksitzlehne entsteht eine zusätzliche Ladefläche.

«AR»-Test 9/1974

VW 1303 Big

Messergebnisse und technische Daten

Messbedingungen

km-Stand	3800
Aussentemperatur	2 °C
Luftfeuchtigkeit	66 %
Höhe über Meer	470 m
Asphaltbelag	

2 Personen Belastung + 25 kg

Messungen mit elektronischen Präzisionsinstrumenten

Gewichte

Leergewicht (DIN)	880 kg
Gewichtsverteilung in %	42,3/57,7
Leistungsgewicht	20,0 kg/PS (DIN)

Zählereichung

eff. km/h	34	54	74	95	115
abgelesene km/h	40	60	80	100	120

1 km nach Zähler = 995 m

Fahrleistungen

Höchstgeschwindigkeit

(Werkangabe) **125 km/h**

Beschleunigung

aus dem Stand

0— 40 km/h	sec	4,2
0— 60 km/h	sec	8,0
0— 80 km/h	sec	14,9
0—100 km/h	sec	24,9
0—120 km/h	sec	52,3
1 km stehender Start	sec	42,3

Elastizität

(Beschleunigung in den Gängen)

Gang		1. Gang	2. Gang	3. Gang	4. Gang
20— 40 km/h	sec	3,0	3,6	7,3	—
40— 60 km/h	sec	—	4,0	5,8	9,3
40— 80 km/h	sec	—	—	12,7	19,1
40—100 km/h	sec	—	—	21,6	32,3
40—120 km/h	sec	—	—	—	59,4
1 km ab 40 km/h	sec				43,3

Sichtbeurteilung

Personengrösse	nach vorn	nach hinten	seitlich	schräg nach hinten	ist Heckabschluss sichtbar?
klein	2	2	2	4	nein
mittel	2	2	2	4	nein
gross	2	2	1	4	nein

1 = sehr gut; 2 = gut; 3 = genügend; 4 = ungenügend.

Innengeräusch

Leerlauf	54	80 km/h	73
40 km/h	63	100 km/h	78
60 km/h	69	120 km/h	80

Messung des Innengeräuschpegels vorn auf Ohrenhöhe in dB (A) bei konstanter Geschwindigkeit im obersten Gang.

Innenraum

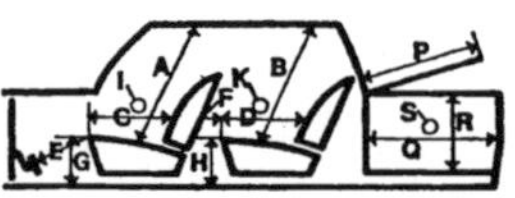

Abmessungen

A = 95 cm	B = 86 cm
C = 47 cm	D = 45 cm
E = 46—61 cm	F = 12—27 cm
G = 33 cm	H = 39 cm
I = 121 cm	K = 132 cm
P = 90 cm	
Q = 55—90 cm	
R = 15—32 cm	
S = 91 cm	

Beurteilung des Innenraumes

Vorn bei Personengrösse		Hinten bei Personengrösse klein	mittel	gross
klein	1	1	2	3
mittel	1	2	3	4
gross	1	4	4	4

1 = sehr gut; 2 = gut; 3 = genügend; 4 = ungenügend.

Benzinverbrauch (Normalbenzin)

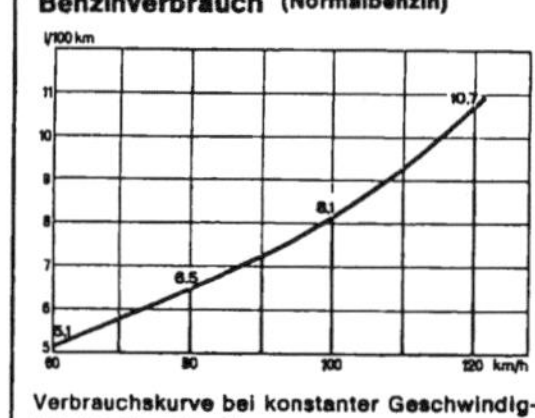

Verbrauchskurve bei konstanter Geschwindigkeit im obersten Gang

Im Test gemessene Durchschnittswerte von	9,7 bis 12,3 l/100 km
1 Kilometer mit stehendem Start	17,6 l/100 km
Gesamttestverbrauch	11,4 l/100 km
Oelverbrauch	nicht messbar

Bremsprüfung aus 60 km/h

Bremsweg (Mittel)	16,9 m
durchschnittliche Verzögerung	8,2 m/sec²
Spurabweichung	0—10 cm

Unterhalt

Jahressteuer je nach Kanton	Fr. 143.— bis 308.—
Haftpflichtversicherung (100 % der Grundprämie, unbegrenzte Garantiesumme)	Fr. 451.30

Service-Kosten

Kleiner Service alle 5000 km	ca. Fr. 25.—
Grosser Service alle 10 000 km	ca. Fr. 100.—

Technische Daten, Merkmale und Ausrüstung

Preis: Fr. 9820.—; keine Mehrpreisliste.

Testwagenlieferant: AMAG Automobil- und Motoren AG, 5116 Schinznach-Bad.

Motordaten: 6,54 Steuer-PS; 4-Zyl.-Boxermotor (77×69 mm), 1285 cm³; Kompr. 7,5:1; 44 PS (DIN) bei 4100 U/min, 34,2 PS/L (DIN); 8,8 mkg (DIN) bei 3000 U/min; Oktanbedarf 91 ROZ (Normalbenzin).

Motorkonstruktion: Heckmotor. Hängende Ventile, zentrale Nockenwelle (Zahnräder); Leichtmetall-Zylinderköpfe; 4fach gelagerte Kurbelwelle; Oelsieb, Oelkühler, Oel 2,5 L; 1 Fallstromvergaser Solex 31 PICT mit Startautomatik, Oelbad-Luftfilter.

Zündkerzen Bosch W 175 T 1, Beru 175/14 oder Champion L 87 Y; Batterie 12 V 36 Ah, Alternator 420 W; Luftkühlung mit Gebläse.

Kraftübertragung: Heckantrieb; Trockenkupplung; 4-Gang-Vollsynchrongetriebe (ohne dir. Gang), Stockschaltung; spiralverzahnter Achsantrieb, Unters. 4,375:1 (8/35).

Untersetzungsverhältnisse: I. 3,78:1; II. 2,06:1; III. 1,26:1; IV. 0,89:1; R 4,01:1.

Fahrgestell, Aufhängung: Zentralrohrrahmen, hinten gegabelt mit Plattform als Aufbauboden; vorn Federbeine, Querlenker und Schraubenfedern, hinten Einzelradaufhängung mit Doppelgelenkachse, Längs- und Schräglenkern, querliegenden Drehfederstäben; vorn Kurvenstabilisator; Teleskopstossdämpfer.

Vierrad-Zweikreis-Trommelbremsen, wirksame Bemsfläche total 808 cm², mech. Handbremse auf Hinterräder; Lenkung mit Schnecke und Rolle; Benzintank 41,5 L, davon 5 L Reserve; Reifen 175/70 SR 15 (Stahlgürtelreifen) auf Felgen 5 J

Dimensionen: Radstand 242 cm, Spur 138/135 cm, Bodenfreiheit 15 cm, Kofferraum 400 dm³; Länge 411 cm, Breite 158,5 cm, Höhe 150 cm.

Karosserie: Limousine 2türig, 5 Sitze.

Fahrleistungen (Werkangaben): Höchstgeschwindigkeit 125 km/h; Geschw. bei 1000 U/min im IV. Gang 30 km/h; Beschleunigung 0—100 km/h 25 sec; stehender Kilometer 44 sec; Verbrauch (DIN-Norm) 8,8 L/100 km.

Serienmässige Ausrüstung: Heiz- und Frischluftanlage, Zwangsbelüftung, Heckscheibenheizung, Scheibenwischer (zweistufig), Scheibenwaschanlage (druckluftbetätigt), Lichthupe, Rückfahrlampen, Warnblinkanlage, Handschuhfach, Kartentasche in Fahrertüre Einzelsitze vorn, Armlehnen seitlich vorn und hinten, Sitzverstellung in Längsrichtung, Kofferraumentriegelung von innen, von innen erreichbarer Aussenrückspiegel, 2 Aschenbecher, Radio (Mittel- und Langwellen), Benzinstandanzeiger, Armaturenbeleuchtung mit regulierbarer Lichtintensität, automatische Innenbeleuchtung, Warnlampen für Handbremse, Oeldruck, Alternator, Motorkühlung und Bremsanlage, Benzintankdeckel (vom Wageninneren zu entriegeln), 2 Kleiderhaken, Lenkradschloss, Sonderlackierung (Metalliclack und Zierstreifen), Sportfelgen, Stoffpolster, Lenkrad mit vinylbezogenem Kranz, Haltegriffe (3), Bodenteppiche, Dreipunkt-Sicherheitsgurte für Einhandbedienung, Abschlepphaken v. und h.

Keine Mehrpreisliste

Wendekreis (Karosserie)	10,3 m
Lenkradumdrehungen	3¼
Kupplungspedaldruck	10 kg

Service-Intervalle

Oelwechsel alle 5000 km oder 6 Monate
Mechanische Kontrolle alle 10 000 km
Keine Schmiernippel
Reifendruck vorn 1,3 atü, hinten 1,9 atü

Störungen im Testbetrieb

Zündung und Vergaser einstellen.

Die Entwicklung der Käfer-Motoren

Der 17. Januar 1934 hat bei Automobilkennern längst historische Bedeutung. Denn damals präsentierte Ferdinand Porsche einigen Mitgliedern der damaligen Reichsregierung in einem Exposé seine Gedanken »betreffend den Bau eines deutschen Volkswagens«.

Einer der wichtigsten Punkte dieses Schriftstükkes war die Beschreibung des Motors. Unter diesem Stichwort hatte Porsche in nur Ingenieuren verständlichem Deutsch aufgeschrieben, wie er sich das Antriebsaggregat vorstellte:

»Entweder luftgekühlter Vierzylinder-Viertaktmotor in waagerechter Gegenläuferanordnung oder luftgekühlter Dreizylinder-Zweitaktmotor in Sternanordnung. Kühlluftgebläse auf der hochgelegten Hilfswelle bei der Gegenläuferanordnung. Kombiniertes Kühl- und Spülluftgebläse auf der Kurbelwelle bei der Sternanordnung«.

Und zur Plazierung des Motors dachte sich Porsche im selben Exposé folgendes aus: »Direkt über der Hinterachse angeordneter Antriebsblock, bestehend aus Geschwindigkeitswechselgetriebe, Ausgleichgetriebe und Untersetzungsgetriebe, Motoraggregat in Gummi auf den Längsrohren aufgehängt, Pendelhalbachsen direkt angelenkt.

Erreicht ist: Keinerlei Behinderung der ausbaufähigen Wagenlänge, daher günstige Sitzverteilung, keinerlei Zwischenwellen, daher geringes Eigengewicht, günstige Zugänglichkeit und Ausbaufähigkeit, erschütterungsfreie Lagerung; keinerlei Rädergeräusch und Ausdünstungen im Fahrgastraum«.

Wenn zwar auch nicht alles so eingetreten ist, wie Porsche sich das 1934 vorgestellt hatte, aber das Käfer-Grundprinzip war geboren.

Daß es Jahrzehnte später seinen Siegeszug rund um die Welt antreten sollte, davon wagte Ferdinand Porsche damals noch nicht einmal zu träumen.

Welcher Motor nun eingebaut würde, ob der Vierzylinder-Boxer oder der Dreizylinder in Sternanordnung, war keineswegs von Anfang an klar. Zuviele Konstruktionsprobleme erhitzten die Gemüter.

Ghislaine E. J. Kaes, langjähriger Sekretär des »Professors«, erinnert sich in seiner Biographie über Porsche an die Tage der Motorenentwicklung: »Die Volkswagen-Motoren der Jahre 1934, 1935 und 1936 gaben Anlaß zur Sorge«.

Auf der Suche nach einem preiswerten Antriebsaggregat für den Volkswagen entwickelte Porsche allerlei Pläne, die mehr oder weniger in die Tat umgesetzt wurden.

1934 baute der Professor beispielsweise einen Zweitakter als Zweizylinder-Doppelkolbenmotor, wie er schon von Puch her als Motorradmotor bekannt war. Doch erst 1936 gelang es, diesen Motor durch sehr kleine Auslaßkolben standfest zu machen.

Obwohl der Vierzylinder-Boxer in seinen Grundzügen längst existierte, setzte Ferdinand Porsche Mitte der 30er Jahre beharrlich auf einen zweitak-

Der Doppelkolbenmotor hatte pro Zylinder zwei Kolben. Eine der wesentlichsten Forderungen konnte dieser Motor anfangs nicht erfüllen: Er war nicht autobahnfest.

tenden Zweizylinder, für den unter anderem auch eine Benzineinspritzung vorgesehen war.
Daß dem Käfer letztlich dieses Aggregat erspart blieb, ist der Autobahn zu verdanken. Denn es gelang einfach nicht, den Motor autobahnfest, das hieß damals Dauertempo 100, zu bekommen. Bei längeren Vollgasfahrten stellten regelmäßig zwei Kolben ihren Dienst ein.
In die frühen dreißiger Jahre fallen die Arbeiten an einem Zweitaktmotor mit Röhrenschieber zwischen Zylinder und Kolben mit den verschiedensten technischen Abwandlungen.
Zu den preiswerten Konstruktionen zählt unter anderem der aus dem Jahre 1935 stammende Zweizylinder (OHV-Boxermotor). Den inzwischen auserwählten Vierzylinder-Boxermotor konnte er aber nicht mehr verdrängen.
Das gelang auch nicht dem 1,1-Liter-Königswellen-Motor von 1939. Bei diesem Motor wurden die obenliegenden Nockenwellen von einer Königswelle angetrieben, wobei die schrägliegenden Ventile in einen Halbkugelbrennraum ragten.
Nach einer hitzigen Aussprache im Reichsverband der deutschen Automobilindustrie (RDA) fiel 1936 die Entscheidung für den luftgekühlten Boxermotor. Sein Grundprinzip ist trotz vieler Detailänderungen bis heute erhalten.
In der entscheidenden Sitzung des RDA waren die Spitzen der Automobilindustrie unter dem Vorsitz Dr. Allmers zusammengekommen: Hagemeier (Adler), Dr. Bruhn (Auto Union), Fiedler (BMW), Dr. Kissel (Daimler Benz), Dr. Borgward (Hansa Lloyd), von Falkenhayn (NSU), Dr. Porsche senior und junior.
Zum Thema Motor stellte Dr. Allmers fest, daß Dr. Porsche sich noch nicht darüber klar sei, welche

Der Zweitakt-Schiebermotor besaß zunächst einen Röhrenschieber zwischen Zylinder und Kolben, der durch ein Pleuel gesteuert wurde. Da das Pleuel immer abriß, ging man 1935 zu einer Nockensteuerung mit Drehstabrückholfeder über, wie das Foto zeigt.

Der Zweizylinder-Doppelkolbenmotor entsteht 1934.

Der Zweizylinder-OHV-Boxermotor war zwar in der Herstellung preiswert, er konnte jedoch den schon vorhandenen Vierzylinder-Boxermotor nicht mehr verdrängen.

Motorenkonstruktion in Frage komme. Und die Elastizität (Leistung in den unteren Drehzahlen) des Zweizylinder-Viertakters sei nach Ansicht von Oberingenieur Schirz (RDA) nicht ausreichend. Dennoch könne der konstruktiv zwar noch nicht abgeschlossene Vierzylinder-Viertakter vielleicht die endgültige Lösung sein.

Damit war praktisch die Entscheidung für den Boxermotor gefallen.

Schon lange vor dem Volkswagen-Gegenläufer von Porsche hat es von vielen Firmen die verschiedensten Boxermotor-Konstruktionen gegeben. Unter anderem von Porsche selbst, der 1912/13 einen luftgekühlten Zweizylinder-Gegenläufer für die Austro-Daimler-Flugmotorenfirma konstruiert hatte.

Der Urahn aller Käfer-Motoren entstand 1936. Mit einem Hubraum von 985 cm³ (bei einer Bohrung von 70 Millimeter und einem Hub von 64 Millimeter und einer Verdichtung von 5,6, leistete er 23,5 PS bei 3000/min.

Für die Fachwelt war dieser Motor eine Sensation. Waren doch damals nur langhubige Motoren in Mode. Der Porsche-Boxer hatte aber mit 0,915 zu 1 ein unterquadratisches Hub-Bohrungs-Verhältnis. Das bedeutete eine Verringerung der Kolbengeschwindigkeit, was sich positiv auf den Ölverbrauch, den Zylinderverschleiß und die Kurbelwellenbeanspruchung auswirkte.

Der Vierzylinder-Boxermotor von 1936 ist der Urahn aller Käfer-Motoren. Bei einem Hubraum von 985 cm³ leistete der Motor 23,5 PS. Der Motor hatte pro Zylinder einen Ansaugkanal, aber noch keinen Ölkühler.

Der erste Käfer-Motor besaß noch keinen Ölkühler und nur drei Kurbelwellenlager. Außerdem sorgte eine elektrische Pumpe für den notwendigen Kraftstoffzufluß. Interessant für damalige Verhältnisse waren schon die zwei getrennten Einlaßkanäle pro Zylinderkopf und die vier Ansaugleitungen zum Vergaser.

Um Kosten zu senken, kamen Zylinderköpfe mit nur einem Einlaßkanal sowie ein vereinfachtes Ansaugrohr zum Einsatz.

In einer Baubeschreibung ist das Grundkonzept festgehalten, wie der Serien-Käfer-Motor über Jahrzehnte hinweg mit ständigen Verbesserungen und immer mehr PS millionenfach hergestellt wurde. Darin heißt es:

Das zweiteilige Kurbelgehäuse ist aus Leichtmetall gegossen. Beide Hälften sind zusammen bearbeitet und dürfen daher nur zusammen ausgewechselt werden.

Die Lagerstellen sind gehärtet. Die Welle ist im Kurbelgehäuse vierfach in Spezial-Leichtmetallagern gelagert. Das zweite Lager, von der Kupplungsseite her gesehen, ist geteilt. Das erste Lager nimmt gleichzeitig die axialen Schubkräfte der Kurbelwelle auf. Das Schwungrad mit einem Zahnkranz für den Anlasser wird durch eine Hohlschraube gehalten und durch vier Paßstifte auf

1937 hatte der weiterentwickelte Boxermotor ein neues Kurbelgehäuse und einen Ölkühler. Die Doppelansaugkanäle wurden in dieser Ausführung beibehalten.

Dieser luftgekühlte Boxermotor, mit einfachen Ansaugkanälen, wurde in der Volkswagen-Vorserie (V3) erprobt.

der Kurbelwelle gegen Verdrehen gesichert.

Steuerrad und Verteilerantriebsrad sind durch einen Federkeil gesichert. Eine Sechskantschraube hält die Keilriemenscheibe auf ihrem Sitz. Die Abdichtung der Kurbelwelle erfolgt auf der Kupplungsseite durch einen Dichtring und an der Keilriemenscheibe durch eine Ölablenkscheibe.

Die vier Pleuelstangen sind auf der Kurbelwelle mit auswechselbaren Bleibronzelagern gelagert und haben Bronzebuchsen für die Kolbenbolzen.

Die Kolben besitzen drei Kolbenringe, wobei der unterste als Ölabstreifring ausgebildet ist.

Die vier Zylinder bestehen aus einer Spezialzylindergußlegierung und sind untereinander gleich. Sie können deshalb mit dem zugehörigen Kolben einzeln ausgewechselt werden. Zum Wärmeaustausch sind für die vorbeistreichende Luft Kühlrippen angegossen.

Je zwei Zylinder tragen einen gemeinsamen, abnehmbaren und stark verrippten Zylinderkopf aus Leichtmetallguß mit eingepreßten Ventilsitzringen und Ventilführungen. Die Ventile sind im Zylinderkopf hängend angeordnet. Zwischen Zylinder und Zylinderkopf tragen die Sitzflächen keine Dichtung. Gegen den Austritt von Verbrennungsgasen sind Kupfer-Asbest-Dichtringe zwischen Zylinder und Zylinderkopf vorhanden.

Die Nockenwelle ist im Kurbelgehäuse unter Verzicht auf besondere Lagerbüchsen dreimal gelagert. Der Antrieb von der Kurbelwelle erfolgt durch schrägverzahnte Stirnräder. Das Nockenwellenrad ist aus Leichtmetall oder Preßstoff. Die Steuerung der Ventile erfolgt von den Nocken über Stoßstangen und Kipphebel. Jeder Nocken betätigt dabei abwechselnd je ein Ventil zweier sich gegenüberliegender Zylinder. Die Auslaßventile sind mit besonders hochwertigem Chromnickelstahl gepanzert.

Der Leichtmetall-Vollschaftkolben aus dem Jahr 1945 zeigt ein konisch-ovales Schleifbild. Die Laufruhe ist bei kaltem Motor dadurch unbefriedigend. 1950 wurden Bimetall-Regelkolben eingeführt, die durch eingegossene Ringe beziehungsweise Streifen die Wärmedehnung der Kolben so regulierten, daß das Laufspiel bei jeder Belastung konstant blieb. Durch das zylindrisch-ovale Schleifbild wurde eine gute Laufruhe gewährleistet.

Die Querschnittszeichnung zeigt den Boxermotor aus dem Jahr 1937. Die technischen Daten: 985 cm³, 23,5 PS, Verdichtung 5,6, Bohrung/Hub 70/64 Millimeter.

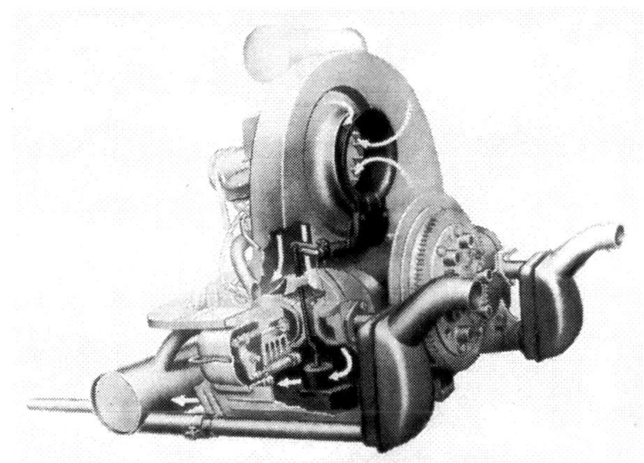

Im Mai 1950 wird der Boxermotor mit einer thermostatgesteuerten Kühlluftregelung ausgestattet.

Die Luftkühlung erfolgt über ein Gebläse. Das Gebläserad sitzt auf der verlängerten Welle der Lichtmaschine. Es wird durch einen nachstellbaren Keilriemen von der Kurbelwelle mit etwa doppelter Motordrehzahl angetrieben. Das Gebläse saugt durch eine Öffnung im Gebläsegehäuse Luft an und preßt sie über die stark verrippten Zylinder und Zylinderköpfe. Die Luft wird dabei durch Leitbleche geführt, welche teils im Gebläsegehäuse sitzen, teils die Zylinder umkleiden. Der durch ein Thermostat gesteuerte Drosselring am Lufteintritt des Gebläses sorgt für schnelles Erreichen und gleichmäßiges Einhalten der Betriebstemperatur.

Die Schmierung ist als Druckumlaufschmierung mit zusätzlicher Ölkühlung ausgebildet. Die Zahnrad-Ölpumpe befindet sich an der Antriebsseite der Nockenwelle und wird von dieser angetrieben. Das Öl wird im tiefsten Punkt des Kurbelgehäuses entnommen und über den Ölkühler in die Ölkanäle gedrückt. Ein Teil des Öles wird über die Kurbelwellenlager in die durchbohrte Kurbelwelle gepreßt und schmiert die Pleuellager. Ein zweiter Teil schmiert die Nockenwellenlager, ein dritter nimmt seinen Weg über die hohlen Stoßstangen zu den Kipphebeln und schmiert deren Lager und die Ventilschäfte. Zylinderwände, Kolben und Kolbenbolzen werden durch Schleuderöl geschmiert. Das von den Schmierstellen abfließende Öl gelangt in das Kurbelgehäuse zurück, wo Verunreinigungen durch ein Sieb an der tiefsten Stelle des Kurbelgehäuses zurückgehalten werden, bevor das Öl erneut in den Kreislauf eintritt.

Querschnittszeichnung des 25-PS-Boxermotors, wie er in den fünfziger Jahren zum Einbau kam.

Der Ölkühler sitzt auf dem Kurbelgehäuse und wird durch die vom Gebläse angesaugte Luft gekühlt. Er ist in die Ölleitung so eingebaut, daß ihn das von der Pumpe geförderte Öl durchlaufen muß, ehe es zu den einzelnen Schmierstellen gelangt. Die Temperaturabsenkung im Ölkühler beträgt etwa 20°C. Durch die Kühlung behält das Öl auch bei sehr warmem Wetter und unter Dauerbelastung des Motors seine volle Schmierfähigkeit. Bei kaltem und daher dickflüssigerem Öl bewirkt ein Überdruckventil, daß ein Teil des Öles unter Umgehung des Ölkühlers unmittelbar in die Ölkanäle fließt.

In die Druckleitung zwischen Ölpumpe und Ölkühler ist ein selbsttätiger Schalter für die Öldruck-Kontrollampe eingebaut, der bei geringem Druck einen elektrischen Kontakt öffnet und dadurch den Strom für die Kontrollampe unterbricht. Beim Einschalten der Zündung und bei niedrigem Öldruck leuchtet die Lampe auf.

Das sind die technischen Einzelheiten, die der Käfermotor aufwies, als nach 1945 in dem zerbombten Werk die Produktion langsam wieder anlief. Das inzwischen auf 1131 cm³ Hubraum

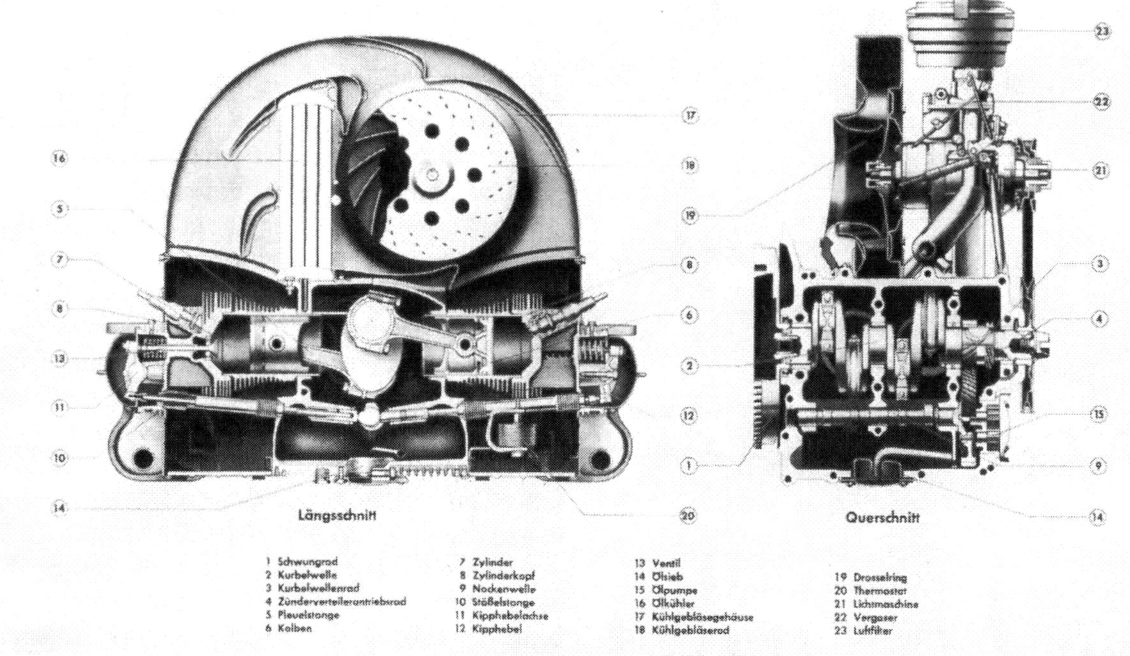

1954 wurde die Motorleistung bei gleichbleibendem Hubraum (1192 cm³) von 25 auf 30 PS gesteigert.

vergrößerte Antriebs-Aggregat leistete nun 25 PS und machte den Käfer 105 km/h schnell. Doch wachsender Wohlstand durch das aufkeimende deutsche Wirtschaftswunder ließ in der Käfer-Kundschaft den Wunsch nach mehr Leistung im Heck immer stärker werden.

Ende 1953, exakt am 21. Dezember, lief die Produktion des 30-PS-Motors an, der ab Januar 1954 den Kunden zur Verfügung stand. Die fünf Mehr-PS wurden durch eine Erhöhung von Hubraum (von 1131 cm³ auf 1192 cm³) und Verdichtung (von 5,8 auf 6,1) erzielt.

Schon 1950/51 wurde dieser Motor, der immer noch ein bißchen wenig Puste hatte, durch einige Verbesserungen deutlich standfester. Etwa durch die automatische Kühlluftregelung und die Bimetall-Regelkolben. Sie boten ein günstigeres Wärmeverhalten und eine geringere Kippneigung durch den mittenversetzten Kolben. Mehr Kondition brachten auch gepanzerte Auslaßventile und Ventilsitzringe aus Chrom-Nickel-Stahl. Zum gleichen Zeitpunkt wurde der Ölbadluftfilter eingebaut, dem der Käfer über 20 Jahre treu blieb.

In das Jahr 1953 fällt auch die Entwicklung eines Diesel-Boxermotors, der allerdings seinerzeit nicht über das Reißbrettstadium hinauskam. Erst eine Generation später, nämlich 1981, präsentierte Porsche den Dieselmotor in einem VW Käfer anläßlich einer Veteranen-Veranstaltung auf dem Nürburgring. Das Einzelstück leistet bei einem Hubraum von 1,3 Liter 25 PS.

1955 wurde bei 60000 Motoren das Kunststoff-Nockenwellenrad gegen eines aus Leichtmetall ausgetauscht. Und schon ein Jahr später (nach

Bis zum 4. August 1955 hatte der Abgasschalldämpfer nur ein Auspuffrohr.

positiven Erfahrungen) wird das Leichtmetall-Nockenwellenrad per Direktionsanweisung vom 21. September 1956 auch in alle Export-Limousinen eingebaut.

Die erste wesentliche Nachkriegsrenovierung mußte sich der Käfermotor 1960 gefallen lassen, um die Leistung wieder zu steigern. Diesmal um vier PS (von 30 auf 34 PS), wobei allerdings der Hubraum von 1192 cm³ konstant blieb.

Trotz des geringen Leistungszuwachses entstand praktisch ein neuer Motor. Zum Beispiel wurde das Kurbelgehäuse nicht mehr im Kokillenguß-Verfahren, sondern im Druckguß gefertigt. Die Umstellung führte zu einer kostengünstigeren Fertigung, legte jedoch der Konstruktion Beschränkungen auf in der Gestaltung der Wandstärken und Versteifungsrippen sowie in der Zahl und Größe der losen Teile. Das neue Gehäuse war wesentlich steifer und erlaubte auch den Einsatz im VW 1500 (Typ 3). Alle Lagerstege, insbesondere das Mittellager, wurden kräftiger gestaltet und die Zahl der Rippen erheblich vermehrt.

Der neue 1,2-Liter-Motor mit 34 PS von 1960. Die wesentlichen Neuerungen: verstärkte Kurbelwelle, vergrößerte Haupt- und Pleuellager, neuer Kraftstoffpumpenantrieb, thermischer Ventilspielausgleich durch Dehnschrauben. Hartgelötete Pilzstößel. Neuer Solex-Vergaser 28 PICT mit Startautomatik. Last- und drehzahlabhängige Ansaugluftvorwärmung. Die Ventile sind nunmehr schräg angeordnet. Auch der neue Motor hat noch keine Wärmetauscher.

Die Konsole für Lichtmaschine und Gebläse war nicht mehr angegossen, sondern angeschraubt. Das hatte den Vorteil, daß die obere Öffnung, aus der der Kern gezogen werden mußte, entfallen konnte.

Den Antrieb für Zündverteiler und Kraftstoffpumpe übernahm nun ein Schraubenrad auf der Kurbelwelle über eine gemeinsame Welle. Die neuentwickelte, gedrungene Kraftstoffpumpe lag leicht zugänglich auf dem Gehäuse an einer relativ kühlen Stelle.

Das neue Ölsieb im Kurbelgehäuse besaß einen Boden, der mit dem von unten gegen das Kurbelgehäuse geschraubten Deckel einen Wassersack bildete. Durch diesen Wassersack wurde erreicht, daß das Kondenswasser (bis 200 cm³) im Winter nicht mehr gefrieren konnte.

Die grundlegende Bauform des Zylinderkopfes von 1955 wurde zwar nicht verändert, dennoch erforderte der neue Kopf auch neue Produktionseinrichtungen.

Um den Strömungswiderstand innerhalb der Ansaugkanäle zu verringern, wurden die Querschnitte von 25 Millimeter auf 27 Millimeter im Durchmesser vergrößert und die bisher horizontal liegenden Ventile um etwa 9 Grad gegen die Zylinderachse geneigt. Der vergrößerte Ventilabstand erlaubte zwischen den Ventilführungen eine größere Kühlfläche. Am Auslaßkanal wurde die Rippenzahl vermehrt. Um die Flammenwege zu verkürzen, saß die Kerze jetzt weiter in der Mitte.

Damit die starke Wärmeausdehnung der Zylinderköpfe abgefangen werden konnte, wurden die Kipphebelwellen von Dehnschrauben gehalten. Dadurch wurde gleichzeitig das Ventilspiel kleingehalten, so daß die typischen Rasselgeräusche des luftgekühlten Aggregats gedämpft werden konnten.

Die Leistungssteigerung zog zwangsläufig nach sich, daß die Kurbelwelle, vor allem im Zapfen und in den Wangen, deutlich stabiler werden

Während die Verbrennungsräume der Vor- und Nachkriegsmotoren noch dachförmig ausgebildet waren, hat der Zylinderkopf seit August 1960 eine eiförmige Ausbuchtung. Der gut gerundete und mit starken Quetschflächen versehene Verbrennungsraum ist turbulenzverstärkend und erlaubt eine höhere Verdichtung.

Gegenüber den Vorgängermodellen wurden die Zylinderköpfe 1960 steifer und wärmefester ausgebildet.

mußte. Und ein überarbeiteter Schalldämpfer mit gleichlangen Rohren vermied die unangenehmen Tonstöße.

Durch eine im Luftfilter angebrachte Klappe erhielt der Motor je nach Stellung der Klappe vorgewärmte Luft. Damit sollte der Vergaservereisung in der kalten Jahreszeit entgegengewirkt werden. Sinnvollere Konstruktionen von Zündverteiler, Ölkühler und Kraftstoffpumpe erlaubten außerdem, 1,2 Kilogramm Gewicht zu sparen.

Als besonders interessante Neuerung des Modelljahres 1960 besaß der 28 PICT-Vergaser erstmals eine Startautomatik, die beim Start des kalten Motors den Choke überflüssig machte.

Dieser 1200er-Käfer-Motor aus dem Jahr 1960 wurde im Laufe der kommenden Jahre noch in vielen Punkten weiter verbessert. Parallel zum 1200er-Motor mit 34 PS wurden inzwischen auch stärkere Maschinen entwickelt und angeboten. Dennoch sollte von allen Triebwerksvariationen der 1200er der einzige bleiben, der von den vielen Konstruktionen überlebte.

Es folgten, wie immer bei VW, in den kommenden Monaten einige Verbesserungen an den Motoren. Die wichtigste geht am 10. Dezember 1962 in Serie. Es handelt sich um den Seriensatz von Wärmetauschern. Damit wurde die sogenannte Frischluftheizung eingeführt. Durch die Wärmetauscher konnten sich die Abgase nicht mehr mit den Frischgasen vermengen und ins Wageninnere gelangen.

Im August 1966 überraschte das VW-Werk die Fachwelt mit einem noch stärkeren Käfer-Motor. Wiederum ging die Leistungssteigerung mit einer Vergrößerung des Hubraums einher. Mit nunmehr 1,5 Liter Hubraum leistete der Motor 44 PS bei 4000/min und lieferte ein maximales Drehmoment von 102 Nm bei 2000/min. Die Höchstgeschwindigkeit gab das Werk mit 125 km/h und die Beschleunigung von 0 auf 100 km/h mit 23 Sekunden an.

Augenfälligste Neuerung dieses Motors war für Fachleute vor allem die Anordnung der Ansaugluft-Vorwärmung. Die Warmluft wurde durch zwei Schläuche von den Zylinderköpfen entnommen und anschließend der Ansaugluft beigemischt. Je eine Regelklappe in beiden Ansaugstutzen steuerte in Abhängigkeit von der Motordrehzahl den

Im August 1966 wird der 1,5-Liter-Boxermotor mit 44 PS vorgestellt. Auffälligstes Merkmal: Der Ölbadluftfilter hat zwei Ansaugstutzen und bekommt über zwei Schläuche in der Warmlaufphase vorgewärmte Ansaugluft.

Zutritt der vorgewärmten Luft zum Vergaser.

In jenem Jahr wurde der 1200er-Motor (34 PS) aus dem Programm genommen und der VW 1300 A (40 PS) galt als Einstiegsmodell in die Käfer-Familie. Doch schon im Oktober war der 1200er wieder im Programm. Die Kundschaft wollte es so. Im Juni 1967 erhielt die Kurbelwelle Ölkanäle in X-Bohrung für eine intensivere Schmierung der Lager. Und der VW-Bus wurde mit einem 1,6-Liter-47-PS-Triebwerk bestückt. Dieser Motor ließ sich ganz einfach aus dem Ersatzteillager zusammenstellen, wie es die Autozeitschrift GUTE FAHRT 1966 dem VW-Werk schon vorgemacht hatte. Da die Käfer-Kurbelwelle den gleichen Hub aufwies wie die größeren Motoren, mußte die Erweiterung des Hubraums zwangsläufig über eine größere Bohrung erfolgen. Benötigt wurden dafür die Kolben vom VW 1600 (Typ 3), während die Zylinder und Zylinderköpfe vom 1,5-Liter-Triebwerk stammten.

Dieser 1,6-Liter-Motor, der offiziell nur im Transporter verwendet wurde, hat nur wenig mit jenem 1,6-Liter-Triebwerk gemeinsam, das im August 1970 erstmals im VW 1302 zum Einsatz kam.

Denn an diesem Motor wurde praktisch alles umgemodelt, um ihn für eine Dauerleistung von 50 PS serienreif zu bekommen. Damit das Kurbelgehäuse die höhere Motorleistung aushielt, war eine widerstandsfähigere Legierung (Silizium/Aluminium, AS 41) nötig. Die normalen Zylinderköpfe wurden von Köpfen mit Doppelansaugkanälen ersetzt, die durch den nachträglichen Einbau einer Zweivergaseranlage für gute Füllung der Zylinder sorgten. Um den dritten

Schnittzeichnung des 1,6-Liter-Motors.

1970 stellt VW einen völlig überarbeiteten Käfermotor vor. Es gibt ihn in zwei Versionen mit 1,3 Liter Hubraum und 44 PS sowie mit 1,6 Liter Hubraum und 50 PS. Merkmal für beide Motorversionen: Das doppelte Ansaugrohr.

Der Ölkühler sitzt außerhalb des Kühlgebläsekastens. Dadurch erhält endlich auch der dritte Zylinder ausreichend Kühlluft.

Für den amerikanischen und japanischen Markt wurde der 1,6-Liter-Motor auch mit einer Benzineinspritzung ausgeliefert.

Zylinder vor Überhitzungsschäden zu schützen, montierten die Konstrukteure den Ölkühler außerhalb des Gebläsekastens. Ein fünf Millimeter breiteres Lüfterrad, ein Zündverteiler mit doppelter Unterdruckdose, ein 34-PICT-Vergaser mit größerem Durchsatz und eine neu abgestimmte Nockenwelle schlossen die konstruktiven Maßnahmen für den serienmäßig stärksten Käfer-Motor ab. Das 1,6-Liter-Triebwerk besaß eine Verdichtung von 7,5, gab sich mit Normalbenzin zufrieden und machte den nicht gerade leichten VW 1302 S (Leergewicht 870 Kilogramm) 130 km/h schnell. Von diesem Motor, mit Doppelansaugkanälen in den Zylinderköpfen, gab es gleichzeitig noch eine schwächere Version mit 1,3-Liter-Hubraum und 44 PS. Das 1,6-Liter-Aggregat wurde übrigens in der Zeit von 1974 bis 1977 für den amerikanischen und japanischen Markt mit einer L-Jetronik von Bosch ausgestattet.

Seit 1978 liegt die Weiterentwicklung des Käfer-Triebwerks bei der brasilianischen Tochter des VW-Werkes. Dort wird der legendäre Boxer-Motor seit 1980 wahlweise als »Benziner« oder »Alkoholiker« angeboten. Gegenüber dem 1,6-Liter-Benziner besitzt der mit Zweivergaser-Anlage ausgestattete und im Hubraum gleichstarke Alkoholmotor eine wesentlich höhere Verdichtung (10,0), aber weniger Kraft (52 zu 55 PS). Um den Alkohol verdauen zu können, mußten Kupfer-Nickel-beschichtete Vergaser, eine oberflächenbehandelte Kraftstoffpumpe und ein verzinnter Kraftstofftank installiert werden. Und damit der Alkoholmotor überhaupt anspringen kann, wird ihm während der ersten Umdrehungen mittels einer Elektropumpe Benzin in den Vergaser eingespritzt.

Bislang konnte der brasilianische Kunde zwischen einer 1,3-Liter- und einer 1,6-Liter-Version wählen. Seit 1983 (Modelljahr 1983) wird im Käfer nur noch der 1,3-Liter-Motor (Alkohol: 42 PS [Zwei-Vergaser-Anlage, Verdichtungsverhältnis 10:1], Benzin: 42 PS) angeboten. Beide Motorversionen sind übrigens in Brasilien grundsätzlich mit einer Zweivergaseranlage ausgestattet.

Da der luftgekühlte Käfer-Motor in Brasilien außer im Käfer auch im Gol (ein Golf-ähnliches Fahrzeug) und im Saveiro (ein Pick-up auf Gol-Basis) Verwendung findet, mußte für dieses Modell das Kühlgebläse umkonstruiert werden. Denn im Gol wie auch im Saveiro sitzt der Motor im direkten Luftstrom vorn unter der Haube. Dadurch war es möglich, ein kleineres Gebläse und einen Plastikrotor zu verwenden. Der geringere Kraftaufwand, rund 3 PS, kommt der Motor-Nutzleistung zugute.

Die letzte intensive Weiterentwicklung der Käfer-Motoren wurde 1980 in Wolfsburg mit der Firma Cosworth (Großbritannien) für die mexikanische Tochtergesellschaft durchgeführt. Und zwar hat man den wassergekühlten Boxermotor des Typ 2 halbiert. Es entstand ein wassergekühlter Zweizylinder-Boxermotor mit 0,95 Liter Hubraum und einer Motorleistung von 33 PS. Der zur Lebenserhaltung des Triebwerks erforderliche Wasserkühler sitzt direkt hinter dem Motor und kann im Bedarfsfall schnell und einfach zur Seite geschwenkt werden. Gegenüber dem Urmodell aus dem Jahr 1936 hat der wassergekühlte Zweizylinder-Boxermotor jedoch einen gravierenden

Nachteil: Er wird nie in Serie gehen, weil die Motorleistung und das zu geringe Drehmoment den Kunden von heute nicht befriedigen können. Deshalb hat man in Wolfsburg als wirklich letzte Möglichkeit den kompletten 1,9-Liter-Wasserboxer mit 78 PS vom VW Bus in den Käfer verpflanzt. »Ein wahres Kraftpaket« schwärmt Motorenentwickler Dr. Hofbauer. Doch wird es auch in diesem Fall nur bei einem Versuchsexemplar bleiben, denn der Wasserboxer läßt sich nur mit der Schräglenker-Hinterachse kombinieren, wie sie zuletzt im VW 1303 installiert war. Und dieses Modell gibt es bekanntlich als Limousine seit 1974 nicht mehr.

1980 wurde versuchsweise ein halbierter Wasser Boxermotor im Käfer eingebaut. Der Motor leistet 33 PS bei einem Hubraum von 0,95 Liter.

Um den wassergekühlten Zweizylinder-Boxermotor warten zu können, mußte der erforderliche Kühler schwenkbar angeordnet werden.

Der Wasserkühler im Motorraum des Käfers.

Auch im brasilianischen Gol wird der Käfer-Motor verwendet. Er sitzt vorn unter der Haube und treibt die Vorderräder an.

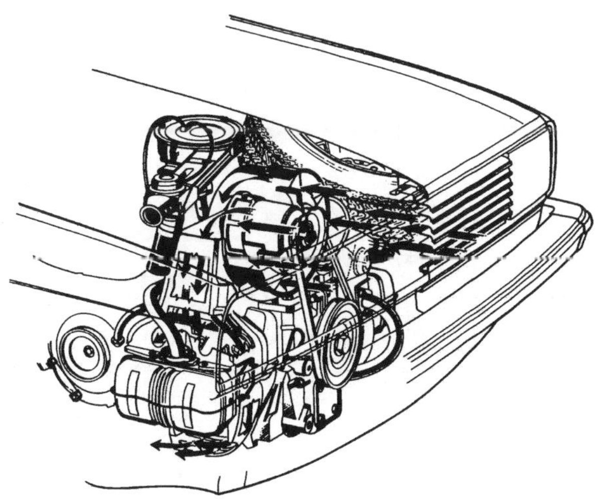

Käfer-Motorenübersicht

Die folgende Aufstellung gibt – ausgehend von den Motorkennbuchstaben – einen Überblick über alle Motoren, die in VW-Käfer eingebaut wurden.

Kennbuchstaben		Erster Prototyp 1936 von Porsche	–	A	B	D	E	F	H	L	AB
Motormerkmale											
Fertigung	von	1936	-.43	12.53	8.69	8.67	8.67	8.67	8.66	8.67	8.7
	bis	1943	12.53	7.65	7.70		7.70	7.70	7.70	7.70	7.7
Hubraum	l	0,98	1,1	1,2	1,6	1,2	1,3	1,3	1,5	1,5	1,3
Leistung	PS bei 1/min	23,5/3000	25/3300	30/3400	48/4000	34/3600[4]	37/4000	40/4000	44/4000	40/4000	44/41
	kW bei 1/min	17,3/3000	18/3300	22/3400	35/4000	25/3600[4]	27/4000	29/4000	32/4000	29/4000	32/41
Drehmoment	Nm bei 1/min		68/2000	75,5/2000	106/2200	84/2000	85/2000	89/2000	102/2000	94/2000	88/30
Bohrung	mm Ø	70	75	77	85,5	77	77	77	83	83	77
Hub	mm	64	64	64	69	64	69	69	69	69	69
Verdichtung		5,6	5,8	6,6	7,5	7,0[1]	6,6	7,3	7,5	6,6	7,5
Steuerzeiten bei 1 mm Ventilhub											
Einlaß öffnet vor OT		17°10′	17°10′	2,5°	7°30′	6°	7°30′	7°30′	7°30′	7°30′	7°30
Einlaß schließt nach UT		52°10′	52°10′	37,5°	37°	35°30′	37°	37°	37°	37°	37°
Auslaß öffnet vor UT		52°10′	52°10′	37,5°	44°30′	42°30′	44°30′	44°30′	44°30′	44°30′	44°3
Auslaß schließt nach OT		17°10′	17°10′	2,5°	4°	3°	4°	4°	4°	4°	4°
ROZ	mind.	–		84	90	87	81	87	91	83	91
Vergaser/Einspritzung		26 VFJ	26 VFJS[3]	28 PCI	30 PICT	28 PICT[2]	30 PICT	30 PICT	30 PICT	30 PICT	31 PI
Motor ist besonders abgestimmt auf:					USA		Länder mit gering-oktanigem Kraftstoff (M 240)			Länder mit gering-oktanigem Kraftstoff (M 240)	

1) ab 8.72: 7,3, 2) ab 8.70: 30 PICT, 3) ab 10.52: 28 PCI, 4) ab 8.60: 34 PS (25 kW)

Der vom VW Transporter stammende Vierzylinder-Wasserboxer paßt in den Käfer mit Schräglenker-Hinterachse. Der erforderliche Kühler sitzt unter der vorderen Haube.

AC	AD	AE	AF	AG	AH	AJ	AK	AL	AM	AR	AS
8.70 7.72	8.70 7.73	8.70 7.71	8.70 12.77	8.70 5.73	8.71 1.76	8.74 12.77	8.72 7.73	3.73	3.73 12.77	8.73 7.75	8.73
1,3	1,6	1,6	1,6	1,6	1,6	1,6	1,6	1,6	1,6	1,3	1,6
40/4000 29/4000	50/4000 37/4000	48/4000 35/4000	46/4000 34/4000	44/3800 32/3800	48/4000 35/4000	50/4000 37/4000	48/4000 35/4000	48/4000 35/4000	48/4000 35/4000	44/4100 32/4100	50/4000 37/4000
80/3000	108/2800	102/2000	100/2600	100/2000	102/2000	108/2800	102/2000	102/2000	102/2000	88/3000	108/2800
77	85,5	85,5	85,5	85,5	85,5	85,5	85,5	85,5	85,5	77	85,5
69	69	69	69	69	69	69	69	69	69	69	69
6,6	7,5	7,5	6,6	6,6	7,3	7,5	7,3	7,3	7,3	7,5	7,5
7°30′ 37° 44°30′ 4°	7°30′ 37° 44°30′ 4°	7°30′ 37° 44°30′ 4°	7°30′ 37° 44°30′ 4°	7°30′ 37° 44°30′ 4°	7°30′ 37° 44°30′ 4°	7°30′ 37° 44°30′ 4°	7°30′ 37° 44°30′ 4°	7°30′ 37° 44°30′ 4°	7°30′ 37° 44°30′ 4°	7°30′ 37° 44°30′ 4°	7°30′ 37° 44°30′ 4°
83	91	91	83	83	91	91	91	91	91	91	91
31 PICT	34 PICT	34 PICT	34 PICT	31PICT	34 PICT	L-Jetronik	34 PICT	34 PICT	34 PICT	31 PICT	34 PICT
Länder mit gering-oktanigem Kraftstoff (M 240)		USA	Länder mit gering-oktanigem Kraftstoff (M 240)	181	USA	USA Japan	USA	181	181/USA		

Die offiziellen Sondermodelle auf Käfer-Fahrgestell

Der Käfer ist nicht nur das meistgebaute Auto der Welt, es gibt auch kein anderes Fahrzeug auf unseren Straßen, dessen Karosserie so oft geändert oder völlig neu gestaltet wurde.
Die Möglichkeit, dem Käfer ein völlig neues Kleid zu spendieren, ist verhältnismäßig einfach, da Bodengruppe und Karosserie miteinander verschraubt sind und sich dadurch schnell und einfach voneinander trennen lassen.
Viele kleine und mittlere Firmen in der ganzen Welt haben vom Verkauf von Karosserie-Bausätzen gelebt, die es dem Heimwerker ermöglichen, seinen Käfer individuell umzugestalten. Mancher Bastler griff selbst zu Kunststoff oder Holz und entwickelte seine eigenen Formvorstellungen. Von all jenen soll in Band III dieser Käfer-Dokumentation die Rede sein.
Dieser Artikel befaßt sich mit jenen Firmen, die offiziell von VW neue Fahrgestelle bekamen und ihre Sonderaufbauten über das VW-Händlernetz vertreiben durften. Das waren nicht viele, denn VW gab nicht jeder Firma, die es wünschte, neue Chassis oder komplette Volkswagen zum Einkaufspreis.
Die Haltung, die VW in dieser Angelegenheit vertrat, wird deutlich in einer Antwort, die Nordhoff 1954 auf einer Pressekonferenz gab, als er gefragt wurde: »Was halten Sie davon, wenn an interessierte Karosseriebauer nur Chassis geliefert würden, damit der Wagen auch mal einen anderen Aufbau bekommt?« Nordhoff: »Davon halte ich gar nichts. Wir sind eine Automobilfabrik und keine Chassisfabrik. Wir wollen es in der Hand behalten, wie der Wagen aussieht, der unseren Namen trägt. Bloße Chassislieferungen sind daher ohne jedes Interesse für uns.«
Frage: »Wie steht es da mit Karmann?« Nordhoff: »Mit Karmann verbindet uns eine echte Zusammenarbeit zur Deckung eines echten, auch bei uns erkannten, dem Volkswagen gemäßen, aber mit Rücksicht auf unsere Stückzahlen bei uns nicht zu befriedigenden Bedarfs.« Damit waren die Hoffnungen einiger kleinerer Karosseriefirmen auf Lieferung neuer Käfer-Chassis ein für allemal zunichte gemacht. Das führte unter anderem dazu, daß der Schweizer Hotelier und Werkstattbesitzer Emil Enzmann aus Schüpfheim nagelneue Käfer kaufen mußte, um seine Idee von einem Sportroadster auf Käfer-Chassis zu verwirklichen. Die überflüssigen, aber neuen Käfer-Karosserien verkaufte Enzmann an Versicherungsgesellschaften.
Zu jenen Firmen, die offiziell aus Wolfsburg Käfer-Teile bekamen zählen außer Karmann auch Miesen, Hebmüller und Westfalia.

Karmann

Die Firma Karmann zählt zu den renommiertesten Karosseriefirmen Deutschlands. Die Anfänge der Firma reichen bis in das Jahr 1874 zurück, als man sich vornehmlich mit der Herstellung von Pferdekutschen beschäftigte. Ein handwerklich besonders sauber verarbeitetes Exemplar aus jener Zeit vervollständigt die Fahrzeugsammlung der Firma Karmann.
1902 stellte Karmann für die Bielefelder Dürkopp-Werke seine erste Karosserie für ein Automobil her. Es handelte sich allerdings noch um eine motorisierte Kutsche.
Auf der Berliner Automobilausstellung präsentierte Karmann 1905 vier verschiedene Karosse-

Einer der ersten Karmann-Cabrio-Prototypen. Die Winker befinden sich noch im vorderen Seitenteil.

Das Karmann-Cabrio mit geteilter Heckscheibe ging nicht in Serie.

Das Käfer-Cabrio erfreute sich bei den Damen großer Beliebtheit. Hier das Modell aus dem Jahr 1951, erkennbar an den seitlichen Belüftungsklappen.

Vom VW-Cabrio wurden in der Zeit von 1949 bis 1980 insgesamt 331 847 Stück produziert. Das letzte in Osnabrück produzierte Cabrio steht in der Karmann-Fahrzeugsammlung.

rien für Motorfahrzeuge, die in der Reichshauptstadt großes Aufsehen erregten. Praktisch jeder Fahrwerkshersteller von Rang aus jener Zeit ließ bei Karmann maßgeschneiderte Karosserien herstellen. Nur einige Namen von vielen seien genannt: AGA, Adler, Daimler, FN, Hanomag und Pluto.

Der berühmte Bauhaus-Professor Gropius zeichnete Anfang der dreißiger Jahre Automobilkarosserien für Karmann. In die Autogeschichte eingegangen ist der Professor mit dem Karosserie-Design für den Vierliter-Adler-Standard.

Während des Zweiten Weltkrieges wurde das Karmann-Werk stark beschädigt. Und bevor man nach dem Wiederaufbau an eine Auto-Produktion denken konnte, wurden in den Hallen praktische Gebrauchsgegenstände produziert: Blechwannen, Klappsessel, Schubkarren und Schuhanzieher.

1946, noch vor der Währungsreform, als es Autos in Deutschland nur auf Bezugsschein für bestimmte Berufsgruppen gab, gelang es Wilhelm Karmann, dem verstorbenen Vater des jetzigen Firmeninhabers, einen dieser begehrten Bezugsscheine zu ergattern. Karmann bekam dafür den 10 000. Nachkriegs-Käfer; so will es zumindestens die Firmenlegende.

Aus diesem Käfer entstand das erste VW Karmann Cabrio. Ein Käfer mit abgeschnittenem Dach und einem Verdeck, bei dem die Spriegel außerhalb des Daches angebracht waren, wie beispielsweise beim Mercedes 540 K. Das Verdeck war seitlich weit herumgezogen, so daß die Seitenfenster entfielen. Die Version mit dem außerhalb des Verdecks liegenden Spriegeln wurde nicht weiter verfolgt, es entstand ein weiterer Prototyp, bei dem die Spriegel im Verdeck integriert und dadurch nicht mehr sichtbar waren. Erste Fahrzeuge dieser Variante hatten übrigens eine geteilte Heckscheibe. Das Brezelfenster also auch beim Cabrio.

Durch den Verlust des geschlossenen Blechdaches waren zusätzliche Versteifungen an Rahmen und Seitenteilen erforderlich, die das Cabrio gegenüber der Limousine um rund 40 Kilogramm schwerer machten.

1949 bestellte Nordhoff eine Vorserie von 25 Fahrzeugen (werksintern Typ 15), die in Wolfsburg harten Tests unterzogen wurden und diese glänzend bestanden. Daraufhin wurden von Wolfsburg mit einem Schlag 1000 Stück geordert.

1952 konnte die Karmann-Belegschaft das 10000. gefertigte Cabrio feiern. In seinen besten Zeiten wurden von dem Käfer-Cabrio täglich 100 Stück produziert; in dem Zeitraum von 1949 bis 1980 insgesamt 332000 Stück. Damit ist das Käfer-Cabrio das meistgebaute Vollcabrio der Welt. Das aller, allerletzte Käfer-Cabrio lief am 10. Januar 1980 vom Band. Es hat die Fahrgestell-Nummer 192044140 und komplettiert die Karmann-Fahrzeugsammlung in Osnabrück.

Im Gegensatz zum Hebmüller-Cabrio ging bei der Karmann-Variante der hintere Kofferraum bei geöffnetem Verdeck nicht verloren, da dieses hinten auf der Karosserie auflag. Und da in der Anfangszeit das Karmann-Cabrio mit dem Hebmüller-Cabrio konkurrierte, sprach man in der Karmann-Werbung gern vom Vierfenster-Cabrio, zumal das viersitzige Karmann-Cabriolet auch in den Seitenteilen Fenster aufweisen konnte. Natürlich war das Cabrio aufgrund seiner kleinen Stückzahlen und der aufwendigeren Fertigung immer teurer als die entsprechende Limousine. 1950 kostete es 6950 DM, zehn Jahre später allerdings nur noch 5990 DM und im Juli 1979, kurz vor der Produktionseinstellung, 14423 DM.

In den Anfangsjahren wurde das Cabrio zweifarbig ausgeliefert, und zwar in schwarz/weiß, grün/resedagrün und braun/beige. Durch die enge Verzahnung mit dem VW-Werk war immer sichergestellt, daß das Karmann-Cabrio nicht nur die gleichen Qualitätskriterien aufwies wie die Limousine, sondern auch alle technischen Verbesse-

Eine der ersten Styling-Studien des Karmann Ghia weist noch recht kantige Formen auf.

Für den kleinen Karmann Ghia waren in der Anfangsphase Doppelscheinwerfer vorgesehen.

Die Styling-Studie zwei entspricht schon fast dem Serienzustand. Nur die großen Lufteinlaßschlitze werden für die Serie noch verkleinert.

Geändert werden für die Serie auch die hinteren Kotflügel im Bereich der Schlußleuchten.

rungen erhielt.
Das Käfer-Cabrio zählt zu den beliebtesten Freiluftautos dieser Welt. Schon heute werden stolze Liebhaberpreise für das einmalige Cabrio gezahlt. Möglicherweise hat das einen brasilianischen Hersteller bewogen, das Käfer-Cabrio wieder auferstehen zu lassen. Denn seit 1980 kann man einen kompletten Kunststoffbausatz kaufen.
Als VW-Chef Nordhoff im Oktober 1953 anläßlich des Autosalons in Paris weilte, wurde er mit einem bis dahin geheimen Projekt konfrontiert. Die Überraschung stammte von Wilhelm Karmann und Luigi Segre, Chef und Designer der Firma Ghia.
Nach einer Idee der Chefs hatten die beiden Firmen gemeinsam ein sportliches Coupé auf Käfer-Basis entwickelt. Der Ghia-Prototyp wurde damals nach Paris geschafft, um auf dem Autosalon erste Publikums-Reaktionen zu testen. Doch auf Drängen des VW-Werkes unterblieb der erste öffentliche Auftritt dieses Fahrzeugs.
Schon am 16. November des gleichen Jahres besichtigte eine Delegation des VW-Werkes unter Leitung Nordhoffs den Ghia-Prototyp in Osnabrück.
Gustav Hausmann, Verfasser der Karmann-Firmen-Historie, schrieb später in der »Karmann Post« über dieses Treffen: »Die Herren waren von der Eleganz und Schönheit ebenfalls begeistert, und bei der bekannten Entschlußfreudigkeit von Herrn Nordhoff war der Bau noch am selben Tag eine beschlossene Sache«. Der Prototyp wurde auf den Namen »Karmann-Ghia« getauft, die finanzielle Abwicklung für die Verwendung des Namens Ghia übernahm das VW-Werk.
Neben dem 2/2-sitzigen Coupé wurde von Luigi Segre auch ein echter Viersitzer entwickelt, doch diese Studie kam nicht zum Einsatz. Das gilt auch für dic anfangs in der Motorhaube befindlichen Lüftungsschlitze.
Am 14. Juli 1955 stellte die osnabrücker Karosseriefirma das Coupé erstmals der Öffentichkeit vor. Die Produktion lief im August des gleichen Jahres an, der Preis betrug 7500 DM.
In der Werbung wurde das werksintern auf den Namen »Typ 14« getaufte Modell folgendermaßen angepriesen: »Dieses Coupé ist befreundet mit allen Straßen. Denn es ist das berühmte Volkswagen-Chassis mit seinem weltbewährten Motor, das in Meisterhände der Karosseriegestaltung gelegt wurde. Warum hat dieser Wagen drei verschiedene Namen?
Ghia, weil die berühmten Karosseriegestalter Ghia aus Turin ihn entworfen haben. Ihnen verdankt dieser Wagen seine Schönheit. Karmann, weil der bekannte Karosseriebauer Karmann in

Karmann Ghia Prototyp von 1953. Entworfen hat ihn Luigi Segre, der damalige Chef und Designer der Firma Ghia.

Der Karmann Ghia-Prototyp hatte noch recht kleine Scheinwerfer und ziemlich spitz zulaufende, vordere Kotflügel.

20 Jahre wurde der Karmann Ghia äußerlich fast unverändert produziert. Hier das Modell, wie es bis August 1969 von den Bändern lief.

Osnabrück ihn baut. Dort hat man noch das Geschick und die Zeit für die gründliche Handarbeit, die eine Ghia-Karosserie verlangt. Karmann ist verantwortlich für die qualitative Verarbeitung dieses Wagens.
Volkswagen, weil in diesem Wagen nicht nur der bewährte VW-Motor, sondern das ganze Chassis aus dem Volkswagenwerk Wolfsburg eingebaut ist. Ihm verdankt dieser Wagen seine technische Perfektion. Das Ergebnis dieser glücklichen Kombination? Eben der Volkswagen Karmann Ghia. Er sieht aus wie ein Luxuswagen. Kostet aber viel weniger. Er fährt sich wie ein Sportwagen. Ist aber viel bequemer. Er ist verläßlich wie jeder Volkswagen. Allerdings noch viel schöner«.
Um das Coupé in der von Ghia entworfenen Form verwirklichen zu können, mußte das Käfer-Chassis vor allem im vorderen Bereich ein ganzes Stück breiter gemacht werden. Die einzelnen Chassisteile wurden, wie auch die Karosserieteile, von Karmann gepreßt. Allerdings schweißte VW den Rahmen zusammen, während Karmann das Fahrzeug fertigte. Technisch blieb alles wie beim Käfer. Nur die Käfer-Vorderachse erhielt am Ghia zusätzlich einen Stabilisator.
Als Antriebsaggregat diente anfangs der 1,2-Liter/30-PS-Motor, der wegen der flachen Motorhaube mit einem seitlich abgehängten Luftfilter ausgestattet war, dessen Ansaugkrümmer vom Transporter-Motor stammte.
Obwohl der Karmann-Ghia nur als 2/2-Sitzer konzipiert war und er den gleichen Radstand wie der Käfer hatte, war er 7 Zentimeter länger (4,14 Meter) und rund 80 Kilo schwerer (Leergewicht 810 kg) als die Limousine.
Aufgrund der geringen Bauhöhe und des günstigen Fahrzeugquerschnitts erreichte das schnittige Coupé mit 30 PS eine Höchstgeschwindigkeit von 115 km/h; der Durchschnittsverbrauch wurde mit 7,5 Liter auf 100 Kilometer angegeben.
Während der insgesamt 19jährigen Produktionszeit erhielt der Ghia auch die beim Käfer einsetzenden stärkeren Motoren und natürlich auch die technischen Verbesserungen. Ein entscheidendes Datum in der Karmann-Ghia-Geschichte ist das Jahr 1957, denn auf der Internationalen Automobilausstellung in Frankfurt wurde das langersehnte Karmann-Ghia Cabriolet vorgestellt.
Die wichtigste Karosserieänderung wurde 1959 durchgeführt, als beim Ghia die Konturen der vorderen Kotflügel verändert wurden.
Gleichzeitig wurden die Scheinwerfer höher gesetzt und die Frischluft-Einlaßschlitze wie auch die Radausschnitte vergrößert. 1971 wurden die vom Käfer her bekannten breiten Stoßfänger ein-

Im August 1971 erhält der Karmann Ghia die vom Käfer her bekannten breiten Stoßfänger. 1974 wird die Produktion des Karmann Ghia eingestellt.

Unter der vorderen Haube befindet sich neben dem Tank und dem Reserverad ein kleiner Stauraum.

geführt sowie größere Schlußleuchten.
1974 schließlich wurde die Produktion des »Hausfrauen-Porsche« endgültig eingestellt, um Platz auf den Karmann-Bändern für den neuen VW Scirocco zu schaffen.
Fast 20 Jahre wurde der Karmann-Ghia produziert. In dieser Zeit konnten vom Coupé 362585 und vom Cabriolet 80881 Einheiten produziert werden.

Für den Karmann Ghia mußte der Käfer-Rahmen leicht modifiziert werden. Ansonsten entsprach die Technik der Käfer-Ausführung bis auf den Luftfilter, der im Ghia seitlich versetzt angeordnet ist.

Beteiligt am Rekord dieses einmaligen Fahrzeugs war auch die brasilianische Tochterfirma Karmanns.
Durch die Aktivitäten des VW-Werkes (VW do Brasil) siedelten sich in den sechziger Jahren in Brasilien immer mehr deutsche Firmen an, unter anderem auch Karmann. Am 24. April 1962 liefen in der Tochterfirma die ersten drei in Brasilien gefertigten Karmann-Ghia Coupés vom Band. Fünf Jahre später, 1967, feierte die Belegschaft den 10000. Karmann-Ghia, made in Brasilien. Aus einer primitiven Möbelfabrik hatten die »Karmänner« binnen kurzer Zeit eine moderne Karosseriefabrik mit dazugehörigem Großwerkzeugbau und Preßwerk für Karosserie-Preßteile erstellt.
In der Zeit von 1962 bis 1975 wurden in Brasilien 23402 Karmann-Chia Coupés und 176 Karmann-Ghia Cabrios gebaut. Heute werden in der Firma vornehmlich Autozubehör und Werkzeuge sowie Fahrzeugsonderaufbauten auf VW LT- und Transporter-Fahrgestellen hergestellt.
Karmann hat durch verschiedene Eigen-Entwicklungen auf Käfer-Fahrgestellen immer wieder versucht, mit VW noch besser ins Geschäft zu kommen.

1960 entwickelt Karmann einen Strand-Käfer namens Jolly, der nicht in Serie ging.

Gipsy, eine Kunststoffkarosserie auf Käfer-Fahrgestell. Die Karmann-Stilstudie ist von 1965.

Der Freizeit- und Geländewagen Gipsy von Karmann hat Ähnlichkeit mit dem VW 181.

Der Karmann-GF-Buggy wird 1969 von der Fachzeitschrift GUTE FAHRT entwickelt. Den Vertrieb des Buggy-Bausatzes, der auf ein verkürztes Käfer-Fahrgestell montiert werden konnte, übernahm Karmann.

Dazu zählt beispielsweise der Strand-Käfer namens »Jolly« aus dem Jahr 1960. Es handelt sich dabei um einen Käfer ohne festes Dach und Türen für Länder mit viel Sonne.

Es folgt im Jahr 1965 eine neue Stilstudie. »Cheetah« ist ein echter, kompromißloser Zweisitzer, bei dem die Windschutzscheibe mit den feststehenden Türrahmen einen Überrollbügel bilden. Ein Roll-Stoffverdeck schützt vor den Unbilden des Wetters.

1965 versucht sich Karmann auch mit einer Art Jagdwagen. Die wichtigsten Merkmale des »Gipsy«-Prototyps sind die umklappbare Windschutzscheibe und die Kunststoff-Karosserie.

Verwirklicht wurde schließlich der »Karmann GF«. Ein Buggy, der 1969 von der Autozeitschrift GUTE FAHRT entwickelt und von Karmann produziert und verkauft wurde. Es handelte sich dabei um einen Bausatz, der neben der Kunststoffkarosserie alle für den Aufbau wichtigen Teile enthielt – bis auf das Chassis mit Achsen und Motor. Aufgebaut wurde der Buggy auf ein verkürztes Käfer-Fahrgestell. Von dem Bausatz (Preis: 2950 DM) wurden rund 1500 Stück verkauft. Karmann erhielt sogar von VW die Erlaubnis, nagelneue Chassis, Motoren und Achsen für den Aufbau des Karmann GF-Buggy zu verwenden. Einen der ganz wenigen fabrikneuen Karmann GF Buggys leistete sich damals Baudouin, König von Belgien.

Hebmüller

Man schrieb das Jahr 1948, die Währungsreform brachte der Wirtschaft einen Aufschwung, Nordhoff übernahm die Geschäftsführung des VW-Werkes.

Bei Hebmüller, eine alteingesessene Karosseriefabrik in Wuppertal und Wülfrath, machte man sich Gedanken über Fahrzeuge für spezielle Einsätze.

Nachdem schon unter Porsche ein Volkswagen-Cabrio geplant (Typ 60) und Einzelstücke gebaut worden waren, war es aus Wolfsburger Sicht nur schlüssig, diese Käfer-Variante auch ins Programm aufzunehmen. Es kam zu Verhandlungen zwischen VW und der Firma Hebmüller, die auf der Basis des Käfers ein Cabrio entwickeln sollte. Hauptforderung aus Wolfsburger Sicht: Um eine preisgünstige Fertigung sowie Ersatzteilbeschaffung zu gewährleisten, sollten möglichst viele Teile vom Käfer verwendet werden.

Es entstanden drei erste Exemplare, die sich durch zusätzliche Luftschlitze in der Motorhaube von der späteren Serie unterschieden. Durch die Verwendung eines neu gestalteten Luftfilters konnte die hintere Haubenpartie – gegenüber dem Käfer-Heck – entscheidend verändert werden. Eine zusätzliche »Stahlnase« auf dem Motordeckel gab den Hebmüller-Cabrios in Verbindung mit der gestreckten Motorhaube ihr unverwechselbares, sportliches Aussehen.

Das Konzept sah von Anfang an ein zweisitziges Cabriolet mit 2 Notsitzen vor. Diese Anordnung erlaubte es, das Verdeck nach Roadster-Art vollständig zu versenken, und zwar nahm es im zurückgeklappten Zustand den Platz hinter der Rücksitzbank, also den hinteren Kofferraum ein.

Das Problem der Karosserie-Versteifung, die durch das abgeschnittene Blechdach erforderlich wurde, konnte durch einen zusätzlich angeschweißten z-förmigen Unterholm gelöst werden.

In Wolfsburg wurde das Hebmüller-Cabrio einer harten Dauerprüfung unterzogen. Die Techniker vergaben gute Noten, und die Kaufleute orderten 2000 Stück.

Auf einem farbigen Prospekt aus dem Jahr 1949 ist das Cabrio auf der ersten Seite schwarz abgebildet, bekannt wurde es jedoch vornehmlich in den Farben schwarz/rot und schwarz/elfenbein.

»Ein Gedicht! Formschön, elegant, faszinierend, temperamentvoll. Mit Recht hat das Cabriolet viele Freunde, denn es bietet zu jeder Zeit das Schönste: Freude an der Sonne und Bergen, angenehme Geborgenheit bei Wind und Wetter« – 1949 lief die Serienproduktion an, das Cabrio kostete 7500 DM. 1950 konnte der Preis auf 6950 DM gesenkt werden. Das Cabrio war rundum mit Zierleisten bestückt und zeichnete sich durch eine gediegene Innenauskleidung aus.

1949 läuft die Produktion des formschönen Hebmüller Cabrios an. Das zwei-/zweisitzige Cabrio wurde 1949 für 7500 DM angeboten.

Vom Hebmüller-Cabrio wurden insgesamt nur 696 Exemplare hergestellt.

Hebmüller-Cabrio mit edler Lederausstattung.

Neben dem Cabrio wurde von Hebmüller auch ein Coupé entwickelt, von dem allerdings nur noch ein Foto existiert.

Die Produktion lief auf vollen Touren, da kam es am 23. Juli 1949, einem Samstag, zu einer folgenschweren Katastrophe. Gegen 14 Uhr entstand ein Brand, vermutlich in der Lackiererei, der fast die gesamten Produktionsanlagen vernichtete.

Gerettet werden konnten lediglich einige Teile, während die zur Fabrikation erforderlichen Werkzeugmaschinen ein Raub der Flammen wurden. Nach vierwöchiger Aufbauzeit konnte in der Halle vier die Produktion provisorisch wieder aufgenommen werden. Doch trotz hohem Auftragspolster wurden der Firma Hebmüller bereits zugesagte Geldmittel entzogen. Im Mai 1952 mußte der Konkurs angemeldet werden, wenig später schlossen sich die Werkstore. Im gleichen Jahr wurden bei Karmann noch 12 Hebmüller-Cabrios fertiggestellt, so daß von diesem formschönen Wagen insgesamt 696 produziert worden sind.

Miesen

Das im Jahre 1870 gegründete Unternehmen befaßte sich zunächst ausschließlich mit dem Bau herkömmlicher Kutschen und lieferte bereits 1901 mehrere pferdebespannte Sanitätswagen an die Bonner Stadtverwaltung. Die ersten motorisierten Ambulanzfahrzeuge entstanden im Jahre 1905.

Die ersten Volkswagen rüstete Miesen schon während des Krieges für den Krankentransport um. Als Basismodell diente damals der VW 82 E, der Wehrmachts-Volkswagen mit dem hochbeinigen Kübelwagen-Fahrgestell und der normalen Käfer-Karosse.

Unmittelbar nach Ende des Krieges stellte Miesen zunächst im Auftrag der alliierten Besatzungsmächte, später auch direkt für die amtlichen und freiwilligen Hilfs- und Rettungsorganisationen, weitere Ambulanzwagen auf Volkswagenbasis her. Als Ausgangsmodell diente anfangs der VW 51, der technisch weitgehend mit dem während des Krieges produzierten VW 82 E identisch war, später dann der Typ 11, der damals schon in Großserie hergestellte Nachkriegs-Käfer Nordhoff'scher Prägung. Allein in die ehemalige britische Besatzungszone wurden etwa 150 dieser überwiegend grau lackierten Sanitätsfahrzeuge geliefert.

Die Firma Miesen bot ihren VW-Spezial-Krankenwagen im Jahr 1949 zum Preis von 6210 DM an. Andere Modelle waren fast doppelt so teuer. Der als VW Typ 17 bezeichnete elfenbeinfarbene Sanitätskäfer kostete nur knapp 900 DM mehr als die Serienlimousine vom Typ 11. Die Käfer wurden vom jeweiligen Besteller komplett angeliefert. Der von Miesen in Handarbeit durchgeführte Umbau dauerte vier bis sechs Wochen, je nach Auftragslage.

Den Beifahrersitz und die hintere Sitzbank ersetzte man durch eigens zu diesem Zweck entwickelte klappbare Spezialsitze, die im Notfall zu einer ebenen Ladefläche umfunktioniert werden konnten und als Auflagefläche für die aus einer Plattform, einer Schwenkdrehbühne mit Steuerkurven und einer Tragbahre bestehende Sonderausrüstung diente.

Die hintere Sitzreihe bestand aus zwei Einzelsitzen, deren Rückenlehnen, ebenso wie beim Beifahrersitz, zweifach unterteilt waren und somit mühelos umgelegt werden konnten. Sitze und Seitenteile waren, im Unterschied zum Serienmodell, das vorwiegend mit Stoffbezügen ausgeliefert wurde, mit Kunstleder bezogen.

Um die recht sperrige Sonderausrüstung in dem knappen Innenraum des Volkswagens überhaupt unterbringen zu können, kröpfte man den Schalthebel etwas nach links. Ansonsten blieb die Anordnung der Bedienungselemente unverändert. Speziell für den Kranken befestigte man an der Decke einen Haltegriff. Eine kunstlederbezogene Polsterplatte an der Rückwand diente als Kopfschutz, am Armaturenbrett waren Fußschutzleisten angebracht, an den hinteren Seitenscheiben Gardinen.

Auf dem Dach installierte man eine hölzerne Galerie mit einer aufrollbaren Segeltuchplane und klappbaren Seitenwänden. In diesem kastenförmigen Aufbau konnte die umfangreiche Sonderausrüstung, bestehend aus Plattform, Schwenkdrehbühne, Bahre, einigen Decken und einem Erste-Hilfe-Koffer, verstaut werden. Durch einfaches Hochklappen der Rückenlehnen erhielt man wieder eine viersitzige Limousine.

Zu den augenfälligen Veränderungen am Fahrzeug selbst gehörte der Umbau der Beifahrertür. Hier verwendete man längere Scharniere mit einer automatischen Haltesicherung; dadurch ließ sich die Tür bis zum Anschlag um fast 180° öffnen und beim Einladen des auf der Bahre festgeschnallten Patienten arretieren. Der vordere rechte Kotflügel mußte zu diesem Zweck im unteren Bereich geringfügig eingedrückt,

Die Firma Miesen war einer der wenigen Aufbauhersteller, der seine Fahrzeuge über das offizielle Händlernetz verkaufen durfte.

Durch abgeänderte Scharniere läßt sich die Beifahrertür fast um 180° öffnen. Der auf dem Fahrzeugdach montierte Holzkasten bot Platz für die zusammenfaltbare Bahre.

gespachtelt und beilackiert werden.
Das Einladen des Patienten selbst dagegen war leichter als man glaubt; dank einer von Miesen entwickelten ausgeklügelten Dreh- und Kippmechanik gab es dabei keinerlei Probleme, wenngleich es sicherlich einige Übung erforderte.
Die letzten dieser Miesen-Krankenwagen wurden zu Beginn der 60er Jahre ausgeliefert. Insgesamt wurden vom Volkswagen Typ 17 annähernd 500 Stück gebaut.
Die Bezeichnung »Typ 17« macht deutlich, daß das Volkswagenwerk das Miesen-Modell offiziell im Vertrieb hatte. Allerdings bekam Miesen die erforderlichen Volkswagen nicht vom VW-Werk, sondern über die VW-Händler. Neben Hebmüller war es von den kleinen Sonderaufbauten-Herstellern nur Miesen vergönnt, diese Auszeichnung zu bekommen.

In den frühen sechziger Jahren verlangte die Deutsche Bundespost nach einem wirtschaftlichen Kleinlieferwagen. Nach den Wünschen der Bundespost entwickelte die Firma Westfalia einen Kleinlieferwagen auf Käfer-Basis, der unter dem Namen »Fridolin« bekannt geworden ist.

VW Kleinlieferwagen

In den frühen sechziger Jahren suchte die Deutsche Bundespost nach einem wirtschaftlichen Fahrzeug mit einer geringen Verkehrsfläche. Eingesetzt werden sollte es für die Briefkastenentleerung, die Eilzustellung sowie im Fernsprech- und Landpostdienst. Die für diese Dienste bislang eingesetzten VW 1200 waren den Postlern wegen des ständigen Ein- und Ausstiegs zu unbequem, außerdem ließen sich die Personenwagen schlecht beladen.
Die Post versuchte es deshalb zeitweise mit 700 Sonderwagen der Firma Glas (Goggomobil), doch verlief der Einsatz nicht zur vollsten Zufriedenheit, zumal der Goggo der starken Beanspruchung im ständigen Kurzsteckenverkehr nicht gewachsen war.
In einer Aktennotiz vom 15. Februar 1962 (»PLX lebt wieder«) sind erste Gespräche zwischen der Post, der Firma Westfalia-Werke und VW über ein entsprechendes Fahrzeug für die Post wiedergegeben.
Der Bedarf der Post wird mit 7000 bis 8000 Fahrzeugen angegeben, in den ersten drei Jahren mindestens pro Jahr 1000 Stück.
Am 29. März 1962 gibt Nordhoff zum Bau dieses Fahrzeugs seine Zustimmung. VW tritt gegenüber der Post als Generalunternehmer auf, die Firma Westfalia-Werke soll das Fahrzeug herstellen. Gefordert wird von der Post ein Fahrzeug mit 2 Kubikmeter Laderaum und einer Nutzlast von 350 bis 400 kg. Das Fahrzeug soll eine Länge von 3,75 Meter, eine Breite von 1,48 Meter und eine Höhe von 1,70 Meter aufweisen. Vor allem aber

Der Kleinlieferwagen hat zwei Schiebetüren und eine große Heckklappe. Insgesamt wurden vom Fridolin 6129 Einheiten produziert.

verlangt die Post eine Möglichkeit zum schnellen Be- und Entladen. Deshalb erhält der intern auf den Namen »Fridolin« getaufte Kleinlaster zwei Schiebetüren und eine Heckklappe wie beim Typ 2 (Transporter).
Aufgebaut wird der Mini-Transporter auf einem Karmann-Ghia-Chassis. Dieses Chassis ist gegenüber dem Käfer-Chassis vor allem im vorderen Bereich breiter. Vorder- und Hinterachse entsprechen wie auch der Motor der Käfer-Ausführung. Das 1,2-Liter-Aggregat leistet 34 PS.
Am 2. April 1962 hat Westfalia die ersten zwei Zeichnungen sowie ein Plastilinmodell fertig, welches dem damaligen Bundes-Postminister Stücklen vorgeführt wird.
Das Projekt, befindet das Bundespost-Ministerium im Mai des gleichen Jahres, darf nicht mehr unter dem Namen »Fridolin« weiterlaufen. Es heißt jetzt »Sonderfahrzeug Post auf VW-Fahrgestell« - nur genannt hat es später keiner so. Der Name »Fridolin« drang an die Öffentlichkeit und gilt auch heute noch – wenn auch nicht offiziell. Werksintern lief das »Sonderfahrzeug Post« unter der Nummer 147, da es als Urvater den Typ 1 (Käfer) und das Chassis vom Typ 14 (Karmann-Ghia) hatte.
Im Januar 1963 steht in Wiedenbrück bei Westfalia die erste begehbare Attrappe zur Verfügung. Begangen wird sie von Vertretern des Bundespost-Ministeriums, der Westfalia-Werke und des VW-Werkes. Noch in der Nacht zum 15. Januar 1963 hatten Techniker der Westfalia-Werke das Fahrzeug um neun Zentimeter niedriger gemacht. Dennoch hatten die Postler einige Änderungswünsche, die bis zum ersten richtigen Musterfahrzeug abgestellt wurden. Anfang August ist es dann soweit. Das erste Musterfahrzeug mit der Fahrgestell-Nummer 5287034 wird in Wolfsburg dem Post-Ministerium vorgestellt.
Wieder fallen einige Änderungswünsche an, doch insgesamt gefällt das Fahrzeug. Zur Internationalen Automobilausstellung 1963 in Frankfurt ist Wagen Nummer 2 fertig, der im Hof der Oberpostdirektion auch außerdeutschen Postverwaltungen vorgeführt wird. Sie zeigen reges Interesse, vor allem die Schweizer, in deren Fuhrpark noch 1983 »Fridolins« im Einsatz sind.
Nachdem im November 1963 der dritte Wagen an die Bundespost übergeben wird, werden letzte Änderungen an Ausstattung und Formgebung beschlossen, so daß die ersten notwendigen Schritte für die Produktionsaufnahme im Jahr 1964 eingeleitet werden können.
Dadurch wird es auch möglich, die erforderlichen Herstellungswerkzeuge für die Karosserie zu bestellen und Karmann zu informieren, in Zukunft leicht abgeänderte Fahrgestelle vom Typ 141 (Karmann-Ghia) anzuliefern.
Die offizielle Vorstellung des unter der Entwicklungsnummer EA 149 laufenden Projekts findet allerdings erst 1965 statt.
Von 1964 bis Juli 1974 sind insgesamt 6129 Fridolins hergestellt worden, die fast ausschließlich in Post-Diensten fuhren. Heutzutage wird der gebrauchte Fridolin gern von jungen Menschen gekauft, denn er eignet sich aufgrund seiner Käfer-Technik hervorragend als wirtschaftlicher Klein-Camper.

Country Buggy

Nachdem 1954 im VW-Werk in Australien die Käfer-Produktion angelaufen war, machte man sich Ende der sechziger Jahre Gedanken darüber, wie sich ein auf die Bedürfnisse dieses Landes zugeschnittenes Freizeitauto realisieren ließe.
Australien ist größer als Europa, hat aber nur 13 Millionen Einwohner. Verständlich, daß da ein Markt für ein Freizeitauto gegeben ist. Neben diesen günstigen Voraussetzungen galt es aber auch, die nur auf Käfer-Produktion eingestellte

Der Country-Buggy wurde in Australien in der Zeit von 1968 bis 1972 gefertigt.

und nicht ausgelastete VW-Tochter mit einem neuen Produkt zu stärken.

Der Kurier- oder auch Buschwagen hatte in Australien die offizielle Bezeichnung »Country Buggy« und wurde unter folgender Modellbezeichnung angeboten:

Modell-Nr. 114 S 796 Rechtslenker:
1,2-l-Motor mit 34 PS
Modell-Nr. 114 S 797 Rechtslenker:
1,3-l-Motor mit 40 PS
Modell-Nr. 114 S 799 Linkslenker:
1,3-l-Motor mit 40 PS

Der Country-Buggy wurde kein wirtschaftlicher Erfolg. Nur knapp 2000 dieses Freizeitautos ließen sich in fünfjähriger Produktionszeit verkaufen.

Technisch basierte der Buschwagen natürlich auf dem Käfer. Er hatte die Bodenplatte, Achsen, Motor und Scheinwerfer vom Käfer, während der Aufbau aus abgekantetem Blech bestand und sich deshalb ohne große Werkzeugkosten realisieren ließ. Gegen die Unbilden des Wetters war der Country-Buggy mit einem Klappverdeck und einknöpfbaren Seitenteilen aus Kunststoff ausgestattet.

In der Zeit von 1968 bis 1972 wurden insgesamt nur 1956 Country-Buggies hergestellt. Daß der Buschwagen letztendlich kein wirtschaftlicher Erfolg wurde, lag neben dem schlichten Aussehen vor allem auch am australischen Markt: Das Volumen war zu klein.

VW 181

In den sechziger Jahren benötigte die Bundeswehr neben dem geländegängigen DKW Munga auch ein stabiles Kurierfahrzeug. Für diesen Entwicklungsauftrag wurde das Volkswagenwerk gewonnen. In der Öffentlichkeit hat man den von Wolfsburg entwickelten VW 181 immer mit einem Geländefahrzeug verglichen, was er aufgrund seines fehlenden Allradantriebs nie sein konnte.

Da die Bundeswehr von dem Typ 181 nur eine begrenzte Stückzahl (15200) bestellte, hat das VW-Werk zur besseren Amortisierung der Entwicklungs- und Werkzeugkosten immer wieder versucht, den robusten Kurierwagen auch als Mehrzweckfahrzeug der Allgemeinheit anzudienen. Das führte in Deutschland nur zu einem begrenzten Erfolg, zumal auch das selbstsperrende Differential (Mehrausstattung) die Geländetauglichkeit nicht wesentlich steigern konnte.

Zudem war es im 181 laut, unkommod und, zumindest in den ersten Produktionsjahren, bei niedrigen Außentemperaturen, zu kalt.

Beliebt wurde der 181 eigentlich erst in zweiter und dritter Hand, weil jene dann ein besonders

In der Zeit von 1969 bis 1978 wurde das Mehrzweckfahrzeug, der VW 181, in Deutschland produziert. Bis 1980 wurde die Produktion in Mexiko fortgesetzt.

Trotz seiner über zehnjährigen Produktionsdauer hielten sich die Modelländerungen beim VW 181 in Grenzen. Die Wesentlichsten: 1970 erhielt der VW 181 den 1,6-Liter-Motor mit 44 PS und 1974 eine Frischluftheizung mit Wärmetauschern. Diese machten es erforderlich, an den hinteren Kotflügeln Luftansaugschächte zu montieren.

robustes und recht kostengünstiges Fahrzeug besaßen.

Technisch hatte der Typ 181 fast von jedem VW-Modell etwas. Das ein Millimeter dicke Rahmenblech stammte, in leicht geänderter Form, vom kleinen Ghia. Die Vorderachse, verstärkt für den Geländeeinsatz, vom Käfer und die Hinterachse der ersten Produktionsjahre vom Typ 2, dem VW Bus.

Durch die Verwendung der Pendel-Hinterachse mit den Vorgelege-Getrieben an den beiden Hinterrädern wurde nicht nur die Getriebeabstufung untersetzt, sondern gleichzeitig auch die Bodenfreiheit erhöht.

Der VW 181 wurde grundsätzlich mit einem PVC-Klappverdeck und vier Türen ausgeliefert, in denen herausnehmbare Steckfenster saßen. Die vier Steckfenster, der Tank und die benzinelektrische Heizung hatten Platz unter der vorderen Haube. Nicht wesentlich mehr Stauraum befand sich hinter den beiden Fondsitzen, der sich durch das Umklappen der hinteren Sitzlehnen weiter vergrößern ließ.

Die Motorisierung übernahm das aus dem Käfer-Programm stammende 1,5-Liter-Aggregat mit 44 PS. Während seiner elfjährigen Produktionszeit wurde die Karosserie kaum geändert, und auch die technischen Verbesserungen hielten sich in Grenzen. 1970 erhielt der 181 einen niedrig ver-

In Mexiko gab es vom VW 181 das Sondermodell Acapulco.

Der Acapulco hatte ein Sonnensegel und gestreifte Sitzbezüge.

dichteten (6,6) 1,6-Liter-Motor mit 44 PS. 1973 wurde die Motorleistung bei gleichem Hubraum auf 48 PS erhöht. 1974 (ab Fahrgestell-Nr. 1842219789) setzte eine Frischluftheizung mit Wärmetauschern ein, die es erforderlich machte, deutlich sichtbare Luftansaugschächte über den hinteren Kotflügeln zu installieren. Die alte Typ-2-Pendel-Hinterachse wurde durch die vom VW 1302 her bekannte Schräglenker-Hinterachse ersetzt. Eine der wesentlichsten äußeren Veränderungen erfuhr der 181 1973, als er in Mexiko, allerdings nur für den US-Markt, mit den vom 1303 her bekannten großen Heckleuchten (Elefantenfüße) ausgestattet wurde.

Die Produktion des VW 181 begann hierzulande 1969 und endete 1978. In dieser Zeit wurden 26351 komplette Fahrzeuge gefertigt und 44175 CKD-Bausätze. Diese wurden ausschließlich an die VW-Tochter in Mexiko geliefert, die seit 1970 den VW 181 unter dem Namen ›Safari‹ montierte und vor allem in die USA exportierte. Von 1978 bis 1980 lag die Vollmontage in Mexiko. Einschließlich der Bausatz- und Vollmontage wurden in Mexiko 64254 Safari montiert. Außer diesen beiden Produktionsstandorten gab es noch ein kleines Montageband für den 181 in Indonesion, und zwar in der Zeit von 1972 bis 1980. Dabei handelte es sich um eine Importfirma, die den 181 unter eigener Regie aus CKD-Bausätzen montierte. In Indonesien sind rund 6500 VW 181 montiert worden. Und wenn die Statistiker in Wolfsburg richtig mitgezählt haben, wurden vom Typ 181 insgesamt 90605 Einheiten produziert.

Die Polizei-Cabrios

In den frühen Nachkriegsjahren bestand der Fuhrpark der Polizei hauptsächlich aus ehemaligen Wehrmachtsfahrzeugen, beschlagnahmten Privatwagen und ausgemusterten Kraftwagen der alliierten Besatzer. Neue Fahrzeuge gab es nur wenige. Die hessische Polizei besaß beispielsweise 1950 insgesamt 200 Einsatzfahrzeuge, Motorräder mit Beiwagen und Solo-Kräder mitgerechnet; heute sind es mehr als 3300. Zu den ersten Neufahrzeugen, mit denen die Polizei gegen Ende der 40er Jahre ausgerüstet wurde, gehörte der Volkswagen; allerdings nicht in der serienmäßigen Ausführung als Limousine, sondern als offener, viertüriger Fünfsitzer. Zu den bekanntesten und meistverbreiteten Streifenwagen dieser Art zählten die von Hebmüller in Wülfrath bei Wuppertal gebauten Polizei-Cabriolets, werksintern mit der Kennziffer 18 A versehen, wobei der Buchstabe A diese ganz besonderen Käfer als Linkslenker auswies.

Polizei-Käfer von Hebmüller mit vier festen Türen. Werksintern Typ 18 A.

Polizei-Käfer von Hebmüller. Anstelle von festen Türen aufrollbare Segeltuchplanen. Neue Frontscheibe mit verstärktem Windschutzscheibenrahmen.

Als Basismodell diente die im Volkswagenwerk hergestellte Serien-Limousine des Typs 11. Bei Hebmüller erhielten die Fahrzeuge infolge umfangreicher Umbauarbeiten ein völlig anderes Aussehen.
Zunächst wurde das Dach entfernt, ebenso die Türen sowie Front-, Heck- und Seitenfenster. Anstelle der werkseigenen Windschutzscheibe installierte man die später als Cabrio-Scheibe bekannt gewordene Frontscheibe; sie besaß einen verstärkten Rahmen und diente zugleich als Auflage und Befestigungspunkt für das Klappverdeck. Auch die Seitenpartien änderte man den polizeilichen Erfordernissen entsprechend ab.
Die Mittelholme wurden verkürzt und die im oberen Teil versenkt eingebauten Winker wurden vorn am Seitenteil angebracht. Außerdem wurden alle übrigen Karosserieteile und die Bodengruppe den Erfordernissen entsprechend verstärkt.
Die hinteren Seitenteile erhielten zusätzliche und großzügig bemessene Öffnungen. So entstand ein Cabriolet mit vier offenen Ausschnitten. Aufrollbare und passend zugeschnittene Segeltuchplanen schützten die Insassen vor Zugwind und Nässe.
Eine Sondervariante dieses frühen Polizei-Käfers besaß statt der offenen Ausschnitte vier eigens angefertigte Metalltüren aus Stahlblech, an deren Oberteil Steckscheiben befestigt werden konnten. Von dieser Version des Hebmüller-Cabrios wurden allerdings nur einige wenige Exemplare gebaut.
Das Stoffdach des Polizei-Streifenwagens, an sich nichts anderes als ein Sportverdeck ohne zusätzliche Polsterung, ließ sich weit nach hinten klappen und erlaubte den Insassen ungehinderte Rundumsicht.
Bei späteren Modellen ließ sich das Klappverdeck fast vollkommen versenken. Dies war allerdings nur möglich, indem man die hinteren Luftschlitze unmittelbar unterhalb der regulären Heckscheibe ebenfalls entfernte und die Motorhaube stattdessen mit zusätzlichen Schlitzen, in einigen Fällen auch mit runden Öffnungen, versah.
Da die Scharnierstangen des Klappverdecks außen angeschlagen waren – sie ragten etwa 10 cm über die Karosserie hinaus – und das Verdeck geschlossen einige Zentimeter höher war als das normale Dach, wirkte der VW 18 A wesentlich breiter und größer als die kompakte Serien-Limousine.
Die spartanische Innenausstattung entsprach im wesentlichen der des VW Standard-Modells. Den Bestimmungen entsprechend waren die Streifenwagen tannengrün lackiert, je nach Einsatzzweck matt oder glänzend. Chromteile fehlten völlig.
Zur weiteren Ausrüstung als Einsatzfahrzeug gehörten ein schwenkbarer Suchscheinwerfer, Blaulicht und Martinshorn oder Sirene (Preßluftfanfare). Insgesamt 482 Exemplare des VW 18 A wurden von Juni 1948 bis Ende 1949 gebaut. Sie kosteten damals 5900 DM und waren damit trotz der umfangreichen Umbauarbeiten nur 900 DM teurer als die Wolfsburger Standard-Limousine. Einige dieser Polizei-Cabrios gibt es auch heute noch, von ihren Besitzern liebevoll gehegt und gepflegt.
Außer Hebmüller in Wülfrath befaßte sich auch die ehemalige Kölner Karosseriefirma Franz Papler mit dem Bau offener Polizei-Streifenwagen. Bereits in den 30er Jahren hatte Papler damit begonnen, Sonderfahrzeuge und Spezialaufbauten für Militärkraftwagen herzustellen. Man besaß insofern schon einschlägige Erfahrungen auf diesem Gebiet.
Gegen Ende der 40er Jahre entstanden neben einigen anderen Modellen auch eine Reihe viertüriger, offener Tourenwagen mit klappbarem Allwetterverdeck aus Segeltuch auf Volkswagenbasis speziell für die Polizei.
Der Umbau der Serienlimousine zum Polizei-

Polizei-Käfer von Papler mit vier Türen und Allwetterverdeck.

In Österreich fertigte Austro-Tatra viertürige Polizei-Käfer mit Klappverdeck. Die erforderlichen konstruktiven Änderungen für den Polizei-Käfer übernahm Porsche für VW.

Cabrio dauerte etwa zwei Monate und umfaßte umfangreiche Änderungen an Karosserie und Innenausstattung.

Zunächst einmal wurden das Dach und die beiden Türen entfernt. Anstelle der üblichen zwei erhielten die von Papler umkarossierten Käfer nunmehr vier Türen und, passend zur Wagenfarbe, mit dunkelgrünem Kunstleder bezogene Sitze mit zusätzlichen Haltegriffen. An sich entsprach die Innenausrüstung im wesentlichen der des Hebmüller-Cabriolets. Im Gegensatz zur Hebmüller-Version war das Klappverdeck innen angeschlagen. Aus Platzgründen war der Wagen deshalb nur für vier Personen zugelassen.

Auch in Österreich herrschte rege Nachfrage nach geeigneten Polizeifahrzeugen. Zwischen 1950 und 1951 produzierte die im 11. Wiener Bezirk ansässige Firma Austro-Tatra, die frühere österreichische Niederlassung der tschechoslowakischen Tatra-Werke, insgesamt 203 offene Polizei-Streifenwagen mit vier Türen und Faltverdeck, einige sogar – ähnlich wie bei einer Landaulett-Limousine – mit fester Vorder- und umklappbarer Heckpartie. Als Basis-Modell diente auch hier der Käfer.

Die Wiener Polizei erhielt 150 Käfer-Streifenwagen, die anderen österreichischen Gemeinden die übrigen 53. Abgewickelt wurde dieses Geschäft über die Porsche Konstruktionen GmbH, die heutige Porsche GmbH & Co in Salzburg, dem Volkswagen-Generalimporteur für Österreich. Die Austro-Tatra-Käfer wurden noch bis Ende der 50er Jahre bei der österreichischen Polizei verwendet. Sie ähnelten weitgehend der Papler-Version; das Klappverdeck war allerdings – genau wie beim Polizei-Cabrio von Hebmüller, dem VW 18 A – außen angeschlagen.

Serienmäßiges Karmann-Cabrio mit zwei Türen, hergerichtet für den Polizeidienst.

Im Laufe der folgenden Jahre ersetzte man all diese Polizei-Cabrios durch Serien-Cabrios, denn die liefen bei Karmann in Osnabrück in großer Stückzahl vom Band. Bis zum Jahre 1960 waren es nach Angaben des Volkswagenwerks 2105 Exemplare. Aber auch nach 1960 wurden gelegentlich noch Cabriolets eingesetzt, allerdings fast nur noch bei der Bereitschaftspolizei.

Mein erster Käfer

Mit dem Volkswagen kam ich in Berührung, bevor es ihn überhaupt gab. In den Jahren vor dem Kriege liefen bei NSU in Neckarsulm drei Porsche-Versuchswagen, deren Abbild in den Automobil-Geschichtsbüchern geführt wird. Nachdem die Zusammenarbeit von Ferdinand Porsche mit Zündapp nicht recht funktioniert hatte, wandte er sich NSU zu.

Diese Porsche-NSU-Prototypen besaßen schon die gleichen Konstruktionsmerkmale wie der spätere Volkswagen, also luftgekühlten Heckmotor, leidliche Stromlinienform und Einzelradaufhängung. Die Federung hatten Drehstäbe übernommen, die die mißliche Neigung hatten, plötzlich zu brechen, wenn sie nur stark genug eingefedert wurden. Dann konnte es passieren, daß plötzlich ein freigewordenes Ende seitlich hervorschoß, und dumm war ein jeder dran, der gerade seine Beine auf gleicher Höhe hatte.

Unmittelbar nach dem Kriege wurden die ersten Käfer für die britische Rhein-Armee hergestellt. Es gehört wohl zur Anfälligkeit der Menschen schlechthin, daß auch diese Fahrzeuge, die olivgrün in der britischen Militärfarbe ausgeführt waren, von Mal zu Mal auf dem Schwarzen Markt auftauchten. So erhielt ich eines Tages, es war 1947, ein Angebot aus dem württembergischen Murrhardt, dort könne man unter Umständen um 35000 RM solch einen neuen Käfer der britischen Rhein-Armee kaufen, allerdings müsse man ihn sogleich umspritzen.

Die 35000 RM waren damals für einen Menschen, der nicht in den Schwarzhandel verstrickt war, eine fast noch größere Summe als sie heute sind, doch zeigte sich, daß man bei Amerikanern, die besessen waren von zwei deutschen Produkten, nämlich der Armeepistole und der Leica, rund 30000 RM ohne Mühe für eine Leica erlösen konnte. Von 30000 RM auf 350000 RM war kein weiter Weg mehr, oder anders ausgedrückt: Für eine Leica konnte man damals, wenn man noch ein bißchen drauflegte, einen britischen Rhein-Käfer erwerben.

Wenige Wochen nach der Währungsreform, also im Jahre 1948, wurde die Bezugsscheinpflicht für den Volkswagen, der damals noch nicht Käfer hieß, aufgehoben. Das Standardmodell, es war total grau in grau und ohne jeden Chrombeschlag, kostete knapp 5000 DM, das Exportmodell, wie gesagt, im Sommer 1948 erhältlich, gab es nur in einer Farbe, nämlich grau. Radkappen, Stoßstangen, Türgriffe, – alles war grau eingefärbt.

Und doch war das Erlebnis, zum ersten Mal nach dem Krieg ein richtiges Auto erwerben zu können, unvergleichlich größer als heute die Inbetriebnahme eines Traumwagens vom Schlage Monteverdi oder Lamborghini.

Ich fuhr im Jahre 1948, nachdem ich mit dem Teller bei Gönnern und Verwandten Geld eingesammelt hatte, über Nacht mit dem Zug nach Hannover und stieg sehr früh am Morgen um in einen Arbeiterzug in Richtung Vorsfelde. Zwar war ich gerädert und gänzlich unausgeschlafen, doch diese Eisenbahnfahrt steigerte sich zum Rausch, je mehr sich der Zug der Station Wolfsburg näherte. Obwohl das Werk großenteils zerstört oder jedenfalls stark beschädigt war, lief die Produktion einigermaßen; vor allem die Abfertigung der Kunden, die ihren Wagen abholten, funktionierte reibungslos. Vor die Auslieferung hatten die Götter den Gang zur Kasse gesetzt; dort lieferte ich mein wertvolles Geld ab. Mit Quittung und Auslieferungsschein wurde ich auf einen Abstellplatz jenseits der Fabrikationshalle geführt. Dort standen in langer Reihe die Volks-

wagen, einer grauer als der andere. Der Mann, der mich geleitete, schritt die Reihe ab und verglich Fahrgestellnummern, dann sagte er: Der da. Das also war mein erster Volkswagen. Der Mann füllte 5 Liter Benzin ein, band eine rote Nummer vorn und hinten dran, und dann konnte ich, mit klopfendem Herzen und nicht synchronisiertem Getriebe, hinausfahren auf die Straße. Der Vorgang war so erregend, daß ich nur mühsam innerhalb des Werksgeländes eine gewisse Lässigkeit aufrechterhalten konnte. Auf der freien Straße draußen jedoch, nach ein paar Kilometern, fuhr ich rechts ran, stieg aus und wanderte um mein Auto herum, – es war ein Glücksgefühl, das man heute, im Zeichen des hochgetriebenen Wohlstands, kaum mehr beschreiben und noch schwerer begreifen kann.

Ich hatte an diesem Tag, die Nord-Süd-Autobahn war streckenweise unterbrochen, rund 500 Kilometer vor mir. Die rauscht man heute, auch mit einem neuen Auto, in ein paar Stunden runter. Damals aber war solch eine Fahrt zeitraubender, denn die Einfahrhöchstgeschwindigkeit betrug 50 km/h im vierten Gang. Man war gut beraten, sie nicht nennenswert zu überschreiten, denn Zylinder 3, der links vorn, in Fahrtrichtung gesehen, hatte Thermikprobleme. Er wurde recht heiß, weil offenbar wenig gekühlt. Wenn ich mich recht erinnere, hatte der Kolben in diesem Zylinder sogar ein geringeres Maß.

Als ich mit meinem Auto schließlich in der Heimat angekommen war, setzte der Begeisterungstaumel erst richtig ein. Wann immer es sich einrichten ließ, lag ich am, neben oder unter dem Auto, um ihm etwas vermeintlich Gutes anzutun. Die Bremsen erforderten übrigens eine stete Beobachtung, denn es waren noch mechanische Bremsen über Seilzüge.

Obwohl ich beruflich ja ständig mit Kraftfahrzeugen zu tun hatte und eigentlich hätte recht abgebrüht sein müssen, faszinierte mich das Auto unaufhörlich. So suchte ich in allen möglichen Zeitungen und Zeitschriften, die auf den Tisch kamen, nach Details und Schilderungen zu diesem Volkswagen. Und als eines Tages das neue Heft vom AUTO, dem Vorgänger von auto motor und sport, damals noch unter der Redaktion von F. A. E. Martin in Emmendingen angesiedelt,

erschien, ohne die geringste Geschichte um oder mit Volkswagen, da war ich bitter enttäuscht. Es handelte sich, wie ich später feststellte, um ein Sonderheft für Nutzfahrzeuge. Ich war so sehr enttäuscht, daß ich mir sagte, daß ein solches Auto wie der Volkswagen es verdiene, daß eine Zeitschrift sich mit ihm ausschließlich, voll und ganz und nicht mit anderem Tütelkram beschäftige. Man müsse eine eigene Zeitschrift machen und sie GUTE FAHRT nennen.

Verleger Konrad Wilhelm Delius, dem ich von diesem Plan erzählte, fand die Idee ganz gut, und so starteten wir, sehr vorsichtig, mit 30000 Exemplaren und im kleinen Format, das neue Blatt.

Mein weiterer Umgang mit dem neuen Auto brachte Tag für Tag neue Erkenntnisse. Schließlich wußte ich, wie man ein nicht synchronisiertes Getriebe wahrlich reibungslos schaltet, wie man eine Linkskurve optimal fährt oder eine Rechtskurve, wie man vorzüglich am Berg anfahren kann und beispielhaft einen Alpenpaß meistert. Auch hatte ich gelernt, ein klumsiges Radio einzubauen.

Mein Wissen um das Auto empfand ich inzwischen so erheblich, daß ich es für eine sachliche Notwendigkeit und für eine soziale Tat hielt, es anderen Leuten, anderen Volkswagenfahrern und solchen, die es noch werden wollten, mitzuteilen. Deshalb setzte ich mich sogleich an die Schreibmaschine und schrieb das Buch BESSER FAHREN MIT DEM VOLKSWAGEN.

Mit diesem Buch bin ich eigentlich auch selbst ganz gut gefahren, denn es wurde überraschenderweise ein Bestseller. Und heute kann ich ja damit herausrücken, daß ich mit dem Honorar ein Haus gebaut habe. Heute allerdings würde dieser Betrag kaum ausreichen, die Baugrube auszuheben.

Vom Umgang mit dem Käfer

In seiner amüsanten, unterhaltenden Art hat Arthur Westrup Anfang der fünfziger Jahre das Buch »Besser fahren mit dem Volkswagen« (Verlag Delius, Klasing+Co., Bielefeld) verfaßt. Aus dem Handbuch erfährt der Käfer-Fahrer, was es beim Umgang mit dem Volkswagen zu beachten gilt. Aus heutiger Sicht muten die Hinweise und Ratschläge wie aus einem anderen Jahrhundert an. Deshalb hier einige Kostproben.

Vom richtigen Einfahren

Viele Autofahrer empfinden, wenn vom Einfahren die Rede ist, ein gelindes Gruseln. In der Tat war in früheren Zeiten die Einfahrperiode kein Born reichen Glücks. Die verfeinerten Herstellungsmethoden der heutigen Wagen aber und die Erkenntnisse, die insbesondere die Ölfirmen gemacht haben, lassen heute die Einfahrzeit schnell und leicht vorbeigehen, beziehungsweise überhaupt wegfallen. Vom Fahrer erwartet man kaum mehr eine nur selten anzutreffende Selbstbeherrschung, sondern lediglich ein bißchen Klugheit.

Die Volkswagen, die bis zum Herbst 1951 ausgeliefert wurden, bekamen noch diese Einfahrvorschrift mit auf den Weg:

	1–500 km	500–1500 km	1500–3000 km
1. Gang	10 km/h	15 km/h	20 km/h
2. Gang	25 km/h	30 km/h	35 km/h
3. Gang	40 km/h	45 km/h	50 km/h
4. Gang	60 km/h	70 km/h	80 km/h

Die Beschränkung, die in dieser Tabelle zum Ausdruck kam, hatte gewiß ihre guten Seiten. Sie konnte aber auch, bei falscher Auslegung, manches Unheil heraufbeschwören, denn viele Fahrer betrachteten sie als eine Art Versicherung. Groß war die Überraschung dann, wenn man trotz peinlicher Befolgung der Geschwindigkeitsgrenzen den Motor zuschanden fuhr. Und das kam so:

Im guten Vertrauen, daß der Volkswagen während der ersten 500 Kilometer mit einer Geschwindigkeit von 60 km/h im 4. Gang gefahren werden konnte, quälten viele Fahrer ihr nagelneues Fahrzeug im großen Gang lange Steigungen hoch oder um Ecken herum. Sorgfältig wie sie sind, warfen sie dabei einen Blick auf das Tachometer und stellten mit Beruhigung fest, daß sie weit unter 60 km/h fuhren. Dies war – das muß man sich merken – die beste und zuverlässigste Methode, den Motor in kürzester Zeit völlig zu verderben.

Denn der neue Motor geht, wie wir alle wissen, infolge der noch sehr engen Passungen, »stramm«. Die Reibung aller Teile ist am Anfang am größten und parallel damit die Wärmeent-

wicklung. Lassen wir also den Motor im großen Gang mit niedrigen Drehzahlen schwer schuften, so fördern wir die Wärmeentwicklung im Motor an sich – darüber hinaus aber ist zu bedenken, daß die Kühlung längst unzureichend geworden ist, weil das Kühlluftgebläse bei niedrigen Motordrehzahlen entsprechend langsam läuft.
Der Volkswagenmotor muß also vom ersten Kilometer an drehen. Das soll nicht heißen, daß man ihn hochjagt. Schön rund soll er laufen und vor allen Dingen leicht. Es ist dabei ganz einfach, diese Notwendigkeit in die Tat umzusetzen; man achte, bittschön, auf die Stellung des Gaspedals.

Nur mit dem Gaspedal wird der Wagen richtig eingefahren!

Im Herbst 1951 entschloß sich das Volkswagenwerk, die Einfahrvorschriften völlig umzukrempeln. Jetzt darf man
im 1. Gang bis zu 20 km/h,
im 2. Gang bis zu 45 km/h,
im 3. Gang bis zu 70 km/h und
im 4. Gang bis zu 80 km/h
vom ersten Kilometer an fahren. Das Volkswagenwerk fügt hinzu, daß es vor allen Dingen darauf ankommt, mit wenig Gas zu fahren. Damit wurde unsere Auffassung, die wir auch schon in den vorausgegangenen Auflagen des Buches zum Ausdruck brachten, bestätigt.
Ganz wenig Gas, lautet das Rezept. Und wenn wir merken, daß wir mehr Gas geben müssen, sei es, daß wir an eine Steigung herankommen (auf den Autobahnen erkennt man die leichten, langgezogenen Steigungen oft sehr schwer!), sei es, daß wir nach einer Kurve beschleunigen wollen, dann ist es höchste Zeit zu schalten, auf den dritten und notfalls auf den zweiten und ersten Gang, jedenfalls soweit herunter, bis der Wagen mit wenig Gas einwandfrei zieht.
Mit wenig Gas können wir ihn dann ruhig so

schnell laufen lassen, wie es die Tabelle oben angibt. Und wenn die Tachometernadel einmal ein paar Sekunden über die obere Geschwindigkeitsgrenze hinausgeht, so schadet das gar nichts, solange wir das Gaspedal unter unserer Kontrolle haben...
Das gilt auch für die langen und manchmal recht steilen Autobahn-Gefälle. Auf der Autobahn Kassel – Frankfurt sieht man sehr häufig die Volkswagen-Konvois, die frisch vom Werk kommen, die Steigung hinuntersausen – 80, 90 und oft auch 100 km/h. Die Fahrer haben den Schalthebel auf Leerlauf gestellt und glauben, damit eine gute Tat vollbracht zu haben. Besser wäre es gewesen, sie hätten den vierten Gang drin gelassen und wären so den Berg – ohne Gas! – hinabgewetzt, selbst wenn die Tachonadel an die 90 km/h gezeigt hätte. Denn: die Drehzahl schadet dem Motor nicht im geringsten, solange er kühl bleibt. Kritisch wird es dann, wenn viel Wärme hinzukommt. Und die beherrschen wir ja mit dem Gaspedal!
Die vermutlich letzte Änderung der Einfahrvorschriften ist seit Januar 1954 in Kraft: es gibt nämlich seit diesem Zeitpunkt gar keine Einfahr-Vorschrift mehr. Durch die immer mehr verfeinerten Herstellungsmethoden in Wolfsburg ist man jetzt soweit, auch mit einem nagelneuen Motor losfahren zu können, ohne an eine Einengung denken zu müssen – wenn man nicht die norma-

len Höchstgeschwindigkeiten für die einzelnen Gänge (1. bis 25, 2. bis 50, 3. bis 75, 4. bis 110 km/h) als Einengung bezeichnen will. Natürlich soll man dennoch den Motor in seinen ersten Tagen nicht unnötig quälen oder aber womöglich aus Ängstlichkeit mit zu niedrigen Drehzahlen fahren. Munter losfahren – das ist das Richtige!
Und dann ein weiterer Rat: bitte nach Möglichkeit nicht stundenlang ein und dieselbe Geschwindigkeit einhalten, wie man es immer auf den Autobahnen sieht, die vom Werk in Wolfsburg aus nach allen Richtungen Deutschlands führen. Zugegeben: auf einer Autobahn hat man es nicht ganz leicht, – mit gutem Willen aber geht es doch. Wir werden also unseren neuen Wagen mit wechselnden Geschwindigkeiten einfahren, das heißt: dann und wann für ein paar Sekunden Gas wegnehmen, um dann wieder zu beschleunigen und so weiter und so weiter... Beim Gaswegnehmen entsteht in den Verbrennungsräumen ein Vakuum, durch das Schmieröl auf den oberen Teil der Kolbenlaufbahnen gesogen wird. Wir vermeiden so das Verbrennen und Festbacken der obersten Kolbenringe.
Und dann müssen wir noch einer anderen, weitverbreiteten Ansicht entgegentreten: das dickste Öl ist nicht das beste, und zum Einfahren taugt es schon gar nicht. Die einzelnen Ölfirmen geben in ihren Empfehlungen die geeigneten Sorten an. Grundsätzlich aber gilt folgendes:
Wir fahren unseren Volkswagen, auch wenn es mitten im Sommer ist, mit dünnem Winteröl der Norm SAE 10 oder 20 ein! Einzelne Firmen haben ein besonderes Einfahröl entwickelt, das ebenfalls sehr empfohlen werden kann. Der Zusatz von kolloidalem Graphit zum Motoröl ist an sich vernünftig, – er sollte aber erst nach Beendigung der Einfahrzeit vorgenommen werden. Graphit hat nämlich die Eigenschaft, den natürlichen Abrieb, den wir ja während des Einfahrens erstreben, hinauszuschieben und damit die Einfahrzeit zu verlängern. Außerdem: Die Fachleute beurteilen augenblicklich die Auswirkungen von Graphit in Verbindung mit Premiumölen (z.B. SHELL X 100) sehr unterschiedlich. Gegen die Verwendung von Graphit als Beimischung zum normalen Motoröl ist jedoch, wenn die Einfahrzeit einigermaßen vorüber ist, nichts einzuwenden.
Nach rund 3000 km ist in der Regel der Volkswagen so weit, daß er sein Geschwindigkeitssoll erfüllt. Wir selbst haben aber immer wieder erlebt, daß nach dieser Fahrstrecke der Motor sein Optimum noch nicht erreicht. Seine Höchstleistung entwickelt er nach unseren Erfahrungen erst mit 8, 10 und manchmal sogar 12000 Kilometern.

Vom richtigen Schalten

Sicherlich ist der Volkswagen ein Quell reiner Freude, wenn man ihn richtig zu schalten versteht. Wir gehen sogar so weit, zu behaupten, daß vom richtigen Schalten alles abhängt: nicht nur die persönliche Freude am schnellen und zügigen Fahren, sondern auch weitgehend die Lebensdauer des Motors. Der Volkswagenmotor muß unter allen Umständen viel geschaltet werden, und er schaltet sich spielend leicht, wenn man es einmal gefressen hat. Bekanntlich sind die Gänge des alten VW-Getriebes untereinander nicht synchronisiert, so daß man als Besitzer des älteren VW-Modells das richtige Schalten gründlicher lernen muß, als dies beim neuen VW mit sehr gut arbeitender Synchronisation noch nötig ist. Passionierte und fanatische Wagenfahrer legen im übrigen auf synchronisierte Gänge gar keinen Wert, denn sie lassen die Kunst des Schaltens kaum mehr erkennen.
Wie die vier Vorwärtsgänge und der Rückwärtsgang liegen, wissen wir aus der Betriebsanleitung. Beim unsynchronisierten Getriebe macht man es folgendermaßen: Das Aufwärtsschalten vom ersten bis zum vierten Gang macht keinerlei

Schwierigkeiten, wenn man, sofern Motor und Getriebe warm sind, eine kleine Pause von etwa einer Sekunde einlegt und dann den nächsten Gang geräuschlos hineinschiebt. Bei kaltem Getriebe, also morgens nach dem ersten Starten, fällt die Schaltpause weg und man zieht oder drückt den Schalthebel ohne Verzögerung durch. Schwieriger wird es beim Zurückschalten, aber keineswegs so schwierig, als daß wir es nicht mit geringer Mühe lernen könnten. Dazu gehört das Doppelt-Kuppeln mit Zwischengas, jener Vorgang, der noch immer bei vielen Fahrschülern Verwirrung angestiftet hat. Dabei geht dieses Wechsel- und Zusammenspiel der beiden Füße nach ganz kurzer Zeit in Fleisch und Blut über, und es macht Mühe, die einzelnen Vorgänge in Z-e-i-t-l-u-p-e darzustellen:
Wir fahren, nehmen wir an, im vierten Gang und wollen auf den dritten zurückschalten. Dann hat folgendes zu geschehen:

1. Gas weg!
2. Auskuppeln! (Vollständig, bittschön!)
3. Schalthebel vom vierten Gang auf Leerlauf!
4. Kurz einkuppeln und
5. dann eine Idee Gas geben!
6. Gas weg, auskuppeln!
7. dritten Gang sanft mit viel Gefühl hineinschieben!

Geschrieben und in die einzelnen Phasen aufgegliedert, sieht sich das alles ungemein kompliziert an, ist es in Wirklichkeit aber gar nicht. Auf jeden Fall müssen wir üben und immer wieder üben, und das geschieht am besten zunächst im Stillstand bei stehendem Motor, so wie man es beim Trockenschwimmen macht. Wenn wir dann unsere Füße und die rechte Schalthand einigermaßen synchronisiert haben, gehen wir auf eine ganz ruhige Straße, auf der wir nicht schalten müssen, sondern schalten wollen. Das ist nämlich wesentlich für das schnelle Erlernen. Wir rollen mit etwa 50 km/h im vierten Gang (bitte für den Anfang nicht schneller) dahin und schalten

dann, mit ganz wenig Zwischengas, auf den dritten zurück. Das machen wir, je nach Lust und Laune, ein dutzendmal, und dann steigern wir die Geschwindigkeit auf 60 und 70 km/h, und wenn wir den Versuch wiederholen, werden wir sehen, daß wir nicht mit dem bißchen Zwischengas auskommen, sondern schon etwas mehr geben müssen. Also: je höher die Geschwindigkeit, aus der wir zurückschalten wollen, um so mehr Zwischengas müssen wir geben!
Vom dritten Gang auf den zweiten und vom zweiten Gang auf den ersten ist es sinngemäß genau so. Die Menge Zwischengas kann man leider nicht in cm^3 angeben, sie bleibt immer dem Gefühl des Fahrers überlassen. Man kann sich aber auch in dieser Richtung üben, wenn man den Vorgang im Getriebe durchdenkt: wenn wir beispielsweise bei 50 km/h vom vierten auf den dritten Gang schalten wollen, müssen wir die Zahnräder des 3. Ganges annähernd auf die Tourenzahl bringen, die sie bei eingeschaltetem Gang und 50 km/h haben würden. Mit einem Tourenzähler könnte man es ganz exakt machen, da wir diesen aber nicht haben, verlassen wir uns

auf das Gehör und prägen uns ein, wie sich unser Motor bei den verschiedenen Geschwindigkeiten in den einzelnen Gängen anhört.

Natürlich kann kein Mensch das Zwischengas so dosieren, daß es auf vier Dezimalstellen genau die (theoretisch) erforderliche Drehzahl bringt. Das ist auch keineswegs nötig, besonders dann nicht, wenn man sich daran gewöhnt, den Schalthebel niemals reinzuhauen, sondern, gleichgültig, ob aufwärts oder abwärts, »hineinzufädeln«. Man fühlt sich an den neuen Gang heran, erreicht – man merkt es deutlich – den »Druckpunkt«, wenn die Zahnflanken im Getriebe sich berühren, und dann rutschen, auch bei nicht ganz genau abgestimmtem Zwischengas, die Zahnräder geräuschlos ineinander.

Es kommt also, wird man erkannt haben, auf unser Feingefühl an. Und um eben dieses zu fördern, umfassen wir den Schalthebel nicht wie eine Axt, mit der wir einen Baum umlegen wollen, sondern schieben den Schalthebelknopf mit unserer Handkehle, federnd und nachgebend nach vorn oder hinten.

Und wenn es dann und wann trotz aller Studien und trotz allen technischen Verständnisses kracht, so sollten wir keine Minderwertigkeitsgefühle bekommen, denn, wie wir eingangs schon einmal sagten: Gutes Schalten hängt nämlich zum guten Teil von der seelischen Verfassung des Fahrers ab. In guter Laune schaltet man besser als in einer Depression. Wenn man unbeschwert und losgelöst über Land fährt, schaltet man besser als im Stadtverkehr, der dem Fahrer alle Konzentration abfordert. Gutes Schalten geht im übrigen dann meistens schief, wenn man einem Mitfahrer vorführen will, wie gut man schaltet. Trösten wir uns damit, daß das Volkswagengetriebe eine verpaßte Drehzahl nicht krumm nimmt.

Für die Fahrer eines VW-Modells, das erst nach dem 11. Oktober 1952 Wolfsburg verließ, existieren diese Schaltprobleme sowieso nicht mehr. Er kuppelt nur noch aus und legt dann langsam, aber bestimmt den gewünschten Gang ein. Zwischengas ist unnötig, in gewissem Sinne sogar schädlich – nicht für das Getriebe, aber man spritzt bei jedem Zwischengasgeben mit der Beschleunigungspumpe zusätzlich und unnötig Benzin ein und erhöht damit auf die Dauer den Benzinverbrauch ganz erheblich.

Wenn wir eben sagten, daß beim neuen Getriebe beim Zurückschalten kein Zwischengas mehr nötig sei, so stimmt das nur beim Schalten vom vierten auf den dritten und vom dritten auf den zweiten Gang. Der erste Gang ist nicht synchronisiert, so daß man beim Zurückschalten auf ihn Zwischengas noch geben muß (dieser Fall kommt allerdings nur äußerst selten vor). Da hier die Dosierung des Zwischengases meist doch nicht klappt und es dann im Getriebe kracht, und weil dieses Zurückschalten ja nur bei ganz kleinen Geschwindigkeiten erforderlich sein kann, wird man hier besser überhaupt anhalten und im ersten Gang neu anfahren. Das geht genau so schnell, aber besser als Zurückschalten vom zweiten auf den ersten Gang.

Wir heizen ein

Eine der erfreulichsten Begleiterscheinungen des luftgekühlten Motors ist die abfließende Warmluft, die wir im Winter zur Wagenheizung heranziehen können.

Im Sommer strömt sie auf beiden Seiten des Motors hinter den Zylinderköpfen nach hinten ab, im Winter wird sie, sobald wir die Heizung eingeschaltet haben, durch Blechklappen, die die Abfließschächte verschließen, nach vorn umgeleitet. Austrittsöffnungen für Warmluft sind paarweise vorn in der Nähe der Füße und zur Entfrostung an den unteren Ecken der Windschutzscheibe und – beim alten VW – unterhalb der hinteren Sitzbank untergebracht.

Der Wirkungsgrad der VW-Heizung ist erstaunlich hoch, und es ist Tatsache, daß man im Winter, wenn sie richtig funktioniert, auch an kalten Tagen ohne Mantel fahren kann. Allerdings sind dabei einige Punkte zu beachten:

Die Warmluft wird mit nicht allzu starkem Druck in den Innenraum hineingefördert. Wir müssen also dafür sorgen, so schrieben wir in der ersten Auflage, daß die Luft aus dem Wageninnern auch wieder abfließen kann. Wir empfahlen deshalb, eine Seitenscheibe einen Spalt geöffnet zu halten, so wie wir es in der Zeichnung darstellen. Das Volkswagenwerk informierte uns in der Zwischenzeit, daß das Fenster ruhig geschlossen bleiben kann, denn die Warmluft würde bei geschlossenen Scheiben durch den Himmel unter dem Wagenheck zum Motorraum hin abgesaugt.

Das stimmt. Trotzdem aber fahren wir persönlich mit dem einen Spalt geöffneten Fenster, denn wir haben rein gefühlsmäßig den Eindruck, daß die

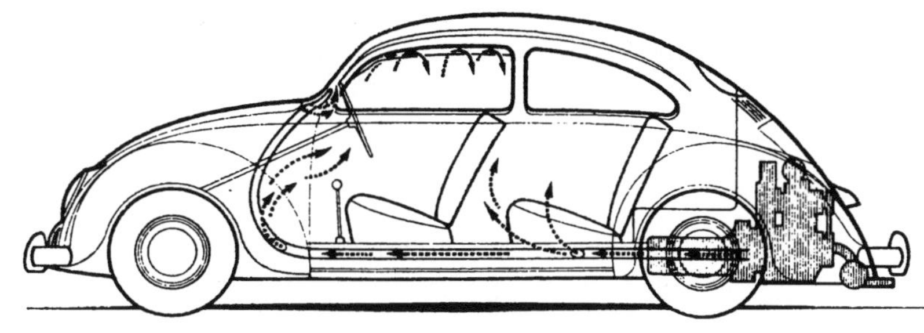

Warmluftförderung dadurch doch intensiver wird. Außerdem: bei restlos geschlossenen Fenstern beschlagen die Scheiben in kürzester Zeit. Bei den Ausstellscheiben des neuen VW ist das alles natürlich kein Problem mehr.

Wenn nun die Heizwirkung ungenügend ist, dann dürfte es notwendig sein, einmal hinten unter den Wagen zu schauen, um zu prüfen, ob die Abschließbleche auch wirklich geschlossen sind. Es kann nämlich vorkommen, daß einer der beiden Bowdenzüge klemmt. Die Abhilfe ist einfach: wir drücken die Bleche sinngemäß nach oben, damit keine Luft mehr nach hinten entweichen kann.

Der gleiche Tatbestand – nur umgekehrt – liegt vor, wenn im Sommer trotz ausgeschalteter Heizung immer noch Warmluft ins Wageninnere gelangt. Wir drücken dann die Schließbleche, die meistens noch halb geschlossen waren, ganz nach unten.

Wer indessen noch gründlicher ist, der stopfe in die Heizöffnungen unter den Hintersitzen, soweit noch vorhanden, je einen geeigneten Korken. Erfreuliche Dreingabe dieser Aktion: auch die letzten Motorgeräusche, die bekanntlich alle über die Heizleitungen nach vorn »telefoniert« werden, bleiben hinten.

Wer nun im Winter ganz besonders wärmebedürftig ist, der kann, wenn ihm das Schicksal der Passagiere auf der hinteren Bank gleichgültig ist, die beiden hinteren Warmluftöffnungen abdekken (es gibt sogar fertige Bleche dafür im Zubehörhandel!), um so den Warmluftstrom vorn wesentlich zu steigern (bei den 54er VWs gibt es diese Löcher, wie gesagt, schon gar nicht mehr).

Käfer-Nachfolger – die nie in Serie gingen

»Wir ändern nicht, um anders zu sein als andere, nicht damit die Leute über unser Produkt sprechen, sondern um die Schwächen unseres Produkts zu beseitigen«.

Das war die Philosophie von Nordhoff; sie hat dem Käfer das lange Leben beschert und den Autobauern in der Stylingabteilung wenig Arbeit. Denn das, was die »Spiegel«-Redakteure Glismann und Simoneit 1967 im Oval der VW-Versuchsbahn besichtigen und fotografieren durften, waren Potemkinsche Autos, die allerdings teilweise auch fahren konnten. Von den rund 40 herausgeputzten Prototypen waren höchstens eine Handvoll als Käfer-Nachfolger ernsthaft im Gespräch. Bei den anderen Modellen handelte es sich um Stilübungen der Stylingabteilung.

Ein Mitarbeiter jener Zeit erinnert sich: »Nordhoff hielt eisern am Käfer fest. Und damit unsere Stilisten überhaupt etwas zu tun hatten, durfte jeder mal ein Auto nach seinem Geschmack entwerfen.«

Nicht von der Stylingabteilung, sondern von dem Versuchsbauleiter Ringel wurde in den frühen fünfziger Jahren eine Pontonform auf Käferfahrgestell initiiert. Das Fahrzeug hatte praktisch alle Stilelemente des Käfers, nur die Käfer-üblichen Trittbretter fehlten. Selbstverständlich war für den verbreiterten Ponton-Käfer ein Heckmotor vorgesehen.

Es gehörte damals bei VW schon Mut dazu, das Käfer-Konzept mit luftgekühltem Heckmotor in Frage zu stellen. Der Leiter der ersten VW-Vorentwicklung, Seibt, der bei Borgward unter anderem am Lloyd Alexander mitgewirkt hatte, besaß ihn. Er entwarf ein Fahrzeug, das größenmäßig unter dem Käfer angesiedelt war und bereits eine Federbein-Vorderachse hatte. Als Antrieb war ein

Im Hintergrund der Ponton-Käfer von Ringel. Das in den 50er Jahren entwickelte Modell wurde von Nordhoff abgelehnt.

Dieses Modell war unter dem Käfer angesiedelt. Vorgesehen war ein 2-Zylinder-Boxermotor mit 800 cm³. Das von Seibt 1955 entwickelte Fahrzeug hatte Frontantrieb und Federbeine. Die vordere Haube ließ sich mit den Kotflügeln hochklappen.

luftgekühlter Zweizylinder-Boxermotor vorgesehen, der vorn unter der Haube saß und die Vorderräder antrieb. Seine Leistung von 23 PS entwickelte er aus einem Hubraum von 800 cm³.
Die vorderen Kotflügel bildeten mit der Haube eine Einheit und ließen sich nach oben klappen. Dadurch konnte der gesamte Vorderwagen herausgefahren werden.
Der Prototyp hatte für damalige Verhältnisse schon ein recht modernes Fahrwerk mit einzeln aufgehängten Rädern, die von Dreiecksquerlenkern geführt wurden.
Der erste Prototyp, der ernsthaft als Käfer-Nachfolger im Gespräch war, war der EA 97, der bis hin zur Serienreife entwickelt wurde. In den ersten Styling-Studien (EA 97/1), die bis zu einem fahrfertigen Modell gediehen , sah das als Nachfolger gedachte Modell dem Käfer täuschend ähnlich. Man hatte das Käfer-Mittelstück praktisch beibehalten und die Seitenansichten durch eine andere Gestaltung zu einer Pontonform ohne Trittbretter verändert. Ein Hauch vom Ringel-Käfer der fünfziger Jahre wehte wieder durch die Stylingabteilung.

Beim EA 97/1 bleibt das Mittelteil praktisch vom Käfer erhalten, während die Seitenansicht im vorderen Bereich eher dem VW 1600 entspricht. Die Pontonform verzichtete auf Trittbretter.

In den ersten Styling-Studien für den EA 97/1 sieht das Modell dem Käfer noch täuschend ähnlich.

Der EA 97 hat praktisch zwei Entwicklungsstadien durchgemacht. Anfangs war er nämlich als Käfer-Nachfolger gedacht, und zwar während der Entwicklungszeit zwischen 1957 und 1963. Technisch blieb praktisch alles wie beim Käfer; allerdings bot die Pontonform mehr Platz für Gepäck und Insassen. Da sie aber etwas zu groß geraten war, wurden ab 1961 die Weichen anders gestellt. Der EA 97 wurde zum Typ-3-Nachfolger hochstilisiert.

Der Entwicklungszeitraum des EA 97 lag zwischen 1957 und 1963. Anfangs war dieses Modell als Käfer-Nachfolger gedacht. Später, mit 1,5-Liter-Motor, sollte der Wagen in der Typ-3-Klasse rauskommen.

Der EA 97 als Variant.

Für den EA 97 fand sich später ein Abnehmer. Unter der Modellbezeichnung »Brasilia« wurde das modifiziert Modell von 1969 bis zum März 1982 produziert.

Vom EA 97 war auch eine Cabrio-Version in Vorbereitung.

Heckansicht des EA 97.

Neben der Limousine wurden auch ein Variant und ein Cabrio entwickelt.

1965 war der EA 97 produktionsreif, die Vorserie lief an, 200 Fahrzeuge waren gebaut, da kam das »Aus«.

Dieses also eher mißratene Kind sollte anschließend im brasilianischen Zweigwerk ausgesetzt werden. Doch auf dem Weg in die Verbannung starb der EA 97 ein zweites Mal, denn das Schiff, welches die Produktionswerkzeuge nach Brasilien bringen sollte, versank im Ärmelkanal. Allerdings nicht so tief, daß es ein-für-allemal verloren gewesen wäre. Es ließ sich heben, die Werkzeuge für den EA 97 waren noch brauchbar, die

Produktion konnte in Brasilien aufgenommen werden. Die brasilianische VW-Tochter legte den leicht modifizierten Wagen 1969 auf Band und produzierte ihn unter dem Namen Brasilia bis zum März 1982. 1974 taucht der Brasilia dann auch noch bei der mexikanischen VW-Tochter auf und wurde dort immerhin bis 1982 produziert.
Seit Anfang 1958 arbeitete Porsche auch mit an diesem Projekt, und zwar sollten die Schwaben zwei Karosserievarianten bauen und vorstellen.
Für diesen Auftrag wurden Porsche zwei Fahrgestelle mit um 80 Millimeter verschobenem Pedalwerk zur Verfügung gestellt. Als Motor sollte das bei Porsche in der Entwicklung vorhandene 1,4-Liter-Aggregat (Typ 724) Verwendung finden.
Neben Porsche war auch Ghia an diesen Modellen beteiligt. Es entstanden ein Fließ- und ein Stufenheck, die in Zuffenhausen unter dem Werkscode EA 726 entwickelt wurden. Dem VW-Vorstand diente man neben den beiden EA 97-Modellen auch ein Fahrzeug mit kürzerem Radstand (EA 728) an, das bei VW als EA 53 bekannt war.
Angetrieben werden sollten beide Modelle von einem luftgekühlten Motor, dessen Leistung kaum für nötigen Vortrieb sorgen konnte: 26 beziehungsweise 32,5 PS.
In den gleichen Zeitraum fielen auch die Arbeiten am EA 700, die Porsche für das Volkswagenwerk zwischen 1956 und 1957 durchführte.
Anfangs sollte dieser sogenannte Großraumwagen von einem 600 cm³ großen Motor angetrieben werden; später einigte man sich auf den 1200er Käfer-Motor einschließlich Getriebe und Achsen.
Außer den Entwurfszeichnungen wurden auch Modelle im Maßstab 1:7,5 angefertigt.
Mit dem EA 53, der praktisch parallel zum EA 97

Mini-Großraumwagen. Studie von Porsche für das Volkswagenwerk.

in den fünfziger Jahren entwickelt wurde, begann bei VW in der Pkw-Entwicklung ein neuer Abschnitt. Denn erstmals gab man bei einer Neuentwicklung das bislang von VW angewandte Prinzip mit Rahmen und aufgeschraubter Karosserie auf und wandte sich der im Personenwagenbau inzwischen allgemein üblichen, selbsttragenden Karosserie zu.

Intern gab es gegen dieses Konstruktionsprinzip allerdings starke Widerstände, zumal einige VW-Techniker der Meinung waren, daß die getrennte Bauweise von Rahmen und Karosserie auch ihre Vorteile hat. Denn auf ein vorhandenes Fahrgestell läßt sich schnell und einfach eine neue Karosserie aufsetzen, um so auf modische Trends im Automobilbau schneller reagieren zu können. Die andere Technikergruppe plädierte aus Gewichtsgründen für die selbsttragende Karosserie und konnte sich beim Vorstand durchsetzen. Doch mitten in der Arbeit mußte man feststellen und eingestehen, daß man die Kunst des Leichtbaus noch nicht im Griff hatte. Das Fahrzeug geriet schwerer als vorausgeplant. Und da die vorgesehene Leistung des Motors nicht mehr ausreichte, pendelten die Techniker immer zwischen der Aufstockung der Motorleistung und der Reduzierung des Fahrzeuggewichts hin und her.

Vorgesehen waren für den EA 53 zwei Leistungsstufen mit 0,9 und 1,1 Liter Hubraum, die eine Leistung von 30 PS und 35 PS boten.

Die erste Studie für den EA 53 wurde von Porsche entwickelt, und zwar die Studie A. Begonnen wurde mit den ersten Skizzen 1954, die

---

Typ 728/Porsche-Entwicklung

Weiterentwicklung des Typ 675

1957–1961

(EA 53)

Ein leichteres Fahrzeug mit kleinerem Motor und guten Raumverhältnissen, selbsttragende Karosserie, verschiedene Außenformen.

Motor	Ausführung	1	2	3
4 Zylinder, luftgekühlter Boxer				
Bohrung	mm	68	68	72
Hub	mm	54,5	54,5	54,5
Hubraum	cm^3	792	792	887,7
Verdichtung		7,00	7,5	7,5
Max. Leistung	PS	26	31	32,5
Max. Drehzahl	min	4500	5000	5000
Schmierung		Druckumlauf		
Ölkühler		ohne	mit	mit
Ölmenge	l	2	2	2
Gewicht mit Öl, Anlasser und Kupplung	kg	80	82	82

Die erste Motorausführung war ohne Ölkühler und hatte nicht die erwartete Leistung.

Durch höhere Verdichtung, neuer Nockenwelle, damit verbundener Zündzeitpunktkorrektur und höherer Drehzahl wurde eine gute Leistung erzielt.

Eine Vergrößerung des Hubraumes brachte nur eine unwesentliche Steigerung der Leistung, die sich bei den Vergleichsfahrten kaum auswirkte.

Während dieser Entwicklung wurden die Forderungen immer größer nach besserem Komfort, so daß die Karossen verschiedene Radstände bekamen.

Wagen Nr.	1, 2		4	5
Form	durch-laufend in mm		abge-setzt in mm	abge-setzt in mm
Radstand	2142	2165	2165	2180
Länge	3713	3940	3940	4030
Spur vorne	1290	1290	1290	1290
Spur hinten	1250	1250	1250	1250
Lenkung	VW	ZF Gemmer	–	–
Motorneigung	0°	2°30′	2°30′	2°30′
Breite	1475	1510	1510	1530
Bereifung	5,20–13	–	–	–
Benzintank	30 l	35 l	35 l	35 l
Gewicht	677,3 kg	666,8 kg	657 kg	671 kg

Wagen 3, 7, 8 waren nur Einzelteile für Kalkulationszwecke. Wagen 6 war eine Attrappe.

Ausgedehnte Erprobungsfahrten wurden durchgeführt. Über 5600 km auf der Prügelstrecke im VW-Werk und bis zu 100000 km auf Landstraße und Autobahn. Im Lauf der Versuche wurde ein Wagen mit dem Motor 752 ausgerüstet.

Porsche-Entwicklung 728, VW-Entwicklungs-nummer 53. Für den Entwicklungsauftrag 53 fertigte Porsche sowohl eine Stufenheck- wie auch eine Fließheck-version in der Zeit von 1957 bis 1961 an.

1967 durften zwei SPIEGEL-Redakteure in dem Oval der Versuchsbahn die Wolfsburger Prototypen besichtigen. Von den rund 40 aufgefahrenen Modellen hatten aber nur etwa fünf die Chance, die Käfer-Nachfolge anzutreten. Bei den anderen Modellen handelte es sich um Styling-Übungen.

VW EA 53. Porsche-Modell. Neuentwicklung eines Käfer-Nachfolgers mit Motoren von 0,9 bis 1,1 Liter Hubraum. Entwicklungszeitraum 1954 bis 1961.

EA 53, Ghia-Entwicklung. Das Fahrzeug hatte einen Radstand von 2,40 Meter, der Boxermotor lag im Heck. Diese Studie wurde dem VW-Vorstand am 23. März 1961 vorgestellt.

EA 53 mit 1,3-Liter-Motor. Der Wagen geriet zu schwer und zu groß.

1962 werden die Entwicklungsarbeiten am EA 53 eingestellt. Hier der Nachfolger, der EA 158.

Vorstellung im kleinen Zirkel des Vorstands war am 29. März 1960.

Während bei diesem Prototyp die Frontpartie stark an den VW 1500/1600 (Typ 3) erinnert, bestach das Heck durch eine stark gewölbte Heckscheibe.

Die gleichen technischen Grundforderungen mußte die von Ghia gezeichnete Karosserie erfüllen, deren Präsentation am 23. März 1961 stattfand. Doch auch der achte Versuch, einen Nachfolger für den Käfer zu kreieren, fand nicht die Zustimmung des Vorstands. Das Nein kam nicht überraschend, denn das Fahrzeug war wiederum zu schwer geraten, der vorgesehene 1,1-Liter-Motor mit 35 PS hätte nicht für den notwendigen Vortrieb gesorgt. Aus diesem Grund wurde der

Cabrio-Version vom EA 158. Obwohl von der Limousine schon die Vorserie angelaufen war, wurde das Projekt 1969 eingestellt.

Hubraum auf 1,3 Liter geliftet, so daß der luftgekühlte Boxer auf 42 PS kam. Doch auch dieser Motor konnte das Projekt nicht mehr retten.

1962 wurde die Entwicklung am EA 53 eingestellt, wobei aber der achte Versuch von Ghia gleichzeitig als Vorstudie für den EA 158 genutzt wurde. Der Entwurf der selbsttragenden Karosserie des EA 158 lag in den Händen von Pininfarina, während die VW-Vorentwicklung in Zusammenarbeit mit der Firma Budd, Philadelphia, das Fahrzeug entwickelte. Von der gleichen Firma wurden rund 35 Prototypen-Karosserien hergestellt. Dabei gelang es den Technikern, einen bis dahin noch nicht erreichten Leichtbau zu praktizieren. Die Rohkarosse wog nur rund 170 Kilogramm.

Auch wurde zum ersten Mal bei der Prototypenherstellung ein Verfahren praktiziert, das unter Einsatz von plastiküberzogenen Kirksite-Werkzeugen seriennahe Blechteile von hoher Qualität sicherstellte. Ein Verfahren, das seither (ab Golf) grundsätzlich bei VW angewandt wird.

Als Motoren waren für den EA 158 ein luftgekühlter Boxermotor mit 1,3 Liter und 50 PS sowie ein 1,5 Liter mit 60 PS vorgesehen. Das Fahrwerk bestand aus Federbeinen für die Vorderachse und Federstäben für die Doppelgelenk-Hinterachse. Der Radstand betrug 2,30 Meter.

Mit zunehmender Entwicklungsdauer geriet das Fahrzeug trotz leichter Karosserie immer schwerer, dennoch wurde es bis zur Vorserienreife weiter entwickelt.

Die Werkzeuge waren fertig, die Nullserie lief an, da kam auch für den EA 158 Mitte 1969 das »Aus«. »Verständlich«, so ein Techniker aus jener Zeit, »wenn Sie das Fahrzeug gesehen haben.«

Und damit war gleichzeitig der Käfer wieder gerettet, denn nun hatte man ja nichts mehr im Köcher.

Vor allem in den sechziger Jahren gab es viele unberufene und berufene Kritiker, die dem Volkswagenwerk Vorschläge unterbreiteten, wie der Käfer der Zukunft auszusehen habe.

Zu ihnen zählt auch der selbständige Techniker Dr. Ing. Hermann Klaue, der in Montreux ein Ingenieurbüro betreibt und 1963 von Nordhoff gebeten wurde, seine Konzeption für einen Käfer-Nachfolger darzulegen. Damals plädierte er für den quergestellten Frontmotor mit Frontantrieb. Doch der am 27. März 1963 übermittelte Vorschlag verschwand wie so viele andere auch in den Archiven des Werkes.

1970 wurde der VW 1302 mit den technisch aufwendigsten Änderungen vorgestellt, die am Käfer in seiner langen Geschichte je durchgeführt wurden: Schräglenker-Hinterachse, Federbein-Vorderachse, neuer Vorderwagen mit vergrößertem Kofferraum.

Ende der sechziger Jahre wurden in Amerika die Sicherheitsgesetze verschärft, und es war absehbar, daß der Käfer in seiner damaligen Form die Gesetzeshürden nicht hätte nehmen können. Vor allen Dingen gab es Probleme mit den Platzverhältnissen zwischen Kopf und Windschutzscheibe. Der Kopf der Frontpassagiere durfte bei einer Beuge nach vorn die Windschutzscheibe nicht berühren. Fast alle amerikanischen Fahrzeuge erfüllten diese Forderung, der Käfer mit seiner nur leicht gewölbten Windschutzscheibe nicht. Um dennoch den Käfer in seiner grundsätzlichen Form zu erhalten, entstanden einige Stylingstudien vom derzeitigen Stylingchef in Wolfsburg, Herbert Schäfer.

Die äußeren Abmessungen des Käfer wie auch

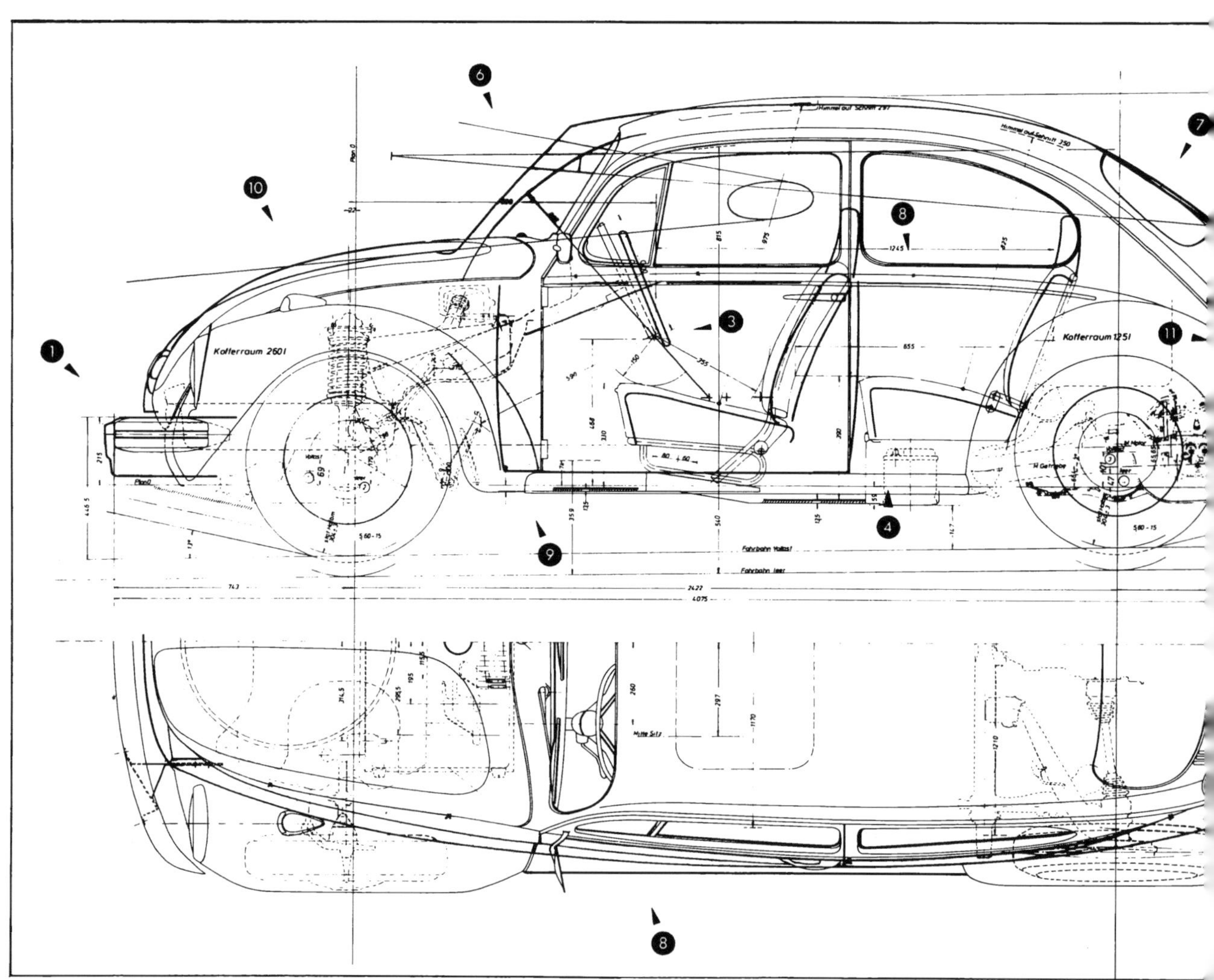

der Radstand wurden beibehalten, außerdem die Käfer-typischen Merkmale, wie die stark gewölbten Kotflügel und die obligatorischen Trittbretter. Durch die Wölbung der Windschutzscheibe beim Schäfer-Käfer wurden die amerikanischen Forderungen nach mehr Sicherheit erfüllt. Dennoch kam das Projekt nicht über Studien hinaus. Der Grund war einfach. Man suchte nach einer preiswerteren Möglichkeit, zumal die Schäfer-Variante doch größere Änderungen am Käfer erforderlich machte, wie die Fotos aufzeigen.

Realisiert wurde die einfachste Lösung, indem man nur die Windschutzscheibe stärker wölbte, wie sie dann im VW 1303 1972 der Öffentlichkeit vorgestellt wurde. Zu jenem Zeitpunkt waren die amerikanischen Forderungen nach mehr Kopffreiheit längst wieder fallen gelassen, so daß der 1303 eigentlich nie hätte produziert werden müssen. Da aber die Werkzeuge seinerzeit fertig waren, hat man das Projekt durchgezogen.

Es dauerte bis ins Jahr 1967, da erkannte auch Nordhoff, daß der Käfer auf Dauer nicht die

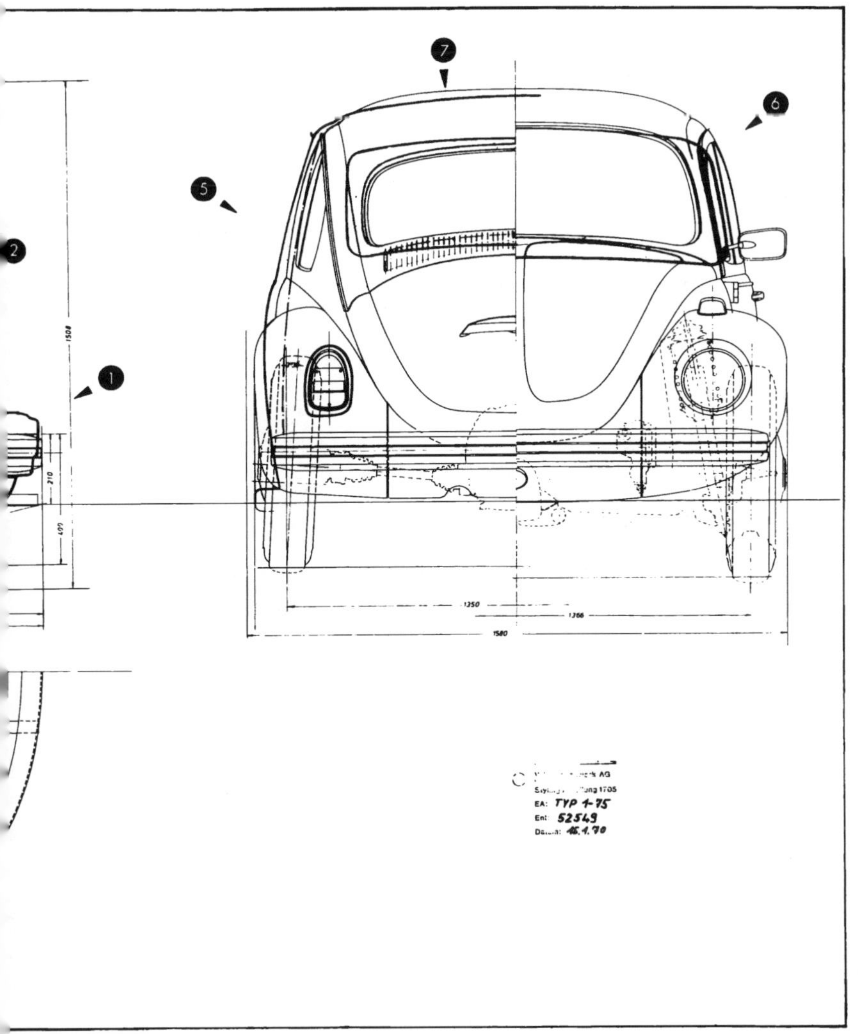

In der Zeichnung wird deutlich, in welchen Konturen der Käfer überarbeitet wurde.

Für die Motorbelüftung waren in der hinteren Haube markante Belüftungsschlitze vorgesehen.

Um den Käfer den amerikanischen Sicherheitsforderungen anzupassen, entstand 1970 diese Stilstudie vom VW-Stylingschef Herbert Schäfer. Der schmucke Käfer war auch als Viertürer geplant. Die Windschutzscheibe ist stärker gewölbt und ein gutes Stück nach vorn verlagert.

Hauptstütze des VW-Werkes sein konnte.

Am 31. Januar 1967 skizzierte Nordhoff gegenüber den Herren Dr. Ferry Porsche, P. A. Porsche, Piëch und Eyb seine Vorstellungen für einen echten Käfer-Nachfolger, denn der »ihm vorgestellte EA 158 sei gegenüber dem ersten Vorschlag der Firma Pininfarina wesentlich häßlicher geworden. Er betrachte diesen Wagen nicht als den richtigen Nachfolger des Typ 1. Sein Erscheinen sei jedoch nicht aufzuhalten (hier irrte Nordhoff). Er sucht einen echten Nachfolger für den Typ 1, der sobald als möglich den EA 158 ablösen sollte.« »Ein technisches Konzept«, so in dem Protokoll vom 31. Januar 1967, »ist in keiner Weise festgelegt.«

Typ 534
Porsche-Entwicklung
1952–1953
Geschlossener Wagen mit verkürztem Radstand (selbsttragend)

Technische Daten:

Motor	VW 992 cm³	
Verdichtung	6,5	
Leistung	26,5 PS bei n = 4000/min	
Kupplung	VW	
Getriebe	Porsche	
	1. Gang	10/38 = 3,800
	2. Gang	16/34 = 2,125
	3. Gang	22/27 = 1,228
	4. Gang	26/23 = 0,885
	R.-Gang	= 5,26
	Triebling und Tellerrad = 7/32 = 4,57	
Schaltung am Getriebe	Wähl- und Schalthebel an der linken Getriebeseite	
Lenkradschaltung		
Vorderachse	Längslenker mit Stoßdämpferführung Achsschenkel VW Dämpfend aufgehängt 8 Blatt Federstab	
Hinterachse	Pendelachse über Schraubenfeder abgestützt Feder d = 14,5 ∅ D = 130 ∅ Radausschlag nach oben 100 mm Radausschlag nach unten 80 mm	
Lenkung	VW Spindellenkung	
Bremse	VW Bremse hydraulisch	
Reifen	5,60–13	
Felge	4 J×13	

Hauptabmessungen:

Radstand	2100 mm
Spur vorne	1250 mm
Spur hinten	1200 mm
Länge über alles	3720 mm
Breite über alles	1500 mm
Höhe über alles	1415 mm
Gewicht Fahrbetrieb als Proto 720 kg	(Serie 650 kg)
Mit Zuladung +330 kg = 1050	(Serie 980 kg)
Vorderachse	48% = 443 kg (420) 43%
Hinterachse	58% = 607 kg (560) 57%

Der Wagen wurde zusammen mit Typ 555 am 13. Oktober 1953 Herrn Generaldirektor Nordhoff im Porsche-Werk vorgestellt und blieb dort.

Er wurde dann auf Geheiß des VW-Werkes verschrottet.

Er war nur ein Studienobjekt über die selbsttragende Bauweise.

Karosseriemerkmale:
Limousine, selbsttragend, 4sitzig, 2türig

Vordersitz:	Sitzbank mit Klapplehnen, verstellbar
Hintersitz:	Sitzbank mit geteilter Lehne
Verglasung:	Windschutz-, Seiten- und Rückblickfenster fest, Türfenster in einem Stück (rahmenlos)
Lüftung:	Am Windlauf
Schalttafel:	Getrennt von Stirnwand, jedoch tragend
Kraftstoffbehälter vor der Vorderachse	Inhalt 35 l Benzinuhr ohne Abstellhahn
Batterie:	Bosch BKK 345 E 1 DIN 72311 Lage unter Hintersitz

Schon 1952 entwickelte Porsche für VW diesen kleinen Sportwagen (Typ 534).

Der Konstrukteur soll selbst entscheiden, welches Konstruktionsprinzip (Front-/Heck- oder konventioneller Antrieb) für diesen Wagen die richtigen Merkmale sind. Die Merkmale, die heute (1967) am Typ 1 (Käfer) schlecht beurteilt sind: zu wenig Innenbreite, zu wenig und schlecht zugänglicher Kofferraum. Form nicht mehr nach dem neuesten Geschmack«.

Der Konkurrenzwagen, der seinerzeit dem Volkswagenwerk am meisten Kummer machte, war der Opel Kadett. Nordhoff wollte deshalb den Käfer-Nachfolger schon nach ein bis eineinhalb Jahren in Serie gehen lassen, doch ließen sich diese Vorstellungen nicht realisieren.

Durch den Ur-Käfer waren die Firmen Posche und VW zwangsläufig miteinander verwoben; und Porsche wurde schon in den frühen fünfziger Jahren mit Entwicklungsaufträgen von VW stark beschäftigt. Eine genaue Aufstellung aller Entwicklungen für das Volkswagenwerk befindet sich auf Seite 235.

Schon 1952 machte Porsche sich Gedanken über einen kleinen Sportwagen (EA 534) für VW und verschiedene Prototypen auf geändertem

Leider wurde dieses Porsche-Modell für VW (Typ 534) verschrottet.

Käfer-Fahrgestell.

1954 kamen Dieselmotor-Studien hinzu, doch nach den ersten Prototypen wurde das Projekt gestoppt, wie so vieles, was VW entwickeln ließ.

Am 15. März 1967 legte Porsche unter der Projektnummer 1866 die ersten Untersuchungen für einen Kleinwagen vor. Im einzelnen wurden folgende Entwürfe gezeigt:

1. Frontantrieb, Motor quer
2. Fronttriebwerk, Motor längs vor Mitte Vorderachse
3. Fronttriebwerk, Motor längs hinter Mitte Vorderachse
4. Hecktriebwerk, Motor quer über Mitte Hinterachse
5. Hecktriebwerk, Motor längs vor Mitte Hinterachse unter der Hintersitzbank.

Als Motor wurde für alle Varianten ein Vierzylinder-Reihenmotor mit obenliegender Nockenwelle und einem Hubvolumen von einem Liter vorgesehen. Es wurden luft- und wassergekühlte Varianten durchgearbeitet. Ebenfalls wurde untersucht, ob ein Dreizylinder-Reihenmotor gewisse Vorteile gegenüber Vierzylindern bietet.

Nach Abwägung aller Vor- und Nachteile der einzelnen Projekte, es handelte sich allerdings noch um reine Papiertiger, wurde beschlossen: »Die Fronttriebwagen haben zu große fahrtechnische Mängel und scheiden aus den weiteren Überlegungen aus«. Ein folgenschwerer Irrtum der Porsche-Techniker, wie sich später noch herausstellen wird.

Im Protokoll vom 4. April 1967 wird festgehalten, daß die Variante 4, also Hecktriebwerk mit dem Motor quer über Mitte Hinterachse, mit einem luft- wie auch mit einem wassergekühltem Motor durchgearbeitet werden.

Nach dem Vorläufer 186650100 wurden acht zwei- und viertürige Limousinen mit Heckklappe (1866/70) gebaut. Als Versuchsträger für die Aggregat-Entwicklung wurden Kadett-Karosserien verwendet.

Technische Daten EA 1866
Porsche-Entwicklung

Fahrzeug

Gesamtlänge	3590 mm
Gesamtbreite	1612 mm
Gesamthöhe	1405 mm
Radstand	2450 mm
Spurweite	1350/1360 mm
Wendekreis	9,5 m
Gesamtgewicht mit allen Flüssigkeiten	745 kg
Trockengewicht	700 kg

Motor

flüssigkeitsgekühlter 4-Zylinder-Reihen-Motor mit 1,2 und 1,3 Liter Hubraum

Leistung	54	78	85	PS
max. Drehzahl	5000	6200	6200	1/min
Drehmoment	9,2	9,9	10,75	mkg
Drehzahl	3000	4100	4100	1/min
max. Geschwindigkeit	143,6	166,4	170,5	km/h

Getriebe

Direktgetriebe in Transaxle-Ausführung mit 4 Gängen

Vorderachse

Mc-Pherson-Federbeinachse

Hinterachse

Schräglenker-Hinterachse

Bremsen

Es wurden sowohl Scheiben- als auch Trommelbremsen in Zweikreissystem vorgesehen

Räder und Reifen

Felgengröße	4,5×12
Reifengröße	6,00×12
max. Tragfähigkeit	370 kg

Behälter

Kraftstoffbehälter-Füllmenge 44 Liter

12 Volt Anlage

Aufbau

zweitürig mit versenkbaren Scheiben und Hecktüre mit fester Scheibe

4 Sitzplätze mit vorne und hinten liegendem Kofferraum, Fassungsvermögen 503 Liter (bei vorgeklapptem Hintersitz 803 Liter)

Die Heizung erfolgt über Warmwasser-Wärmetauscher.

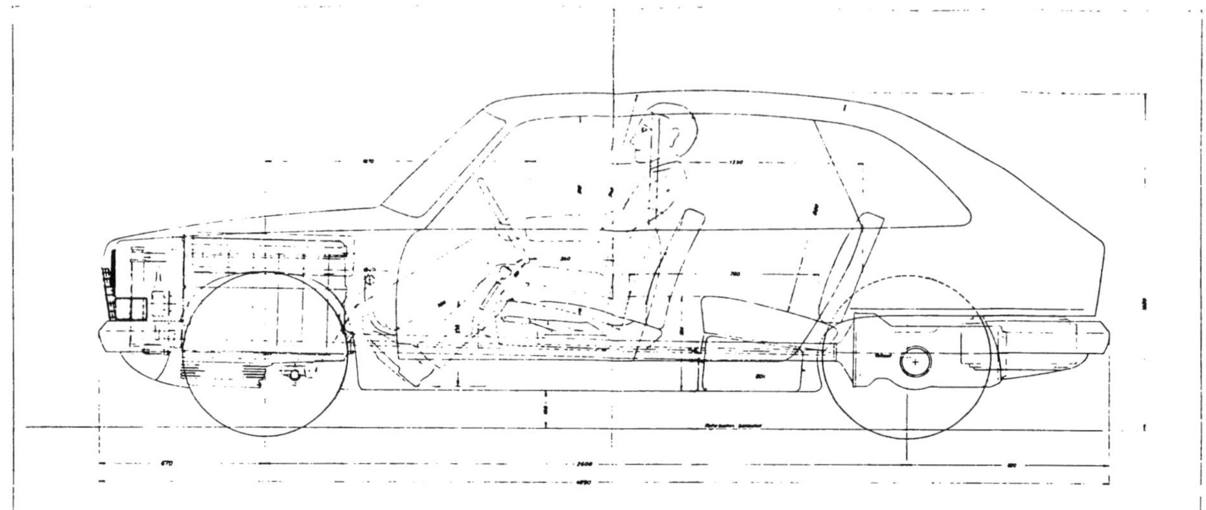

Der 1866 hier mit Frontmotor und Transaxle. Das Getriebe sitzt an der Hinterachse, die als aufwendige Schräglenker-Hinterachse ausgebildet ist.

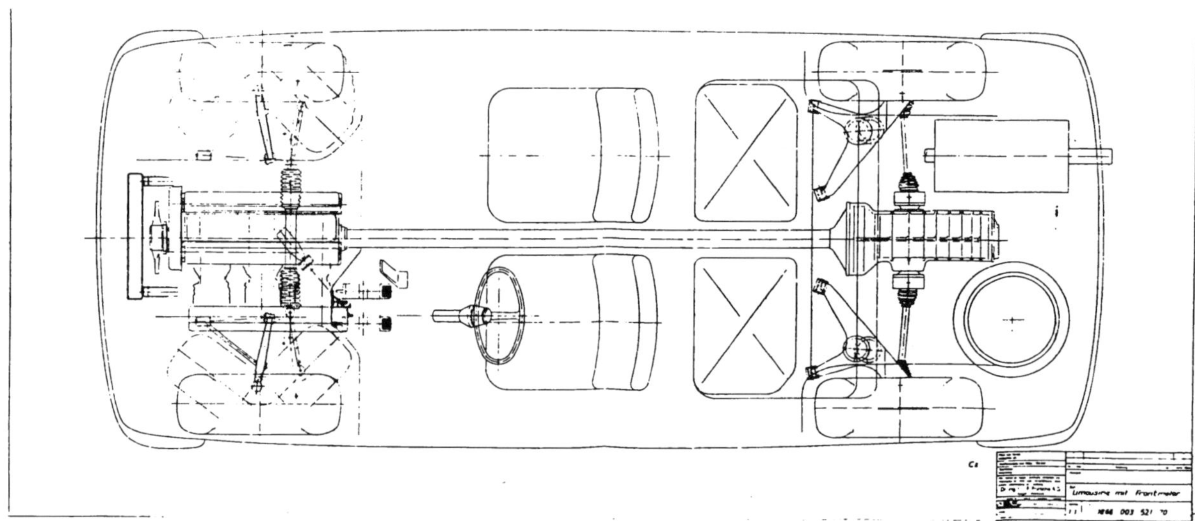

Hier eine Studie von Porsche für VW mit verkürztem Radstand – von 2150 bis 2300 mm – und selbsttragendem Aufbau. Die Studien begannen 1949, nachdem auf dem deutschen Markt immer mehr Kleinwagen angeboten wurden. Bei einem Radstand von 2,30 Meter sollte das Fahrzeug eine Gesamtlänge von 3,70 Meter aufweisen.

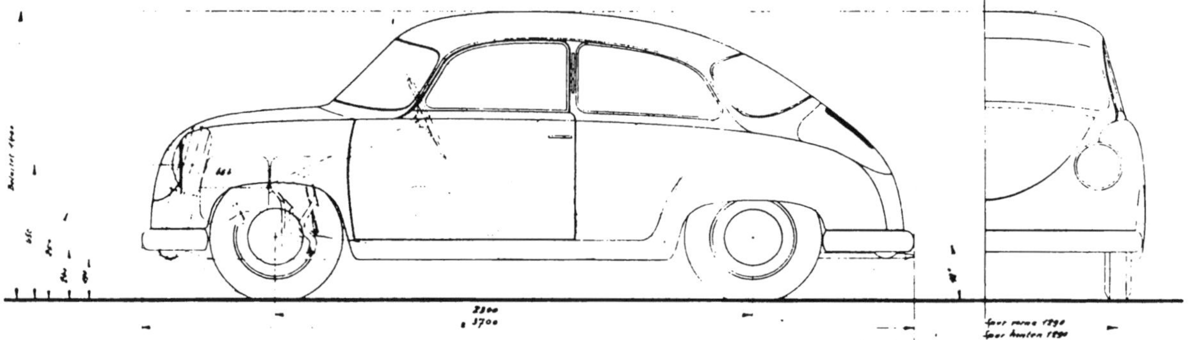

Porsche-Konstruktionen für VW

Typ	Benennung	Auftrags-datum	Stand
402	Studie über einen VW mit kurzem Radstand	1949	Studie, Skizzen
403	Polizeistreifenwagen für Austro-Tatra,	1949–1950	Karosserie Änderungen
534	Kleinsportwagen	11. 3. 52	Prototyp, verschrottet
555	Prototypen auf geändertem VW-Fahrgestell	25. 11. 52	Prototyp, an VW abgegeben
606	1,5-Liter-Unterflurmotor	22. 2. 54	Entwurf
619	Dieselmotor-Studien	24. 6. 54	Prototyp abgeliefert, Projekt gestoppt
627	Pendelachse mit Strebenlage am Rahmen	24. 6. 54	Eingebaut im Käfer, nicht in Serie, Prototyp an VW abgeliefert
639	Pendelachse mit tiefergelegtem Drehpunkt	24. 6. 54	Prototyp an VW abgeliefert
628	Frischluftheizung, Wärmetauscher am Motor	24. 6. 54	Prototyp an VW abgeliefert
638	Studie V6-Motor mit 1,2- und 1,6-Liter-Motoren	11. 11. 54	Studie, Skizzen
672	Kleinwagen mit Unterflurmotor	24. 5. 55	Studie, technische Zeichnungen mit 3-/4-Zylindermotor
673	6-Zylinder-Unterflurmotor 1,2- und 1,5-Liter-Motor	24. 5. 55	Studie
675	Kleinwagen	15. 7. 55	Prototypen, Verbleib unbekannt
700	Großraumwagen	11. 10. 56	Studie, Entwürfe für Karosserieformen
724	1,4-Liter-Flachmotor mit geändertem Kühlsystem	8. 5. 57	Projekt gestoppt
726	2 verschiedene Karosserien mit geändertem VW-Fahrgestell	1958	Prototypen, Verbleib unbekannt
728	Weiterentwicklung des Typ 675	24. 7. 57	Prototypen, Verbleib unbekannt
751	Getriebe mit automatischer Kupplung	3. 9. 59	Studie
752	1000-cm^3-Flachmotor	8. 9. 59	Prototyp
764	6sitzige Limousine	4. 2. 60	Studie
820	VW-Getriebe mit Porsche-Synchronisierung	27. 12. 61	Prototyp
1764	Fahrzeug und Motor	12. 12. 61	Prototyp
1764	Getriebe für Fahrzeug 1764	12. 12. 61	Prototyp
1778	1,3-Liter-Motor	28. 9. 62	Prototyp
1817	Bus mit Dieselmotor	4. 11. 64	Studie
1821	Sportomatik-Getriebe	30. 9. 69	Für Typ 1
1834	Fahrzeug mti 1,3-Liter-Motor	8. 9. 65	Entwürfe
1837	2,5-Liter-Motor und Getriebe passend für Typ 1764	6. 10. 65	Entwürfe, Getriebe-Prototyp
1866	Fahrzeug geplant als Käfer-Nachfolger	7. 2. 67	Prototypen
1872	Variante zu Typ 1866	14. 6. 67	Studie
1966 EA 266	Weiterentwicklung des Typ 1866	6. 10. 69	Prototypen

Als Antrieb diente ein wassergekühlter Motor (1866/00) mit V-Ventilen, es gab auch Motoren mit parallel angeordneten Ventilen. Ein Fahrzeug aus dieser Entwicklungszeit wie auch der umgebaute Kadett und einige Motoren samt Getriebe gingen an das VW-Werk, der Rest wurde verschrottet – bis auf einen. Den behielt Porsche und entwickelte daraus den Typ 1966, weltweit bekannt geworden unter der VW-Entwicklungsnummer EA 266.

Für den Porsche-Typ 1966 (VW-Entwicklungsnummer EA 266) steht damit das Konzept fest. Der Motor ruht über der Hinterachse, die hinteren Passagiere sitzen also über dem Motor. Dadurch ergeben sich zwangsläufig Probleme. Der Unterflurmotor erzwingt praktisch ein wartungsfreies Fahrzeug, denn es ist nur unter Schwierigkeiten an den Motor heranzukommen. So mißt beispielsweise der Ölpeilstab 1,02 Meter. Außerdem ergeben sich natürlich auch Probleme mit der Akustik. Denn der unmittelbar hinter der hinteren Sitzbank längsliegende, wassergekühlte Mittelmotor gibt seine Arbeitsgeräusche fast direkt an die Insassen weiter. Problematisch erweist sich auch das Fahrverhalten des als Mittelmotorwagen konzipierten EA 266. Vor allem auf nasser Fahrbahn reißt der Fahrbahnkontakt ohne Vorwarnung ab.

Dennoch wird das Projekt mit vollem Einsatz der Porsche-Techniker vorangetrieben. Vorgesehen werden für den EA 266 vier Motoren mit unterschiedlichem Hubraum und Leistungsangebot:

1,0 Liter/50 PS
1,3 Liter/65 PS
1,6 Liter/80 PS
1,6 Liter/105 PS

Die Endgeschwindigkeiten werden bei 50 PS mit 140 km/h und bei 85 PS mit 170,5 km/h errechnet.

Technische Daten Motor EA 266
Porsche-Entwicklung

Bauart
4-Zylinder-Reihenmotor
Wassergekühlt, Batteriezündung
Zündfolge 1 – 3 – 4 – 2
Obenliegende Nockenwelle
Ventile in Reihe, 10° geneigt
Scheibenförmiger Brennraum

Einbauweise
Mittelmotor vor der Hinterachse
(Unterflurmotor längsliegend)

	030/00 1,3 V	030/10 1,6 V	031/00 1,6 E
Hubraum cm^3	1298	1588	1588
Hub mm	54,6	66,8	66,8
Bohrung mm	87	87	87
Verdichtung	8,5:1	8,5:1	9,5:1
max. Leistung (DIN PS) bei 1/min	65/5500	80/5500	105/6200
spez. Leistung	50 PS/l	50/PS/l	65,5 PS/l
max. Drehmoment mkg/1/min	9,8/4000	12,0/4000	13,5/4000
max. mittl. Arbeitsdruck	9,5 kp/cm^2	9,5 kp/cm^2	10,8 kp/cm^2
mittl. Kolbengeschwindigkeit bei Nenndrehzahl	10 m/s	12,25 m/s	13,8 m/s
max. Drehzahl 1/min	7000	7000	7250
Ventilspiel	Tassenstößel mit hydr. Ventilspielausgleich		

Kühlung und Schmierung

Kühlung	Wasserkühlung mit Pumpe
Füllmenge mit Heizung	9 Liter
Kühlmittel	Wasser
Schmierung	Druckumlaufschmierung mit Zahnradpumpe Ölfilter im Hauptstrom
Füllmenge	4 Liter

EA 266 Entwicklungsprogramm

	Limousine 2türig	Limousine 4türig	Coupé 2 + 2	Roadster	Kleinbus
Leergewicht (kg) (nach DIN) *)	785	800	780	780	985
Radstand (mm) bei Vollast	2438	2438	2438	2438	2438
Spurweite bei Vollast vorn (mm) hinten (mm)	 1358 1367	 1358 1367	 1358 1367	 1398 1407	 1358 1367
Räder und Reifen	6.00–12 **) 155 SR-13 155 HR-13	 155 SR-13 155 HR-13	 155 HR-13 155 HR-13	 165 MR-13 185/70 HR-13	 noch nicht festgelegt
Bremsen	Scheibenbremsen	Scheibenbremsen	Scheibenbremsen	Scheibenbremsen	Scheibenbremsen
Leistung und Höchstgeschwindigkeit	50 PS – 145 km/h 65 PS – 160 km/h 80 PS – 173 km/h 105 PS – 189 km/h	 65 PS – 160 km/h 80 PS – 173 km/h 105 PS – 189 km/h	 65 PS – 161 km/h 80 PS – 173 km/h 105 PS – 190 km/h	 80 PS – 175 km/h 105 PS – 195 km/h	 65 PS – 138 km/h 80 PS – 149 km/h 105 PS – 162 km/h
Kofferraum vorn (ltr) hinten (ltr)	 300 340	 300 340	 300 340	 noch nicht festgelegt	 noch nicht festgelegt

*) DIN-Leergewicht = Fahrzeuggewicht + Kraftstoff (40 kg)
**) nur bei Normalausführung mit 1,0- und 1,3-Liter-Motoren verbunden mit Trommelbremsen

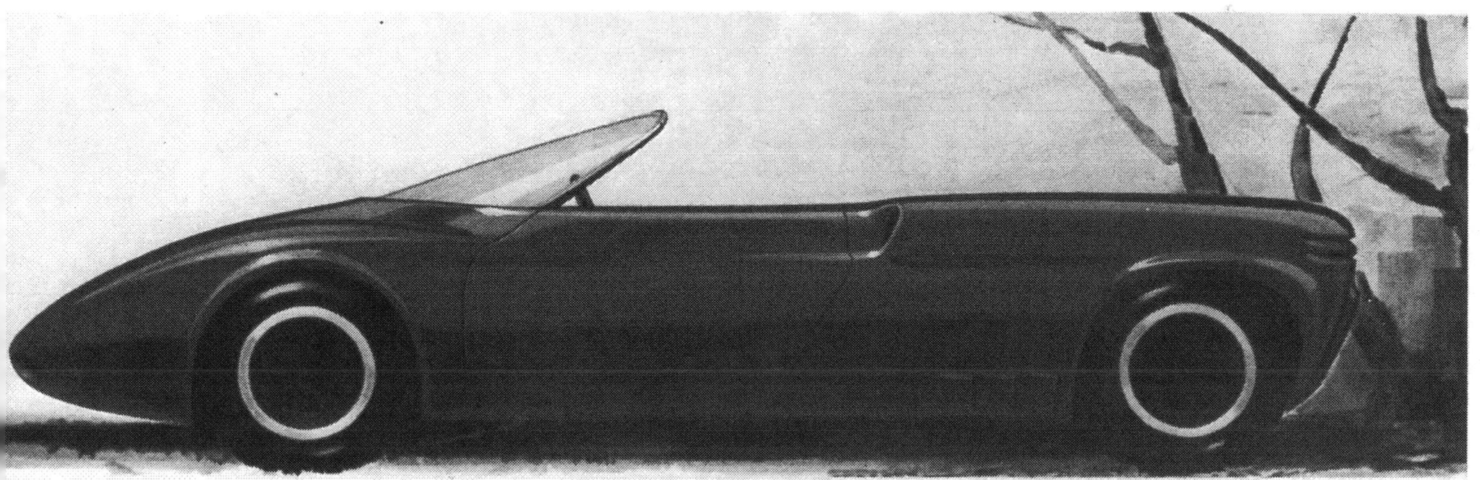

Ein Roadster auf Basis der EA 266-Limousine (Porsche-Nr. 1966). Der Roadster wurde nie gebaut.

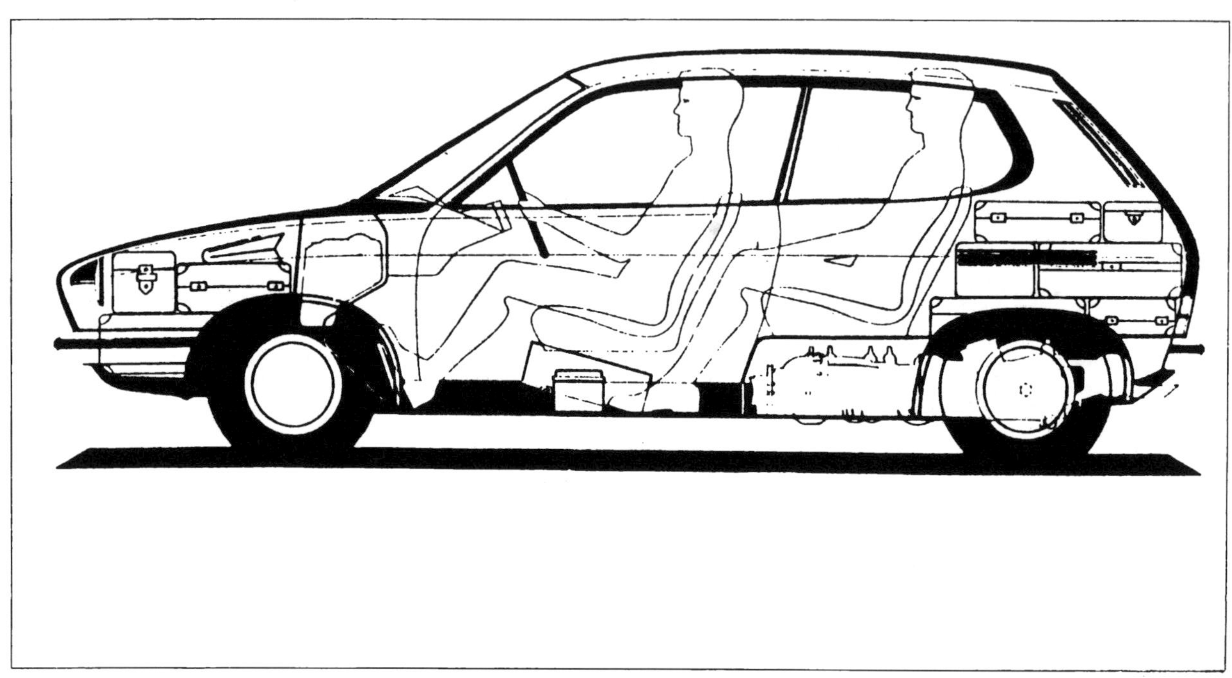

Raumaufteilung im EA 266. Der Motor liegt direkt über der Hinterachse.

Porsche-Modell 1966. VW-Bezeichnung EA 266.

Der wassergekühlte Reihen-Vierzylinder ist als Unterflurmotor im Heck angeordnet.

Hier der EA 266 im direkten Vergleich mit dem Käfer.

Das Fahrwerk besteht aus Federbeinen für die Vorderachse sowie einer aufwendigen Schräglenkerhinterachse. Das 3,59 Meter lange Fahrzeug wiegt mit allen Flüssigkeiten 745 Kilogramm und besitzt gegenüber dem Käfer einen um 5 Zentimeter (2,45 m) längeren Radstand.
Um den EA 266 herum entsteht eine komplette Auto-Familie, zumindest auf dem Papier:
2- und 4türige Limousine
2- und 2sitziges Sportcoupé
Roadster
Kleinbus
Was im Januar 1967 laut Protokoll noch 5000 Mark kosten soll (damals noch Typ 1866), läßt sich mit fortschreitender Entwicklungsarbeit nicht mehr einhalten.
Das Fahrzeug wird zunehmend teurer und gerät produktionstechnisch immer aufwendiger. Daraufhin entschließt sich der neue VW-Chef Leiding, das komplette Projekt 1972 zu stoppen. Es wird im wahrsten Sinne des Wortes eingestampft, von Porsche-Panzern in Weissach. Im Abschlußbericht dieses rund 400 Millionen Mark teuren Abenteuers heißt es lapidar:
»Es wurden in 4 Baustufen etwa 50 Fahrzeuge ganz oder teilweise bzw. Rohbauten gebaut, davon 15 im VW-Werk.
Dazu etwa 100 Motoren und 50 Getriebe 007. Der Dreizylinder-Motor wurde nicht gebaut. 12 Fahrzeuge, ein Kadett, etliche Motoren und Getriebe gingen an das VW-Werk.
Obwohl das Projekt nahezu serienreif und die Vorbereitung zur Serienfertigung sehr weit fortgeschritten war, wurde es vom Vorstandsvorsitzenden Leiding abgebrochen. Alles, was nicht an VW ging, ist verschrottet worden.«
Leidings Entschluß, die Porsche-Entwicklung EA 266 einstampfen zu lassen, wird natürlich unter den Technikern noch immer leidenschaftlich diskutiert und von Porsche-Ingenieuren verständlicherweise als falsch bezeichnet. Doch die Entscheidung war richtig, zumal das technisch inter-

Geplanter Mini-Bus auf Basis des EA 266.

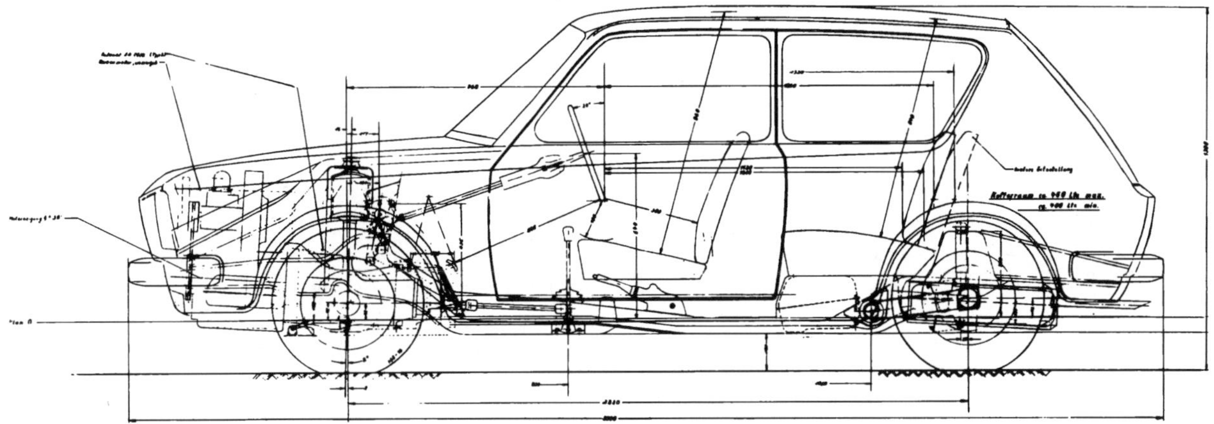

Der EA 276 hatte in der Vorplanung noch einen Radstand von 2,33 Meter (Serie 2,40 Meter) und den Käfermotor unter der vorderen Haube.

essante Projekt aufgrund seiner aufwendigen Produktion mehr Verluste als Gewinne eingefahren hätte.

Außerdem hatte Leiding noch eine Alternative in der Hinterhand. Denn fast parallel zum Porsche-Projekt EA 266 entwickelten die VW-Techniker mit einer zeitlichen Verzögerung von einem Jahr einen eigenen Käfer-Nachfolger. Daß in einer Größenordnung zwei fast gleichwertige Fahrzeuge für einen Konzern entwickelt wurden, hatte einen einfachen Grund. In der VW-Chefetage war man damals zu der Ansicht gekommen, »daß ein Modell allein den Käfer-Erfolg nicht auffangen könne«.

In jener Zeit hatte VW-Chef Leiding allerdings auch nachhaltig dafür plädiert, den in der Planung befindlichen Audi 50 (Vorstellung 1974) als Käfer-Nachfolger zu kreieren. Schlußendlich ist dieser Plan gescheitert, weil der Audi 50 nicht die amerikanischen Sicherheitsnormen erfüllte und die Golf-Techniker sich durchsetzen konnten.

Für den VW Golf, damals EA 276, entstanden die ersten Styling- und Konzept-Studien im Mai 1969. Im September des gleichen Jahres war man sich über das Fahrwerk und die Anordnung von Motor und Antrieb einig. Der im Mai von der Stylingabteilung vorgestellte Prototyp weist schon die Golf-typische Silhouette und die konzeptionellen Golf-Merkmale auf:

- kurzes Heck mit langem Dach
- Frontantrieb
- Verbundlenkerhinterachse
- große Heckklappe
- Tank unter der hinteren Sitzbank
- Reserverad flach unter dem Boden des Kofferraumes
- die Innen- und Außenabmessungen.

Lediglich die Motorisierung entsprach noch nicht dem endgültigen Stand. Sie baute damals noch auf dem luftgekühlten Boxermotor mit stehenden Gebläse auf, wie er millionenfach im Käferheck installiert war. Später wird dieses Konzept wieder

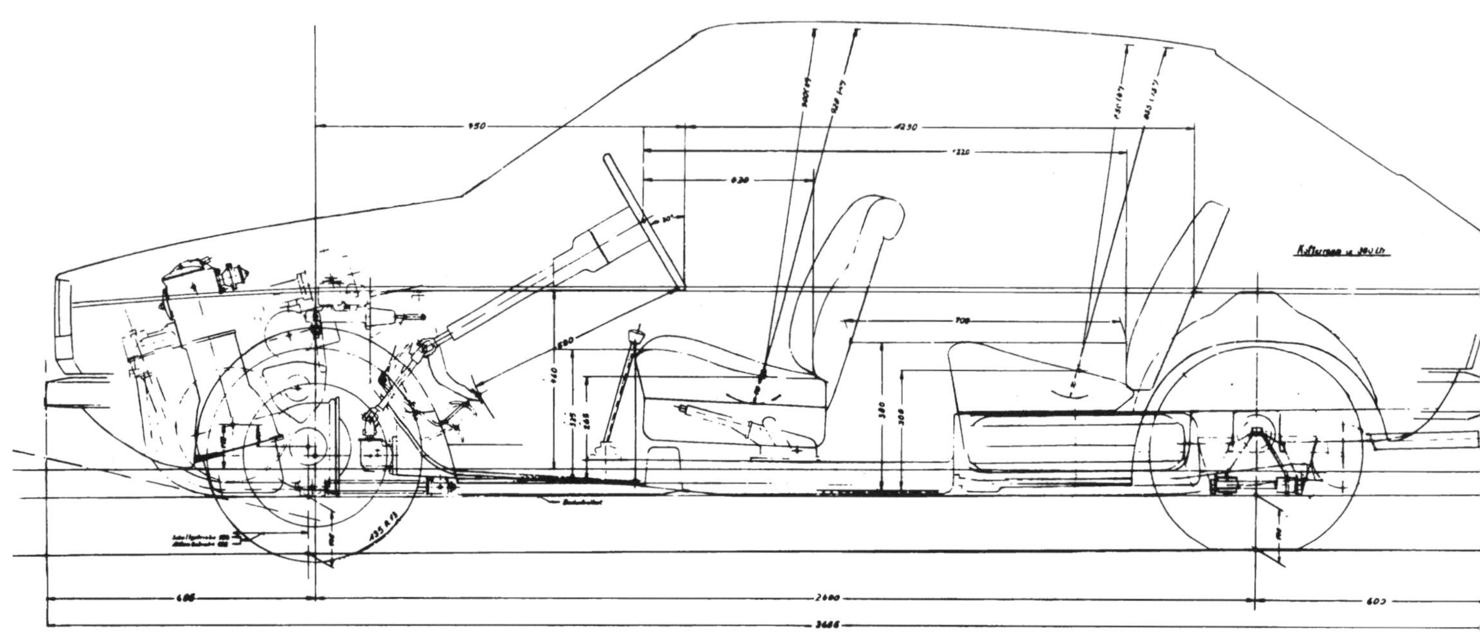

EA 337, der Vorläufer des Golf (EA 276). Der geneigte Reihenvierzylinder sitzt vor der Vorderachse.

aufgenommen, und zwar beim »Gol«, der am 15. Mai 1980 in Brasilien von der Konzern-Tochter der Öffentlichkeit vorgestellt wird. Der Gol sieht dem Golf ähnlich, nur werkelt unter der Fronthaube ein luftgekühlter Käfermotor mit axialem Gebläse.

Die Entscheidung für eine moderne Antriebskonfiguration mit einem querliegenden, nach vorne geneigten wassergekühlten 4-Zylinder-Reihenmotor mit einem in Reihe angeordneten Getriebe fiel Ende des Jahres 1969.

Im April 1970 erhält der italienische Designer Giugiaro den Auftrag, den EA 276 stilistisch zu überarbeiten, der im Februar 1970 in EA 337 umgetauft wurde.

EA 276, der Urahn aller Golf-Modelle, mit den Golf-typischen Stilelementen: Frontantrieb, große Heckklappe, Tank unter der hinteren Sitzbank.

Nach der stilistischen Überarbeitung des EA 276 durch den Italiener Giugiaro hat der Golf bis auf Nuancen sein endgültiges Aussehen erreicht.

Der Golf, hier als GTI, der einzige und würdige Käfer-Nachfolger.

Der Innenraum des Kombi auf Käfer-Fahrgestell. Das Fahrzeug hatte Rechtslenkung, da es für den südafrikanischen Markt vorgesehen war.

Seinerzeit hatte Giugiaro für VW alle Hände voll zu tun. Denn neben dem EA 337 hatte er auch noch einen Nachfolger (EA 272) für den VW 412 auf dem Zeichenbrett und ein großes Topmodell. Fertig geworden ist davon aber nur der EA 337, da Leiding die beiden anderen Modelle stoppte.
Im gleichen Jahr, und zwar im August 1970, stellt Giugiaro sein endgültiges Stylingmodell vor, das konzeptionell und formal die Elemente der Vorgänger vereint. Hinzu gekommen ist vor allem die typische Gestaltung der Motorhaube und der Knick in der Seitenwand.

Im November 1971 liefert Giugiaro sein aktualisiertes Modell ab, dann übernehmen die Wolfsburger Techniker die endgültige Feinarbeit im Windkanal und in der Stylingabteilung. Sie führen schlußendlich zu den charakteristischen Eigenschaften dieses Modells:

- außenliegende Rundscheinwerfer
- kräftige Radwülste und Türprofile
- aerodynamische Hilfen als Frontspoiler
- Abrißkante an der Heckklappe
- großvolumige, energieabsorbierende Stoßfänger (seit 1978).

Mit der im Mai 1974 anlaufenden Serien-Produktion des Golf ist nach nunmehr 29 Jahren der erste und einzige Käfer-Nachfolger geboren. Er wird (wie einst der Käfer) Ausgangspunkt zahlreicher Epigonen.

Damit hat aber der Käfer als Basismodell für Neuentwicklungen immer noch nicht ausgedient. Denn die südafrikanische Tochter des Wolfsburger Konzern läßt noch Ende der siebziger Jahre in Großbritannien auf dem Käfer-Fahrgestell eine neue Fahrzeug-Generation entwickeln.

Einen geräumigen Kombi, der im Aussehen einem Geländewagen ähnelt, und einen Pick up. Die Frontpartie wird zwar von breiten Lufteinlaßschlitzen beherrscht, dennoch hat der Motor seinen Käfer-üblichen Platz im Heck. Nur der Fahrzeugtank liegt über der Vorderachse.

Die glasfaserverstärkten Kunststoff-Aufbauten haben gute Chancen in Serie zu gehen. Doch 1979 kommt für beide Modelle das »Aus«. Der Käfer hat offiziell als Basismodell für modernere Aufbauten ausgedient.

Diese Kombi-Karosserie, passend für das Käfer-Fahrgestell, hat die südafrikanische VW-Tochter in Auftrag gegeben.

Die Autoren

Bernd Wiersch schrieb als erster eine Doktorarbeit über das Volkswagenwerk. Heute ist Dr. Bernd Wiersch Leiter der Firmengeschichte und Dokumentation im Volkswagenwerk.
Seine Berichte: Von der Idee zur Wirklichkeit · Das KdF-Sparsystem

Ghislaine Kaes hat den Käfer vom ersten Entwurf an begleitet und war viele Jahre Privatsekretär von Professor Ferdinand Porsche. Heute kümmert sich Ghislaine Kaes immer noch um das Porsche-Archiv.
Sein Bericht: Ferdinand Porsche

Hans Joachim Klersy hat sich insbesondere mit seinen Artikeln über die Automobil-Historie einen Namen gemacht und ist intimer Kenner der VW-Geschichte. Darüber hinaus arbeitet er als freier Journalist für verschiedene Zeitschriften.
Seine Themen: Die Volkswagenmodelle bis 1948 · Miesen-Käfer · Die Polizei-Käfer

Harald Kaiser war bei verschiedenen Auto-Zeitungen Redakteur und einige Jahre stellvertretender Chefredakteur des Technik-Magazins HOBBY. Heute ist er Chefredakteur der Zeitschrift VIDEO PROGRAMM.
Sein Bericht: Heinrich Nordhoff

Dr. Ernst Fiala war unter anderem als Professor Leiter des Instituts für Kraftfahrzeuge an der Technischen Universität Berlin. Heute ist er Technischer Vorstand im Volkswagenwerk.
Sein Bericht, den er zusammen mit Theodor Richter verfaßte: Der Käfer – eine geniale Konstruktion?

Diplom Ingenieur Theodor Richter war 30 Jahre Leiter der FE-Dokumentation im Volkswagenwerk und leitete viele Jahre den VDI-Arbeitskreis »Fahrzeugtechnik«. Heute lebt Theodor Richter im Ruhestand.
Sein Bericht, den er zusammen mit Professor Dr. Ernst Fiala verfaßte: Der Käfer – eine geniale Konstruktion?

Arthur Westrup war der Erste, der nach dem Krieg ein Buch über den Volkswagen schrieb. Er hatte auch die Idee, eine spezielle Zeitschrift (GUTE FAHRT) für Volkswagenfahrer herauszugeben. Heute ist Arthur Westrup Herausgeber des Informationsdienstes »auto-press«.
Seine Berichte: Mein erster Käfer · Vom Umgang mit dem Käfer

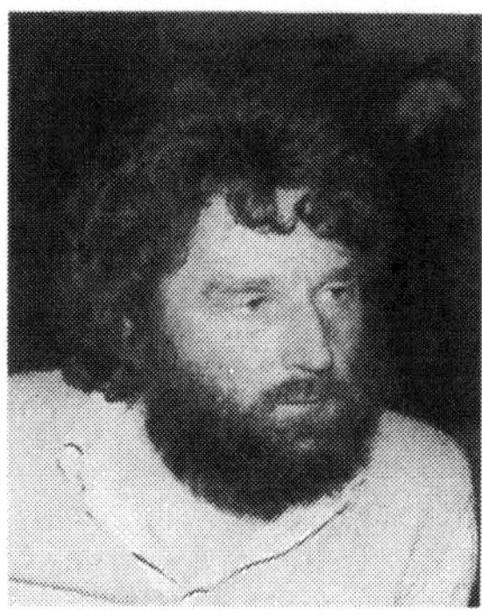

Hans-Rüdiger Etzold war stellvertretender Chefredakteur der Zeitschrift GUTE FAHRT. Heute ist er freier Motor-Journalist und schreibt hauptsächlich Auto-Reparaturhandbücher und Artikel für die Tages- und Fachpresse.
Seine Berichte: Die Entwicklung der Käfer-Motoren · Die offiziellen Käfer-Sonderaufbauten · Käfer-Nachfolger, die nie in Serie gingen

Type 60

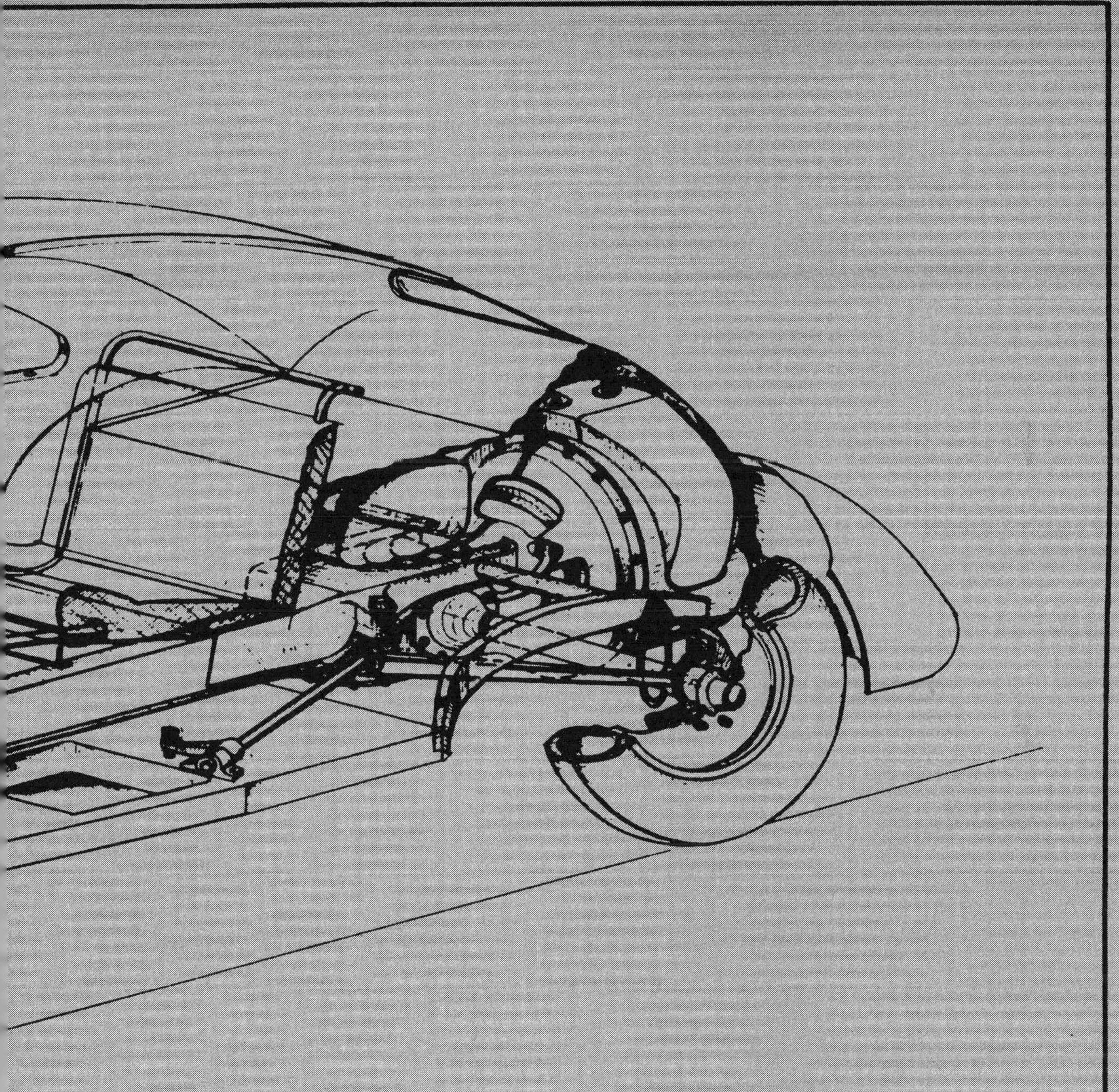

Stuttgart, am 17 Sept. 1934.

Fröhlich

K3443

SK. 873.

Zeitfracht Medien GmbH
Ferdinand-Jühlke-Straße 7
99095 Erfurt, Deutschland
produktsicherheit@kolibri360.de

Druck:
CPI Druckdienstleistungen GmbH
im Auftrag der
Zeitfracht Medien GmbH
Ein Unternehmen der Zeitfracht - Gruppe
Ferdinand-Jühlke-Str. 7
99095 Erfurt